U0051039

成本與管理會計

Cost and Managerial Accounting

陳育成、李超雄、張允文、陳雪如　編著

第 2 版

國家圖書館出版品預行編目資料

成本與管理會計 / 陳育成等編著.-- 二版.--
新北市：全華.
　2019.06
　　面 ；　公分
　參考書目：面
　ISBN 978-986-503-125-1(平裝)
　1.成本會計　　2.管理會計
495.71　　　　　　　　　　　108007805

成本與管理會計(第二版)

作者 / 陳育成、李超雄、張允文、陳雪如

發行人 / 陳本源

執行編輯 / 鄭皖襄

封面設計/ 曾霈宗

出版者 / 全華圖書股份有限公司

郵政帳號 / 0100836-1 號

印刷者 / 宏懋打字印刷股份有限公司

二版一刷 / 2019 年 6 月

圖書編號 / 08101019

定價 / 新台幣 580 元

ISBN / 978-986-503-125-1(平裝)

全華圖書 / www.chwa.com.tw

全華網路書店 Open Tech / www.opentech.com.tw

若您對書籍內容、排版印刷有任何問題，歡迎來信指導 book@chwa.com.tw

臺北總公司(北區營業處)
地址：23671 新北市土城區忠義路 21 號
電話：(02) 2262-5666
傳真：(02) 2262-0052、2262-8333

中區營業處
地址：40256 臺中市南區樹義一巷 26 號
電話：(04) 2261-8485
傳真：(04) 2261-6984

南區營業處
地址：80769 高雄市三民區應安街 12 號
電話：(07) 381-1377
傳真：(07) 862-5562

版權所有・翻印必

學習成本與管理會計，目的是希望能在實務上活用，因為企業經理人平常面對諸多管理決策，在在需要攸關、及時的資訊，以提升決策品質。這本書融合了成本會計與管理會計兩部分的知識與實例應用，讀者若能融會貫通這些知識，融入管理情境與思維，必能提供高品質的資訊給經理人，提升企業競爭力。

延續上一版的精神，本次改版將原有的二十章精簡為十七章，目的是讓讀者更有效率學習，除個案內容改寫外，各章內容、習題等在這一版均有大幅的整合或加強。這一版的章節涵蓋成本與管理會計所有的主題，適合商、管學院學生修習一學年（兩學期）的教材，若是一學期的課，授課教師可以斟酌刪除部分章次，讓學生對成管會仍可有一整體性的認識。

本書欲以較淺顯易懂之字語，精準表達成本與管理會計的觀念與意涵，輔以實際案例協助讀者理解，而每章結束後所附的習題，多選自各級考試題目，能讓讀者反覆練習課文中的觀念、提升學習成效。本書四位作者均擁有國內外著名大學會計或管理學博士學位，均有多年教學經驗，平時除了在大學講授相關課程外，也都有輔導產業界推導管理制度的經驗，書中許多案例其實是從實際發生的個案加以改寫。

感謝全華圖書公司工作團隊的用心，因為他們專業與協助，讓這本書的整體設計與編排更臻完美。本書作者雖力求無誤，但時間匆促，恐仍有疏失訛誤之處，尚祈各方先進及讀者不吝指正，幸甚。

陳育成、李超雄、張允文、陳雪如　謹識

中華民國 108 年 6 月於台中市

成本與管理會計是會計專業養成的重要核心課程之一，這門課最重要的目的，在於讓學習者能提供經理人攸關、及時的資訊，以提升決策品質。這本書融合了成本會計與管理會計兩部分，除了要學習成本累積、分攤等傳統上屬於成本會計的知識外，更要將這些會計知識融入管理情境，才能提供高品質的資訊給經理人，這是屬於管理會計的範疇。

本書的四位作者均擁有國內外著名大學的會計或管理博士學位，並擁有多年的教學經驗，平時除了在大學講授會計相關課程外，也都有多年輔導產業界推行成管會制度的經驗。為了讓讀者能盡可能融入實際管理情境，本書力求深入淺出外，並輔以實務案例協助讀者瞭解重要觀念。

在內容的安排上，章節均涵蓋成本與管理會計所有的主題，適合商、管學院學生修習一學年、兩學期的教材，若為一學期的課程，授課教師可以斟酌刪除部分章次，仍可對成管會作一整體性的介紹。本書欲以較淺顯易懂之字語，精準表達成本與管理會計的觀念與意涵，輔以實際案例協助讀者理解，而每章結束後所附的習題，能讓讀者反覆練習課文中的觀念、提升學習成效。

本書能如期完稿，須感謝全華圖書的工作團隊，因為他們專業與用心的協助，讓這本書的整體設計與編排更臻完美。本書作者雖力求無誤，但時間匆促，仍恐有疏失訛誤之處，尚祈各方先進及讀者不吝指正，幸甚。

陳育成、李超雄、張允文、陳雪如　謹識

中華民國九十九年三月於台中市

目次

目次

CONTENTS

目次

目次

CONTENTS

個案介紹 ● ● ○

　　瑞展工業股份有限公司的前身是「瑞展工業社」，目前擁有 1000 多名員工的大企業，於 1970 年在臺灣中部創立，1980 年代分別三度獲得經濟部中區機械類品管示範工廠，到 1995 年為全國首家獲得美國三大汽車廠品質認可之齒輪專業製造廠商，成功進軍美國汽、機、卡車 OEM 市場。到 1998 年更榮獲經濟部商品檢驗局暨英國標準協會（B.S.I.）之 QS 9000 雙重認證通過，並在 2001 年公開發行上市，近年分別在中國、日本及美國開設分公司，在國內則以中部地區為主要生產基地。

　　近年又因全球科技蓬勃發展，許多新興技術及概念被實踐於工業發展，例如：互聯網、大數據、雲端的應用、人工智慧等，使得傳統機械製造業者可以運用如：3D 成像、擴增實境、機器人以及智慧運輸等新技術的導入，讓工業 4.0 概念持續發展。瑞展公司也因應電動車逐漸取代傳統的汽、柴油車的趨勢，並隨著電動車大廠的需求上升持續擴充生產線，投資智能自動化生產線，導入現代工廠的人工智慧，追求安全與效率的智慧製造，朝向無人生產的高品質自動化目標邁進。

　　目前瑞展公司分為三大事業部門：分別為傳動事業部（主要事業部）、機械事業部、醫材事業部。各事業部介紹如下：

1. 傳動事業部生產各式汽機車、卡車、堆高機、產業機械及農機之齒輪及軸類等產品。相關產品則有扭力轉換器零件、傳動軸、行星齒輪組、變速箱齒輪組、差速器組件、電動車齒輪箱組件、減速機齒輪組等。傳動事業部的主要製程可分：軋輾、熱炙、鑽孔、研磨、校正與檢驗等六個製程。

2. 機械事業部生產工作母機的齒輪機械產品，有刮齒機、滾齒機、倒角機等產品，瑞展公司在機械事業部已經具備整合製造齒輪加工生產線的能力，對於客戶的服務由提供單一加工機械到整個生產加工規劃的系統性服務。

3. 醫材事業部生產傷殘人士／老人使用電動輪椅或電動代步車，配合人口老化的社會需求發展，改善長照品質。

　　在目前的公司組織架構下，董事長下設有總經理一人及副總經理二人，負責公司整體營運的執行責任，並督導底下各廠及各部門，基本組織架構圖以及人事編組請見下列組織圖。

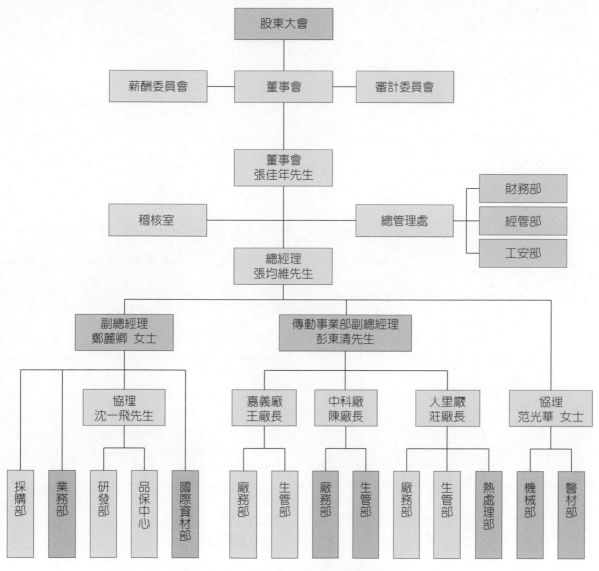

瑞展工業股份有限公司組織架構圖

CHAPTER

1

會計資訊在管理決策上的角色

學習目標 讀完這一章，你應該能瞭解

1. 企業為了不同的決策目的而需要不同的資訊。

2. 在企業管理階層，管理會計人員需要哪些資訊？做哪些決策？可以對公司做出甚麼貢獻？

3. 管理會計與財務會計的意涵及其間的差異。

4. 如何定義成本？成本資訊可以幫助我們做甚麼決策？

5. 管理會計人員所面對的行為面與職業道德問題。

引言

下午六點多了，主管會議好不容易結束，張佳年董事長疲憊的走入自己的辦公室，心中不斷思考著剛剛傳動事業部彭副總提議的一些變革。

瑞展工業股份有限公司 2001 上市至今，在張董事長以及幾位中堅幹部的努力下，各項業務推展迅速、業績蒸蒸日上，公司規模也不斷擴增。傳動事業部的彭副總對於目前全球各大車廠積極發展電動車的趨勢，多次提出建議，希望瑞展在這一波電動車的風潮不要缺席，應該積極投入研發、導入工業 4.0 的管理思維。佳年深知公司的成長必須不斷吸收新的管理思維，但在既有的組織與管理系統下，如何搭配互聯網、大數據、雲端等新科技？且在目前市場訊息萬變的情況下，佳年常覺得無法再以直覺做管理決策，他覺得身邊需要一個團隊，能提供他及時、精確的分析資訊以迅速的做決策。

1-1 管理會計資訊系統

一、何謂管理會計

張佳年董事長目前碰到的管理瓶頸，除了學習新資訊技術的應用外，其實他最需要的就是在幕僚中建置高效能的管理會計系統[1]（managerial accounting system），提供及時且精確財務性與非財務性資訊供組織內的員工或經理人作決策之用，這些資訊的型態與格式可依決策者的需求作調整，且通常不提供給企業外部人士使用，公司可以自己設計獨有的管理會計資訊系統，並無一般公認的原則可遵循。相對的，財務會計系統（financial accounting system）所報導的資訊，則提供給企業外部人士使用（例如股東、債權人、供應商等），其衡量方式與報導的格式均需有一致的規範，須遵守一般公認會計原則（Generally Accepted Accounting Principles；GAAP）。財務會計需遵循一般公認原則是因為企業外部的投資人、債權人等報表使用者，往往會將公司的財務狀況與其他公司作比較，為了使不同公司報表可以比較，因此必須要有一致的衡量基礎與報導格式。

---

[1] 部分教科書用『管理會計制度』，『制度』指的是較具體的規範、準則等，例如會計制度。而『系統』是較廣泛的，包括法規、制度、甚至領導風格、企業文化等意涵。

個案公司瑞展工業股份有限公司是個上市公司，必須遵照證券主管機關所規範的相關財務報導規定，例如每年的財務報表（包括資產負債表、綜合損益表、現金流量表、股東權益變動表）編製的格式、資訊的揭露等，這都是屬於財務會計系統的範疇，編製的規則均須遵循一般公認會計原則。至於公司對於訂單成本的計算、定價模式以及員工績效計算方式等，則是屬於公司內部資訊，每一家公司可以有不同的作法與規定，這是屬於管理會計系統的範疇，企業主管往往需要管理會計系統提供及時、攸關的資訊，作為各種決策的依據。

管理會計系統由於是公司內部制度的一部份，往往取決於經理人制訂決策的需求，因此我們必須先瞭解經理人平時所做的事情，一般而言，經理人的決策內容，約可分為兩大類型：

1. 規劃（planning）：一個企業的運作，有許多大大小小的事物需要做事前的設想與計畫，而這些規劃事項均需要管理會計資訊系統提供攸關可靠的資訊。例如，產品線的組合規劃，需要各產品的成本、收益資訊；生產規劃需要知道各產品所需原物料、人工的投入、產能耗用、產出分析等；行銷策略規劃需要知道顧客的滿意度，以修正行銷策略；組織（organizing）規劃則需要人員工作績效數據（例如；需要不同形式機器的工作效率值，搭配產能需求資訊，以決定生產線上最佳的機器配置組合）。

2. 控制（control）：控制活動主要焦點放在衡量與評估決策目標的執行效能；例如評估組織內各作業單位的績效，以確定各作業單位對組織目標的貢獻度，並確認管理策略的執行效果。簡言之，就是針對策略成效的追蹤、評估，作為下次策略調整的依據。績效考核通常是將實際值與目標值比較，作為賞罰的依據，或是下次修訂標準的參考；例如生產一單位產品花費的成本與目標成本相比、與同業相比，又如本公司客服專員花費多少分鐘處理一件顧客的申訴案等。

由於現代管理會計系統的焦點放在協助組織中各階層的決策制訂，因此管理會計系統所提供的資訊必須富有彈性且對決策有幫助。這些資訊除了包括傳統財務性資訊（financial information）外，往往還需要非財務性資訊[2]（non-financial information）。只要提供資訊所帶來的經濟效益大於產生資訊的成本，這項資訊就值得提供給制訂決策的經理人。

---

2 例如顧客滿意度、再購率、競爭者動態資訊、產業發展動態等。

二、管理會計與財務會計的差異

財務會計資訊產生的流程包括分錄、過帳、試算、調整、結帳、編表等基本的程序，依據專責的機構所制訂的財務會計準[3]編製，財務會計系統所編製出來的報表，為了要提供給各種不同目的之使用者使用，因此必須要有一致性的規範。基本上，財務會計是針對歷史交易作衡量與報導。

管理會計則是企業或組織自行設計規劃的資訊收集系統，目的是要提供內部制訂決策所需，管理會計資訊能協助經理人降低成本、提升流程效率，所以必須要配合決策的需求，且各企業與組織的需求均不同，也沒有一般公認的管理會計準則可供遵循[4]。表 1-1 列示財務會計與管理會計的主要差異。

表 1-1 財務會計與管理會計的差異比較

比較項目	財務會計	管理會計
資訊報導暨服務對象	外部：股東、債權人、主管機關、稅捐單位、社會大眾。	內部：員工、各階層經理人、總經理、董事會等。
報導目的	報導歷史交易結果，供外部人作為決策（投資、授信等）的依據。	提供營運績效資訊，供員工、經理人作為決策的參考。
時效性要求	時效性較差。	強調及時、前瞻性。
資訊型態	只衡量財務性交易。	包含財務性與非財務性事項的衡量與報導。
資訊本質	客觀、可靠、一致。	主觀、攸關、正確。
報導範圍	針對整個企業或組織作整體性的報導。	可針對決策的需要，提供局部性的資訊報導。
準則依據	一般公認會計原則、主管機關規定。	無一般公認原則，依決策需求自行規範。

---

3 我國目前已導入國際財務報導準則（International Financial Accounting Standards；簡稱 IFRS）：由『財團法人中華民國會計研究發展基金會』依據國際會計準則理事會（International Accounting Standard Board；簡稱 IASB) 所制定的 IFRS 所翻譯、美國則為 Financial Accounting Standard Board（簡稱 FASB）負責制訂美國的一般公認會計準則。

4 美國有 Cost Accounting Standard，但僅限於與美國政府訂合約的廠商，須依此準則提供合約成本資訊。

成會焦點

工業 4.0 德國 發展智慧型工廠

華爾街日報報導，德國政府為了維持製造業競爭力，正透過「工業 4.0」計畫與國內大學、研究機構及大型企業合作發展全自動化智慧型工廠，希望加速生產線數位化以因應谷歌、亞馬遜等美國企業帶來的威脅。

以西門子位於德國工業小鎮 Amberg 占地近 3,000 坪的智慧型工廠為例，該廠房內的 1,000 台生產設備能透過網路互相溝通，從網路接單到產出客製化成品的過程已達到 75%

智慧型工廠可節省大量人力

圖片來源：中國時報

自動化。廠內員工僅 1,150 人，多數負責電腦控管而非生產線作業員。

工業 4.0 計畫負責人瓦斯特（Wolfgang Wahlster）表示，這類智慧型生產線能讓業者在銷售據點根據顧客要求現場生產客製化成品，因為生產線上的半成品能自行連線機台下達指令，讓業者在短時間內產出成品。

儘管工業 4.0 計畫目前還處於試辦階段，但負責研發的德國人工智慧研究中心已和國內數家大型製造商展開合作，例如化學大廠巴斯夫（BASF）就在其中一間智慧型工廠生產客製化洗髮精與洗手乳。

當測試人員在線上下單後，機台會自動接收客製化訂單，並根據訂單內容在洗手乳空瓶貼上無限射頻辨識（RFID）標籤，再由組裝機台上的感應器自動讀取標籤，將不同種類的洗手乳、香精、瓶蓋組裝完成，全程牽涉的人力只有最初下單動作，且同一批成品可包含多款洗手乳。

德國政府與企業之所以加緊腳步發展智慧型工廠，是因為物聯網時代來臨後，主導網路平台的美國企業開始威脅德國產業。

協助推動工業 4.0 計畫的德國科學工程研究院主任舒甘瑟（Gunther Schuh）表示，「谷歌及亞馬遜在線上市場的壟斷地位令德國業界憂心」，因為消費者與製造商間的溝通介面被美國業者掌控。

但西門子自動化設備部門主管赫威克（Peter Herweck）未將谷歌視為威脅，反而預期「未來雙方能成為合作夥伴」。

資料來源：工商時報

我們可以觀察到很多知名的企業常有其獨特形象與特質，這些特質已經變成這些企業的核心價值來源；例如麥當勞（McDonald's）速食王國建構一個迅速、整潔、產品標準化的價值主張，戴爾（Dell）電腦的價值主張是提供顧客方便的訂貨、迅速的交貨。我們可以說這些企業有很好的價值鏈管理，一個成功的經理人，就是要能做好企業的價值鏈管理，才能在競爭激烈的環境中迄立不搖。

所謂價值鏈管理，就是從研發階段開始，一直到售後服務的一連串管理的環節。圖 1-1 是整個價值流程：

專有名詞
價值鏈管理
從研發階段開始，一直到售後服務的一連串管理的環節。

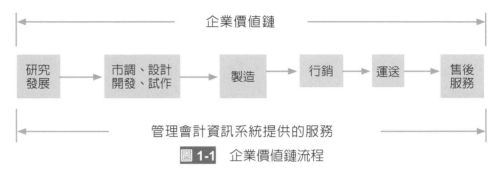

圖 1-1 企業價值鏈流程

以瑞展工業股份有限公司為例，若該公司決定要開發生產某特殊規格的精密齒輪，在整個價值鏈管理過程中，必定會經過如圖 1-1 的每個步驟，管理會計人員在這過程中也都會扮演重要的角色：

1. 研究發展：研發部門首先要先瞭解產品的原料來源、依公司的技術水準可否自製或者需外購，這時管會人員可以分析各個供應商的報價，作相關的成本分析，算出公司自製成本與外購成本作比較，供總經理決定要自製還是外購時的參考。

2. 市調、設計、開發、試做：經研發部門評估有自製的能力後，依管會人員算出的製造成本，行銷部門便可據以作定價，此時行銷部門可能會作市場調查，瞭解潛在顧客可接受的價格、以及競爭者的價格（例如與進口品的價格做比較），管會人員此時也可提供各種銷售數量與利潤的分析供總經理評估正式進入市場與否的參考。

3. 製造量產：當決定正式列入產品線後，工廠便要有一套標準的製造流程，當訂單進來時，廠長就要簽發製令（製造命令）進入生產排程，管會人員則會追蹤原料、人工、製造費用的消耗，以及產出過程的不良、瑕疵品的比率，協助廠長評估生產效能，作為未來成本控制的參考。

4. 行銷：當進入市場後，行銷部門必定會累積許多銷售資訊，管會人員可以分析這些資訊，例如分析全年市場佔有率變化，瞭解產品未來銷售的展望，作為明年擬定生產計畫與預算編製的依據。

5. 運送：銷售商品的運送，牽涉到貨運廠商的選擇、運費的計算、還有包裝成本，都需會計部門作分析，以有效的控制成本。

6. 售後服務：負責任的品牌通常願意作完善的售後服務，然而售後服務不能永無止境的服務，否則將侵蝕利潤，管會人員可以評估售後發生損壞的機率，計算最適的售後保證期間，讓整體利潤最大化[5]。

在這一連串的價值創造過程中，管理會計人員在每一個環節均可以發揮其資訊提供者的角色，所以一個稱職的管會人員，應該要熟悉營運實務，貼近作業現場，才能瞭解決策者的實際需求，提供最攸關、及時、具前瞻性的資訊。將每一個價值鏈流程中的資訊彙整，做有效的管理，便構成管理會計資訊系統。

1-2 生產成本與期間成本

一、認識成本

一般定義的成本（cost）是指為了完成一項能產生目前或未來收益的特定活動，所付出或犧牲的代價。而這項特定的活動，叫做成本標的（cost object）。成本代表資源的流出，這些資源的流出可換來原物料或機器設備、投入生產商品，以產生未來經濟效益。

當我們談成本時，必須要界定所謂的成本標的，以及如何將成本累積到這項標的，因此不同的目的會計算出不同的成本。例如，財務會計人員常使用歷史成本（historical cost）計算並報導一項資產的成本，歷史成本的報導可以幫助我們瞭解企業原先花費多少資源取得這項資產，但若是要做決策（例如要重置或者出售），則重置成本[6]（replacement cost）或淨變現價值[7]（net realizable value）或許更具攸關性。

---

5 部分電子業在激烈競爭環境下（如 DRAM 商品），售後檢測維修的成本高過換新品的成本，因此這類商品常常會有很好的售後服務，當產品有問題，通常直接換新品給顧客。
6 重置成本，是指重新購置一個與相同資產所需的成本。
7 淨變現價值，是指售價減去出售的相關費用後的淨額，與重置成本均為市價的概念。

管理會計人員常為了決策的需求而計算成本，為了企業外部使用者的報導目的，或者是為了內部經理人決策的目的，常常計算出不同的成本，切記：不同的目的可能算出不同的成本。

二、產品成本

財務會計人員與管理會計人員所定義的產品成本（product cost）通常是不一樣的，這是因為財務會計與管理會計對資訊需求的目的不一樣所致，我們首先從財務會計的角度來看產品的成本。

(一) 對外部報導（財務會計）的產品成本

公開發行以上公司均須定期對外公開財務報表，報表服務的對象包括股東、債權人、員工、政府單位（如證期局、國稅局等）等。這些外界有興趣的報表使用者藉由財務報表提供的資訊，以評估企業的經營與管理績效，由於我們不知道報表使用人需要產品成本資訊的目的，因此我們對外報導的產品成本資訊必須要符合一致性（consistency）與可比較性（comparability）的要求；前者是表示同一家公司對於產品成本的衡量方法必須要各年間一致，後者是公司的產品成本資訊必須能與其他公司相比較。

一致性（consistency）與可比較性（comparability）的要求：前者是表示同一家公司對於產品成本的衡量方法必須要各年間一致，後者是公司的產品成本資訊必須能與其他公司相比較。

企業付出經濟資源（付出現金或產生負債）以取得原料、機器等資源，這些資源若是為了生產產品，則會計上便把它認列為產品的成本（也屬於資產），這項成本還會再加上投入的人工成本以及分攤其他部門的費用等（所謂間接成本），構成產品的總製造成本，在帳上仍然是以資產的形式（製成品存貨），直到產品出售，我們才將成本轉為費用（銷貨成本）。因此，在產品出售前，不管是原物料、在製品或製成品的成本，都是公司的資產，放在資產負債表中的原料存貨、在製品存貨、以及製成品存貨等帳戶，直到出售時，才轉為銷貨成本，放在綜合損益表。

直接原料（direct materials）、直接人工（direct labor）與製造費用（manufacturing overhead）。直接原料顧名思義就是用在產品的主要原料，直接人工是指支付給對生產該產品直接有貢獻的員工工資，製造費用則包括所有的間接成本。

對於買賣業而言，產品成本就是向供應商進貨的成本，加上運費等額外的費用。但對製造業而言，製造成本（manufacturing costs）應包括三項內容：直接原料（direct materials）、直接人工（direct labor）與製造費用（manufacturing overhead）。直接原料顧名思義就是用在產品的主要原料，直接人工是指支付給對生產該產品直接有貢獻的員工工資，製造費用則包括所有的間接成本，例如間接的物料（如膠水、圖釘等）、間接人工

（如總經理的薪資要分攤一部份到這項產品的成本，因為總經理對產品的生產是間接的貢獻）等。

假設瑞展公司 20X8 年 3 月 1 日有庫存原料 $7,200，這個月又進料 $83,000，而月底盤點結果，尚有庫存原料 $9,100，則我們可以計算出這個月工廠所耗用的直接原料總額如下：

> 3 月份耗用原料總額
> ＝原料（3/1）＋ 本期進料 － 原料（3/31）
> ＝ $7,200 ＋ $83,000 － $9,100
> ＝ $81,1000

再假設瑞展公司三月份的直接人工成本為 $153,000，製造費用（間接成本）有 $165,300，則 3 月份的製造成本（manufacturing cost）總額為：

> 3 月份製造成本總額
> ＝直接原料＋直接人工＋製造費用
> ＝ $81,100 ＋ $153,000 ＋ $165,300
> ＝ $399,400

直接原料、直接人工與製造費用構成所謂的製造成本的三大要素，而前兩項又稱為主要成本（primary cost）、後兩項又稱為加工成本（conversion cost）。因此，我們可以說瑞展公司 3 月份的主要成本為 $234,100，加工成本為 $318,300：

> 主要成本＝直接原料＋直接人工＝ $81,100 ＋ $153,000 ＝ $234,100
> 加工成本＝直接人工＋製造費用＝ $153,000 ＋ $165,300 ＝ $318,300

接下來，我們進一步要計算製成品成本（cost of goods manufactured），假設 3 月初尚有在製品 $120,500，月底尚有在製品 $109,000，則 3 月份的製成品成本的計算如下：

> 3 月份製成品成本
> ＝ 3 月份製造成本總額＋期初在製品－期末在製品
> ＝ $399,400 ＋ $120,500 － $109,000
> ＝ $410,900

有了製成品成本，接下來就可以計算 3 月份的銷貨成本了，假設 3 月初尚有製成品 $213,000、月底尚有製成品 $251,000，則 3 月份的銷貨成本如下：

3 月份銷貨成本

　　＝ 3 月份製成品成本＋期初製成品－期末製成品

　　＝ \$410,900 ＋ \$213,000 － \$251,000

　　＝ \$372,900

　　讀者應該不難體會，製造業存貨耗用成本計算的邏輯仍然是買賣業的基本概念：期初存貨＋當期進貨－期末存貨。只是製造業需從原料耗用算起，進一步加上人工、製造費用，得出製造成本後，再加上期初在製品、減期末在製品、加期初製成品、減期末製成品，以得出當期的銷貨成本。因此，製造業的銷貨成本的計算過程雖然較爲複雜，但基本概念仍與買賣業差異不大。

　　我們將上述的銷貨成本每一階段的過程加以彙總，便可以產生瑞展公司 20X8 年 3 月份的製成品成本表（表 1-2）與損益表（表 1-3）。

表 1-2　製造業之製成品成本表

瑞展工業股份有限公司		
製成品成本表		
20X8 年 3 月 1 日至 3 月 31 日		
直接材料耗用：		
期初存貨（20X8/03/01）	\$ 7,200	
本期購入直接原料	83,000	
本期可供生產的原料	\$ 90,200	
減：期末存貨（20X8/03/31）	（9,100）	\$81,100
直接人工耗用		153,000
製造費用：		
物料	\$xxx	
間接人工	xxx	
折舊	xxx	
…	…	165,300
製造成本總額		\$399,400
加：期初在製品		120,500
減：期末在製品		（109,000）
製成品成本（轉入綜合損益表）		\$410,900

上述計算的成本均與製造產品有關，製造業唯有製造成本才包括在產品的存貨成本，至於研究發展、行銷、管理等各項費用，則放在營業費用[8]（operating expenses）。財務會計人員在評價存貨成本時，重點放在整體存貨成本的評價，而非個別商品存貨成本的評價，因此當某項存貨成本被高估，而另一項存貨成本被低估，這在編製資產負債表時，不會是財務會計人員關心的焦點，因為資產負債表是報導存貨的總金額，是對總存貨價值的評估。

我們可以說，財務會計所評價的產品成本，只包括製造成本，且這項成本的評價是以歷史成本為基礎。接下來我們要看看管理會計人員所需要的產品成本資訊，將與財務會計人員所計算的的產品成本不大一樣。

表 1-3 製造業的損益表

瑞展工業股份有限公司		
部分綜合損益表		
20X8 年 3 月 1 日至 3 月 31 日		
銷貨收入：		$　xxx
銷貨成本：		
期初製成品存貨 (20X8/03/01)	$213,000	
加：製成品成本（見表 1-2）	410,900	
可供銷售商品總額	623,900	
減：期末製成品存貨 (20X8/03/31)	(251,000)	(372,900)
銷貨毛利		$　xxx
減：營業費用		(xxx)
銷貨及管理費用		(xxx)
營業淨利		$　xxx
加：營業外收益		xxx
減：營業外費用		(xxx)
稅前淨利		$　xxx
減：所得稅費用		(xxx)
本期淨利		$　xxx

8　營業費用屬於期間費用（period expenses），是淨利的減項。

(二) 對內部報導（管理會計）的產品成本

　　前一節已提到，管理會計人員的職責是提供資訊給經理人做決策，只要對決策有幫助（決策攸關性），並沒有一般公認會計原則須遵守。管理會計人員也需要提供有關產品成本的資訊給經理人做決策，產品成本的資訊至少提供兩大目的：事前的決策規劃（planning）與事後的評估（evaluation）與控制（control）。

　　產品定價便需要管理會計人員提供資訊與專業分析；例如公司的定價政策是產品成本加價 20%，那麼新產品成本計算的精確與否便攸關公司是否真能獲利（若成本低估，很可能發生虛盈實虧的窘境）。另外像編製年度預算、制訂下一期產能（生產多少單位）時，單位成本資訊也將影響下一期預算編製的落實與否。此外，企業也常會評估現有產品線實際獲利情形是否和預估的情形一致，若不一致則應該找出原因；經理人也常要評估某一個製程（production process）相較於其他製程是否較有效率。這些都是管理會計的範疇。

(三) 機會成本（opportunity cost）

專有名詞

機會成本

指當選擇使用一項資源，所犧牲或放棄的最大經濟利益。

　　所謂機會成本，是指當選擇使用一項資源，所犧牲或放棄的最大經濟利益。為了解釋機會成本的觀念，茲舉實例說明：假設瑞展工業股份有限公司大里廠生產線可以生產兩種不同規格的產品：MD131 以及 SD221，如表 1-4 所示，MD131 產品每單位邊際貢獻為 $160，而 SD221 卻只有 $100。

表 1-4　MD131、SD221 產品基本資料表

產品項目　　　基本資料	MD131	SD221
每單位售價	$ 240	$ 160
每單位變動成本	(80)	(60)
單位邊際貢獻	$ 160	$ 100

　　這兩種產品應該哪一個多生產？哪一個少生產呢？當然，若市場銷售以及產能都沒有問題，這兩種產品因為都有正的邊際貢獻，應該都要盡量生產、銷售。但通常工廠的產能有限，往往需要作權衡取捨，若從表

1-4 憑直覺似乎應該多生產 MD131，因為它每單位的邊際貢獻（單位售價減單位變動成本）較高（$160 大於 SD221 的 $100）。然而在作這種決策時，我們首先要瞭解究竟是何種產能資源受限？所謂產能資源受限必然代表某一種「資源」受到限制，以致於無法兩種產品都生產。

　　若這兩種產品的銷售都沒有問題，而瑞展工業股份有限公司大里廠的最大產能是每個月 240 個機器小時，因此，機器小時便是限制條件，這時我們必須對 MD131 以及 SD221 兩種產品作進一步的邊際貢獻分析，以瞭解這兩種產品邊際貢獻轉化成以時間為基礎的差異，若生產 MD131 每一單位需 20 分鐘、SD221 每一單位只需 10 分鐘，則從表 1-5 可以進一步的比較，若花一小時生產 MD131，將產生 $480 的邊際貢獻，而生產 SD221 則會有 $600 的邊際貢獻。

　　顯然的，瑞展工業大里廠應該多生產 SD221 才對，若有多餘的產能，才生產 MD131。這是因為生產 MD131 一小時，雖會產生 $480 的邊際貢獻，但機會成本是 $600（放棄生產 SD221 所犧牲的經濟效益），成本比效益高，所以不划算。而生產 SD221 一小時，會產生 $600 的邊際貢獻，機會成本卻只有 $480（放棄生產 MD131 所犧牲的經濟效益），成本比效益低，值得生產。

表 1-5 MD131、SD221 產品邊際貢獻分析表

基本資料 ＼ 產品項目	MD131	SD221
每單位售價	$ 240	$ 160
每單位變動成本	（80）	（60）
單位邊際貢獻	160	100
每單位生產時間（分鐘）	20	10
每小時邊際貢獻	$ 480	$ 600

　　機會成本的概念除了能幫助我們作管理決策外，其實我們日常生活也常會碰到類似的情形，若能靈活運用機會成本的概念，應該對於決策品質的提升有很大的幫助。

　　有了成本的概念，我們可以如何運用在日常的管理決策呢？以下讓我們看看如何運用這些成本資訊，以提供經理人做決策。

1-3 成本資訊的運用 — 損益兩平分析

企業若想知道在某一個銷售數量下可以賺多少錢，或者想知道要賣多少數量才可以收回總成本（不賺不賠），則需要整合各項變動與固定成本的資訊，作損益兩平分析（break-even analysis），或叫成本利量分析（cost-volume-profit analysis；CVP analysis）。

要作損益兩平分析，首先必須對成本習性（cost behavior）有所瞭解，所謂成本習性，就是在特定的產能區間（攸關範圍）內，成本與數量間的關係，我們通常把成本區分成：

專有名詞

成本習性（cost behavior）

在特定的產能區間（攸關範圍）內，成本與數量間的關係。

專有名詞

變動成本

總成本隨單位數量的增加而增加，但每單位的成本則是固定。

專有名詞

固定成本

總成本在該特定的產能區間內不隨數量的變動而變動，但每單位的成本則會隨數量增加而降低。

1. 變動成本：總成本隨單位數量的增加而增加，但每單位的成本則是固定，例如生產汽車所需要的鋼板，生產越多汽車，便需要投入越多鋼板。

2. 固定成本：總成本在該特定的產能區間內不隨數量的變動而變動，但每單位的固定成本則會隨數量增加而降低，例如機器設備的折舊費用。

損益兩平分析常假設所有的成本均可分為固定與變動兩種，且生產數量與銷售數量相等（沒有存貨），並假設不管銷售數量多少，每單位的銷售價格均維持不變。在這樣的假設下，若公司只生產一種產品，則其利潤的等式如下：

利潤＝收益－總成本＝收益－（總變動成本＋總固定成本）

＝收益－總變動成本－總固定成本

＝（銷售數量 × 單位售價）－（銷售數量 × 單位變動成本）

－總固定成本

＝【銷售數量 ×（單位售價－單位變動成本）】－總固定成本

（式 1-1）

在作成本利量分析時，我們常須知道每一單位的邊際貢獻（contribution margin），所謂邊際貢獻，就是售價減變動成本，每單位的邊際貢獻代表每單位的銷貨收入中可以用來分擔固定成本以及產生利潤的部分，若以邊際貢獻的定義，則（式 1-1）可以改寫成：

利潤＝（銷售數量 × 單位邊際貢獻）－ 總固定成本　　　（式 1-2）

根據（式 1-2），我們可以計算出要銷售多少單位才能達到損益兩平點（總收入等於總成本）：

→ 損益兩平點的銷售量＝總固定成本 ÷ 每單位邊際貢獻　　　　（式 1-3）

（式 1-3）就是損益兩平的基本公式（breakeven equation），若我們想知道要達到預計的利潤目標，要銷售多少數量，則可以進一步根據（式 1-3）算出：

→ 要達到特定利潤目標所需銷售的單位數

　　＝（利潤＋總固定成本）÷ 每單位邊際貢獻　　　　（式 1-4）

若我們想知道損益兩平點下的銷售金額，而不是銷售單位數，則只要將（式 1-3）等式的兩邊各乘以每單位售價：

損益兩平點的銷售量 × 每單位售價

　　＝（總固定成本 × 每單位售價）÷ 每單位邊際貢獻

　　＝總固定成本 ÷（每單位邊際貢獻 ÷ 每單位售價）

　　＝總固定成本 ÷ 單位邊際貢獻率

→ 損益兩平點的銷售額＝總固定成本 ÷ 單位邊際貢獻率　　　　（式 1-5）

→ 要達到特定利潤目標所需銷售額

　　＝（利潤＋總固定成本）÷ 單位邊際貢獻率　　　　（式 1-6）

釋 例

瑞展公司計畫於為期三天的台北國際醫療用品展中，推銷最新型的醫療器材用齒輪 X。X 產品每單位生產成本 $150（全部為變動成本），單位售價 $250，而參展攤位的租金費用為 $3,000。則損益兩平的銷售數量為：

損益兩平點的銷售量

　　＝總固定成本 ÷ 每單位邊際貢獻

　　＝ $3,000÷（$250 － $150）

　　＝ $3,000÷$100

　　＝ 30（單位）

驗算：

總收益－總成本

　　＝ $250×30 －（$150×30 ＋ $3,000）

　　＝ $7,500 － $7,500

　　＝ 0

故當銷售量為 30 單位，將會不賺不賠（損益兩平）。

銷售量為低於 30 單位，則營業發生損失。

銷售量為高於 30 單位，則營業發生利益。

進一步驗證如下：

	銷售量 = 40 單位	銷售量 =30 單位	銷售量 = 20 單位
銷貨收入 @250	$10,000	$7,500	$5,000
減：變動成本 @$150	6,000	4,500	3,000
邊際貢獻 (CM) @$100	$4,000	$3,000	$2,000
減：固定成本	3,000	3,000	3,000
營業利益（損失）	$1,000	$ 0	($1,000)

我們可以發現，損益兩平分析必須要有變動與固定成本的資訊，在這裡只是先介紹基本的概念，如何區別固定與變動成本將在下一章進一步介紹。

1-4 管理會計人員的職業道德行為

會計人員由於提供資訊給公司內部或外部人士，這些資訊通常攸關公司的業務，甚至是機密性的資訊。因此會計人員對於職業道德有特別的標準與要求，專業會計組織均致力於提升與制訂高的道德標準。

許多先進國家均有代表管理會計人員之會計專業組織，例如美國管理會計人員協會（Institute of Management Accountant；IMA），是美國最大的管理會計人員組織，它提供管理會計師（Certified Management Accountants；CMA）與財務管理師（Certified in Financial Management；CFM）的證照考試，同時，IMA 也制訂並頒佈管理會計人員行為準則（Standards of Ethical Conduct for Management Accountants），指引管理會計人員的專業能力、保密、正直、及客觀等方面的行為準則。我國目前雖有民間單位舉辦管理會計師考試[9]，但並無較具公信力的管理會計人員專業組織，也沒有相關團體機構制訂管理會計人員的行為準則規範。

9　『中華策略管理會計學會』為目前國內辦理管理會計師（Certified Management Accountants；CMA）的機構，但並未制訂管理會計人員專業職業道德規範。

　　從本章最後的「問題討論」範例中，我們可以體會管理會計人員因為業務上職掌，常掌握企業或組織重要的機密資訊，管理會計人員若沒有高標準的道德規範，很容易造成企業或組織嚴重的傷害。該範例的故事提醒所有的管理會計人員，若行為足以危害組織利益時，應該採取高標準的道德規範以避免損害企業。會計人員也常遇見被主管要求配合舞弊（作虛假的交易安排或錯誤的估計等），國內博達事件、美國的安隆事件等，都是有名的會計弊案，這類舞弊事件往往造成組織，甚或是社會大眾的重大損失，可怕的是這些弊案都與會計人員脫不了關係。

　　管理會計人員提供專業的知識，雖可幫助主管提升決策品質，但若行為上違背職業道德，將危害組織甚巨，因此管理會計人員除了要具備專精的專業能力外，更重要的是應該要有比其他部門人員更高標準的道德約束，否則很容易造成組織的重大傷害，並且損及社會大眾對會計專業人士的信賴，亦將損及會計專業的發展。

> 管理會計人員除了要具備專精的專業能力外，更重要的是應該要有比其他部門人員更高標準的道德約束。

問題討論

職業道德案例

　　葉麗文小姐是瑞展工業股份有限公司會計部門資深的員工，麗文大學時念的就是會計系，畢業後曾在台北的大會計師事務所擔任三年的查帳員，因為家裡住台中，所以五年前瑞展工業股份有限公司招募會計主管，麗文決定應徵並且順利的獲得錄用，由於專業能力強，加上事務所的歷練，麗文在瑞展公司這五年來深得主管的器重，幾乎所有的大訂單，甚或新產品的開發訂價，她都會參與高層的會議，提供成本利潤分析的資料。

　　麗文大前年與相戀多年的男友結婚，先生服務於台中市一家信用合作社，但去年該信用合作社被一家商業銀行購併，麗文的先生突然被裁員，離職後至今尚未找到理想的工作，大女兒、二女兒陸續出生後的生活費，加上每個月三萬多元的房貸，這個家的所有開銷幾乎都靠麗文的收入，讓麗文有些喘不過氣。

　　上週末，麗文的老同學智偉約她出來吃飯，智偉是麗文小時候的鄰居、玩伴、小學同學，一直到大學都是同校，但智偉念的是企管系，畢業後智偉在一家機械公司上班，約半年前智偉開始出來創業。以下是兩人在餐廳的對話：

智偉：我已經取得韓國機械大廠在臺灣的代理權，最近在中部科學園區的業務開展得不錯，真希望能標到友達公司建廠管線的大訂單。

麗文：喔？那麼巧，我們公司也在爭取這個訂單，我們是自己生產，你是進口貨，我看你有得拼呢。

智偉：那可未必，只要妳願意幫我，我的勝算應該很大的，要知道，我要是得到這訂單，我就可以擴大我公司的規模，到時我一定需要一位會計主管，如何？你到時過來我這裡，我給妳兩倍的薪水，再說…我們這麼久的友誼…

麗文：我要怎麼幫你？

智偉：不用擔心，我不想知道你們公司的報價，當我擬好報價單時，我希望妳利用下班時間幫我看看，有哪些項目不該列，或者是列得太高，妳不用會擔心做出背叛公司的事。

問題一：

麗文到底該不該幫智偉？ 幫他的話算不算作出背叛公司的行為？

問題二：

　　麗文如果只是利用下班時間幫智偉，就沒有違法的疑慮？有沒有道德上的疑慮？

討論：

　　表面上看起來，麗文只是利用下班時間，因為智偉並不是念會計的，好朋友本就應該互相幫忙，且麗文並無洩漏公司底價資料給智偉，只是憑她的經驗幫智偉看看報價單而已，這有何不可？

　　其實，依照美國管理會計人員協會的行為規範，這樣的行為是不被允許的。若麗文幫智偉，在幫他看訂單時，腦海中一定會將公司的訂單拿來作比較，由於不自主的善意提醒，很容易讓智偉的報價低於瑞展公司而接到訂單，若後來麗文也到智偉的公司上班，這樣一來，對公司就會造成嚴重的損失了。

本章回顧

會計資訊系統可以概分為財務會計與管理會計，前者是依照一般公認會計原則所產生的，報導並反應企業的財務狀況與經營成果，提供企業外部資訊使用者作投資、授信以及其他各種不同的決策，其資訊品質強調客觀、可靠、一致。

管理會計則是提供企業內部各級經理人經營管理決策所需的資訊，並無一般公認管理會計準則可供遵循，從研發、設計、製造、行銷、運送、至售後服務，價值鍊的過程中，經理人時時都需要管理會計人員提供高品質的資訊，據以作規劃與控制的決策活動。管理會計人員不但要懂會計專業知識，在現今複雜多變的經營環境下，更要瞭解營運實況、注意經營環境的變化，才能提供經理人高品質的資訊，管理會計資訊強調的品質特性為攸關與及時。

所謂成本，乃指為了完成一項能產生目前或未來經濟效益的特定活動，所付出或犧牲的代價。對於買賣業而言，產品成本就是向供應商進貨的成本，以及為達到可供銷售的狀態，所必要的支出（如運費等）。但對製造業而言，製造成本的投入應包括直接原料、直接人工與製造費用，其中直接原料加直接人工合稱為主要成本，而直接人工加製造費用合稱為加工成本。製造業的存貨包含原料存貨、在製品存貨、與製成品存貨，因此其銷貨成本的計算要分為下列幾個階段：

耗用原料總額 ＝ 期初原料 ＋ 本期進料 － 期末原料
製造成本總額 ＝ 耗用原料總額 ＋ 直接人工耗用 ＋ 製造費用
製成品成本 ＝ 製造成本總額 ＋ 期初在製品 － 期末在製品
銷貨成本 ＝ 製成品成本 ＋ 期初製成品 － 期末製成品

損益兩平分析（或稱為成本利量分析），是運用產品的固定成本、變動成本、售價，計算銷售價格、數量與利潤間的關係。此外，這一章我們也介紹機會成本的概念；機會成本是指當選擇使用一項資源，所犧牲或放棄的最大經濟利益，善用機會成本的概念對於決策品質的提升有很大的幫助。

不管是財務會計或者是管理會計，由於會計資訊產生的過程中，必然會接觸許多與營運決策有關的機密資訊，會計人員相較於其他部門人員而言，對於組織的營運資訊與財務狀況可說最為瞭解。近年來許多會計弊案，多因為有會計人員違反職業道德，往往付出重大的社會成本，更危害了會計專業人員的專業形象。因此，會計專業人員除了要有良好的專業知識外，更要有高超的職業道德標準，否則企業或組織將暴露在高度的風險下。

本章習題

一、選擇題

( ) 1. 下列敘述何者正確？

(A) 管理會計需遵循一般公認會計原則

(B) 管理會計系統主要給外部人士使用

(C) 管理會計有一致的衡量基礎與報導格式

(D) 管理會計系統是公司內部制度的一部分。

( ) 2. 下列何者非管理會計的資訊報導與服務對象？

(A) 員工　(B) 各階層經理人　(C) 董事會　(D) 社會大眾。

( ) 3. 為何會計人員之職業道的有特別的標準與要求？

(A) 會計人員提供資訊給公司利害關係人

(B) 資訊通常攸關公司的業務，甚至是機密性的資訊

(C) 專業會計組織致力於提升道德標準

(D) 以上皆是。

( ) 4. 下列何者為管理會計人員的範疇？

(A) 處理日常會計交易　　　　　　　(B) 編製財務報表

(C) 提供各階層管理人員所需要的成本資訊　(D) 編製主管機關要求的報表。

( ) 5. 甲公司於 3 月 1 日有期初在製品 9,000 單位，已完工 60%。於 3 月份完工 30,000 單位，3 月底仍有在製品 12,000 單位，完工 40%。試問甲公司於 3 月份投入生產若干單位？

(A) 25,800　(B) 29,400　(C) 33,000　(D) 36,600。　　　　（107 原住民四等）

( ) 6. 當產品之產量增加時，下列何者最能反映產品平均單位成本的變化？

(A) 變動成本增加　　　　(B) 變動成本下降

(C) 固定成本增加　　　　(D) 固定成本下降。　　　　（106 普考）

( ) 7. 乙公司 X1 年度之銷貨金額為 $400,000，變動成本率為 40%，淨利 $150,000，其損益兩平銷貨收入為何？

(A) $16,667　(B) $150,000　(C) $225,000　(D) $250,000。　　　　（106 普考）

(　)　8. 下列有關攸關成本之敘述，何者正確？

(A) 變動成本均為攸關成本

(B) 固定成本均為非攸關成本

(C) 攸關成本為隨決策的選擇而變化的歷史成本

(D) 攸關成本為隨決策的選擇而變化的未來成本。　　　（106 原住民四等）

(　)　9. 甲產品損益兩平銷貨金額為 $100,000，邊際貢獻率為 65%，若希望獲得之稅後淨利為 $53,950，則銷售收入應為何？（適用之稅率為 17%）

(A) $153,846　(B) $183,000　(C) $197,110　(D) $200,000。　　　（105 身障四等）

(　)　10. 關於攸關成本之敘述，下列何者錯誤？

(A) 由於決策是未來導向的，故攸關成本不一定出現於財務報表

(B) 與決策有關之所有成本皆屬於攸關成本，包括可免成本與不可免成本

(C) 沉沒成本係過去決策所發生之成本，故所有沉沒成本皆為非攸關成本

(D) 攸關成本係指會影響或改變決策之成本。　　　（105 身障四等）

二、計算題

1. 甲公司 X6 年有下列之成本資料：

在製品存貨 1/1	$8,000
X6 年製造成本	160,000
在製品存貨 12/31	7,000
製成品存貨 1/1	16,000
製成品存貨 12/3	22,000

試作：

(1) 計算甲公司 X6 年之製成品成本。

(2) 計算甲公司 X6 年之銷貨成本。　　　　　　　　　　（107 普通考試）

2. 甲公司 X1 年的部分財務資訊如下：

銷貨收入	$1,750,000
X1 年 1 月 1 日直接原料存貨	50,000
直接人工薪資	550,000
間接原料	50,000
間接人工	25,000
工廠水電費用	25,000
X1 年 1 月 1 日製成品存貨	50,000
X1 年 12 月 31 日在製品存貨	75,000
辦公室耗材費用	30,000
X1 年 12 月 31 日製成品存貨	75,000
X1 年 12 月 31 日直接原料存貨	50,000
銷售人員薪資費用	180,000
X1 年 1 月 1 日在製品存貨	50,000
購買直接原料	350,000
工廠租金費用	300,000
辦公室折舊費用	30,000

試作：

(1) 編製 X1 年度的製成品成本表。

(2) 計算 X1 年度銷貨成本及淨利。　　　　　　　　　　（102 普通考試）

3. 赤焰企業生產散熱模組，工廠不幸於 20X4 年 7 月底遭逢祝融，導致存貨損毀，僅能依據所餘會計資料求算出相關存貨損失，作爲後續保險理賠之依據，相關資料如下（單位：百萬元）：

直接材料存貨（20X4 年 7 月 1 日）	$189
直接材料購入	657
直接材料耗用	680
製造費用合計	810
變動製造費用	475

20X4 年 7 月製造成本合計	3,050
在製品存貨（20X4 年 7 月 1 日）	415
製成品成本	2,980
製成品存貨（20X4 年 7 月 1 日）	235
銷貨成本	3,186

試作：

請計算下列成本：直接材料存貨（20X4 年 7 月 31 日）、在製品存貨（20X4 年 7 月 31 日）、製成品存貨（20X4 年 7 月 31 日）、20X4 年 7 月直接製造人工成本、20X4 年 7 月的主要成本。　　　　　　　　　　　　　　　　（105 身心特考四等）

4. 甲公司在 20X1 年的生產、銷售資料如下：

(1) 期初原料存貨與期末原料存貨分別為 $54,000 與 $48,000。

(2) 期末原料存貨相當於本期進料之 12.5%。

(3) 直接人工占製造成本的 45%。

(4) 製造費用為直接人工的 50%。

(5) 期初在製品存貨為 $46,400，相當於期末在製品存貨的 80%。

(6) 期初製成品存貨為 $72,000，相當於期末製成品存貨的 75%。

(7) 毛利為銷貨成本的 40%。

(8) 銷管費用為銷貨收入的 20%。

試作：

(1) 甲公司在 20X1 年之直接材料、直接人工、本期製成品成本。

(2) 甲公司在 20X1 年之銷貨收入、本期營業利益。　　　　（106 原住民特考三等）

5. 羅德公司本月份有關存貨成本資料如下：

	月初	月底
直接原料	$27,000	$19,000
在製品	26,000	18,500
製成品	33,000	13,500

其他補充資料：

(1) 本月份直接原料進貨總額為 $140,000。

(2) 本月份製造費用為直接人工成本之 350%。

(3) 本月份製造成本為主要成本的 2 倍。

(4) 本月份銷貨毛利是銷貨成本的 40%。

試計算：

(1) 直接原料耗用總額。

(2) 直接人工。

(3) 製造費用。

(4) 製成品成本。

(5) 銷貨成本。

(6) 銷貨總額。　　　　　　　　　　　　　　　　　　（106 地方特考三等）

6. 瑞騰公司生產商用與家用玻璃。有關各批次的資訊如下：

(1) X8 年初，有三個批次在製中，其成本各為：批次 259：$4,000；批次 260：$5,000；
   批次 261：$3,000。

(2) X8 年初，有一個批次已完工等待運送，其成本為：批次 258：$10,000。

(3) X8 年度，發生下列成本：直接原料：$500,000；直接人工：$1,500,000；製造費
   用：$2,000,000。

(4) X8 年底，有兩個批次在製中，其成本各為：批次 347：$3,000；批次 348：$5,000。
   此外，X8 年底有四個批次完工並等待運送，其成本各為：批次 343：$1,500；批
   次 344：$2,000；批次 345：$3,000；批次 346：$4,000。

試作：

(1) 計算 X8 年度製成品成本。

(2) 計算 X8 年度銷貨成本。　　　　　　　　　　　　　（103 地特四等）

7. 甲公司本月份發生下列有關生產之資料：

(1) 製造成本為 $150,000，其中製造費用占 27%。

(2) 製成品成本為 $135,000。

(3) 製造費用為直接人工成本的 60%。

(4) 期初在製品存貨為期末在製品存貨的 80%。

(5) 期末材料存貨為 $12,000。

(6) 期初材料存貨為本期購料的 20%。

(7) 期初製成品存貨為 $52,500，是期末製成品存貨的 70%。

試作：

(1) 計算直接材料成本。

(2) 計算期初材料存貨。

(3) 計算期初在製品存貨。

(4) 計算本月份銷貨成本。 （101 身心障礙特考四等）

8. 台生公司 X8 年的有關資料如下：

銷貨	$ 112,000
製成品存貨：	
X7 年 12 月 31 日	$ 10,200
X8 年 12 月 31 日	$ 7,000
在製品存貨：	
X7 年 12 月 31 日	$ 15,000
X8 年 12 月 31 日	$ 8,000
材料存貨：	
X7 年 12 月 31 日	$ 8,500
X8 年 12 月 31 日	$ 8,000
材料採購	$ 36,000
直接人工成本	$ 15,000

(1) 製造費用攤入生產的金額為 $10,000。

(2) 銷售費用為銷貨收入的 5%。

(3) 管理費用為銷貨收入的 2%。

(4) 營業外費用為銷貨收入的 1%。

試作：

根據上述資料編製該公司 X8 年度之綜合損益表。 （99 身心障礙人員四等）

9. X1 年初股東以股東 $1,000 出資成立台南公司，同時以現金購買辦公用設備 $60 與生產用廠房 $100，設備均耐用 5 年，無殘值，直線法提列折舊。

    (1) X1 年相關資料如下：

        ①購料 $200，支付現金 $140，耗用材料 $150。

        ②薪資 $200（50% 直接人工，30% 間接人工，20% 其他），支付現金 $150。

        ③完工轉入成品倉庫成本 $250，80% 製成品出售，銷貨收入 $800，帳款 50% 收現，支付銷貨運費 $20。

    (2) X2 年相關資料如下：

        ①購料 $300，支付現金 $200，耗用材料 $250，支付進貨運費 $50。

        ②薪資 $300（50% 直接人工，30% 間接人工，20% 其他），支付現金 $320。

        ③完工轉入成品倉庫成本 $400，出售成本 $300 商品，銷貨收入 $1,000，帳款 50% 收現，支付銷貨運費 $20。

    試求：

    編製 X2 年綜合損益表、資產負債表。

10. 臺北公司 X4 年初資產負債表如下：

資產：		負債：	
現金	$200,000	應付帳款	$900,000
應收帳款	400,000	應付所得稅	100,000
原料	100,000	長期負債	240,000
在製品	200,000		
製成品	120,000		
預付保險費	20,000		
土地	120,000	權益：	
廠房	1,600,000	普通股本	$920,000
機器設備	1,200,000	保留盈餘	1,200,000
減：累計折舊	(600,000)		
資產總額	3,360,000	負債及權益總額	3,360,000

X4 年 1 月份有關交易如下：

(1) 賒購原料 $100,000。

(2) 領用原料：直接原料 $40,000，間接原料 $20,000。

(3) 薪資總額 $200,000（直接人工 50%，間接人工 25%，行銷薪資 15%，管理薪資 10%）。

(4) 製造費用：廠房折舊 $8,000，機器設備折舊 $10,000，預付機器設備保險費已耗用部分 $4,000。

(5) 現金支付廠房財產稅 $12,000。

(6) 收回客戶帳款 $12,0000。

(7) 現金支付應付帳款 $240,000，薪資 $200,000。

(8) 將實際製造費用結轉至在製品。

(9) 製造完成的商品轉入製成品 $400,000。

(10) 銷貨 $600,000，其中 50% 為賒銷。

(11) 紀錄銷貨成本 $360,000。

(12) 提列所得稅 $40,000。

試求：

(1) 作有關分錄。

(2) 編製製成品成本表及銷貨成本表。

CHAPTER 2 成本習性

學習目標 讀完這一章，你應該能瞭解

1. 變動成本的習性。
2. 固定成本的習性。
3. 混合成本的習性。
4. 如何使用帳戶分析法、工業工程法、高低點法、散佈圖法以及最小平方法這些方法來分析混合成本，以及這些方法的優缺點。
5. 如何判定迴歸式是否符合資料。

引言

　　佳年離開原先上班的公司後自行創業，創立瑞展工業社並擔任董事長一職，雖然他本身有些微商學的背景也當任過大企業董事長秘書多年的經歷，但由於第一次創立公司擔任董事長一職，所以在經營上更是格外謹慎小心且認為自己在專業的管理領域仍有不足之處，為了盡快進入狀況讓自己駕輕就熟，於是拜訪多年好友大銘（目前為某上市公司的總經理）並聽從他的建議，大銘建議他進入 MBA 進修，先對成本方面下手建立更完善的管理知識。佳年與教授見面後，發現許多之前可能忽略掉的概念尤其是成本習性對於許多決策而言更是不可或缺的重要概念，能夠協助管理部門與自己更精準的掌握在各種營運狀況對其成本採取最有效的控管與預測。

2-1　變動成本習性

　　佳年瞭解了成本習性的重要性後，張教授接著說明成本習性可分為：變動成本、固定成本以及混合成本。管理階層必須要準確的預測出各種作業水準下其成本為何，才能夠有助於管理階層做出好的決策。

　　變動成本（Variable Costs）指的是其成本總額會隨著作業量的變動而呈現同一個方向變動。譬如，瑞展公司生產的齒輪，每公斤成本為 $300。而不論期間生產多少公斤的齒輪，每公斤的成本仍然為 $300。表 2-1 以單位成本及總成本，列示變動成本習性如下：

表 2-1　變動習性下單位成本和總成本之關係

齒輪產量 ×	齒輪每公斤成本＝	生產齒輪總成本
250	$300	$75,000
500	300	150,000
750	300	225,000
1,000	300	300,000

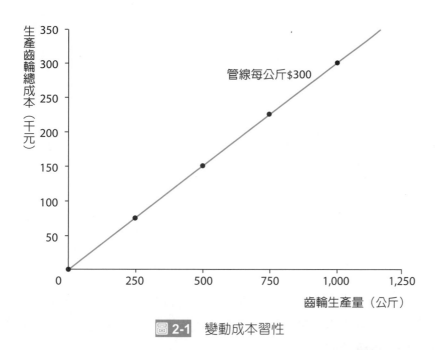

圖 2-1　變動成本習性

變動成本中可分為成本與作業水準成同比例的真變動成本（True Variable Costs）或稱同比例變動成本（Proportionately Variable Costs）以及成本與作業水準的變動具有變動及固定雙重性質的成本，呈現階梯狀的階梯式變動成本 [1]（Step Variable Costs）。

另外，變動成本又可依照是否與生產量有明確關係區分為：工程性變動成本（Engineered Variable Costs）及任意變動成本（Discretionory Variable Costs）兩類。

工程性變動成本指成本與數量具有因果關係，即投入與產出有明確的特定關係，原料與直接人工即屬之。

1　階梯式變動成本：譬如當產品生產後需要有人員去檢驗是否為瑕疵品，假設一位檢驗人員一天只能夠檢驗一百件產品，當生產量超過一百件產品時就需要再多一位檢驗人員，以此類推，檢驗人員的成本與作業水準呈現階梯狀，此時檢驗人員的雇用成本就成為「階梯式變動成本」。

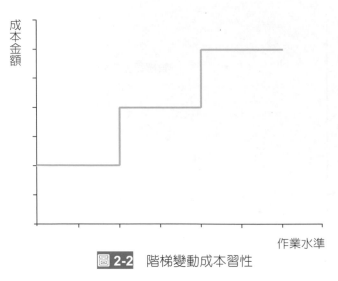

成本金額

作業水準

圖 2-2　階梯變動成本習性

任意變動成本[2]指的是成本與生產量之間並無因果關係，通常是基於管理政策，使得成本與數量同向變動，例如，管理者決定依照銷貨總額百分比，提撥為研發成本。

2-2 固定成本習性

經過張教授的講解以後，佳年開始對變動成本習性有一定的認識，佳年提出了一個疑問：既然變動成本習性是如教授所說，變動成本與作業量水準具有很高的因果關係，企業是否只需要注意變動成本即可？張教授笑著回答：其實不然，除了變動成本外，另外還有固定成本（fixed costs）。目前許多企業中，固定成本高於變動成本，導因於自動化的重要性提高以及採用合約保證年薪或最低工作時數，導致對機械和設備的投資增加，隨之而來固定折舊費用或租賃費用增加，並且減低了人工成本變動對產量的影響，可知固定成本的重要性。因此，對固定成本的瞭解也是很重要的，內容如下：

固定成本指的是在特定期間及攸關範圍內，不論其作業水準變動為何，其成本金額皆維持不變。舉例而言，瑞展公司每年以租金 $1,000,000，向租賃公司租用機器一台，不論每年生產多少公斤的齒輪，其支付租金總額皆維持不變。固定成本習性如下圖 2-3。

2　任意變動成本具備兩個特性：1. 與產量並無明確的關係。2. 其發生起因於期間之預算決策。

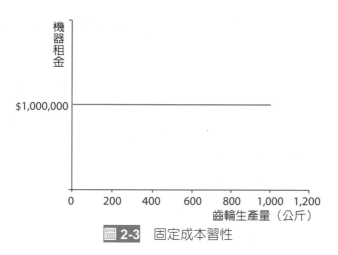

圖 2-3　固定成本習性

　　因固定成本總額不變，因此，當生產單位量增加時，每單位的固定成本會遞減，如圖 2-4 所示。

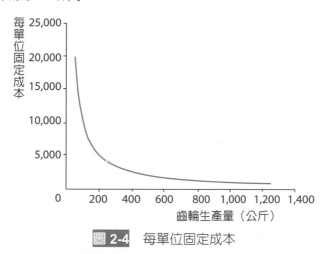

圖 2-4　每單位固定成本

　　另外，固定成本的發生通常是與提供產能有關，如廠房或機器設備等，因此固定成本有時也稱產能成本。也可依規劃目的做出分類，將固定成本劃分為：既定性固定成本（committed fixed costs）以及可裁量固定成本（discretionary fixed costs）。

　　既定性固定成本[3] 指的是無法因未來決策的改變，而改變其固定成本之總額。包含了廠房、設備及基本組織結構所發生之成本，例如：廠房設備折舊或因契約所發生之成本，例如：租金、保險費等。

既定性固定成本具有兩項特性：1. 屬長期性質。2. 無法在不損及組織獲利能力或長期目標下將它降之為零。

3　既定性固定成本具有兩項特性：1. 屬長期性質。2. 無法在不損及組織獲利能力或長期目標下將它降之為零。

　　管理階層面對既定性固定成本時，由於其相關成本皆成定局，因此其控制重點就是盡可能有效運用現有的廠房、設備等相關既定性固定成本，確保達成組織目標。

　　可裁量固定成本或稱可規劃固定成本（programmed fixed costs），指的是其雖有固定成本之性質，卻可因未來決策的改變而改變其固定成本之總額。例如：廣告費用、研發支出等。

　　可裁量固定成本與既定性固定成本之差異主要為：1. 規劃期間較短，可裁量固定成本通常只涵蓋一年，既定性固定成本其規劃時間通常涵蓋多年。2. 可裁量固定成本在某些情況下，可將之削減，而不致對組織之目標產生太大的傷害。例如原本瑞展公司每年皆花 $500,000 在廣告費用上，但由於經濟的不景氣，可能降低廣告的花費，雖然可能對組織目標造成一些不利的影響，但如果處分廠房設備，在下次景氣復甦時，可能無法立即提供足夠的產能，後續影響可能更大。

　　管理階層在面對可裁量固定成本時，為了每年都可重新評估各種可裁量固定成本的支出水準，以決定是否加以增減，因此其重點在避免使決策內容跨越單一預算期間。

　　張教授講解完變動成本及固定成本習性後，對兩者做出比較，如下表2-2。

表 2-2　變動成本與固定成本之比較

成本習性　　成本項目	變動成本	固定成本
成本總額	隨作業水準增加而增加	不變
單位成本	不變	隨作業水準增加而遞減

2-3 混合成本的習性

　　佳年瞭解變動成本與固定成本對決策的重要性後，對張教授提出問題：有些成本不是那麼容易能夠區分出變動成本或是固定成本，那我要怎麼作決策呢？張教授笑著說：的確！在實務上每項成本都不是那麼單純的是變動成本或是固定成本，其中有很多成本其中包含了變動成本以及固定

成本的習性，我們稱之爲混合成本，在實務上我們經常會碰到如：電費、維護、電話費及修理費等。

　　混合成本（mixed costs）也稱半變動成本（semivariable costs），兼具有變動成本與固定成本因素的成本。以瑞展公司爲例，假設公司租用一台機器作爲生產管線之用，租賃合約要求每年支付租金 $500,000，另外當年度每使用機器一個小時須支付 $2。假如在某一年度中，該公司使用機器的累積總時數爲 60,000 小時，則租賃總成本爲 $620,000，其中 $500,000 爲固定成本，$120,000 爲變動成本。混合成本的習性如圖 2-5。

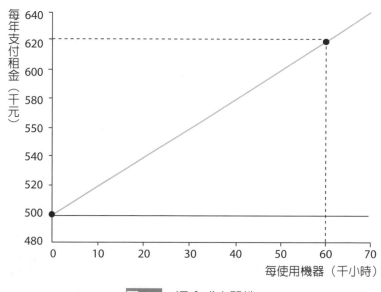

圖 2-5　混合成本習性

　　即使瑞展公司該年度完全沒有使用該機器，該公司仍然必須支付 $500,000 的最低租金。也就是圖 2-5 中爲何成本線與縱軸交於 $500,000 這點。每使用機器一個小時，租賃總成本會增加 $2，這變動成本的部分加到固定成本部分之上，就會使得總成本呈現向上傾斜的正斜率。

　　因圖 2-5 中的混合成本呈直線，可以下列方程式表達混合成本與作業量的關係。

$Y = a + bX$
Y = 總混合成本
A = 總固定成本
b = 每單位作業量的變動成本
X = 作業量

瑞展公司的租賃費用可以方程式表示如下：

總混合成本 = 總固定成本 + 每單位作業量的變動成本 × 作業量

$$Y = \$500,000 + \$2 \times X$$

在攸關範圍內，所有作業量下的混合成本，皆可以此方程式計算而得。例如，若瑞展公司預估下年度使用機器 45,000 小時，則可預計總租賃成本為 $590,000，計算如下：

$$Y = \$500,000 + \$2 \times 45,000 \text{ 小時}$$
$$= \$590,000$$

成會焦點

成本習性應用於造紙產業

　　2018 年 2 月臺灣發生前所未見的衛生紙之亂，由於國際紙漿持續上漲及賣場通路過度渲染向媒體放出衛生紙要高漲 2~3 成的消息，進而引起民眾爭先恐後地在搶購衛生紙的風潮，造成一紙難求的亂象。在生產衛生紙須投入原物料紙漿以及包裝運送等，這些都屬於變動成本，皆是隨著產生數量增加而增加，在一攸關範圍內，單位價格並不會隨著數量的增加而變化。除了投入上述之費用外，亦需投入生產的機器設備、租用的廠房租金、雇用管理人員等，這些成本則是屬於固定成本，並且總固定成本不會隨產出數量增加而增加。公司可以預測市場需求，進行成本估算，以採購最適合的存貨，充分控管成本。

資料來源：聯合報

2-4 混合成本的分析

佳年回到公司後發現，確實有許多的成本都是屬於混合成本，但他對混合成本又有了疑問，這麼多的成本雖然看得出來是混合成本，但究竟要如何將變動成本及固定成本區分出來，以便對決策有所幫助。佳年迫不及待的打電話詢問張教授，張教授耐心的說明：「由於混合成本在實務上相當普遍，因此有關混合成本的觀念就顯得極其重要。常見的混合成本項目包括電力、維護、電話費及修理等等。例如，工廠中機器的維修成本就屬於混合成本，相關的維修人員的薪資，大部分屬固定成本，而更換的零件、潤滑油等則是屬於變動成本。」

混合成本中分為固定及變動因素，其中固定因素的部分為，使作業至可供使用狀態最基本、最低的費用；變動因素的部分為，實際耗用該作業所發生的費用，會隨著實際的耗用量同比例的變動。

管理階層為了規劃的目的，該如何處理混合成本？最理想的作法，就是在每項成本發生時，直接區分為固定成本以及變動成本兩個部分。然而，即使能做到，代價也可能相當的高。因此，需要採用客觀的方法將成本加以分類。若能謹慎使用這些方法，將可用最少成本得到接近事實的結果。

成本估計（cost estimation）為決定某一特定成本習性和作業量關係的過程。實務上成本估計常用的方法如下：1. 帳戶分析法；2. 工程估計法；3. 高低點法；4. 散佈圖法；5. 最小平方法。每個方法的結果可能會有差異，這些方法並不相互排斥。因此，可使用兩個以上的方法，將結果相互比較。會計人員提出成本估計數據後，由於直線經理必須對所有成本估計負最終責任，他們通常在估計過程最後依其經驗與專業判斷，修改由會計人員所提出的估計數據。

一、帳戶分析法

帳戶分析法（account analysis method），又稱帳戶分類法（account classification method），逐一複核（review）各個成本帳戶，經分析之後

視該成本和作業水準的關係區分為變動、固定或混合成本。而這種分類取決於會計人員對組織活動和成本的認知經驗及判斷。例如：物料成本被認為是變動成本，租金被認為是固定成本，電話費為混合成本。此法準確度依經理人及會計人員的經驗以及判斷。其優點為計算簡便，缺點為過於主觀，並且觀察資料太少，不同的分析人員會產生不同的結果。

二、工業工程法

工業工程法（industrial engineering approach），又稱工作衡量法（work measurement method），此法是以工業工程師對生產方法、材料規格、設備需求、人工需求、動力耗用、生產效率為基礎，分析投入與產出之關係，訂出固定成本與變動成本，例如：瑞展公司投入鋼鐵、直接製造人工、機器時間及電力，產出為標準齒輪。採時間與動作分析法來計算生產各項作業所需的時間。例如：生產 1 單位的標準齒輪需要 0.01 機器小時，並將實際衡量投入與產出的結果，轉換為標準及預算成本。

因分析過程中需投入較多的時間與成本，此法較適用於投入與產出之間具有明確關係的情況，但頗為耗時。其優點為可指出一個作業所需的步驟，較為精確並且能夠與其他相類似的作業比較。使公司能夠檢討其製造方法，並指出優缺點，可排除無效率與浪費。另外，本法不需要組織過去的作業資料。缺點為需依靠工業工程師之研究，其耗費人事成本較多，且較為繁複。

三、高低點法

以高低點法（high-low method）分析混合成本時，觀察在攸關範圍內的全部資料，找出作業量最高與最低的兩點，即以作業量為選擇之依據，並非以費用為基準。再將這兩點的成本差額除以作業量的變化，計算出每增加一單位所增加的變動成本。最後利用總成本減變動成本計算出固定成本。也可以說是運用兩點計算出斜率係數與常數或截距，斜率係數就是每單位變動成本，常數或截距即是固定成本。

表 2-3　瑞展公司過去六個月份的直接人工小時與製造費用資料

月份	直接人工小時	製造費用
一月	1,250	$2,500
二月	1,700	2,850
三月	2,500	3,550
四月	3,500	4,250
五月	5,000	5,500
六月	3,000	3,900

由於製造費用隨著作業量的增加而增加，顯見其中存有變動成本的部分。採用高低點法由混合成本中分離出變動成本與固定成本，必須將最高和最低的作業量中，直接人工小時與製造費用的變化相互比較：

表 2-4　直接人工小時與製造費用的變化表

	直接人工小時	製造費用
最高作業量（五月）	5,000	$5,500
最低作業量（一月）	1,250	2,500
變動量	3,750	$3,000

假設製造費用公式為

$$Y = a + bX$$
$$b = 變動率 = 成本變動 \div 作業量的變動$$
$$= \$3,000 \div 3,750 = \$0.8 \text{（每直接人工小時）}$$

計算出製造費用的變動部分為每直接人工小時為 $0.8 後，就可以最高或最低作業量下的總成本減去變動成本的部分，計算出固定成本的金額。下列以最高作業量的總成本為例計算如下：

$$a = 固定成本 = 總成本 - 變動成本部分$$
$$= \$5,500 - （\$0.8 \times 5,000 \text{小時}）$$
$$= \$1,500$$

將變動成本以及固定成本部分分離後，在攸關範圍內的製造費用，可表示為 $1,500 加上每直接人工小時 $0.8。其成本公式（在 1,250 直接人工小時至 5,000 直接人工小時的攸關範圍內）如下：

$$Y = \$1,500 + \$0.8X$$

總製造費用　　　　　直接人工小時

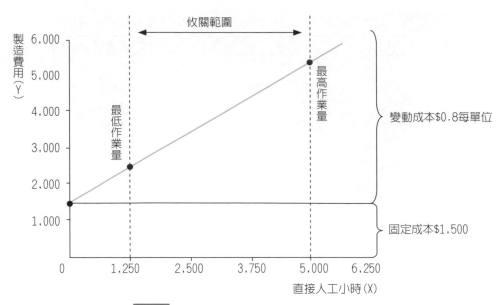

圖 2-6　製造費用和直接人工小時之關係

圖 2-6 中，應特別注意以下三點：

1. 成本通常列示於縱軸，並以 Y 表示。因總成本會隨著作業量的增減而變動，所以成本稱為因變數（dependent variable）。

2. 作業量通常列示於橫軸，並以 X 表示。因作業量的多寡影響著當期發生的成本金額，所以稱為自變數（independent variable）。

3. 強調攸關範圍。使用成本公式計算時，必須瞭解在攸關範圍之外的作業量，可能不適用。

以高低點法分析成本時，若發現最高作業量的期間成本並非最高，或最低作業量的期間成本並非最低。有這類情況時，必須瞭解作業量才是導致成本增減的因素，還是應以最高及最低的作業量為基準計算，不能以成本金額做為基準。

其優點為分析較以上兩種方法客觀，同樣的資料交由不同的人計算，可得出一致的答案。其缺點在於只考慮最高及最低兩點，而在成本分析中只有兩點往往不足以獲得最正確的結果，其中若存在極端值而未排除，會產生嚴重的錯誤。因此，採用更多的點來決定成本公式，結果可能會比用高低點法更正確些。

四、散佈圖法

散佈圖法（scatter diagram method）也稱視覺法（visual-fit method），因為以圖表的方式將所有資料納入考量，是比高低點法更為準確的方法之一。作法是將成本標示在縱軸，作業量或數量標示在橫軸，再將各作業水準的成本標示在圖上，然後根據這些點配適一條成本線，這條直線可稱為迴歸線（regression line），這條線與縱軸之截距即為固定成本，斜率為每單位作業量之平均變動成本。該條成本線並非僅根據最高點及最低點作連結，而是將所有的點納入考量，使這條線能夠代表圖上各點的分佈情形。

以高低點法中的瑞展公司的成本資料為例，以散佈圖法分析的結果如圖 2-7。

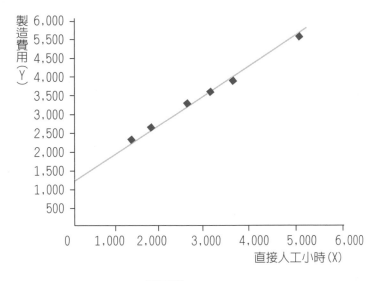

圖 2-7　散佈圖

迴歸線大致將圖上各點分為兩個部分，線上方三點，下方三點。再將這條線向縱軸相交，從縱軸截距可得出固定成本為 $1,300，而單位變動成本則是將固定成本資料帶入每個點得出，也可將帶入每月平均製造費用求出平均每單位變動成本。例如：

一月時，單位變動成本為 $0.96〔=（$2,500 － $1,300）÷1,250〕。

四月時，單位變動成本為 $0.84〔=（$4,250 － $1,300）÷3,500〕。

六個月的平均單位變動成本為 $0.87〔平均製造費用（$22,550÷6）= $3,758.33，平均直接人工小時（16,950÷6）= 2,825，平均單位變動成本

＝（$3,758.33 － $1,300）÷2,825 = 0.87〕，因此，在散佈圖法下每個月的
單位變動成本也有所不同。

散佈圖法的優點為簡單易懂，能夠瞭解成本分佈之趨勢，且能排除極
端值。缺點為迴歸線是目視而得，因此，所得之結果因人而異，同樣的資
料交由不同的兩位分析人員，可能會得出不同的結果，較不客觀。

五、最小平方法

最小平方法（Least-Squares Method）屬於迴歸分析法（Regression
Analysis Method）中最常用的方法，在導出迴歸線位置方面，遠比散佈圖
法精確且客觀。其利用統計分析來配適出迴歸線，而非僅以目視法描繪出
迴歸線。而與高低點法相比，最小平方法在導出方程式時不僅是考慮最高
最低兩點而已，並會將所有的資料納入考量。

圖 2-8 為以假設的資料說明最小平方法之觀念，其中各點與迴歸線的
誤差為標點至迴歸線的垂直距離，而這個誤差稱為迴歸誤差，而最小平方
法之關鍵，就是找出一條迴歸誤差平方和最小的迴歸線，可以方程式表達
如下：

$Y = a + bX$

Y = 因變數，即總成本

a = 總固定成本或縱軸截距

b = 單位變動成本率或此線的斜率

X= 自變數，即作業量

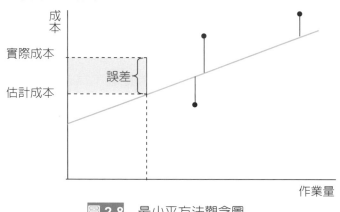

圖 2-8　最小平方法觀念圖

最小平方法計算較為繁複，因此，通常只要將資料輸入電腦，由電腦軟體加以計算。而我們為了找出使迴歸誤差平方和為最小之方程式，所導出斜率 b 的公式如下：

$$b = \frac{\sum (X - \overline{X})(Y - \overline{Y})}{\sum (X - \overline{X})^2} \qquad （式 2\text{-}1）$$

其中 $\overline{X}$ 為作業水準（X）的平均值，$\overline{Y}$ 為平均成本（Y）的平均值，算出 b 值後再代入方程式 $\overline{Y} = a + b\overline{X}$，求出 a 值，便可得出使迴歸誤差平方和最小之方程式。

我們以瑞展公司的資料為例，用最小平方法計算如下：

➡ **步驟1**：首先決定平均作業水準 $\overline{X}$ 以及平均成本 $\overline{Y}$。

瑞展公司的平均直接人工小時($\overline{X}$)為2,825小時（16,950小時÷六個月＝2,825小時），平均成本($\overline{Y}$)為\$3,758（\$22,550÷六個月＝\$3,758）。

➡ **步驟2**：計算出($X - \overline{X}$)，($Y - \overline{Y}$)，($X - \overline{X}$)($Y - \overline{Y}$)，($X - \overline{X}$)^2，($Y - \overline{Y}$)^2。計算如表2-5。

表 2-5 最小平方之法計算表

欄位	(1)	(2)	(3)	(4)	(5)	(6)	(7)
	直接人工小時	製造費用	(1) $- \overline{X}$	(2) $- \overline{Y}$	(3)*(4)	(3)^2	(4)^2
月份	X	Y	$X - \overline{X}$	$Y - \overline{Y}$	$(X-\overline{X})(Y-\overline{Y})$	$(X-\overline{X})^2$	$(Y-\overline{Y})^2$
一月	1,250	\$2,500	$-$1,575	$-$\$1,258	\$1,981,875	2,480,625	\$1,583,403
二月	1,700	2,850	$-$1,125	$-$908	1,021,875	1,265,625	825,069
三月	2,500	3,550	$-$325	$-$208	67,708	105,625	43,403
四月	3,500	4,250	675	492	331,875	455,625	241,736
五月	5,000	5,500	2,175	1,742	3,788,125	4,730,625	3,033,403
六月	3,000	3,900	175	142	24,792	30,625	20,069
合計∑	16,950	\$22,550	0	\$0	\$7,216,250	9,068,750	\$5,747,083

由表2-5可得$\sum (X - \overline{X})(Y - \overline{Y}) = \$7,216,250$

$\sum (X - \overline{X})^2 = 9,068,750$

➡步驟3：將$\sum(X-\overline{X})(Y-\overline{Y})$，$\sum(X-\overline{X})^2$代入b的公式

$$b = \frac{\sum(X-\overline{X})(Y-\overline{Y})}{\sum(X-\overline{X})^2} = \frac{\$7,216,250}{9,068,750} = \$0.7957$$

➡步驟4：將b代入$\overline{Y}$可得出a

$$\$3,758 = a + \$0.7957 \times 2,825$$

$$\$3,758 - \$2,248 = a$$

$$\$1,510 = a$$

因此，便可得其迴歸式為：

$$Y = a + bX = \$1,510 + \$0.7957X$$

成會焦點

低利模式－成本控管

　　全聯福利中心，是臺灣目前最大的超市龍頭，從 1998 年接手的 60 幾家店面到 2011 年營收首次超越家樂福，靠著以鄉村包圍城市的經營概念迅速展店至今已拓展到 900 多家店面，全聯以微薄利潤的定價方式造就至今的規模，並強調給消費者物美價廉的感受。

　　全聯的競爭優勢就是低價策略，在營運模式上則是強調不追求光鮮亮麗的外表省下過多裝潢費等，並且為了降低成本而建置自己的生鮮及物流中心，在產品方面則與供應商採寄賣模式及售後付款的合作方式跟其他通路的不同，也就是為什麼全聯能以低價模式並憑藉營運成本比其他通路的費用低，在成本結構的競爭優勢，攻下市場大餅。

2-5 統計分析

張教授講解混合成本的估計方法後，佳年發現成本函數不只有一種組合，管理階層應該如何選擇最適合的成本函數呢？張教授仔細的解釋：混合成本經由上述方法分析之後，得出 $Y = a + bX$ 迴歸式後。我們可以進一步的以相關分析，分析自變數（X，作業量）與因變數（Y，成本）之間的相關性是否合理。

一、相關係數

相關係數（Coefficient of Correlation）通常以 r 表示，用以表示自變數（X，作業量）與因變數（Y，成本）之間的相關程度。r 會介於 -1 至 1 之間，在判斷時 r 若等於 1 表示具有完全正相關，r 若等於 -1 表示具有完全負相關，r 若等於 0 則表示零相關。X（作業量）與 Y（成本）之間的分佈圖所形成的相關程度可以參考圖 2-9。

相關係數 r 公式為：

$$= \frac{\sum(X-\overline{X})(Y-\overline{Y})}{\sqrt{\sum(X-\overline{X})^2 \ \sum(Y-\overline{Y})^2}} \qquad （式 2-2）$$

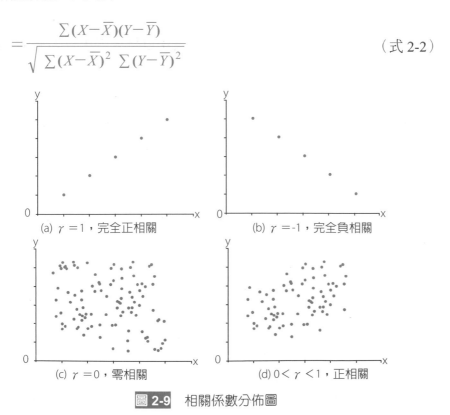

(a) $r = 1$，完全正相關
(b) $r = -1$，完全負相關
(c) $r = 0$，零相關
(d) $0 < r < 1$，正相關

圖 2-9 相關係數分佈圖

依上述瑞展公司最小平方法之資料，可計算出：

$$= \frac{\sum (X-\overline{X})(Y-\overline{Y})}{\sqrt{\sum (X-\overline{X})^2 \ \sum (Y-\overline{Y})^2}}$$

$$= \frac{\$7,216,250}{\sqrt{9,068,750 \times \$5,747,083}} = \frac{\$7,216,250}{7,219,339} = 0.99957$$

一般而言，若相關係數大於 0.7 時，表示相關程度很高。由上述計算瑞展公司例子中，直接人工小時與製造費用為正相關，且趨近於完全正相關。

二、判定係數

判定係數（coefficient of determination）為相關係數 r 的平方。判定係數表示自變數的變動能解釋因變數之變動的百分比。判定係數越大，表示自變數的變動與因變數的變動相關程度越大。

依照上述瑞展公司的例子中，可計算出判定係數為：

$\gamma^2 = 0.99957^2 = 99.9\%$

其判定係數為 99.9%，表示瑞展公司中直接人工小時的變動可解釋 99.9% 製造費用的變動。

製造費用和生產部分相關探討

陳靜宜小姐是瑞展工業股份有限公司會計部門的資深主管，一日張均維總經理向他詢問為什麼我們公司的製造費用老是居高不下？所以要求靜宜對公司的資料做出一份詳細的報告分析，並向他報告該問題造成之原因。

靜宜接到任務後，開始遍尋並分析公司的所有資料，依照以往公司的慣例，靜宜在處理成本資料時皆有將混合成本區分為固定成本以及變動成本，赫然發現，固定成本皆維持一定水準，但變動成本的水準卻很高，她依長期經驗判斷可能是公司的生產良率長期偏低所造成的，因此，靜宜便將公司的生產良率（X）與製造費用（Y）做統計分析，發現兩者呈現顯著負相關。隔日，他便將結果呈報給總經理，總經理才恍然大悟的說，原來是我們公司的生產良率太低的問題啊！

問題：

生產良率與製造費用呈現負相關的意涵為何？總經理瞭解問題點之後應該如何改善其問題？

討論：

生產良率與製造費用兩者呈現負相關的意涵是，當生產良率越高時製造費用便會下降，代表改善生產良率便可以有效的降低製造費用。當總經理希望降低製造費用時，便可以向改善生產良率著手，例如：改善流程、對作業員再訓練或是添購新的設備等，以有效降低製造費用！個案的故事提醒管理人員在作決策時，可以運用統計分析的方法，來分析資料，幫助自己找出問題，避免陷入當局者迷的困境。因此，管理人員需要熟悉這些幫助成本分析的方法，將混合成本區分出變動成本以及固定成本，並且以統計方法分析成本之間的關係，才能夠有效的分析資料解決問題。

本章回顧

　　瞭解成本習性後，管理階層可合理預測出各種作業水準下其成本數據為何。成本與作業水準之間的關係可區分為三類：變動成本、固定成本與混合成本。變動成本為成本總額會隨著作業量的變動而呈現同一個方向變動，且變動成本又可依照是否與生產量有明確關係區分為：工程性變動成本及任意變動成本兩類；固定成本為在特定期間及攸關範圍內，不論其作業水準變動為何，其成本金額皆維持不變，且固定成本也可依規劃目的做出區分為：既定性固定成本及可裁量固定成本；混合成本則兼具變動成本與固定成本。

　　成本估計為決定某一特定成本習性和作業量關係的過程。本章介紹五種實務上成本估計常用的方法：1.帳戶分析法；2.工程估計法；3.高低點法；4.散佈圖法；5.最小平方法。上述方法，各有其優缺點，管理階層可使用兩種以上方法綜合考量。

　　為了估計出混合成本之成本函數，本章深入介紹最小平方法，分析自變數與因變數之間的相關性是否合理。相關係數用以表示迴歸線與資料點之間的接近程度；判定係數表示自變數的變動能解釋因變數之變動的百分比。

本章習題

一、選擇題

( ) 1. 下列方法中，那些可用於分析成本習性？請選擇最適當的組合。①散佈圖法或目視法　②工業工程法　③線性規劃　④作業基礎成本制　⑤統計迴歸分析

(A) ①②④　(B) ①②⑤　(C) ②③⑤　(D) ②④⑤。　　　　　　　（107 會計師）

( ) 2. 大正公司餅乾生產線於 X7 年 1 月至 6 月的成本資料如下：

月份	產量（盒）	成本
1 月	4,100	4,890
2 月	3,200	4,024
3 月	5,300	6,480
4 月	7,500	8,840
5 月	4,800	5,800
6 月	6,600	7,336

假設大正公司使用高低點法估計成本函數。試問生產 5,000 盒餅乾的預估總成本為多少（計算成本取至整數位）？

(A) $4,283　(B) $6,040　(C) $6,227　(D) $8,510。　　　　（100 會計師）

( ) 3. 威名公司正引進一個新型產品，該產品之預計單位售價為 $21。公司估計第一年生產 1,000 單位產品，所需的直接原料成本為 $2,800，直接人工成本為 $5,000（需使用 500 個人工小時）。間接製造費用使用迴歸法分析過去歷史資料獲得成本函數如下：間接製造費用 ＝ $6,800 ＋ $1.65 × 直接人工小時。會計人員同時由迴歸分析得到總變異為 $46,500，直接人工小時不能解釋變異為 $26,505。試問間接製造費用的變異有多少比例可由直接人工小時的變動解釋？

(A) 43%　(B) 57%　(C) 66%　(D) 72%。　　　　　　　　（100 會計師）

( ) 4. 下列有關「固定間接製造成本」之敘述，何者錯誤？

(A) 57% 在攸關範圍內，每單位產品負擔之固定成本恆為固定

(B) 66% 在攸關範圍內，當產量增加，每單位分攤之固定成本越少

(C) 72% 以直線法計提之廠房折舊費用，即屬於固定間接製造成本

(D) 在攸關範圍內，不論產量如何變動，固定間接製造成本總額皆固定不變。

（99 高考）

( ) 5. 下列何者為關於間接製造成本之最佳敘述？

    (A) 可以被追蹤至成本標的的成本   (B) 其金額高於直接成本

    (C) 只包括原料及人工成本   (D) 可能包括變動及固定成本。

（97 高考）

( ) 6. 當成本習性為線性關係時，總變動成本通常會隨著下列何者而成比例變動？

    (A) 直接人工小時   (B) 原料總成本

    (C) 生產量   (D) 機器小時。   （100 普考）

( ) 7. 甲公司運用過去 2 年期間每月實際發生之維修費用，迴歸得出維修費用估計模式：$Y = \$24,000 + \$120X$，其中 Y 代表維修費用；X 代表機器小時。依據該維修費用估計模式，如果 X8 年度估計發生機器小時數為 3,000 小時，則 X8 年度每一機器小時之維修費用預算為多少？

    (A) $216   (B) $240   (C) $256   (D) $336。   （101 高考）

( ) 8. 下列何者為期間成本，而非產品成本？

    (A) 生產機器的折舊   (B) 生產機器之維修成本

    (C) 生產管理人員薪資   (D) 銷貨運費。   （102 普考）

( ) 9. 下列何者係用以判定一項成本為直接成本或間接成本之主要基礎？

    (A) 作業層級   (B) 成本分攤方式

    (C) 成本動因   (D) 成本標的。   （104 會計師）

( ) 10. 乙公司在今年四季產生的機器維修成本及機器小時如下：

	機器維修成本	機器小時
第一季	25,000	5,200
第二季	25,700	5,800
第三季	36,000	7,500
第四季	45,250	9,700

該公司預期明年第一季會發生 8,900 機器小時，則利用高低點法估計之成本函數預測出來的機器維修成本為多少？

    (A) $40,650   (B) $41,500   (C) $41,600   (D) $41,650。

（102 高考）

二、計算題

1. 大正公司餅乾生產線於 X7 年 1 月至 6 月的成本資料如下：

月份	產量（盒）	成本
1 月	4,100	4,890
2 月	3,200	4,024
3 月	5,300	6,480
4 月	7,500	8,840
5 月	4,800	5,800
6 月	6,600	7,336

假設大正公司使用高低點法估計成本函數。試問生產 5,000 盒餅乾的預估總成本為多少（計算成本取至整數位）？ （100 會計師）

2. 西和遊覽公司 X1 年度前半年發生的遊覽車維修費用如下：

月份	行駛公里數	維修費用
1	8,000	55,000
2	8,500	57,000
3	10,600	58,000
4	12,700	58,500
5	15,000	60,000
6	20,000	61,000

試作：

(1) 利用高低點法來估計每行駛一公里的變動維修費用及每個月的固定維修費用。

(2) 列出每個月維修費用的成本方程式。

(3) 當 7 月預估行駛 22,000 公里時，預估其維修費用為多少？ （92 地方特考四等）

3. 甲公司運用過去 2 年期間每月實際發生之維修費用，迴歸得出維修費用估計模式：$Y = \$24,000 + \$120X$，其中 Y 代表維修費用；X 代表機器小時。依據該維修費用估計模式，如果 X8 年度估計發生機器小時數為 3,000 小時，則 X8 年度每一機器小時之維修費用預算為多少？ （101 高考三級）

4. 甲公司依據過去 12 個月之製造費用進行迴歸分析，得出每月製造費用之估計模式如下：製造費用 = $\$80,000 + \$12 \times$ 生產數量。若該公司預期下年度第一季將生產 150,000 單位，則預估第一季之製造費用為多少？ （105 高考三級）

5. 晶大公司生產一新型產品，公司估計第 1 年生產 100 單位產品（實際產能水準為 300 單位），所需的直接原料成本為 $2,000，直接人工成本為 $6,000（每小時直接人工工資率為 $15）。間接製造費用使用迴歸法分析過去資料獲得下列成本函數：間接製造費用 = $7,000 + $1.85 × 直接人工小時。晶大公司接到顧客訂購 150 單位產品，試問此張新訂單的總製造成本為多少？ （99 會計師）

6. 遠東飯店管理當局對分析電費的固定成本及變動成本與房間使用率的關係很感興趣。下列資料摘自當年度的記錄及帳簿。

月份	客人日數	電費
1 月	1,000	400
2 月	1,500	500
3 月	2,500	500
4 月	3,000	700
5 月	2,500	600
6 月	4,500	800
7 月	6,500	1,000
8 月	6,000	900
9 月	5,500	900
10 月	3,000	700
11 月	2,500	600
12 月	3,500	800
合計	42,000	8,400

試作：

(1) 採用下列方法，求電費之固定與變動因素

　　①高低點法。

　　②最小平方法。

(2) 求算客人日數與電費間的相關係數，以及判定係數。

7. 甲公司考慮引進一新型產品，該產品之預計單位售價為 $20。公司估計第一年生產 10,000 單位產品，所需的直接原料成本為 $20,000，直接人工成本為 $60,000（每小時直接人工工資率為 $10）。間接製造費用使用迴歸法分析過去十二年資料獲得成本函數如下：間接製造費用 = $80,000 + $2 × 直接人工小時。並得出相關係數（r）= 0.6，判定係數（R2）= 0.36。

試作：

(1) 假設甲公司預計生產 10,000 單位產品，此新型產品預估的毛利率爲多少？

(2) 假設甲公司預計生產 10,000 單位產品，間接製造費用的變異有多少比例可由直接人工小時的變化加以解釋？ （107 會計師）

8. 大勇運動社爲製造專業網球拍的廠商，爲瞭解工廠機器整備成本的變化以利後續成本管理，該社會計長依據過去 60 個月的數據，考慮「整備次數」或「整備人工小時數」爲可能之成本動因，運用迴歸分析法估計機器整備成本函數。下列爲電腦報表的部分結果：

迴歸式 1：

Variable	Coefficient	Standard error
Constant	973.13	598.64
Number of setups	$56.78	$28.11
R-ssuared=0.53；Durbin-Watson=1.65		

迴歸式 2：

Variable	Coefficient	Standard error
Constant	1417.24	1200.88
Number of setup labor hours	13.13	2.39
R-ssuared 0.82；Durbin-Watson 1.59		

試作：

(1) 上述兩條迴歸式何者較佳的機器整備成本函數？敘明理由。

(2) 若 9 月份的整備次數及整備人工小時數分別爲 750 次及 3,000 小時，請小據第 1 小題所選擇的成本函數估計 9 月份的機器整備成本。9 月底得知實際機器整備成本爲 $41,500，請問該社會計長是否須針對此項成本進行調查。 （104 關務會計三等）

9. 漢中公司使用高低點法估計其成本函數，其 20X4 年相關資訊如下：

	機器小時	人工成本
成本動因最高觀察值	400	10,000
成本動因最高觀察值	240	6,800

當使用 300 機器小時情況下，其成本估計數應爲若干？

CHAPTER 3

成本－數量－利潤分析 (CVP 分析)

學習目標 讀完這一章，你應該能瞭解

1. CVP 分析的基本要點。
2. 損益兩平分析。
3. 利量圖。
4. 目標營業利益分析。
5. 安全邊際。
6. 成本結構與 CVP 分析。
7. 銷售組合與 CVP 分析。
8. CVP 分析運用在多重成本動因。

引言

佳年經營公司不久後，心中總是有點納悶，疑問為甚麼公司連續好幾個月的業績怎麼都不太理想，連在周日工作閒暇之餘到量販店採買，還掛念著公司的經營，而從財務報表上也發現瑞展公司營業利益明顯有偏低的現象，於是佳年望著窗外，邊喝著咖啡邊思考著，此時窗外的大型停車場車輛來來去去絡繹不絕，佳年心中想著這個停車場都快是瑞展公司生產廠房的大小，想必租金必然是一大筆開銷，為何賣場這種低毛利的行業可以承擔這麼大筆的租金而不虧損，再者，把賣場蓋更大不是更好嗎？為甚麼要提供這麼大的停車場呢？

突然腦海閃過一個想法，停車場、公司廠房都是龐大的固定成本，對公司經營是一大負擔，也會大幅降低營業利益，那如果擴充一條新的生產線來大幅增加銷售量，不就可以分攤掉大筆的固定成本費用、用以提升每單位的利潤；就如賣場的停車場可以吸引大批消費者增加銷售量去分攤固定成本有著異曲同工之妙，於是佳年頓時豁然開朗迫不及待拿起手機撥給公司財務部門的陳經理想跟他討論這個想法。

財務經理回道：「好的，聽來這些建議都跟成本、數量、售價有關係，給我一點時間，我明天可以在主管會議給你一些初步的報告，之後再會同其他部門主管一起討論。」

3-1 CVP 分析的基本要點

成本數量利潤分析（Cost － volume － profit analysis，CVP）是用於計算企業在固定成本結構下，為達成既定利潤目標，究竟需要銷售多少產品（或勞務）數量和產品組合。

CVP 分析為短期決策重要工具，可提供管理人員有關收入、成本及營業利益之間的關係。CVP 分析在制定決策時，為一項重要的工具，包括了產品線的選擇、產品的訂價策略、生產設備的購置、行銷策略的選擇等等。例如：瑞展工業股份有限公司可能利用 CVP 來決定推出新齒輪需要銷售多少數量才可達到損益兩平點[1]？亦可使用 CVP 來增加對新醫療器材生產線製造成本的瞭解。CVP 也可以提供管理人員分析不同方案下的利潤，以達到企業所預期的利潤。

1　損益兩平點 (breakeven point, BEP) 為總收入與總成本相等之點，此時沒有利潤亦沒有損失。相關介紹將在本章第二節說明。

一、基本假設

運用 CVP 分析時，將其所使用的資料設定在下列假設範圍內。

CVP 分析的基本假設：

1. 收入及成本只隨著生產與銷貨（或勞務）數量改變而改變。例如：瑞展公司的收入和成本僅隨著產銷的商品數量而改變。

2. 所有成本可以劃分為變動成本及固定成本。

3. 攸關範圍內，總收入與總成本與產出單位呈現直線型關係。

4. 攸關範圍內，單位售價、單位變動成本、固定成本為不變。

5. 銷貨組合維持不變。

6. 產銷一致的情況下，存貨維持不變。

在面對外界激烈的競爭下，佳年思考是否應擴展一條新的生產線，使瑞展公司創造更大的利潤。但公司內的股東覺得佳年新官上任三把火，若貿然的投資可能會使公司蒙受損失，在這兩相衝突之下，佳年請財務部陳經理提出在不同銷售數量下的利潤為何的報告書、分析新產品的邊際貢獻來說服股東，以利生產線投資方案的順利進行。

我們以下例來解說如何使用 CVP 分析：

釋 例

瑞展公司計畫擴展一條新的醫療器材生產線，若計畫實施則需租用一廠房年租金 $400,000，生產此新產品的單位變動成本 $240、每單位的售價 $400，假設已經沒有其他成本。瑞展公司的管理人員想瞭解在銷售不同單位下，商品的利潤為多少？

二、邊際貢獻

在表 3-1 中，該廠房的年租金為固定成本不隨著銷售單位數而改變；而變動成本會隨著銷售而改變。瑞展公司每銷售一套，就必須增加 $240 的成本，瑞展公司可使用 CVP 分析來說明出售不同單位數的產品對營業利益的影響：

表 3-1　不同銷售數量對營業利益的影響

	銷售 2,000 單位	銷售 2,500 單位	銷售 4,000 單位
總收入	$800,000	$1,000,000	$1,600,000
總變動成本	(480,000)	(600,000)	(960,000)
邊際貢獻	$320,000	$400,000	$640,000
總固定成本	(400,000)	(400,000)	(400,000)
營業利益	($80,000)	$0	$240,000

　　只有總收入和總變動成本會隨著銷售數量而改變，而總收入和總變成本之間的差額就稱為邊際貢獻（contribution margin）。在表 3-2 中，當瑞展公司銷售 2,000 單位時，邊際貢獻為 $320,000；而當瑞展公司銷售 4,000 單位時，邊際貢獻為 $640,000。

表 3-2　（單位）邊際貢獻

	總額	每單位
總收入（2,000 單位）	$800,000	$400
總變動成本	(480,000)	(240)
邊際貢獻	$320,000	$160
總固定成本	(400,000)	
營業利益	($80,000)	

邊際貢獻＝總收入－總變動成本

計算式如下：

$800,000 － $480,000 = $320,000

三、每單位邊際貢獻

　　每單位邊際貢獻（contribution margin per unit）為每單位銷售價格和每單位變動成本的差額。

每單位邊際貢獻＝每單位售價－每單位變動成本

計算式如下：

$400 － $240 = $160

邊際貢獻＝每單位邊際貢獻 × 銷售單位數

計算式如下：

$160 × 2,000 = $320,000

邊際貢獻是指總收入減總變動成本，尚可用於回收總固定成本的部分，當總固定成本回收後，邊際貢獻則為完全創造營業利益的增加。前例瑞展公司在銷售 2,500 單位時已回收總固定成本，在之後每銷售一單位營業利益則增加 $160（每單位邊際貢獻）。以銷售 4,000 單位來看，營業利益 $240,000 為回收總固定成本後，超過兩平點銷售量 2,500 單位計 1,500 單位所創造的利潤。

四、邊際貢獻百分比

除了上述以每單位的方式來表示邊際貢獻之外，尚可利用百分比的方式來表示。邊際貢獻百分比（contribution margin percentage）亦稱邊際貢獻率（contribution margin ration；C/M）是指每單位邊際貢獻除以售價。

邊際貢獻百分比 = 每單位邊際貢獻 ÷ 售價
計算式如下：

$$\$160 \div \$400 = 40\%$$

邊際貢獻百分比為每一元售價所創造的邊際貢獻，可用來回收固定成本及創造營業利益。計算式如下：

邊際貢獻 = 總收入 × 邊際貢獻百分比
以前例瑞展公司銷售 2,000 單位為例，其邊際貢獻的計算是如下：

$$\$800,000 \times 40\% = \$320,000$$

3-2 損益兩平分析

佳年提出了新投資方案的報告之後，財務部陳經理和業務部的經理進行市場銷售量的預測報告，預測是否可達損益兩平點，以決定是否進行該投資方案？且繪製了圖表以解釋收入、成本、銷售量之間的關係，使佳年清楚的瞭解它們之間的增減變化。

一、損益兩平點分析

損益兩平點（breakeven point, BEP）為總收入與總成本相等之點，此即沒有利潤亦沒有損失。管理規劃的目標在於獲取利潤，因此管理人員對損益兩平點十分重視。管理人員可透過損益兩平點的計算避免營業損失，損益兩平點說明他們必須維持在某銷售水準下，才可達到損益兩平的銷售數量以避免損失的發生。損益兩平分析方式有二為：方程式法（Equation method）、邊際貢獻法（Contribution－margin method）。

（一）方程式法（Equation method）

總收入－變動成本－固定成本＝營業利益
假設營業利益為 0，故總收入＝變動成本＋固定成本

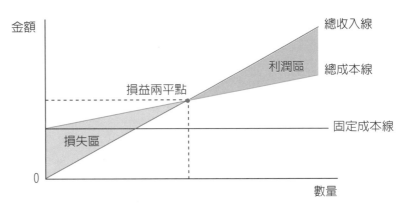

圖 3-1　損益兩平圖（方程式法）

（二）邊際貢獻法（Contribution－margin method）

〔（售價－每單位變動成本）〕×銷售量－固定成本＝營業利益
（單位邊際貢獻×銷售量）－固定成本＝營業利益
假設營業利益為 0，則單位邊際貢獻×銷售量＝固定成本

損益兩平銷售量＝固定成本÷單位邊際貢獻
損益兩平銷售額＝固定成本÷邊際貢獻百分比

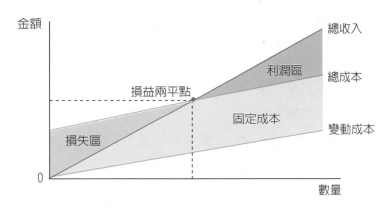

金額

總收入

利潤區

總成本

損益兩平點

固定成本

變動成本

損失區

0

數量

圖 **3-2**　損益兩平圖（邊際貢獻法）

以瑞展公司為例，求算損益兩平點

方程式法：

設營業利益為 0，設損益兩平銷售量為 X

　　　總收入 = 變動成本 + 固定成本

　　　400X = 240X + 400,000

　　　X = 2,500（單位）

邊際貢獻法：

設營業利益為 0，設損益兩平銷售量為 X

　　　單位邊際貢獻為 400 − 240 = 160

　　　160X = 400,000

　　　X = 2,500（單位）

若以損益兩平銷售額求算損益兩平點，注意還要除以售價。

　　　邊際貢獻百分比 = 40%

　　　損益兩平銷售額 = $400,000 ÷ 0.4

　　　　　　　　　　 = $1,000,000（銷售額）

　　　損益兩平點 = 1,000,000 ÷ 400

　　　　　　　　 = 2,500（單位）[2]。

2　求算損益兩平點若以損益兩平銷售額，則需再除以售價，才可得出損益兩平的銷售量。

二、半固定成本

半固定成本亦稱階梯式固定成本，在不同攸關範圍內有不同金額的固定成本，但在一個攸關範圍內僅有一個固定成本金額，故損益兩平點便隨著攸關範圍改變而改變[3]。

假設瑞展公司明年度預計的銷售資料如表 3-3：

表 3-3 預計銷售資料

銷售量	固定成本	單位變動成本	單位售價
0 − 5,000 單位	$100,000	$25	$50
5,001 − 8,000 單位	$200,000	$25	$50
8,001 − 10,000 單位	$275,000	$25	$50

瑞展公司明年度預計的損益兩平點計算式如下：

1.　銷售量為 0 − 5,000 單位之損益兩平點
    = $100,000 ÷ ($50 − $25) = 4,000 單位
2.　銷售量為 5,001 − 8,000 單位之損益兩平點
    = $200,000 ÷ ($50 − $25) = 8,000 單位
3.　銷售量為 8,001 − 10,000 單位之損益兩平點
    = $275,000 ÷ ($50 − $25) = 11,000 單位

上述的計算結果中，瑞展公司只有兩個損益兩平點在攸關範圍內，因銷售量 8,001 − 10,000 單位的損益兩平點超出攸關範圍內。

三、價格與需求之關係

前述之損益兩平點，假設單位價格與需求彼此互為獨立，亦是當單位價格變動時並不影響需求。但實際情況並非如此，單位價格與需求呈反向變動的關係，若單位價格增加則需求減少，反之亦然。以瑞展公司為例說明在此情況下，損益兩平點應如何決定？

假設瑞展公司之單位價格（P）與需求量（Q）呈反向關係：

$Q = 100 − P$

瑞展公司預計總成本（C）與需求量（Q）間之關係：

$C = 175 + 60Q$

3　在同一個攸關範圍內，僅有一個損益兩平點。

預計之損益兩平點及單位價格計算式如下：

預計總收入 = P × Q =（100 - Q）× Q = 100Q - Q²

預計總成本 = C = 175 + 60Q

令預計總收入 = 預計總成本

100Q - Q² = 175 + 60Q

Q² - 40Q + 175 = 0

可得 (Q - 35)(Q - 5) = 0

故 Q = 5 單位或者 35 單位

再將 Q 代入 P = 100 - Q

可得 P = $95 或者 $65

若瑞展公司之單位售價為 $95，則損益兩平點為 5 單位；單位售價為 $65，則損益兩平點為 35 單位。

成會焦點

重整後損益兩平點之調整

台灣高鐵全線縱貫臺灣人口最密集的西部地區，是臺灣史上第一個也是金額最高的 BOT 案，從興建營運到現今的過程中經過幾番波折，其中以近年所面臨的破產危機最為嚴重，當時高鐵損失連連，每年須面臨將近一百九十億的折舊費用，以及每年高達 4% 的融資利率。最後在政府出手才通過 3,820 億新聯

圖片來源：台灣高鐵公司網站

貸案，以新補舊的方式以及經營團隊換血改以政府主導，最後台灣高鐵為了轉虧為盈與銀行團協商新的低融資利率，且在需求成長的情況下，預計只要未來高鐵每日旅次達到 14.5 萬人次，就可以達到損益兩平，並通過縮減人事成本如高層薪資減半及以更嚴格的成本控管制度等等作為來度過破產危機。

四、現金流量兩平分析

企業之管理人員通常關心銷售量對現金、營運資金之影響，需要多少的銷售量才可提供營運所需的現金支出，例如，固定成本中有多少是需以現金支付的金額，因固定成本中通常含有非付現之項目，例如，廠房的折舊費用，當我們在計算現金流量兩平分析時，則需將此非付現的項目在固定成本中減除。

以瑞展公司為例，來說明現金流量兩平分析。假設瑞展公司銷售某產品，邊際貢獻為 $160，固定成本為 $400,000，其中 $80,000 為非付現之折舊費用，則瑞展公司應銷售多少單位才可達到現金流量兩平點？

$$現金流量兩平點 = 付現固定成本 \div 單位邊際貢獻$$

$$= \frac{(\$400,000 - \$80,000)}{\$160} = 2000(\,單位\,)$$

3-3 利量圖（PV graph）

CVP 分析，通常以收入線、成本線來說明 CVP 之間的關係，但在利量圖中以利潤線和產銷量來強調銷售量變動對利潤所造成的影響。利潤線的斜率為利量率，亦即邊際貢獻率。利潤線上每一點代表在不同銷售水準下的營業損益，管理人員可清楚的瞭解銷售量對利潤之影響。但利量圖忽略了成本銷售量變動對成本的影響，故管理人員可依本身的需求而選擇分析圖形，若重點著重於成本、收入之間的關係即採用 CVP 分析圖；若重點著重於利潤、收入之間的關係即採用利量圖[4]。

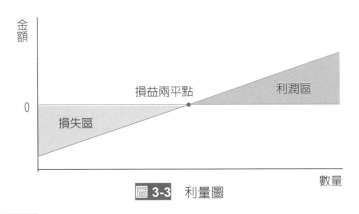

圖 3-3 利量圖

---

4 利量圖和 CVP 分析圖的橫軸皆為產銷量，利量圖的縱軸為利潤、CVP 分析圖的縱軸為收入、成本的金額。

3-4 目標營業利益分析

股東在看完報告後同意新生產線的投資方案，但要求陳經理更精確的算出目標營業利益的分析表，若要達到預期的利潤到底要銷售多少數量（多少銷售金額）呢？

一、稅前目標營業利益分析

前述損益兩平分析，並非管理人員所追求的利潤目標。以瑞展公司為例，管理人員所關心的是若要達成營業利益 $240,000，則需銷售多少單位的產品？

預計銷售量＝（固定成本＋目標營業利益）÷單位邊際貢獻

計算式如下：

設預計銷售量為 X

X = (400,000 + 240,000) ÷ 160 = 4,000（單位）

預計銷售額＝（固定成本＋目標營業利益）÷單位貢獻百分比

計算式如下：

設預計銷售額為 Y

Y = (400,000 + 240,000) ÷ 0.4 = 1,600,000（元）

我們可知為了達成營業利益 $240,000 所需要的銷售金額為 $1,600,000，觀念如下：1. 必須創造 $640,000 的邊際貢獻（總固定成本 $400,000 加上營業利 $240,000）；2. 每一元的銷售金額創造 40% 的邊際貢獻（總收 $1,600,000 × 40% = $640,000）。

二、稅後目標營業利益分析

到目前為止，我們都沒有將稅率的影響考慮進 CVP 分析中。經理人員所追求的利潤目標為減除所得稅之後的淨利，在求算淨利時以目標淨利取代目標營業利益。以前例來說，假設稅率為 25%，瑞展公司若想達到目標淨利為 $240,000，則需要銷售多少單位的產品？

預計銷售量＝【固定成本＋稅前利潤】÷單位邊際貢獻

$$= \left[固定成本 + \frac{目標利潤}{(1 - 稅率)} \right] ÷ 單位邊際貢獻$$

$$= 【固定成本 + \frac{目標利潤}{(1-稅率)}】 \div 單位邊際貢獻$$

計算式如下：

設預計銷售量為 X

$$X = (400,000 + \frac{240,000}{(1-25\%)}) \div 160 = 4,500 \text{（單位）}$$

$$預計銷售額 = (固定成本 + \frac{目標淨利}{(1-稅率)}) - 邊際貢獻百分比$$

計算式如下：

設預計銷售額為 Y

$$Y = (400,000 + \frac{240,000}{(1-25\%)}) \div 0.4 = 1,800,000 \text{（元）}$$

不論是在目標營業利益或是目標淨利，損益兩平點都不會因為稅率的出現而有所影響。因為當企業在損益兩平點時表示總收入等於總成本，營業利益為零，故稅率則不需列為考慮的因素。

3-5 安全邊際

陳經理是個保守穩健的會計人，繼上節所提出的目標營業利益分析表，進一步的沙盤推演若競爭廠商推出和瑞展公司相同的產品或新產品，則在損益兩平點前可容許減少的範圍為多少？

安全邊際（margin of safety）亦稱安全餘額，為預計銷貨收入（銷售量）超過損益兩平銷貨收入（損益兩平銷售）的部分。當企業從預計銷貨收入下降，到損益兩平點之前，可以允許下降的銷貨收入為何？造成銷貨收入減少的原因可能是競爭者推出新產品，或是企業本身產品品質不佳等因素。假設瑞展公司之固定成本 $400,000，單位售價 $400，單位變動成本 $240，若出售 4,000 單位，則預計銷售額是 $1,600,000，預計營業利益是 $240,000。我們可以計算安全邊際：

安全邊際（元）＝預計銷貨收入 － 損益兩平收入
＝ $1,600,000 － $1,000,000 = $600,000（元）

安全邊際（單位）＝預計銷售量 － 損益兩平銷售量
＝ 4,000 － 2,500 = 1,500（單位）

安全邊際亦可以用百分比表達，則稱為安全邊際率（margin of safety ration; M/S）亦稱為安全餘額百分比。

安全邊際率＝（預計銷售收入－損益兩平收入）÷預計銷貨收入

安全邊際率＝安全邊際（元）÷預計銷貨收入

在我們的例子中，安全邊際率＝$600,000 ÷ 1,600,000 = 37.5%

安全邊際率為 37.5%，表示在損益兩平前，銷貨收入可以下降 37.5%，企業仍不會產生損失，亦即目前的銷貨收入減少 $600,000 或 37.5%，則企業達損益兩平。

安全邊際和利潤直接相關，我們使用前述的例題，若邊際貢獻百分比為 40%，安全邊際率為 37.5% 則：

營業淨利率（profit ration）＝邊際貢獻百分比 × 安全邊際率
$$= 40\% \times 37.5\%$$
$$= 15\%$$

上例計算表示在安全邊際（元）中，屬於邊際貢獻百分比的部分可創造營業淨利率（超過損益兩平之部份全部可增加營業淨利），在預計銷貨收入下，其中即有 15%（37.5% 之 40%）為營業淨利率。

營業淨利＝安全邊際（元）× 邊際貢獻百分比
$$= \$600,000 \times 40\%$$
$$= \$240,000$$

營業淨利＝預計銷貨收入 × 營業淨利率
$$= \$1,600,000 \times 15\%$$
$$= \$240,000$$

3-6 成本結構與 CVP 分析

瑞展公司最近籌備一個商展，張總經理思考到底商展的場地是要用何種付款方式？是一次付固定租金呢？還是給提供場地的主辦單位抽每一單位利潤的 10% 呢？這些付款方式是否跟銷售數量有關係呢？若是銷售量表現亮眼，那麼每單位讓主辦單位抽 10% 的利潤鐵定不划算；若是銷售量慘淡，那麼付固定租金可能連損益兩平點都沒法達到，張總經理到底該做何種決定呢？

一、成本結構與營業利益

成本結構為企業營運成本中所涵蓋的固定成本和變動成本的比例。管理人員有權力選擇不同比例的成本結構，此為管理人員制定決策所考慮的因素。

表 3-4　瑞展公司中科廠與大里廠成本結構的損益表

	中科廠	%	大甲廠	%
總收入	$8,000,000	100%	$8,000,000	100%
總變動成本	(4,800,000)	(60%)	(2,400,000)	(30%)
邊際貢獻	$3,200,000	40%	$5,600,000	70%
總固定成本	(2,400,000)	(30%)	(4,800,000)	(60%)
營業利益	$800,000	10%	$800,000	10%

中科廠有高變動成本與低固定成本，大里廠則有低變動成本與高固定成本。(1) 中科廠具有較低邊際貢獻百分比，若未來的銷貨額是減少的趨勢，則營業利益下降的速度較慢；(2) 大里廠具有較高邊際貢獻百分比，若未來的銷售額是增加的趨勢，則營業利益累積較快。若管理人員為風險趨避者，則會選擇中科廠，在銷售量較差時較不會立刻遭受損失。

表 3-5　銷售額呈現減少的趨勢（減少 10%）

	中科廠	%	大里廠	%
總收入	$7,200,000	100%	$7,200,000	100%
總變動成本	(4,320,000)	(60%)	(2,160,000)	(30%)
邊際貢獻	$2,880,000)	40%	$5,040,000	70%
總固定成本	(2,400,000)	(33%)	(4,800,000)	(67%)
營業利益	$480,000	7%	$240,000	3%

表 3-6　銷售額呈現增加的趨勢（增加 10%）

	中科廠	%	大里廠	%
總收入	$8,800,000	100%	$8,800,000	100%
總變動成本	(5,280,000)	(60%)	(2,640,000)	(30%)
邊際貢獻	$3,520,000	40%	$6,160,000	70%
總固定成本	(2,400,000)	(27%)	(4,800,000)	(55%)
營業利益	$1,120,000	13%	$1,360,000	15%

二、營業槓桿（operating leverage）

營業槓桿為一彙總性指標，當企業銷售單位變動引起營業利益和邊際貢獻變動，固定成本所造成的影響，亦即企業中固定成本的運用程度。以前例說明，大里廠具有高固定成本、低變動成本，則營業槓桿作用大，當銷貨只是小幅度的增加，會引起營業利益有大幅度的增加；反之，當銷貨只是小幅度的下降，則會引起營業利益有大幅度的下降。

在某特定的銷售狀況下，營業槓桿係數（Degree of Operating Leverage；DOL）為銷售變動對營業利益所造成的影響。

$$營運損桿係數（DOL）= 邊際貢獻 \div 營業利益$$
$$=（營業利益 + 固定成本）\div 營業利益$$

由上述的公式可知固定成本為營業槓桿係數的決定因素，若沒有固定成本則營業槓桿係數為 1，即沒有槓桿作用。營業槓桿係數會因固定成本的增加而上升，在損益兩平時，營業槓桿係數無限大，當銷售量超過損益兩平點時，營業槓桿係數會隨著銷售量之增加而呈遞減。營業槓桿係數需設定在某特定的銷售狀況下，因不同的銷售狀況會有不同的營業槓桿係數。以前例當銷售額為 $8,000,000 的狀況下，營業槓桿係數為：

中科廠：DOL = 3,200,000 ÷ 800,000 = 4
大里廠：DOL = 5,600,000 ÷ 800,000 = 7

成會焦點

營業槓桿公司之經營實務

營業槓桿可使管理人員瞭解在某一特定銷售水準下，成本結構對營業利益所造成之影響。例如：大眾運輸業中的大眾捷運系統及航空業者、台灣高鐵等，其固定成本的支出占成本結構的比例非常高，因此都屬於高營業槓桿的公司。我們從課文中可瞭解營業收入的增減變化對於高營業槓桿公司的

圖片來源：台灣醒報

營業利益影響很大，所以高營業槓桿公司皆不斷提出各類促銷方案，以提高營業收入。例如：桃園機場捷運線提出降價、台灣高鐵在平日時段的自由座促銷方案，或是台灣高鐵與中華航空公司聯合促銷方案，皆是為了增加營業收入，進而增加營業利益。

3-7 銷售組合與 CVP 分析

業務部門剛出爐的市場分析報告，有兩項產品是熱門商品，但其邊際貢獻相差頗大，若在總銷售組合上佔大多數的是邊際貢獻較高的商品，將創造更高的營業利潤，張總經理認為公司應該提高邊際貢獻較高的商品的行銷費以創造更佳的銷售組合。

銷售組合（sales mix）為企業之總銷售量中，各產品（勞務）的相對數量組成。企業大都產銷多種商品，這些產品的單位邊際貢獻不同，故企業利潤的高低決定於銷售組合。

一、銷售組合與損益兩平分析

假設瑞展公司新的齒輪，計畫生產二種產品相關資料如下：

A 產品：單位售價 $400、每單位變動成本 $240、每單位邊際貢獻 $160。

B 產品：單位售價 $200、每單位變動成本 $140、每單位邊際貢獻 $60。

表 3-7 新產品之相關資料

	A 產品	B 產品	合計
銷售單位	120	80	200
銷貨收入	$48,000	$16,000	$64,000
變動成本	(28,800)	(11,200)	(40,000)
邊際貢獻	$19,200	$4,800	$24,000
固定成本			(9,000)
營業利益			$15,000

我們要如何計算損益兩平點呢？與單一產品（或勞務）不同，我們需要計算加權平均單位邊際貢獻，以上例而言，每出售三單位的 A 產品就出售二單位的 B 產品，我們根據預計銷售組合計算出加權平均單位邊際貢獻：

$$加權平均單位邊際貢獻 = 〔（A 產品的單位邊際貢獻 × A 產品的銷售單位）+（B 產品的單位邊際貢獻 × B 產品的銷售單位）〕÷（A 產品之銷售單位 + B 產品之銷售單位）$$

$$= 〔(160 \times 120) + (60 \times 80)〕÷ (120 + 80)$$

$$= 120（元）$$

$$損益兩平銷售量 = 固定成本 ÷ 加權平均單位邊際貢獻$$

$$= 9,000 ÷ 120$$

$$= 75（單位）$$

瑞展公司的 A 產品與 B 產品的相對數量為 120：80(3：2)，故損益兩平點為 A 產品銷售 45 單位、B 產品銷售 30 單位。在預計銷售組合下，A 產品邊際貢獻為 $7,200、B 產品邊際貢獻為 $1,800，兩者相加等於固定成本 $9,000，達損益兩平。

$$加權平均邊際貢獻百分比 = 總邊際貢獻 ÷ 銷貨收入$$

$$= 24,000 ÷ 64,000$$

$$= 37.5\%$$

$$損益兩平銷售額 = 固定成本 ÷ 加權平均邊際貢獻百分比$$

$$= 9,000 ÷ 37.5\%$$

$$= \$24,000。$$

表 3-8 不同銷售組合下的變動表

	A 產品	B 產品	合計
銷售單位	60	140	200
銷貨收入	$24,000	$28,000	$52,000
變動成本	(14,400)	(19,600)	(34,000)
邊際貢獻	$9,600	$8,400	$18,000
固定成本			(9,000)
營業利益			$9,000

表 3-8 顯示，雖然銷售數量仍然為 200 單位，但銷售組合已改變為 3：7，加權平均單位邊際貢獻為 $90，由原本的 $120 下降至 $90，損益兩平點亦由 75 單位上升至 100 單位。由於加權平均單位邊際貢獻降低，故損益兩平點必須向上調整，才可回收固定成本。銷售組合的改變會有多種組合，皆可達成損益兩平點。

3-8 CVP 分析運用在多重成本動因

一、多重成本動因

CVP 分析，我們假設產銷數量為影響成本、收入動因，在本節我們將解除這個假設，介紹在多重成本動因下，CVP 分析的運用方式。

再以瑞展公司為例，假設瑞展公司銷售每批產品需支付 $200 的文件處理費用。對文件處理費用而言，購買瑞展公司產品的每間廠商為成本動因。

營業利益＝總收入－（每單位變動成本 × 銷售量）－（每間廠商文件處理費用 × 廠商家數）－固定成本

假設瑞展公司銷售 4,000 單位、售價 $400、單位變動成本 $240、固定成本 $400,000，銷售給 5 間廠商，計算如下：

$1,600,000 － ($240 × 4,000) － ($200 × 5) － $400,000=$239,000

此時，營業利益不再只隨著產銷數量而變化，還會受到文件處理成本的影響，因此瑞展公司的成本由上述兩個成本動因所構成。

二、CVP 後續相關分析

管理人員在選擇策略與執行策略之前，通常會對售價、銷售數量、變動成本、固定成本等因素對決策所造成的影響進行評估。若銷售數量較原先預測減少 10%，則營業利益為何？若固定成本增加 10%，則需要多銷售多少數量，才可達損益兩平？管理人員可知在既定的銷售額、售價、單位變動成本、固定成本即可達到預計的營業利益，若上述的假設變動，為了創造相同的營業利益，銷售額數量則會產生變動。

有關於 CVP 後續的相關分析議題，包括固定成本、變動成本、售價與銷售量等因素的改變對營業利益的影響，請讀者參閱本書「第 15 章決策制定與攸關資訊」章節，會有詳細說明與介紹。

問題討論

邊際貢獻案例

甄正鎂小姐剛從會計研究所畢業,以優異的筆試成績進入了瑞展工業股份有限公司的財務部門。瑞展工業股份有限公司目前生產兩項產品,且產能尚未達到飽和,財務部門的主管正在考慮到底該生產何種產品才可達到公司利益最大化。財務主管要求甄正鎂小姐編製產品的利潤分析表,幫助決策的執行。

	A 產品	B 產品
銷售價格	$120	$140
變動成本		
直接材料	(10)	(14)
直接人工	(41)	(42)
銷售佣金	(8)	(12)
邊際貢獻	$61	$72
固定成本		
廠房折舊	(38)	(44)
本期淨利	$23	$28

甄正鎂小姐:「根據產品的利潤分析表,我們應該將剩餘的產能用來生產 B 產品,可以達到公司利潤最大化。」

財務主管:「我不確定目前這份產品利潤分析表對公司是否最有利,若是生產不同的銷售組合,則利潤為何?可以擬一份更詳細的報告嗎?

問題:

甄正鎂小姐所編製的產品利潤分析是否提供了正確的資訊?該將公司剩餘的產能全部都用來生產 B 產品嗎?

討論:

公司在制定決策時,應考慮是否在目前經濟規模下,不須再投入資本資出。以本案例而言,公司尚未達飽和產能,固定成本就是一項無差異成本,可不列入考量,若列入考量可能會造成錯誤的判斷,使公司無法制定最佳決策。

　　成本數量利潤分析是用於計算企業在固定成本結構下，爲達成既定利潤目標，究竟需要銷售多少產品數量和產品組合。邊際貢獻爲總收入和總變動成本之間的差額；每單位邊際貢獻爲每單位銷售價格和每單位變動成本的差額；邊際貢獻百分比爲每單位邊際貢獻除以售價。

　　損益兩平點爲總收入與總成本相等之點，此即沒有利潤亦沒有損失。本章介紹二種損益兩平分析法，1. 方程式法；2. 邊際貢獻法。管理階層所追求的利潤目標爲減除所得稅之後的淨利，即於成本數量利潤分析時，分子加上目標利潤再予以調整所得稅率。

　　安全邊際爲預計銷貨收入超過損益兩平銷貨收入的部分，亦若企業預計銷貨收入開始下降，到達損益兩平點時，可以允許下降的銷貨收入是多少。成本數量利潤分析因素中若變動成本、固定成本、售價、銷售量等資料的改變，則對獲利能力影響之變動，稱爲成本數量利潤的相關分析。

　　成本結構爲企業營運成本，固定成本和變動成本的比例，營業槓桿爲固定成本的運用程度；營業槓桿係數爲銷貨變動對營業利益所造成的影響。銷售組合爲企業之總銷售量中，各產品的相對數量組成，企業銷售多種商品，這些產品的單位邊際貢獻不同，故企業利潤的高低決定於銷售組合。

本章習題

一、選擇題

( ) 1. 甲公司在 X8 年度以每箱 $120 之價格銷售急救箱給醫院。在 80,000 箱的數量
下，甲公司固定成本為 $1,000,000，稅前利益 $200,000。因為法令改變，X9
年度的固定成本較 X8 年度增加了 $1,200,000。若數量與其他成本因素不變，
試問 X9 年度售價應訂為多少，才能維持相同的稅前利益 $200,000？
(A) $120　(B) $135　(C) $150　(D) $240。　　　　　（105 地特 3 等）

( ) 2. 甲產品的損益兩平點為 500 單位，邊際貢獻率為 40%，假設其他情形不變，
甲產品在下列那一個銷量下的營業槓桿最大？
(A) 401 單位　(B) 501 單位　(C) 601 單位　(D) 無法判別。　（105 地特 3 等）

( ) 3. 遠見公司在 X1 年共銷售 12,000 單位的產品，每單位平均售價 $20、直接材料
$4、直接人工 $1.6、變動製造費用 $0.4、變動銷售成本 $2，每年的固定成本
有 $12,000 與銷售活動相關，有 $84,000 與銷售活動無關。預計公司在 X2 年
直接材料成本與直接人工成本變化後，營運槓桿為 5。假設其他情況不變，則
該公司的邊際貢獻將較 X1 年增加或減少多少？
(A) 增加 $24,000　　　　　　　　(B) 增加 $14,000
(C) 減少 $14,000　　　　　　　　(D) 減少 $24,000。　　（105 會計師）

( ) 4. 甲公司決定新增固定成本以取代部分變動成本，若使得邊際貢獻率從 10% 增
加至 20%，固定成本增加 10%，則此決策後之損益兩平點銷貨收入變化為何？
(A) 與決策前損益兩平點銷貨收入一樣
(B) 較決策前損益兩平點銷貨收入減少 40.91%
(C) 較決策前損益兩平點銷貨收入減少 45%
(D) 較決策前損益兩平點銷貨收入減少 81.82%。　　　　（105 高考）

( ) 5. 下列那一個公式可計算出全部成本法之損益兩平點銷貨量？
(A) 損益兩平點銷貨量 = 總固定成本 / 單位邊際貢獻
(B) 損益兩平點銷貨量 = (總固定成本 + 固定製造費用分攤率 × (期初存貨 −
期末存貨)) / 單位邊際貢獻

(C) 損益兩平點銷貨量 = (總固定成本 + 固定製造費用分攤率 × (損益兩平點銷貨量 生產數量)) / 單位邊際貢獻

(D) 損益兩平點銷貨量 = (總固定成本 + 固定製造費用分攤率 × (生產數量 實際銷貨量)) / 單位邊際貢獻。 （104 高考）

( ) 6. 甲產品本期銷量為 5,000 單位，淨利 $12,000，營業槓桿為 4，預期下期銷量增加 20%，若其他情況不變，下列敘述何者正確？

(A) 下期固定成本總額 $48,000　　　　　(B) 預期下期淨利 $14,400

(C) 預期下期淨利增加 $9,600　　　　　(D) 預期下期營業槓桿大於 3。

（104 高考）

( ) 7. 在進行成本－數量－利潤（CVP）分析時，符合下列那一種情況，損益兩平點將會下降？

(A) 單位變動成本增加　　　(B) 總固定成本減少

(C) 單位邊際貢獻下降　　　(D) 單位售價降低。 （103 地特 3 等）

( ) 8. 甲公司欲推出一件新產品，根據行銷部門的研究報告，市場可接受之單位售價為 $100，預計每年可銷售 50,000 單位。製造該產品每年之固定成本為 $1,000,000，在此條件下，公司目標利潤率為銷貨收入之 25%。請問若該產品實際產銷數量達預期值之 110%，則公司之利潤率大約為多少？（計算值請四捨五入至小數點後第三位）

(A) 25.0%　(B) 26.8%　(C) 27.5%　(D) 27.8%。 （103 高考）

( ) 9. 下列有關營業槓桿之描述何者錯誤？

(A) 衡量組織在其成本結構中使用固定成本的程度

(B) 可用以衡量企業銷貨收入提高時，淨利提高的能力

(C) 營業槓桿係數為安全邊際率之倒數

(D) 營業槓桿係數 = 淨利 ÷ 邊際貢獻。 （103 高考）

( ) 10. 設甲公司之安全邊際為 $24,000。若公司銷貨收入為 $120,000，變動成本為 $80,000，試問其固定成本為何？

(A) $8,000　(B) $16,000　(C) $24,000　(D) $32,000。 （100 地特 3 等）

二、計算題

1. 丁公司生產 A、B 兩種商品。A 產品之單位邊際貢獻為 $16，B 產品之單位邊際貢獻為 $10。丁公司之總固定成本為 $840,000。A、B 兩種產品的銷售比例為 2：1。

   試作：

   (1) 計算丁公司損益兩平之數量。

   (2) 假設稅率為 30%，且丁公司之稅後目標利潤為 $73,500，計算達到此目標之商品組合。 (107 高考三級)

2. 甲公司 t 月份之營運成果相關資料如下：

銷貨收入	$650,000
變動銷貨成本	200,000
固定銷貨成本	100,000
變動銷貨費用	50,000
固定銷貨費用	150,000

   試作：編製甲公司 t 月份之貢獻式損益表。 (104 退役軍人轉任考試四等)

3. 甲公司生產並銷售豪華型及標準型兩種產品。X1 年銷貨收入為 $1,500,000，銷貨成本及費用為 $1,324,000，稅前淨利為 $176,000，適用 25% 的所得稅稅率。豪華型及標準型的單位售價分別為 $200 及 $100；單位變動成本分別為 $160 及 $40。X1 年度豪華型及標準型的銷售組合為 1：3。

   試求：

   (1) 計算 X1 年損益兩平點時，豪華型及標準型的銷售數量。

   (2) 計算 X1 年的安全邊際率。

   (3) 計算當營運目標為稅後淨利 $82,500 時的損益兩平銷貨金額。

   (102 身心障礙人員特考三等)

4. 幸福旅行社專門經營外國旅客到大臺北地區旅遊，最近推出「臺北幸福一夏」團體 5
   日套裝旅遊行程，每位顧客售價爲 $25,000；每位旅客之變動成本如下：

機票	$10,400
旅館住宿	6,100
餐點	3,000
地面交通	1,200
園區門票與其他成本	800
合計	$21,500

   旅行社全年之固定成本爲 $805,000。所得稅忽略不計。

   試作：

   (1) 計算爲達損益兩平所需銷售之套裝旅遊數量爲何？計算爲賺得目標淨利 $94,500 所
       需之銷售收入爲何？

   (2) 若固定成本增加 $46,000，爲求達到原來損益兩平數量，每位顧客之變動成本應降
       爲多少？   （107 原住民四等）

5. 王信義是一位相當有實力的新歌手，忠孝公司正打算爲其發行新錄製的 MV(Music
   Video)，銷售方式是在網路平台中供消費者下載，忠孝公司預期該 MV 會十分暢銷。
   該 MV 製作與行銷固定成本預計爲 $234,400，每 MV 被下載的變動製作與行銷成本爲
   $30，這些成本並不包含對王信義之支付。王信義希望的支付條件，除一次性簽約金
   $2,000,000 外，另再加計每 MV 淨售價之 15% 作爲權利金。所謂淨售價係指在網路平
   台中，每次下載訂價 $100 扣除支付給網路平台通路商之利潤，而預期網路平台商正
   常利潤爲訂價之 20%。假設所得稅率 20%。

   試求：

   (1) 邊際貢獻率。

   (2) MV 達到損益兩平點之下載次數爲何？

   (3) MV 賺取稅後 $1,200,000 目標營業利益之銷售金額爲何？   （106 地方特考四等）

6. 大正公司總經理提供公司資料如下：

銷貨收入		$500,000
直接材料	$60,000	
直接人工	90,000	
製造費用	100,000	250,000
銷貨毛利		$250,000
行銷費用	$70,000	
管理費用	100,000	170,000
淨利		$80,000

50% 的製造費用為固定成本，40% 的行銷費用及全部管理費用為固定成本。

試作：

(1) 大正公司的邊際貢獻率為何？

(2) 大正公司損益兩平銷貨金額為何？

(3) 假設大正公司考慮投資一些設備，新設備將不影響總成本與銷貨水準，但固定製造費用從原來 50% 增加到 75%。請問新的損益兩平銷貨金額為何？

（105 地方特考四等）

7. 馬可公司出售兩項產品分別是甲與乙，相關資料如下：

	甲	乙	總計
售價	$25	$45	
每單位變動成本	20	35	
總固定成本			$350,000

馬可公司每出售 3 單位的甲，就會出售 2 單位的乙，馬可公司的所得稅率為 25%。

試計算：

(1) 馬可公司損益兩平點的甲與乙之銷售數量與銷售金額分別是多少？

(2) 馬可公司的目標稅後利潤是 $210,000，則其甲與乙的目標銷售數量是多少？

（106 地方特考三等）

8. 東方公司預計於 X1 年生產並銷售產品 40,000 件，單位價格 $24，所得稅率為 20%，其他相關之成本預算資料如下：

直接原料	$200,000
直接人工	200,000
變動製造費用	160,000
變動銷管費用	80 000
固定製造費用	100,000
固定銷管費用	80,000

為因應市場需求之轉變，東方公司擬自 X2 年起在產銷等方面進行調整，包括：每件產品價格調漲 $1，銷售佣金每件提高 $0.5，廣告支出增加 $15,000；每件產品之原料成本可望降低 $0.7，直接人工之工資率調高 10%，因調整生產程序而增加固定製造費用 $40,000，但每單位產品所負擔之變動製造費用可降低 $1.3。

試作：

(1) 計算 X1 年損益兩平點之銷售量、X1 年之安全邊際。

(2) 若東方公司設定 X2 年之獲利目標為淨利率 12%（本期淨利占銷貨收入比例），則 X2 年之最低營業額應為多少才能達成目標？　　　　　　（105 地方特考三等）

9. 輝煌公司正計畫引進一新產品，其售價為 $200，單位變動成本為 $140，而預期第一年產品需求為 10,000 單位。由於目前營業部門人力有限，為銷售新產品該公司需另外僱用一名業務人員，並考慮下列兩種獎酬計畫：A 計畫為年薪 $60,000 另加銷貨總額 12% 的佣金；B 計畫為年薪 $200,000 而無任何佣金。試作：

(1) 在銷售 10,000 單位下，分別計算兩種獎酬計畫所產生的新產品相關之邊際貢獻與營業損益。

(2) 在銷售 10,000 單位下，分別計算兩種獎酬計畫的營運槓桿因子。

(3) 假設第二年銷售量降為 8,000 單位，請使用營運槓桿因子，分別計算在兩種獎酬計畫下，營業損益下降的百分比。　　　　　　（102 關務特考三等）

10. 冠軍連鎖商店每種商品的成本及售價都相同，每家商店有一位支領固定薪資的經理，而每位銷售員的薪資則是固定底薪加計銷售佣金。總店負責人正在考慮改變目前銷售員以固定底薪加計銷售佣金的付薪方法（稱為 A 方案），有意取消銷售員的銷售佣金，但增加原來固定底薪 $114,000（稱為 B 方案）。每一分店成本都相同，預計之收入與成本如下：

每件商品的單位變動資料：

商品售價	$50
商品成本	$23
銷售佣金 6%	$3

每年固定成本：

租　金	$80,000
薪　資	320,000
廣告費	70,000
其他固定成本	10,000
固定成本共計	$480,000

試作：

(1) 以銷售量及銷售金額計算 A 方案的損益兩平點。

(2) 以銷售量及銷售金額計算 B 方案的損益兩平點。

(3) 假設每一分店的利潤目標為稅前營業利益 $420,000，則在 A、B 方案下各需銷售多少單位的產品？

假設本年度採購 40,000 單位的產品，其中 32,000 單位按正常售價出售，其餘單位則以每單位 $40 降價出售，銷售員仍可獲得銷貨收入 6% 的佣金，試問其總利潤為何？

（106 地方特考四等）

CHAPTER

4 分批成本制

學習目標　讀完這一章,你應該能瞭解

1. 分批成本、分步成本及作業成本三種成本制度基本概念。
2. 分批成本運用於製造業的會計流程及處理。
3. 製造費用分攤方式。
4. 製造費用分攤及製造成本計算。
5. 製造費用分攤之差異調整。

引言

　　自從張總接任瑞展公司總經理一職後，由於時代日新月異，互聯網、大數據、人工智慧及雲端應用等新科技應用不斷蓬勃發展，工業 4.0 的出現對瑞展公司這種發展多年的傳統產業形成不小的衝擊與發展阻力，種種內外在環境的急遽變遷使得張總深感戒慎惶恐，為求早日上手，在父親的協助與引見下，得以與業界先進及父親眾多社團朋友請益，在多次諮詢及請教過程中，張總深覺任何企業為求能長久生存，除必須有獨到之技術外，管理亦是一項重要的關鍵，特別是成本的管控更是企業立於不敗之重要基石，有鑑於此，成本制度與架構成為張總首先急欲探索瞭解之處。

4-1 成本制度之介紹

　　為瞭解公司成本制度，張總首先請教公司財務部范經理，具有多年會計背景的范經理具有一絲不苟、條理分明之特質，針對張總的疑問，范經理首先說明由於產品成本牽涉到各項財務及商業活動之進行，對財務報表之建構以致管理決策之訂定有重大之影響，因此企業間常依據產業特性及生產過程之不同而採取不同之成本制度類型，其中最常採用之成本制度有三種：分批成本制、分步成本制及混合成本制：

1. 分批成本制（job-order costing）：亦可稱為訂單成本制度，係以生產批次或顧客訂單為依據，按各批次個別計算、紀錄及彙整總成本處理之一種會計制度。這種制度假定依據客戶需求或因產品多樣化，以致不同生產批次之產品具差異性，所需投入之成本及費用均不相同，故將各自耗用的生產成本直接記入各批次內，圖 4-1 說明於分批成本制下成本累積之概念。通常分批成本制適用於依據顧客所指定特殊規格來生產產品的企業，例如：印刷業、家具業、汽車維修業及運輸工具製造業等。

2. 分步成本制（process costing）：亦可稱為大量生產成本制度，係指成本計算採流程順序或部門別累計及計算產品成本之成本會計制度，本制度多運用於連續性生產、大量生產標準化產品之紡織業、水泥業、飲料業、大宗原物料及石化業等，因這些產業所生產之各種產品性質

專有名詞

分批成本制（job-order costing）

可稱為訂單成本制度，係以生產批次或顧客訂單為依據，按各批次個別計算、紀錄及彙整總成本處理之一種會計制度。通常分批成本制適用於依據顧客所指定特殊規格來生產產品的企業。

專有名詞

分步成本制（process costing）

亦可稱為大量生產成本制度，係指成本計算採流程順序或部門別累計及計算產品成本之成本會計制度。

完全相同或類似，因此所耗用之成本及費用亦相近，因此成本計算係
依部門別或生產段別累計投入之成本及產出總量，藉以計算該部門或
生產段之單位成本，而總成本即將各部門或生產段加總而得，圖 4-2
說明分步成本制下成本累積之概念。

3. 混合成本制（**hybrid product-costing system**）：具備分批與分步成本
制的特性。因在某些行業的生產過程裡，僅在原料投入端差異甚大，
而其加工作業則非常類似或相同，例如，服裝及食品業。故當公司之
各產品線採用相近的大量生產方式，卻可製造出相異產品群時，多以
混合成本制計算成本。在此成本制下，直接原料依製造批次累積，而
加工成本（直接人工與製造費用）則依部門累積；亦即原料成本應用
分批成本制分攤到產品，但加工成本則採用分步成本制分攤到產品，
圖 4-3 說明混合成本制下成本累積之概念。當今實務上已經發展出所
謂的營運成本系統（**operation costing**），用以建構混合成本制，期更
能精準的進行成本企劃、維持與改善。此外，亦將分批成本制、分步
成本制及混合成本制之比較彙整於表 4-1。

> **專有名詞**
>
> 混合成本制（**hybrid product-costing system**）
>
> 當公司之各產品線採用相近的大量生產方式，卻可製造出相異產品群時，多以混合成本制計算成本。

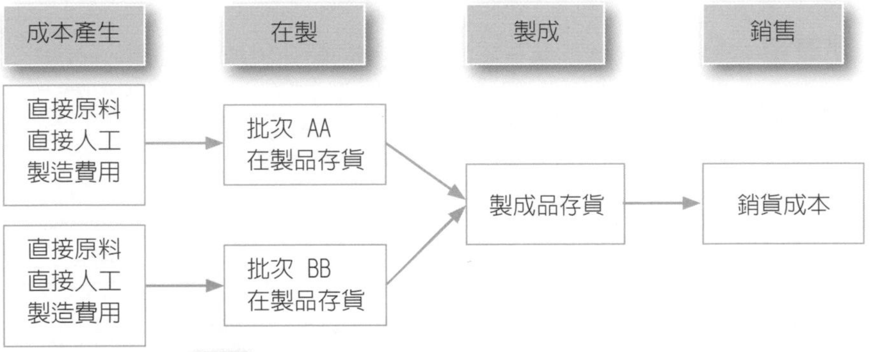

圖 4-1 依製造批次累積成本之分批成本制

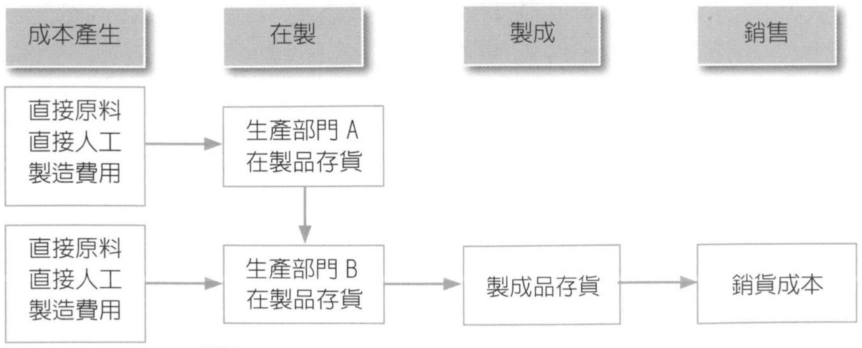

圖 4-2 依生產部門累積成本之分步成本制

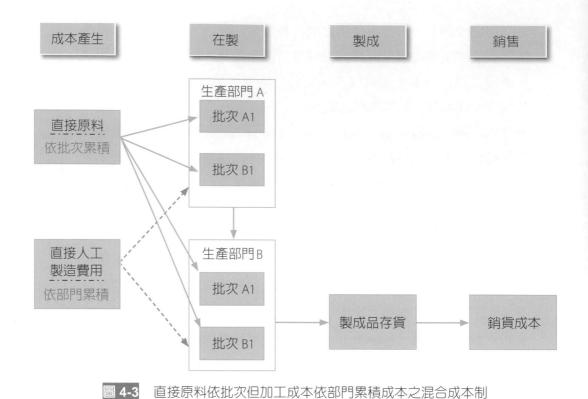

圖 **4-3**　直接原料依批次但加工成本依部門累積成本之混合成本制

表 **4-1**　分批成本制、分步成本制及混合成本制之比較彙整表

	分批成本制	分步成本制	混合成本制
相同處	• 目的相同，計算材料、人工、製造費用至產品，計算每單位生產成本。 • 基本會計科目相同，材料、人工、製造費用。 • 成本流程相同，從領料、在製、製成到銷售。		
相異處	• 每一期從事許多不同的批次。 • 按個別之批次累積成本。 • 分批成本單是主要的單據。 • 按每一批次來計算單位成本。	• 所有的產品是相同的，從事連續生產或長時間生產的產品。 • 按部門別累積成本。 • 部門別生產報告單是主要的單據。 • 按每一個部門來計算單位成本。	• 適用於製程相近或相同，但材料不同的大量生產。 • 直接材料分配至批次上而加工成本累積至各部門中。 • 按每一批次來計算單位成本。

4. 作業基礎成本制（activity-based costing, ABC）：面對商業環境的快速變遷，企業的商業模式、交易形態、產品與服務亦隨之複雜與多樣化，導致過去在企業成本結構中佔比重甚重的直接人工與直接成本，逐漸被製造費用（overhead）所取代。另外，對傳統總製造成本是個別作業成本的加總的重視亦被真正攸關競爭力與獲利能力的「總流程成本」所挑戰。因此傳統成本會計對於製造費用分配採單一分攤基礎之方式，並不夠嚴謹，易造成成本結構扭曲。是故，作業基礎成本制（activity-based costing；ABC）乃在提高產品成本的歸屬性，反映生產所耗用之資源，以利更正確計算成本。此制度以作業活動為基礎，首先將成本先分攤或直接歸屬至作業活動，然後再將作業成本依成本標的（Cost Objects, 如產品別、批次、部門）發生作業活動的量，將成本歸屬或分攤到成本標的。完整的作業基礎成本制請詳閱第 7 章。

4-2 製造業製造流程與會計處理

在說明目前最常採用之成本制度後，范經理為幫助張總更進一步認識成本制度，決定從較易瞭解之分批成本制度開始做進一步介紹，典型的生產制度，從現場作業員提出原物料請購開始，到最終產品完工出售為止，通常歷經下列程序：原料請購及驗收、領用及生產加工、產品完工結轉製成品、製成品銷售結轉銷貨成本等步驟，茲分別說明如下：

一、原料請購及驗收

針對原料，企業皆會訂立相關之存量管制基準及請購相關作業辦法，當原料庫存水位低於管制基準時，現場料管人員簽發「請購單」提出請購申請，請購單內容通常包含編號、日期、品名、規格、數量、以及需用日期。採購部門收到請購單後，則向供應商發出原料「訂購單」，訂購單內容通常包含訂購單編號、日期、訂購者、聯絡人、送達地址及連絡電話、供應商名稱、地址及連絡電話、原料品名、規格、數量、單價、總價、付款條件、運送方式及日期等資訊。提出請購及訂購時皆不必製作分錄。

訂購原料送達時，驗收部門製作「驗收報告」，並將原料送至倉庫存放。驗收報告一般包含：原料品名、規格、數量、運送者及運送日期，而會計部門則根據驗收報告及供應商提供之發票製作分錄：

原料　　　　　　　　　　XXXXX
　　　應付帳款　　　　　　　　　　　XXXXX

二、領用及生產加工

在進行生產前，一般作業流程為生產單位主管簽發「生產通知單」通知現場進行生產作業，生產通知單內容一般包含編號、日期、製造產品規格、數量、預計完工日期、及生產批號等，見表 4-2。簽發生產通知單時，不需做任何分錄。現場接到生產通知單後，隨即填製「領料單」向料管或倉儲部門請領原料，以便進行生產加工，領料單內容一般包含編號、日期、生產批號、領料部門、原料、規格、數量、單位成本及總成本，見表 4-3，且領料單通常係由現場領班負責填寫。

表 4-2 生產通知單

生 產 通 知 單								
						日期：　年　月　日		
品名						編號：		
生產說明								
零件名稱	規格	用量	零件名稱	規格	用量	零件名稱	規格	用量
備註								
備註				完成日期　年　月　日				
				數量				
			廠長意見					

表 4-3 領料單

領料單				
領用單位：			日期： 年 月 日	
原（材）料名稱	規格	數量	單位	用途說明

廠長　　　課長　　　班長

　　原料領用後，會計部門則編製「分批成本單」（或簡稱成本單），記錄將該批次的所有投入之直接原料成本，該表單可視為在製品帳戶之明細帳，用以彙整每一批產品之製造成本，在同一時間內可能有數個批次進行生產，然而每一成本單卻僅用來彙整特定批次之生產成本。分批成本單內容一般包含編號、客戶名稱、產品名稱、規格、數量、批號及各項製造成本等，其中批號應與前述之領料單所登載的批號相同，請詳見表 4-4。按批號累計領料單之成本，再逐項過入成本單，其中領用之原料屬直接原料則借記「在製品」，屬間接原料則借記「製造費用」，分錄製作如下：

　　　　在製品－批次 XX　　　　XXXXX
　　　　製造費用　　　　　　　　XXXXX
　　　　　原料　　　　　　　　　　　　XXXXX

　　在人工成本分配部分，主要依據「計工單」，計工單主要記錄員工每日實際耗用在各生產批次之時間，亦可稱之為工作日報單。計工單一般包含員工姓名、編號、工作日期、工作起迄時間、以及工資率等資料，見表4-5。會計部門於每日終了需將計工單內之人工時數區分為直接及間接兩部分，然後再將直接人工成本記入各該批次之分批成本單內，並將間接人工成本記入製造費用，分錄如下：

　　　　在製品－批次 XX　　　　XXXXX
　　　　製造費用　　　　　　　　XXXXX
　　　　　應付薪資　　　　　　　　　XXXXX

表 4-4 分批成本單

XX 公司
分批成本單

客戶名稱：＿＿＿＿＿＿　　　　　　　　批次編號：＿＿＿＿＿＿＿

產品名稱：＿＿＿＿＿＿　　　　　　　　生產通知單編號：＿＿＿＿

產品規格：＿＿＿＿＿＿　　　　　　　　開工日期：＿＿＿＿＿＿＿

產品數量：＿＿＿＿＿＿　　　　　　　　完工日期：＿＿＿＿＿＿＿

直 接 原 料			直 接 人 工			製 造 費 用		
日期	領料單 #	金額	日期	計工單 #	金額	時數	分攤率	金額

成 本 彙 總								
直接原料	$							
直接人工								
製造費用								
總 成 本	$							
單位成本	$							

表 4-5 計工單

XX 公 司
計 工 單

員工姓名：＿＿＿＿＿＿　　　　　　　　日期：＿＿＿＿＿＿

員工編號：＿＿＿＿＿＿　　　　　　　　部門：＿＿＿＿＿＿

批次編號：＿＿＿＿＿＿

起始時間	停止時間	工作時數	工資率	工資額

在製造費用部分，包含許多不同的成本項目，可分為固定成本及變動成本兩類，其中如折舊、保險及租金等不受產量影響之成本項目屬固定成本，而水、電、瓦斯、包裝等隨產量而變動之成本項目屬變動成本。由於無法如直接原料及人工可明確歸類至各批次，必須採用合理之分攤及歸屬方式。

製造費用分攤，需先選擇適當之分攤基礎後再計算分攤比率。一般常用直接人工成本、機器小時、直接人工小時等與產量有關之項目做為製造

費用分攤依據，分攤基礎選擇必須考量其與製造費用及產品間之關係，方能正確計算產品成本。一般製造費用分攤可分為標準製造費用分攤率、實際製造費用分攤率（亦稱實際成本法）及預計製造費用分攤率（亦稱正常成本法）等三種，實際成本法及正常成本法比較如下表 4-6。其中標準製造費用分攤率係指依某特定程序所訂定的製造費用分攤率之標準，而實際製造費用分攤率係由實際製造費用除以實際分攤基礎而得，然受限於許多費用必須至期末終了方能得知，無法及時分配成本至期中已生產之產品，以及部分費用因季節而有不同（如電力費用於夏季加成計算），造成各季成本波動不定，因此實際費用分攤率較少被採用。

表 **4-6** 實際成本法及正常成本法之比較彙整表

比較項目	實際成本法	正常成本法
直接成本紀錄	直接原料與直接人工的實際成本	直接原料與直接人工的實際成本
製造費用分攤率	實際製造費用 ÷ 實際分攤基礎	估計製造費用 ÷ 估計分攤基礎
製造費用分攤	實際分攤率 × 實際分攤基礎	估計分攤率 × 實際分攤基礎

多數公司採用預計製造費用分攤率，用以計算各批次之製造費用。預計製造費用分攤率係以正常生產下之預計當期製造費用總額，除以預計之分攤基礎而得，依分攤基礎乘以分攤率，則可計算製造費用，採用預計製造費用分攤率，相較實際費用分攤率，係以全期作為計算基準，分攤率較為平均，可使製造費用較為平穩，避免隨各季起伏波動。製造費用分攤的分錄如下：

> 在製品－批次 XX　　　　　XXXXX
> 　　已分攤製造費用　　　　　　　XXXXX

三、產品完工結轉製成品

當完成所有製造加工程序後，製成品便從生產廠房轉至製成品倉庫。此時，會計部門應將該批次所耗用的直接原料成本、直接人工成本及已分攤製造費用的成本，從在製品轉入製成品，分錄如下：

> 製成品　　　　　　　　XXXXX
> 　　在製品－批次 XX　　　　　XXXXX

四、製成品銷售結轉銷貨成本

當該批製成品出售並交運顧客時，應開立銷貨發票，並將分批成本單上的總成本，從製成品轉到銷貨成本，分錄如下：

應收帳款	XXXXX	
銷貨收入		XXXXX
銷貨成本	YYYYY	
製成品		YYYYY

如果該批次產品僅有部分售出，則製成品轉銷貨成本金額，則為列示在分批成本單上的單位成本乘以售出數量。

成會焦點

森田藥粧 80 年老字號用品質與口碑打進亞洲市場

森田藥粧，由周氏家族創始於民國 24 年，開始是一間叫做「森田」的小鋪，以自製木屐的銷售為主，兼賣日用品。民國 34 年臺灣光復後，木屐的需求漸失，轉型為日用品的零售買賣，命名為「森田百貨行」，之後進一步轉型成為批發商。民國 65

圖片來源：今周刊

年起第二代接手經營並正式登記成為「森田百貨有限公司」，80 年代起，雖然持續日用品批發事業，但也開始轉型為代理日本個人清潔用品及保養品的化粧品進口商。

90 年代，周氏家族在醫院擔任醫職的周俊旭醫師，負起研發美容保養品的任務，在考察日本市場後發現「面膜」形態的保養品正在興起，於是周俊旭醫師著手研發 MIT 的「面膜」，經過不斷的配方改良及測試，推出了膠原蛋白面膜，由於價格平實但品質優良，立刻在國內創下銷售佳績，並 2010 年，開始進軍亞洲市場，從中國、日本、新加坡、馬來西亞，甚至在柬埔寨藥妝商店架上都可以看見森田的產品，MIT 面膜不僅在臺灣銷售第一，在新加坡也連續七年拿下屈臣氏開架式面膜商品銷售第一名，年產量約三億片面膜，堆疊起來約等於三座台北 101 大樓的高度，因而有「面膜之王」美名。

儘管越來越多廠商投入面膜市場，但森田的銷售表現依然維持平穩，在東南亞市場的成長更高達兩倍，抱持「研究才能強化競爭力」的態度，持續開發讓處於不同緯度地區，從寒冷的日、韓到悶熱的東南亞國家都一體適用的產品，同時要讓產品效期夠持久，並可依據客戶不同的需求，生產小批次多樣化的產品供應，在優良的品質保證，再加上良好的口碑行銷，得以在紅海競爭中脫穎而出，並在 2016 年榮獲經濟部中小企業最高榮譽「小巨人獎」的肯定。

資料來源：English Career，第 61 期

4-3 分批成本制下製造成本之計算

經過范經理一連串的講解，張總已對成本制度、製造流程及相關會計處理已有了初步的認知，范經理見張總興致昂揚，決定運用公司當前生產流程為例，說明製造費用分攤之計算方式，以加強張總之印象及認知。

范經理決定以公司生產製造之電動輪椅進行說明，該產品成本計算，係採用分批成本法，並運用正常成本法計算及分攤製造費用，電動輪椅之生產，係經車體及組裝兩階段所組成，在車體階段，因全部採用自動化生產，製造成本多與機器運作有關，如折舊、修護費用及料件耗材替換等，因此該階段係採用機器小時作為分攤基礎；而在組裝階段，因多數使用人力進行組裝及測試，因此該階段則以直接人工成本作為分攤基礎，而該年度生產相關之成本預估如表 4-7 之彙整：

表 4-7 年度生產相關成本之預估彙整表

	車體	組裝
預計製造費用 ($)	$1,500,000	$1,000,000
直接人工成本 ($)	$400,000	$2,000,000
直接人工小時 (HR)	10,000	50,000
機器小時 (HR)	20,000	5,000

由上表可知預計製造費用分攤率為：

車體段：$1,500,000 ÷ 20,000 = 每一機器小時 $75/HR

組裝段：$1,000,000 ÷ $2,000,000 = 直接人工成本之 50%

上週製造之第 125 批次之生產時程、人力及成本記錄如下：

	車體	組裝
直接原料 ($)	$50,000	$20,000
直接人工成本 ($)	$3,200	$16,000
直接人工小時 (HR)	80	400
機器小時 (HR)	200	50

以上述之預計製造費用分攤率計算製造費用如下：

車體段：200(HR) × $75 = $15,000

組裝段：$16,000 × 50% = $8,000

第 125 批次之成本彙總如下表 4-8 所示：

表 4-8　第 125 批次之成本彙總表

	車體	組裝	合計
直接原料	$50,000	$20,000	$70,000
直接人工成本	3,200	16,000	19,200
製造費用分攤	15,000	8,000	23,000
總成本	$68,200	$44,000	$112,200

4-4 深入剖析製造費用分攤

一、製造費用分攤釋疑

范經理利用現有的生產概況進行分批成本制度下成本計算的說明，使張總茅塞頓開，對分批成本制度有了更進一步的認識，但也產生了一個新的疑問：「當使用正常成本時，分攤比率係於期初訂定，但現實中各種狀況瞬息萬變，分攤後之成本能否與實際發生之成本一致呢？如果不一致又該如何處理呢？」

范經理一聽張總提出的問題，深感欣慰張總能在如此短的時間舉一反三，馬上再解釋：「當採用正常成本法，因分攤率係採用估列方式，估計之費用與分攤基礎與實際可能存在差異，當已分攤製造費用超過實際的製造費用時，便產生多分攤製造費用，反之則產生少分攤製造費用，需要定期的調整，以調節批次的製造費用與實際的製造費用相同。」

估計之費用與分攤基礎與實際可能存在差異，當已分攤製造費用超過實際的製造費用時，便產生多分攤製造費用，反之則產生少分攤製造費用。

　　在調整前，需先比較分攤的製造費用和實際的製造費用差異，並可考慮選擇下列兩種方式進行調整：

1.　當差異不大時，將多或少分攤之製造費用全部轉入銷貨成本（或本期損益）。

2.　反之，按照在製品、製成品及銷貨成本帳戶餘額（或該三個科目已分攤製造費用數額）的相對比例，將多或少分攤的數額分攤至此三個科目。

二、分攤差異之調整

　　為幫助張總快速瞭解製造費用分攤差異調整，范經理繼續用公司生產電動輪椅為例進行說明，假設車體及組裝實際及分配之製造費用如下：

	車體	組裝	合計
已分攤	$3,800,000	$1,850,000	$5,650,000
實際	3,700,000	1,900,000	5,600,000
差異	+ $100,000	− $50,000	+ $50,000

　　由於已分配製造費用與實際製造費用差異 $50,000，可能之調整方式如下：

1.　可直接將該金額作為銷貨成本之調整，分錄如下：

　　　製造費用－車體　　　　　100,000
　　　　　製造費用－組裝　　　　　　　　50,000
　　　　　銷貨成本　　　　　　　　　　　50,000

2.　按比率分配到在製品、製成品及銷貨成本科目，假設期末各科目餘額為：

　　　在製品　　　　　　$200,000
　　　製成品　　　　　　 300,000
　　　銷貨成本　　　　　 500,000
　　　總額　　　　　　 $ 1,000,000

調整前後之餘額變化如下：

	調整前	調整	調整後
在製品	$200,000	− $10,000	$190,000
製成品	300,000	− 15,000	285,000
銷貨成本	500,000	− 25,000	475,000
總額	$1,000,000	− $50,000	$950,000

分錄如下：

製造費用－車體	100,000
製造費用－組裝	50,000
在製品	10,000
製成品	15,000
銷貨成本	25,000

　　聽完范經理對分批成本制的介紹後，張總忐忑惶恐的心情完全消失了，取而代之的是初窺成本制度的興奮，仔細回想先前范經理對分批成本流程的介紹，再加上實際的例子，張總對分批成本制度已有了完整清楚的概念，在范經理的帶引下，張總彷彿進入了一座知識寶庫，張總暗自期許，入寶庫絕對要滿載而歸。

問題討論

成本正確性與績效追求之探討

　　黃力宏為瑞展工業股份有限公司的會計課長，他剛結算分別將提供醫療器材行零售及政府署立醫院的兩批電動輪椅的半月份成本暫估表，他向主管報告：「由於原料成本持續上揚，電動輪椅零件 A 單位生產成本已達 800 元，高於銷售醫療器材行單價 700 元，並低於銷售署立醫院單價 900 元。」主管獲知訊息後，指示下半月調整分攤比例，以使提供醫療器材行之單位成本低於其售價，其餘成本全計入售往署立醫院之電動輪椅成本，以使兩批次產品皆產生利潤。

問題一：

　　黃力宏是否該遵照主管指示？

問題二：

　　若遵照主管指示將產生何種後果？

討論：

　　企業無可避免須面對及因應外部環境的快速變化，但過度頻繁的調整或是從不調整都將造成資訊扭曲及失真，而使管理階層根據錯誤的資訊做出錯誤的決策，如何拿捏視產業及所處環境而有所不同，當員工面臨上述狀況，可於期間結束後綜合考量市場變化及公司現實狀況進行調整較為恰當，應避免短期間任意調整造成成本結構之扭曲，導致提供管理階層錯誤訊息。

本章回顧

分批成本制是一種產品成本的計算方式，係以訂單或生產批次為基準，用以累計並計算產品成本。在分批成本制中，成本標的為明顯易辨認產品或勞務之個別單位或集合，亦稱之為批次，各批次可能是單一的、獨特的產品，或者是一批相對較少的同質或是非常相似的產品。通常分批成本制適用於依據顧客所指定特殊規格來生產產品、或是分次生產多種不同標準化產品之產業，例如：造船業、印刷業、建築業及飛機製造業等。

公司使用分批成本制者，簡略而言係生產部門依照製造通知單所列之指示進行生產，並將所發生之直接原料及直接人工費用填入「分批成本單」。產品完工時，製造費用再依據已設定之比率分攤，並計入該分批成本單中，該批次生產完成後，由其分批成本單即可得知該批次之生產成本及單位成本，這些資訊可作為產品成本計價的參考來源、估計未來訂單成本之基準及期末財務報告的編製依據。

分批成本的實際進行步驟如下：首先須選定成本標的之批次，一般皆採用分批成本單以累計指派至批次之所有成本的憑證；其次則是確定各批次之直接成本，一般包含直接材料及直接人工；第三步驟則是選擇分攤間接成本至各批次之成本分攤基礎，針對不同之間接成本以不同之成本動因進行分攤；第四步驟則是累計每一成本分攤基礎之間接成本；第五步驟則是計算單位成本分攤比率，以分攤間接成本至各批次；第六步驟則是計算分攤至各批次之間接成本；最後則是加總各批次之直接成本及分攤至各批次之間接成本，以計算該批次之總成本。

由於分攤比率係於期初訂定，但現實中各種狀況瞬息萬變，分攤後之成本往往與實際發生之成本有所差異，故可考慮選擇下列兩種方式進行調整：當差異不大時，將多或少分攤之製造費用全部轉入銷貨成本；或是按照在製品、製成品及銷貨成本帳戶餘額的相對比例，將差異之數額分攤至此三個科目。

一、選擇題

( ) 1 甲公司採用以直接人工小時為分攤基礎的預計製造費用分攤率，將製造費用分攤至各個批次。去年該公司發生 10,000 個直接人工小時與 $80,000 的實際製造費用成本。若製造費用少分攤 $2,000，則該年度預計製造費用率為何？

(A) $7.8　(B) $8　(C) $8.2　(D) $8.4。　　　　　　　　（105 地特 3 等）

( ) 2. 使用直接人工小時為單一預計間接成本之分攤基礎，很容易造成何項結果？

(A) 預計間接成本分攤率被高估

(B) 低估低單價產品的產品成本

(C) 少攤成本給生產數量高的產品

(D) 低估生產數量低、製程複雜的產品成本。　　　　（105 地特 3 等）

( ) 3. 甲公司採用分批成本制，並按直接人工成本的 110% 分攤製造費用。若批號 #100 訂單之實際製造費用為 $58,000，已耗用直接人工成本為 $50,000，則批號 #100 訂單之已分攤製造費用為何？

(A) $50,000　(B) $55,000　(C) $58,000　(D) $63,800。　　（105 高考）

( ) 4. 承上題，則批號 #100 訂單之製造費用：

(A) 少分攤 $3,000　　　　　　(B) 少分攤 $8,000

(C) 多分攤 $5,800　　　　　　(D) 多分攤 $8,000。　　（105 高考）

( ) 5. 下列何種情況會產生少分攤製造費用？

(A) 實際製造費用大於在製品製造費用

(B) 實際製造費用大於完成品製造費用

(C) 預計製造費用大於實際製造費用

(D) 實際製造費用大於已分攤製造費用。　　　　　　（104 地特 3 等）

( ) 6. 甲公司某年不慎將 $150,000 的銷售獎金分配到「製造費用」，該公司期末存貨數量比期初存貨數量還多，在其他條件不變情況下，關於此一錯誤造成的結果，下列敘述何者正確？

(A) 高估當年度的存貨金額和淨利

(B) 低估當年度的存貨金額和淨利

(C) 對當年度的存貨金額和淨利沒有影響

(D) 高估當年度的存貨金額，但是對當年度淨利沒有影響。　（105 身障 4 等）

(　　) 7. 某公司當年度相關成本資料如下：耗用直接原料 $190,000，直接人工成本（7,000 個直接人工小時）$245,000，實際製造費用 $273,000。該公司採用預計製造費用分攤率來分攤製造費用，當年度預計發生 8,000 個直接人工小時，預計的製造費用為 $320,000。該公司帳上唯一的存貨科目為製成品科目，該帳戶期末餘額為 $9,000。試問該公司當年度應分攤的製造費用為何？

(A) $245,000　(B) $273,000　(C) $280,000　(D) $320,000。　　（105 身障 4 等）

(　　) 8. 中順公司製造費用的預計費用分攤率為每直接人工小時 16 元，估計工資率為每小時 20 元。假設其估計總直接人工成本為 300,000 元，其估計製造費用應為：

(A) 240,000 元　(B) 187,500 元　(C) 150,000 元　(D) 30,000 元。（104 會計師）

(　　) 9. 在分批成本法之下，下列有關殘料處理之敘述，何者錯誤？

(A) 殘料收入可直接結轉本期損益

(B) 殘料退回倉庫至出售尚需一段時間，則應至出售時才按淨變現價值認列出售收入

(C) 殘料具有重大價值且可追蹤至個別批次時，應借記現金（或應收帳款），貸記在製品

(D) 殘料可追蹤至個別批次時，出售殘料收入可視為該批次成本之減少。

（104 高考）

(　　) 10. 乙公司產銷一種產品，其生產部門本月份生產產品 15,000 件（包含損壞品），成本為 $45,000，製造完成時損壞 600 件。若該損壞係屬正常損壞，估計殘餘價值 $1,800，則該公司製成品的單位成本為何？

(A) $2.88　(B) $3　(C) $3.125　(D) $4.2。　　　　（104 高考）

二、計算題

1. 甲公司採用分批成本制，並按預計分攤率將製造費用分攤至各批次之產品。下列是該公司六月份之相關資料；直接原料成本 $30,000，間接原料成本 $6,000，實際製造費用 $25,000，直接人工成本 $45,000。該公司六月份無期初或期末在製品存貨，若已分攤製造費用為 $15,000，則其已完工製成品成本為何？　　　　（106 鐵路三級）

2. 某公司當年度相關成本資料如下：耗用直接原料 $190,000，直接人工成本（7,000 個直接人工小時）$245,000，實際製造費用 $273,000。該公司採用預計製造費用分攤率來分攤製造費用，當年度預計發生 8,000 個直接人工小時，預計的製造費用為 $320,000。該公司帳上唯一的存貨科目為製成品科目，該帳戶期末餘額為 $9,000。若多（少）分攤製造費用均調整至銷貨成本，則該公司當年度調整後銷貨成本為何？

(104 退役四等)

3. 某公司當年度相關成本資料如下：耗用直接原料 $190,000，直接人工成本（7,000 個直接人工小時）$245,000，實際製造費用 $273,000。該公司採用預計製造費用分攤率來分攤製造費用，當年度預計發生 8,000 個直接人工小時，預計的製造費用為 $320,000。該公司帳上唯一的存貨科目為製成品科目，該帳戶期末餘額為 $9,000。試問該公司當年度應分攤的製造費用為何？

(105 身障四等)

4. 甲公司採正常成本制，以直接人工成本為製造費用分攤基礎，並將多（少）分攤製造費用結轉銷貨成本。該公司本期預計發生直接人工 $324,000 與製造費用 $680,400，而實際發生投入直接材料 $384,000、直接人工 $306,000 與製造費用 $658,000。若該公司在製品與完成品之期初餘額分別為 $41,000 與 $26,000，期末餘額則均減少 10%，該公司本期之銷貨成本為何？

(103 地特三等)

5. 仁愛公司製造競賽遊戲用搖桿，採用正常成本法，以直接製造人工成本分攤製造費用。

20X1 年資料如下：

| 預計製造費用 | $180,000 | 實際製造費用 | $207,000 |
| 預計直接製造人工成本 | $480,000 | 實際直接製造人工成本 | $522,000 |

20X1 年 12 月 31 日之存貨餘額為：

帳戶	期末餘額	各帳戶期末餘額之直接製造人工成本
在製品	$67,600	$22,800
製成品	211,250	54,720
銷貨成本	566,150	150,480

試求：

(1) 計算 20X1 年少分攤或多分攤製造費用之金額。

(2) 計算 20X1 年在製品、製成品及銷貨成本之期末餘額，採用下列方法處理少分攤或多分攤製造費用

① 根據在製品、製成品及銷貨成本之 20X1 年期末餘額 (比例分配前) 比例分配。

② 根據在製品、製成品及銷貨成本之 20X1 年期末餘額中之已分攤製造費用金額 (比例分配前) 比例分配。 （106 地方特考四等）

6. 乙公司採用正常成本法且設有單一製造費用成本庫，並以機器小時為成本分攤基礎。

20X6 年資料如下：

預計製造費用成本	$4,800,000
預計機器小時	80,000
實際製造費用發生	$4,900,000
實際機器小時	75,000

下列為實際機器小時與期末餘額（此為比例分配少分攤或多分攤製造費用前之金額）之資料：

	實際機器小時	20X6 年期末餘額
銷貨成本	60,000	$8,000,000
製成品	12,000	1,250,000
在製品	3,000	750,000

試求：

(1) 計算 20X6 年每小時製造費用預計分攤率。

(2) 計算 20X6 年少分攤或多分攤製造費用（標示多或少分攤）。

(3) 根據在製品、製成品及銷貨成本期末餘額中之已分攤製造費用金額（比例分配前）比例分配，計算分配後製造費用總額。 （105 年原住民特考四等）

7. 甲公司採分批成本制度，製造費用為直接人工成本的 80%，X1 年 3 月份相關資料如下：

(1) 3 月 1 日原料、在製品及製成品金額分別為 $60,000、$80,000 及 $250,000。

(2) 3 月份原料進貨金額為 $520,000，3 月底期末原料金額為 $40,000。

(3) 3 月 1 日應付薪資為 $30,000，3 月份支付薪資 $410,000，3 月底應付薪資為 $20,000。

(4) 製造費用中包括間接原料 $60,000 及間接人工 $80,000。

(5) 3 月底只剩下批號 3404 的訂單尚未完工，其中直接人工成本為 $50,000。

(6) 3 月底期末製成品金額為 $310,000，銷貨毛利為銷貨成本的 25%，銷貨收入為 $1,125,000。

試求：

(1) 計算 3 月底批號 3404 在製品中直接原料的金額。

(2) 計算 3 月份的製造成本。 （地方特考三等）

8. 賀柏公司生產各種商用與家用幫浦，公司有一套及時（just-in-time）存貨與生產系統，因此原料、在製品與製成品的金額都很小。在 10 月底，公司有 $20,000 的原料存貨，此外，批次 281 與 282 仍在製中，批次 279 已經完工並等待運送。有關各批次的分批成本單如下：

10 月底

批次	直接原料	直接人工	製造費用	合計	狀態
279	50,000	15,000	30,000	95,000	完工但尚未運送
281	20,000	5,000	10,000	35,000	在製中
282	60,000	20,000	40,000	120,000	在製中

11 月份，公司開始生產批次 283、284 及 285，11 月底各批次的狀況如下：

11 月底

批次	直接原料	直接人工	製造費用	合計	狀態
279	50,000	15,000	30,000	95,000	已運送
281	25,000	8,000	16,000	49,000	已運送
282	62,000	21,000	42,000	125,000	已運送
283	30,000	20,000	40,000	90,000	已運送
284	80,000	30,000	60,000	170,000	已運送
285	15,000	10,000	20,000	45,000	在製中

賀柏公司 11 月份購買 $120,000 的原料，發生 $130,000 的製造費用，多分攤或少分攤製造費用直接沖銷銷貨成本。假設 11 月份使用的原料都是直接原料。

試作：

(1) 計算 11 月底的原料存貨餘額。

(2) 計算 11 月底的在製品存貨餘額。

(3) 計算 11 月底的製成品存貨餘額。

(4) 計算 11 月份的製成品成本。

(5) 計算 11 月份的銷貨成本。 （101 普通考試）

9. 甲公司的會計人員整理帳務資料，發現相關資料如下：

(1) X1 年 12 月 31 日原料帳戶有借方餘額 $15,000，製成品借方餘額 $20,000，應付薪資貸方餘額 $5,000。

(2) X2 年 1 月 31 日應付薪資貸方餘額 $3,000，原料借方餘額 $20,000，製成品借方餘額 $15,000。

(3) 製造費用的分攤係以直接人工成本為基礎計算分攤率，X2 年全年預算中，直接人工成本為 $400,000，製造費用為 $600,000。

(4) X2 年 1 月份，投入生產的原料共計 $90,000，1 月份製造完成的產品之成本為 $180,000，1 月份實際發生的製造費用為 $57,000。

(5) X2 年 1 月 31 日唯一未完工的批次第 109 批，其中直接人工成本為 $2,000（亦即 125 直接人工小時），直接原料成本為 $8,000。

(6) 整個工廠的工人工資率是一樣的，1 月份直接人工時數共計 2,500 小時，間接人工成本為 $10,000，1 月份共支付薪資 $52,000。

試作：

(1) X2 年 1 月份購料成本。

(2) X2 年 1 月份銷貨成本。

(3) X2 年 1 月份直接人工成本。

(4) X2 年 1 月份已分攤製造費用。

(5) X1 年 12 月 31 日在製品餘額。

(6) X2 年 1 月 31 日在製品餘額。

(7) X2 年 1 月份多分攤或少分攤之製造費用金額。　　　　　　　（104 地方特考四等）

10. 欣欣公司採分批成本制生產產品，批號 #555 之產品共有 3,000 單位，單位成本如下：

直接材料	$8
直接人工	6
製造費用（含 $0.5 備抵壞品成本）	4

生產完成檢驗後發現有 200 單位不合規定，惟仍可以每單位 $5 出售。

試分別按下列基礎，記錄生產、損壞及完成時應有之分錄：

(1) 視為正常損失，記入當年度所有產品中。

(2) 視為非常損失，記入當年度所有產品中。　　　　　　　　　　　（96 會計師）

CHAPTER

5 分步成本制

學習目標 　讀完這一章，你應該能瞭解

1. 分步成本制下的成本流程。
2. 分步成本制之會計處理方式。
3. 約當產量之計算。
4. 生產成本報告單之製作。
5. 後續部門增添原料之產量及成本計算。
6. 混合成本制及其成本流程。

引言

　　前次經由范經理的解說，張總對分批成本制已有完整之瞭解，這週參加獅子會舉辦之球敘時，行進間突然聽聞走在前面的杜董抱怨，由於原料供應商無法穩定供貨，只能先向另一供應商進貨，造成石化廠生產成本增加而苦惱不已，不斷與身旁的洪董討論，談話間不斷地提到分步成本勾起張總的興趣，似乎和上次范經理提點之分批成本有所不同，回公司後馬上再次請教范經理。

5-1　分步成本制下之成本流程

　　經過范經理的一番說明，張總對分步成本已有非常基本之認識，但對分步成本該如何運用於一般會計作業中仍懵懵懂懂，為幫助張總建立邏輯性架構，范經理深入介紹分步成本制之成本流程。不同於分批成本以個別批次累積成本，分步成本係以部門別來累積成本。生產活動透過多個部門陸續進行，每一個部門皆執行特定之作業或生產程序，以完成產品之製造。

　　第一個生產部門執行產品的初始製造作業，並於完成後將之轉入下一個生產部門繼續製造，完成後再轉入下一個部門依此類推至生產製程結束。各項生產成本發生後，先歸屬於該生產部門，再進一步分攤至該部門生產之產品，成本伴隨產品移轉至下一個部門繼續累積，直到產品完成轉入製成品為止。因此，在分步成本制度下，每一個加工部門皆設有一個在製品帳戶，而且直接原料可視需要在任一部門投入，而非單只限於第一個部門。除第一個生產部門以外，其他部門的生產成本包括前面部門轉來的成本（稱為前部轉來成本，transferred-in costs）；相對地，除最後一個部門含有繳庫成本外，其他部門的生產成本則含有轉到後面部門之成本（稱為轉入後部成本，transferred-out costs）。其成本流程如圖 5-1 所示。

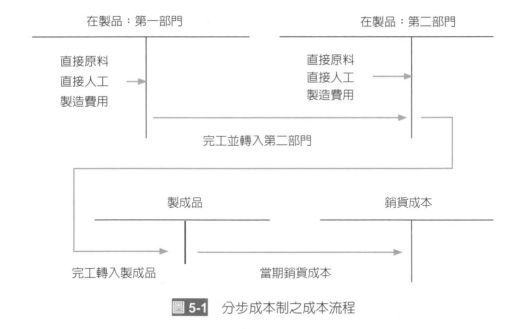

圖 5-1 分步成本制之成本流程

完成一系列之說明後，范經理總結分步成本會計制度之流程及內容如下：

1. 生產管理單位依據訂單需求及生產計畫開立製造通知單，以作為各部門領料、派工及生產之依據，亦是動用各項成本要素之核准依據。

2. 開始生產時，填製各項成本憑證（如領料單或是計工單）作為計算成本及存量管制之依據。

3. 依據原始憑證（如外來憑證及計工單等內部憑證）記錄各項成本要素，以及製作總帳及明細帳。

4. 逐日累計各成本憑證以製作生產日報單，作為記錄每日投入及產出數量之依據，月終則結算全月生產，彙總編製各部門之成本報表，並依序將第一部門成本移轉至第二部門，依序直至完工部門為止，計算製成品之單位成本。

5. 非生產部門發生之製造費用，通常先按合理分攤標準及順序分配於各生產部門，再經由各生產部門之月結編製成本月報，攤算為各部門轉出產品之單位成本，再比照第 4 項說明依序求得最終部門製成品之單位成本。

6. 各部門在月終結算時，均有尚未完工之半成品及部門間移轉之在製品，如何換算為完工單位以及計算其成本，則必須運用「約當產量」概念。在分批成本會計制度下，各批獨立累計成本，已完工及未完工之各批成本不會相混淆，故無約當產量之運用必要，然而在分步成本制度下，以部門為彙總及計算成本之基準，故同一部門發生之成本應區分為已完工轉出及未完工尚須留待進一步作業兩大部分，在此種分類下，便必須計算未完工部分可能之產出，即為約當產量。

5-2 分步成本制之會計處理方式

在解說成本流程後，范經理打鐵趁熱，隨手拿起紙筆解說分步成本制下的會計處理流程及會計分錄製作，范經理以公司製造的電動代步車為例，其製造係由車體及組裝二個部門進行：

一、紀錄直接原料成本

如同分批成本制，原料必須憑領料單向倉儲部門領取。這些直接原料於領取後，其成本將記入用料部門的在製品帳戶下。例如，電動代步車之製造程序始於車體部，則當期車體部耗用直接原料之分錄可記載如下：

在製品－車體部門　　　XXXXX
　直接原料　　　　　　　　XXXXX

二、記錄直接人工成本

在分步成本制下，直接人工成本是按部門別而非批次別來認列，故計算較為簡便，以車體及組裝二個部門為例，記錄直接人工成本的分錄如下：

在製品－車體部門　　XXXXX
在製品－組裝部門　　XXXXX
　應付薪資　　　　　　　XXXXX

三、記錄製造費用

分步成本制的製造費用處理方式與分批成本制極為類似。在製造費用發生時，借記製造費用帳戶，貸記其他相關帳戶。在分攤製造費用時，借記在製品，貸記已分攤製造費用。此處之已分攤製造費用是以各生產部門之實際作業水準，例如直接人工小時，乘以實際製造費用分攤率或預計製造費用分攤率來計算。接續前例，則車體及組裝部二個部門記載已分攤製造費用的分錄如下：

在製品－車體部門	XXXXX	
在製品－組裝部門	XXXXX	
已分攤製造費用		XXXXX

在一定期間（如每月、每季或每年）終了時，將實際發生之製造費用與已分攤製造費用相互結轉，並將兩者之差異數（即多或少分攤之製造費用）比照分批成本章節 4-4 所提及之方法處理。

四、記錄產品移轉至下一個部門繼續加工

當某部門完成加工作業後，將產品移轉到下個部門進一步加工。例如，電動代步車由車體部移轉至組裝部繼續加工之分錄如下：

在製品－車體部門	XXXXX	
在製品－組裝部門		XXXXX

五、記錄產品完工

當電動代步車於組裝部完成加工作業後，隨即轉至製成品帳戶，則分錄如下：

製成品	XXXXX	
在製品－組裝部門		XXXXX

六、記錄產品售出

當產品售出時，借記現金或應收帳款，貸記銷貨收入，此時產品成本將由製成品帳戶轉至銷貨成本，其分錄如下：

銷貨成本	XXXXX	
製成品		XXXXX

5-3 約當產量之計算

在一系列條理分明的解說下，張總因短時間內受益匪淺而興奮不已，范經理也因教學相長下，感到自己多年功力受到肯定而甚表滿意。此時張總發現自己在筆記上所註記之約當產量，想起范經理先前賣關子尚未說明，趕忙追問。

范經理表示，在最理想的狀況下，若某部門全期中僅生產一種產品，無期初、期末在製品，則只需將該部門當期發生之總成本除以總生產數量，即可求得部門之單位成本。然而在現實中，生產的過程並非如此單純及完美，直接原料、直接人工及製造費用等要素投入時點及方式都會影響產品成本之計算，因而必須運用約當產量之觀念，針對未完工之在製品，依其完工程度推估其約當產量，以利於計算該部門之單位成本。

所謂約當產量，就是相當於製成品的數量，係指以「一個完工產品所耗用的生產要素」作為衡量單位所計算之生產數量。計算約當產量之目的，乃在將生產成本公平合理地分攤至當期已完工與未完工之產品。約當產量之計算，隨著成本流程假設之不同，而有多種不同的計算方式，但較常使用的為加權平均法及先進先出法，茲分別介紹如後。

一、加權平均法（Weighted-average Method）

加權平均法係將期初在製品及本期生產之產品成本合併計算，故本期完工的製成品不需區分為來自期初在製品的部分，以及本期開始製造且完工的部分。由於期初在製品的成本和本期投入的成本合併平均計算，故稱為加權平均法。加權平均法之約當產量為本期所有完工單位數加上依完工比率計算之期末在製品單位數。

范經理繼續以電動代步車為例，車體部門本期之相關生產資料與約當產量之計算如表 5-1 所示。為簡化假設，茲將直接原料假設為生產一開始即全部投入，且生產要素之直接人工及製造費用合併以加工成本替代，於生產過程中平均發生。

表 5-1　本期車體部資料與約當產量之計算－加權平均法

	單位數	完工百分比		約當產量	
		直接原料	加工成本	直接原料	加工成本
期初在製品	500	100 %	60 %		
本期開始生產	4,500				
待處理單位數	5,000				
本期完工並轉出	4,500			4,500	4,500
期末在製品	500	100 %	40 %	500	200
合計	5,000			5,000	4,700
成本資料					
期初在製品：					
直接原料		$90,000			
加工成本		59,000		$149,000	
本期投入：					
直接原料		$360,000			
加工成本		176,000		$536,000	

　　由表 5-1 的計算可知，在加權平均法下之約當產量爲本期完工的單位數再加上期末在製品約當產量，因此車體部加工成本之約當產量爲本期完工 4,500 單位再加上期末在製品 200 單位（500 單位乘以完工比率 40%）共計 4,700 單位。換句話說，只要在本期完工且轉入後續組裝部門者，不論其來自期初在製品，或本期才開始生產者，皆計入本期之約當產量。此種處理方式簡化了約當產量之計算及部門生產成本報告單之編製。

二、先進先出法（First-in, First-out Method）

　　先進先出法假定期初在製品先完工，而本期開始生產者後完工，故產品約當產量的計算，與加權平均法約當產量之計算有一個不同點，那就是先進先出法之約當產量不含期初在製品原已完工部份的約當產量。亦即，先進先出法下約當產量是下列三者之和：期初在製品存貨在本期完工之約當產量＋本期開始且已完工之單位數＋期末在製品存貨之約當產量。

　　范經理繼續以車體部爲例，在先進先出法下，約當產量之計算如表 5-2。依據表 5-2，在本期車體部門完工且轉出 4,500 (5,000 － 500) 單位至組裝部，而其中有 500 單位係來自期初在製品存貨，此 500 單位期初在製品存貨之直接原料已於前期全部投入，故無約當產量；而加工成本前期已投入 60%，亦即前期已折算 300 單位約當產量，因此本期只須再投入 40%

(100% － 60%)，亦即期初在製品存貨之加工成本部分有 200 (500 × 40%)
單位應計入本期之約當產量。

表 5-2　本期車體部資料與約當產量之計算－先進先出法

	單位數	完工百分比		約當產量	
		直接原料	加工成本	直接原料	加工成本
期初在製品 (7/1)	500	100%	60%		
本期開始生產	4,500				
待處理單位數	5,000				
期初在製品完工	500	0%	40%	0	200
本期完工	4,000	100%	100%	4,000	4,000
期末在製品 (7/31)	500	100%	40%	500	200
合計	5,000			4,500	4,400
成本資料					
期初在製品：					
直接原料		$90,000			
加工成本		59,000		$149,000	
本期投入：					
直接原料		$360,000			
加工成本		176,000		$536,000	

5-4　生產成本報告單

　　在解釋約當產量的觀念後，范經理表示為提供管理者完整精確之成本
資訊，以作為績效衡量之標準及資源管理之依據，則必須依靠各部門所編
製之「生產成本報告單」。以電動代步車事業部為例，該事業部通常每月
結算一次生產成本，車體及組裝兩部門於月底時，皆必須編製自行部門之
生產成本報告單，以便將通過各自部門之所有產品單位的成本加以彙總
（總成本），並計算產品之單位成本。生產成本報告單主要內容為產量資
料、成本資料及成本分配等三大部分。

　　如同約當產量，生產成本報告單也有加權平均法與先進先出法兩種編
製方法。范經理說明電動代步車之製造起始於車體部，然後再移轉到組裝
部繼續加工直到完成後，轉入製成品倉庫。直接原料於車體部生產初始即
全部投入，加工成本則於生產過程中平均發生。

一、加權平均法

程序1：數量資料、成本資料與約當產量之計算請參照表5-1。

程序2：彙總成本並計算單位成本。採用加權平均法時，期初在製品之前期成本與本期投入成本需先合併，再除以約當產量以計算單位成本，車體部成本合計及單位成本如表5-3。直接原料之單位成本係以期初在製品的直接原料成本$90,000 加上本期投入之直接原料成本$360,000，再除以直接原料約當產量5,000 單位而得$90。至於加工成本的單位成本以比照前述方式計算而得$50($235,000/4,700=$50）。

表 5-3 本期車體部成本合計及單位成本資料－加權平均法

	直接原料	加工成本	合計
期初在製品成本	$90,000	$ 59,000	$149,000
本期投入成本	360,000	176,000	536,000
成本總額	$450,000	$235,000	$685,000
約當產量	5,000	4,700	
單位成本	$90	$50	$140

程序3：分配總成本到製成品及在製品。根據程序2之資料，此一程序進而將總成本分配到本期完成轉入組裝部門之單位及車體部期末在製品之單位，其計算方式如下：

本期完工移轉至組裝部門成本：4,500 × $140 = $630,000

車體部期末在製品成本：合計 $55,000 × ($45,000 + $10,000)

直接原料：500 × $90 = $45,000

加工成本：200 × $50 = $10,000

在完成上述各程序後，車體部門依據加權平均法製作之生產成本報告單如表 5-4 所示，其中車體部完工並移轉至組裝部繼續加工之成本為$685,000。

表 5-4　本期生產成本報告單－車體部－加權平均法

數量資料	單位數	完工比率	直接原料	加工成本
期初在製品	500			
本期開始生產	4,500	60%		
合計	5,000			
本期完工	4,500	100%	4,500	4,500
期末在製品	500	−40%	500	200
合計	5,000		5,000	4,700

成本資料	直接原料	加工成本	合計
期初在製品成本	$90,000	$59,000	$149,000
本期投入成本	360,000	176,000	536,000
成本總額	$450,000	$235,000	$685,000
約當產量	5,000	4,700	
單位成本	$90	$50	$140

成本分配		合計
本期完成轉到組裝部之成本	4500×$140	$630,000
期末在製品成本		
直接原料	500×$90	$45,000
加工成本	200×$50	$10,000
成本總計		$685,000

二、先進先出法

程序1：數量資料、成本資料與約當產量之計算請參照表5-2。

程序2：彙總成本並計算單位成本。採用先進先出法時，產品單位成本係以當期投入成本除以當期約當產量而得，車體部成本合計及單位成本如表5-5。由於期初在製品之成本及其約當產量，均未列入本期單位成本計算，因此所算之單位成本爲本期之單位成本，並沒有包含前期的部分。

程序3：分配總成本到製成品及在製品。採先進先出法計算當期各項成本要素的單位成本時，需扣除期初在製品的約當數量及成本。因此，本期轉出產品之成本，包括期初在製品前期投入成本、期初在製品於本期完成的成本、以及本期開始製造且完成的產

　　品之成本，均應分開計算列示。而期末在製品存貨，則按當期
約當產量之單位成本計算。茲將總成本分配之情形見表5-5。

　　由上述各程序所得資料，車體部門依先進先出法所製作生產成本報告
單如下表 5-5 所示：

表 5-5　本期生產成本報告單－車體部－先進先出法

數量資料	單位數	完工比率	直接原料	加工成本
期初在製品	500	100%, 60%		
本期開始生產	4,500			
合計	5,000			
期初在製品完工	500	0%, 40%	0	200
本期完工	4,000	100%	4,000	4,000
期末在製品	500	100%, 40%	500	200
合計	5,000		4,500	4,400

成本資料	直接原料	加工成本	合計
期初在製品成本	$90,000	$59,000	$149,000
本期投入成本	$360,000	$176,000	536,000
成本總額	$360,000	$176,000	$685,000
約當產量	4,500	4,400	
單位成本	$80	$40	$120

成本分配			合計
期初在製品成本			
期初在製品前期投入成本	$149,000		
期初在製品本期投入成本	8,000	{500×(1-60%)×$40}	
本期投入生產且完成之成本	480,000	{4,000×$120}	
本期完成轉到成型課之成本			$637,000
期末在製品成本			
直接原料	40,000	{500×$80}	
加工成本	8,000	{200×$40}	48,000
成本總計			$685,000

三、加權平均法與先進先出法之比較

在分別解說完加權平均法與先進先出法生產成本報告單之製作後,范經理總結一般實務上管理階層皆考慮公司實際需求,選擇較適用的方法,以使成本具有可信度。由於加權平均法之計算較先進先出法簡便,因此廣為實務界所採用。不過,如考慮成本控制,則先進先出法較加權平均法有效,主要係因先進先出法將本期投入之成本與期初在製品成本加以區分,且約當產量的計算也僅和當期發生之成本有關,故可做為成本控制之比較基礎。由於電腦資訊系統日益先進普及,先進先出法較為繁瑣之帳務處理皆可透過電腦輕易達成,使採用先進先出法之企業也日益增加。

為加深張總之印象,范經理更深入以約當產量、成本計算與成本分配三方面分析加權平均法與先進先出法兩者間之差異。

1. 約當產量

    採用加權平均法時,並不扣除屬於前期完工之部份,故無需再去分析期初在製品之完工程度。而在先進先出法下,計算約當產量時,期初在製品原已完工之約當產量應予以扣除,當期投入且完成的單位則另行計算。

2. 成本計算

    採用加權平均法時,成本包括來自前期未完工之成本,以及本期發生之成本,按要素類別彙總以計算單位成本。但先進先出法單位成本計算,僅考慮當期發生之成本,所以單位成本僅包括來自當期的成本因素,而期初在製品成本不必併入本期單位成本之計算,僅另行列計。

3. 成本分配

    採用加權平均法時,本期完成轉出之產品成本,其計算較為簡單,僅是將本期完成之單位數乘以加權平均單位成本即得。相對地,採用先進先出法時,本期完成轉出單位的成本計算,應分為期初在製品在前期及本期投入之總成本,以及本期開始投入生產且完成的成本兩個部分。

成會焦點

快時尚短命衣成環保殺手？澳洲公司以「椰子廢料」製成衣料纖維

快時尚近年來相當火紅，這讓衣服變成短命的拋棄式物品，並對環境帶來一定的傷害。時尚產業名列為全球第二大污染產業，僅次於石化工業，在華麗的櫥窗背後其實隱藏著許多社會成本，包含製造過程中的染色處理，到最後衣物賣不出去所造成的浪費，其實都為生態環境帶來沉重的壓力。

圖片來源：科技新報

為解決這樣的問題，澳洲生物科技公司 Nanollose 採用更環保的方式，利用椰子廢料開發出無植物的人造纖維織物，這和被廣泛使用的棉花相比，環境足跡要來得少許多。通常，為了製造出用於服裝與紡織品的人造纖維，必須砍伐無數的樹木、切碎，然後用危險的化學品處理，光是製造一件 T 恤就得耗掉 2,700 公升的水，這相當於一個人在兩年半時間內所喝的水量。而我們有可能在不砍伐樹木的情況下製造衣服嗎？ Nanollose 表示，「我們正開發一種獨家的技術，使用來自印尼的椰子副產品，經過合成後便能轉化成衣物可用的人造纖維」，據了解，該公司已經展示了第一批完全無植物纖維的衣物成品。

資料來源：匯流新聞網

5-5 後續部門增添原料之產量及成本計算

在聽取范經理以車體部為例說明生產成本報告單之製作後，張總對分步成本制已有完整概念，但好學的他不以此為滿足，繼續追問當車體部完工之半成品送至組裝部後之成本計算，范經理繼續解釋當後續部門需增添原料時，成本勢必會增加，但產量則有維持不變或是產量增加兩種可能，茲將此兩種狀況分述如下。

一、產出量不變

在產出量不變的情況下，後續部門製造的過程中增添原料，會使產品的單位成本隨之增加，因增添之原料已成為產品的一部分。范經理以組裝部為例，說明產出量不變之情況下，添加原料對於部門總成本與單位成本的影響。假設該生產數量與成本資料如表 5-6 所示，則部門之生產成本報告單按加權平均法編製如表 5-7。

表 5-6　本期組裝部生產數量與成本資料

數量資料		
期初在製品（原料 100% 投入，完工度 60%）	500 單位	
本期由車體部轉入	4,500 單位	
本期製成品	4,500 單位	
期末在製品（原料 100% 投入，完工度 40%）	500 單位	
成本資料		
期初在製品：		
車體部轉入成本	$70,000	
本部投入：直接原料	2,500	
加工成本	1,700	$74,200
本期投入：		
車體部轉入成本	$630,000	
本部投入：直接原料	22,500	
加工成本	13,810	666,310

表 5-7　本期組裝部生產成本報告單－產出量不變

數量資料	單位數	完工比率	車體部	直接原料	加工成本
期初在製品	500	100%, 60%			
車體部轉入	4,500				
合計	5,000				
本期完工	4,500	100%	4,500	4,500	4,500
期末在製品	500	100%, 40%	500	500	200
合計	5,000		5,000	5,000	4,700
成本資料			**車體部成本**	**直接原料**	**加工成本**
期初在製品成本			$70,000	$2,500	$1,700
本期投入成本			630,000	22,500	13,810
成本總額			$700,000	$25,000	$15,510
約當產量			5,000	5,000	4,700
單位成本			$140	$5	$3.3
成本分配					**合計**
製成品			4500×(140+5+3.3)		$667,350
期末在製品成本					
車體部轉入			500×140		70,000
直接原料			500×5		2,500
加工成本			200×3.3		660
成本總計					$740,510

二、產出量增加

　　范經理為強化張總之概念，運用另一個例子作為對比，假設組裝部於製程中增添原料後，連帶使得產出量增加（此案例實務上不可能），那麼單位成本亦將會隨之改變。所有的生產成本將由更多的產出量來吸收，產品之單位成本必然改變。范經理假設該部門增添原料後產量增加 1,000，則按加權平均法編製之生產成本報告單詳如表 5-8：

表 5-8　本期組裝部生產成本報告單－產出量增加

數量資料	單位數	完工比率	車體部	直接原料	加工成本
期初在製品	500	100%, 60%			
車體部轉入	4,500				
增加單位數	1,000				
合計	6,000				
本期完工	5,500	100%	5,500	5,500	5,500
期末在製品	500	100%, 40%	500	500	200
合計	6,000		6,000	6,000	5,700
成本資料			車體部成本	直接原料	加工成本
期初在製品成本			$70,000	$2,500	$1,700
本期投入成本			630,000	22,500	13,810
成本總額			$700,000	$25,000	$15,510
約當產量			6,000	6,000	5,700
單位成本			$116.67	$4.17	$2.72
成本分配					合計
製成品			5500×(116.67+4.17+2.72)		$679,580
期末在製品成本					
車體部轉入			500×116.67		58,335
直接原料			500×4.17		2,085
加工成本			200×2.72		(調整數)510
成本總計					$740,510

　　范經理提醒張總後續生產部門生產成本報告內容與前手生產部門非常類似，僅有下列差異應予以注意：

1. 後續生產部門生產成本報告中之數量資料部分與前手部門相同，惟前手部門之「本期完工」數量，在後續部門改爲「XX 部門轉入」。

2. 在生產成本報告中之成本資料部分，後續生產部門較前手部門增加一個成本因素「前部成本」。

3. 後續生產部門約當產量及單位成本之計算較前手部門增加「前部成本」一項。

4. 由於移入後續部門之產品，必已於前手部門加工完成，故在後續部門中，不論是完工產品或在製品，其前部成本均已 100% 發生。

5-6 混合成本制及其成本流程

聽完了范經理對分步成本法的介紹後，張總想了想反問道：「有沒有可能公司同時採用分批成本制及分步成本制呢？」范經理面露嘉許的表情回答道：「此種成本制度稱為混合成本制，亦稱作業成本制（Operation Costing），係為因應市場多變的需求而須生產多樣化產品，各類產品原料因顧客要求而有所不同，但加工的方式卻採用類似的程序，如此對產品材料成本採分批成本制以生產批次進行累計，而加工成本則依分步成本制以生產步序或部門別進行累計。」

范經理進一步說明：「一般而言成衣廠、汽車廠、印刷業等產業較多採用混合成本制，因應客戶需求採少量多樣的生產方式，不同於分批成本制公司以客戶所指定的規格生產產品，亦不同於分步成本制公司大量生產同質產品，混合成本制每批次所耗用的原料聚有差異性，但每批次皆經過相同的加工過程，因此材料成本以分批方式處理，而加工成本則以分步方式處理。因加工方式採分步處理，須待期間結束方能計算各批次分配之加工成本，亦須計算約當產量才能計算單位加工成本。」

解釋完混合成本制的概念後，范經理又再次拿出紙筆解釋其會計流程及相關分錄，另其成本流程請參照圖 4-3。

1. 購買原料

   如同分批成本制，採購部門發出原料訂購單，會計部門根據驗收報告記載如下購料分錄：

原料	XXXXX	
應付帳款（或現金）		XXXXX

2. 領用原料

   銷售部門收到顧客訂單後，通知生產管理部門簽發生產通知單，並由生產單位填寫領料單請料加工。此時除將直接原料記入用料部門的在製品帳戶，並加註生產批號；間接原料另借記製造費用。例如，第一部及第二部兩加工部門同時為批號 A1 及 B1 領用原料的分錄如下：

在製品－第一部（A1）	XXXXX
在製品－第一部（B1）	XXXXX
在製品－第二部（A1）	XXXXX
在製品－第二部（B1）	XXXXX
材料	XXXXX

3. 人工成本

類似分批成本制，會計部門比對計時卡及以部門為單位的計工單，然後彙總各部門的直接人工成本記入該部門在製品帳戶，但需加註生產批號；間接人工成本另借記製造費用。例如，第一部及第二部兩加工部門同時為批號 A1 及 B1 耗用直接和間接人工成本的分錄如下：

在製品－第一部（A1）	XXXXX
在製品－第一部（B1）	XXXXX
在製品－第二部（A1）	XXXXX
在製品－第二部（B1）	XXXXX
製造費用	XXXXX
應付薪資	XXXXX

4. 實際製造費用

與分批成本制同，當實際製造費用發生時，會計部門直接借記製造費用的分錄如下：

製造費用	XXXXX
各類貸項	XXXXX

5. 分攤製造費用

已分攤製造費用是以各生產部門之實際作業水準，例如，直接人工小時，乘以實際製造費用分攤率或預計製造費用分攤率來計算，然後將此金額借記耗用製造費用部門別的在製品帳戶並加註生產批號，另貸記已分攤製造費用。例如，記載第一部及第二部兩加工部門同時為批號 A1 及 B1 分攤製造費用的分錄如下：

在製品－第一部（A1）	XXXXX
在製品－第一部（B1）	XXXXX
在製品－第二部（A1）	XXXXX
在製品－第二部（B1）	XXXXX
已分攤製造費用	XXXXX

6. 產品完工

當某批號產品完工轉入下一部門或製成品倉庫時，以該批號材料成本加計所應負擔的加工成本作為完工轉出金額，再由本部門在製品轉入

下一部門在製品或製成品倉庫。例如，第一部批號 A1 及 B1 完工轉入第二部繼續生產，第二部批號 A1 及 B1 完工後再轉入製成品倉庫，其分錄分別如下：

在製品－第二部（A1）	XXXXX	
在製品－第二部（B1）	XXXXX	
在製品－第一部（A1）		XXXXX
在製品－第一部（B1）		XXXXX
製成品	XXXXX	
在製品－第二部（A1）		XXXXX
在製品－第二部（B1）		XXXXX

7. 出售商品

當產品售出交運顧客後，會計部門根據開立的銷貨發票借記現金或應收帳款，貸記銷貨收入，此時產品成本將由製成品帳戶轉至銷貨成本：

應收帳款	XXXXX	
銷貨收入		XXXXX
銷貨成本	XXXXX	
製成品		XXXXX

為加深張總之印象並與先前之分步成本法產生對比，范經理繼續以電動代步車為例，目前生產提供兩種選擇性產品，一為三輪電動代步車，主要以輕便好騎乘，便利生活機能為訴求。另一種為四輪電動代步車，除具備基本款電動代步車功能外，更適合戶外中短距離代步時，強化舒適與安全功能。此兩種電動代步車之製成作業雷同，僅於材料之需求上有所差異。本期有兩個批次（A3 和 B4）投入生產，期初在製品與期末在製品的相關成本及生產資料如表 5-9。期末在製品其原料部分已 100% 完工，唯車體加工成本部分僅完工 50%。

需注意在表 5-9 所列式的算式中，由於三輪與四輪電動代步車在車體加工作業上是相同的，故加工成本無需分別列示。但因此兩種電動車的直接材料並不同，故於計算時需分別計之。三輪與四輪電動代步車總成本共計 $724,987.5 元。此外，車體加工第一部門轉入第二部門之分錄如下：

在製品－第二部	368,025	
在製品－第二部	380,600	
在製品－第一部		368,025
在製品－第一部		380,600

表 5-9　生產成本報告單－混合成本制

數量資料	單位數	完工比率	直接原料	加工成本
期初在製品		(100%,60%)		
三輪車型	1,000			
四輪車型	500			
本期投入				
三輪車型	3,000			
四輪車型	4,500			
合計	9,000			
本期製成品				
三輪車型	3,500		3,500	3,500
四輪車型	4,000		4,000	4,000
期末在製品		(100%,50%)		
三輪車型	500		500	250
四輪車型	1,000		1,000	500
合計	9,000		9,000	8,250

成本資料				
直接原料		期初在製品	本期投入	合計
三輪車型		$30,000	$90,000	$120,000
四輪車型		10,000	90,000	100,000
加工成本		80,000	540,000	620,000
成本總額		$120,000	$720,000	$840,000
直接原料		成本總額	約當產量	單位成本
三輪車型		$120,000	4,000	$30
四輪車型		100,000	5,000	20
加工成本		620,000	8,250	75.15

成本分配		直接原料	加工成本	合計
製成品成本				
三輪車型		$105,000a	$263,025e	$368,025
四輪車型		80,000b	300,600f	380,600
在製品				
三輪車型		15,000c	18,788g	33,788
四輪車型		20,000d	37,575h	57,587i
成本總計				$840,000

a：3,500 × 30	c：500 × 30	e：3,500 × 75.15	g：250 × 75.15	i：調整數
b：4,000 × 20	d：1,000 × 20	f：4,000 × 75.15	h：500 × 75.15	

在先後瞭解了分步成本制及混合成本制，再加上前次學到的分批成本制，張總對於成本制度已不再惶恐陌生，除了佩服范經理這多年來累積的專業知識以及毫不藏私的解說，張總對於公司的成本制度及流程亦有了更深刻的瞭解，但張總並不以此為滿足，如何將成本資訊運用於日常管理成為張總一直在思考並成為下一個待克服的目標。

🔍 問題討論

完工百分比率適用之探討

　　瑞展工業股份有限公司的電動代步車事業部區分為車體部及組裝部，每部各有四個生產班進行連續生產，每個月結束時，各班班長需彙整計算生產報告及生產成本報告，廠管理課根據這些報告來計算每班完工之約當單位，及直接材料與加工成本之約當單位成本，各部表現最佳之生產班將有額外獎勵金，實施後雖在競爭下使產量提升及成本降低，但現場員工亦開始謠傳某些班長企圖操縱完工比率以爭取獎金。

問題一：

　　班長如何操縱每月完工百比率？

問題二：

　　車體部廠長聽聞傳言後，馬上召集各班班長討論現場傳言，是否恰當？

討論：

　　身為生產現場之管理幹部，有責任將生產之實況忠實表達予管理階層，以利管理階層進行因應與調整，管理幹部可說是介於員工與管理階層間的溝通橋樑，在日常管理方面，除充分授權現場人員主導日常生產活動，亦要透過管理技巧之運用確認各項生產成果之正確性。

本章回顧

　　分步成本制係以生產部門為成本中心按生產部門來累積及計算產品成本。在此制度下，成本標的是相同或相似的產品或勞務之集合，由於其產品規格均已標準化，投入的原料以及加工的步驟亦相當固定，因此對於直接原料及直接人工成本，我們無需大費周章地將之歸屬至特定的訂單或生產批次。

　　分步成本制的成本步驟如下：首先是彙總產出之實體單位數量，並區分為總投入及總產出；其次則是計算約當產量。約當產量係指以「一個完工產品所耗用的生產要素」作為衡量單位所計算之生產數量，可採用加權平均法或先進先出法計算；第三步驟則是彙總成本資料，將該部門之成本予以累計；第四步驟則為計算單位成本，將投入成本除以相對應之約當產量以計算單位成本；最後則將成本分攤至已完工單位及在製品單位。

　　最常見的分步成本制為加權平均法與先進先出法。加權平均法係將期初在製品及本期生產之產品成本合併計算，故本期完工的製成品不需區分為來自期初在製品的部分，以及本期開始製造且完工的部分，故其計算方式較先進先出法簡便。分步成本制依據彙總期初在製品及本期製造且完工的單位數、計算約當產量、彙總所有待分配的總成本、計算每一約當產量成本、將成本分配到轉出的產品等步驟，將成本分配到期末在製品存貨與製成品。

　　混合成本制，又稱作業成本制，係公司應付市場多變的需求而生產多樣化產品，各產品原料因顧客要求而有所不同，但加工方式卻採用類似的程序，如此對產品材料成本採分批成本制以生產批次進行累計，而加工成本則依分步成本制以生產步驟或部門別進行累計，為兼採分批與分步之成本會計制度。

本章習題

一、選擇題

( ) 1 甲公司9月份新開一生產線生產新商品，此商品需由二部門製造，A部門生產之產品需移至B部門繼續加工始成製成品。甲公司採分步成本制計算產品成本。在9月份，A部門投入生產20,000單位，其中14,000單位轉入B部門，6,000單位為期末在製品（直接原料成本於開始時即100%投入，加工成本完工程度50%）。9月份A部門發生直接原料成本$54,000，加工成本$79,000。試問9月份由A部門轉入B部門之總成本為何？

(A) $93,800　(B) $103,600　(C) $107,200　(D) $114,240。　（100普考）

( ) 2. 甲公司採分步成本制，所有的直接原料均在製程開始時投入，加工成本則於製程中平均發生。該公司7月初在製品為30,000單位（完工程度5/6），其中直接原料成本為$180,000，加工成本為$450,000。7月份完工75,000單位，7月底在製品45,000單位（完工程度2/3）。7月份投入之直接原料成本為$540,000，加工成本為$1,440,000。該公司7月份以加權平均法計算單位成本時，試問直接原料之約當產量單位成本為何？

(A) $4.50　(B) $6.00　(C) $8.00　(D) $9.60。　（100普考）

( ) 3. 甲公司有期初在製品40,000單位，加工成本已投入50%；本期投入生產240,000單位，期末在製品25,000單位，加工成本已投入60%。所有的直接原料均已在製程開始時投入。則使用加權平均法計算的加工成本約當產量為多少單位？

(A) 235,000　(B) 255,000　(C) 270,000　(D) 275,000。　（100普考）

( ) 4. 下列那一行業適合採用分步成本制？

(A) 汽車修理廠　　　　　　(B) 食品加工廠

(C) 顧問公司　　　　　　　(D) 會計師事務所。　（106普考）

( ) 5. 甲公司生產單色鐵罐與彩色鐵罐，兩種鐵罐均需經A、B、C三部門依序加工始完成，每一單位單色鐵罐所需加工時數為一小時，且彩色鐵罐所需之加工時數為單鐵罐的二倍。該公司採作業成本制（operation costing），本期A、B、C三部門之加工成本分別為$90,000、$60,000、$30,000，無期初與期末在製品。本期直接材料的投入如下：

批號	品名	數量	投入直接材料成本
100	單色鐵罐	10,000	$70,000
101	彩色鐵罐	20,000	$140,000

則彩色鐵罐之單位製造成本為何？

(A) $12.5　(B) $13　(C) $14.2　(D) $15。　　　　　　　（106 地特四等）

(　) 6. 乙公司十月份有關存貨成本資料如下：

	十月初	十月底
直接原料	$2,000	$3,000
在製品	4,800	3,900
製成品	2,800	2,500

十月份其他資料如下：

(1) 直接原料進貨 $5,000

(2) 直接人工成本 $3500

(3) 製造費用 $4600

則乙公司十月份之製成品成本為多少？

(A) $4,000　(B) $12,100　(C) $13,000　(D) $13,300。　　　（106 高考三等）

(　) 7. 甲公司採分步成本制，所有的直接原料均在製程開始時投入，加工成本則於製程中平均發生。該公司 3 月份投入生產 34,000 單位，3 月初無在製品存貨，3 月底在製品存貨 4,000 單位（完工程度 60%）。3 月份投入之直接原料成本為 $510,000，加工成本為 $712,800。該公司以加權平均法計算單位成本，試問期末在製品存貨成本為何？

(A) $53,280　(B) $88,800　(C) $112,800　(D) $148,000。　　　（105 地特四等）

(　) 8. 若甲公司採加權平均法之分步成本制，以下為其產品生產工序中最終加工部門之本期數量資料：

期初在製品（1/2 完工，含加工成本 $20,000）　　　200 單位

前部轉入　　　　　　　　　　　　　　　　　　　3,400 單位

期末在製品（1/4 完成）　　　　　　　　　　　　?單位

另該部門本期發生加工成本 $150,000，無損壞發生，若本期完成品之加工成本為 $160,000，則期末在製品之單位數為何？

  (A) 680 單位 (B) 720 單位 (C) 750 單位 (D) 780 單位。（105 高考三等）

( ) 9. 有關作業成本制之敘述，下列何者正確？

  (A) 作業成本制適用生產單一產品、單一加工程序之公司

  (B) 當製造商生產工、料相同，僅顧客有異之多種產品時，適用作業成本制

  (C) 在作業成本制下，加工成本均按分批成本制度之程序，以部門作為單位予以累積

  (D) 作業成本制係將分批成本制度與分步成本制度之觀念混合，而計算產品成本之制度。   （105 普考）

( ) 10. 甲公司採先進先出法計算產品成本，甲部門生產之產品需移至乙部門繼續加工始成製成品。X1 年 10 月份乙部門有期初在製品 2,400 單位（完工程度 30%），完工產品 8,200 單位，期末在製品 1,200 單位（完工程度 75%），若期初在製品的前部成本為 $188,376，本期發生前部成本 $439,762，則期末在製品每單位之前部成本為何？

  (A) $46.78 (B) $48.65 (C) $53.62 (D) $62.82。 （105 普考）

二、計算題

1. 甲公司採分步成本制，以加權平均法計算產品成本，該公司 7 月份相關資料如下：

	實體數量	約當產量	
		直接原料	加工成本
完工轉出	360,000	360,000	360,000
期末在製品	120,000	120,000	54,000

所有直接原料於製程一開始即全部投入，加工成本於製程中平均發生。甲公司已投入之直接原料成本為 $1,920,000；每（約當產量）單位加工成本為 $8。

試求：

(1) 甲公司 7 月份完工轉出成本。

(2) 甲公司 7 月底期末在製品之完工百分比。   （100 普考）

2. 甲工廠生產一種產品，採分步成本制，設置兩個檢驗點，第一個檢驗點於加工至 50% 時實施，第二次檢驗則於完成時實施。X1 年 1 月有關資料如下：

數量資料		成本資料	
本期投入生產	10,000 單位	原料（製造一開始一次投入）	$400,000
本期製造完成	5,500 單位	加工成本	$261,000
期末在製品（完工 70%）	1,000 單位		
第一檢驗點（正常損壞）	2,000 單位		
第二檢驗點（500 單位為 非常損壞）	1,500 單位		

根據以上資料計算：

(1) 原料約當產量。

(2) 加工成本約當產量。　　　　　　　　　　　　　　　　（102 地特三等改編）

3. 甲公司有兩個部門皆採用分步成本制計算存貨成本。原料於生產開始時投入，加工成本則於製造過程中平均發生。甲公司於完工程度達 30% 時進行檢驗，對所發現之任何損壞品一律廢棄，而正常損壞品為達到檢驗點完好品之 10%。其正常損壞品成本全部由完好產品吸收。而非常損壞品之成本則列為當期費用。下列為甲公司第二部門今年度 7 月份之相關資料：

	單位數	材料	加工成本
月初在製品（完工 60%）	3,000	$25,000	$8,200
月底在製品（完工 40%）	5,000		
本期投入	15,000	75,000	58,200
本期完工轉出	8,000		

試求：

(1) 請採用先進先出法計算該公司 7 月份之轉出單位總成本。

(2) 請採用先進先出法計算該公司 7 月份之非常損壞成本。　　　　（104 普考）

4. 甲皮鞋廠製造各款式鞋款，生產皮鞋作業使用分步成本制，共分成三個生產部門。皮鞋的皮件首先在裁切部門製造後，轉入模型部門進行加工，最後送至包裝部門完成皮鞋製造。甲皮鞋廠採用加權平均法之分步成本制來計算單位成本。以下為 103 年 7 月模型部門的生產及成本資料：

生產資料		
期初存貨	8,000 單位	（加工成本完工 90%）
本月轉入	22,000 單位	（轉入完工 100%）
轉出至包裝部門	24,000 單位	
期末存貨	4,500 單位	（加工成本完工 20%）

成本資料			
	前部轉入	直接原料	加工成本
期初存貨	$40,800	$24,000	$4,320
本月投入	113,700	53,775	11,079
總和	$154,500	$77,775	$15,399

模型部門於完工 75% 時候加入原料，加工成本於生產過程中投入。當完工 80%，損壞之皮鞋被檢查出來，所有模型原料在此時已完全投入。損壞皮鞋的正常損壞數量是所有到達檢查點數量之 6%。任何超過 6% 之損壞量為非常損壞。所有損壞之皮鞋生產過程中移除並予以摧毀。試問：

(1) 正常損壞單位數。

(2) 異常損壞之成本。

(3) 製成品成本。

(4) 期末在製品成本。 （103 高考三等）

5. 甲公司採分步成本制，直接原料於製程一開始即全部投入，加工成本則於製程中平均發生。X1 年 4 月份相關資料如下：

成本資料：

	期初在製品	本期發生
直接原料	$87,520	$1,051,680
加工成本	47,560	765,080

數量資料：

期初在製品   14,400 單位（完工 30%）

本月投入生產   128,000 單位

期末在製品   17,400 單位（完工 60%）

若甲公司採加權平均法，試作：

(1) 計算直接材料與加工成本之單位成本。

(2) 計算完工轉出成本。

(3) 計算期末在製品成本。 （102 普考）

6. 甲公司生產某項產品，包括豪華型、精緻型與實用型三類。在加工步驟方面，豪華型須依序經過成型、修整、烤漆與完成等四個完整生產步驟，而精緻型只需成型、修整與完成等三步驟；另實用型則只需經過成型與完成此二步驟即可。此三型式產品在需處理之每一生產步驟中所耗費之單位資源完全相同，所需材料也都是在各該步驟啟動時就一次全部投入。根據此種製造特性，甲公司採作業成本制記錄三種型式之產品成本。以下係 5 月份之生產單位：

豪華型	精緻型	實用型
5,000	6,000	4,000

當月份各生產步驟之成本如下：

	成型	修整	烤漆	完成
直接材料	$900,000	$250,000	$100,000	$800,000
加工成本	600,000	300,000	300,000	325,000

試作：（單位成本若不能整除，請一律四捨五入至小數點後第一位）

(1) 請計算 5 月份每種型式產品之單位成本。

(2) 設單位成本同 5 月份，惟於 6 月底時豪華型尚有 500 單位在製品存貨，該產品已經於烤漆步驟中完工 70%；實用型亦有 1,000 單位之在製品，該產品已於完成步驟中完工 30%。請問 6 月底時，豪華型與實用型期末在製品存貨成本各為若干？

（101 高考）

7. 甲公司製造汽車零件，採先進先出分步成本制度計算成本。原料於開始生產即投入，加工成本則於製造過程中均勻發生。正常情況下損壞品為完好品的 12 %，而產品必須於完工檢驗後才能判定是否為損壞品。X1 年 3 月相關資料如下：

	數量（件）	成本
月初在製品	350	
直接原料（100% 完工）		$76,000
加工成本（40% 完工）		21,000
本月開始生產	1,500	
完工轉至下一部門	1,300	
月底在製品	250	
直接原料（100% 完工）		
加工成本（60% 完工）		
本月生產成本		
直接原料		562,500
加工成本		180,320

根據以上資料計算：

(1)材料的單位成本。

(2)加工成本的單位成本。

(3)完工轉至下一部門之成本。

(4)月底在製品成本。 （102 高考）

8. 甲公司期初在製品計有 11,000 單位（完工程度為 25%），本期再投入 74,000 單位進行加工，本期共完工 61,000 單位，期末在製品為 16,000 單位（完工程度為 75%），該公司正常損壞數為本期通過檢驗點完好產品之 10%。下面個情況分別獨立，請分別計算在不同情況下甲公司之非常損壞單位數：

(1) 情況一：檢驗點為完工 20% 時。

(2) 情況二：檢驗點為完工 50% 時。

(3) 情況三：檢驗點為完工 90% 時。 （99 三等關務）

9. 甲公司採用分布成本制度，該公司第一生產部門在 X1 年 5 月底有在製品 3,000 單位，相關資料如下：

	完工程度	約當單位成本
材料	100%	$19.20
加工	60%	15.75

X1 年 6 月份第一生產部門生產成本報告之部分資料如下：

月底在製品數量	4,000
完工程度：材料	100%
加工	50%
本月投入成本：材料	$336,600
加工	$260,010

甲公司採用先進先出法，其第一生產部門 6 月份材料及加工之約當產量分別為 17,000 與 16,200 單位，試求該部門下列的數量及成本（需列示分析過程，否則不予計分）

(1) 6 月份完工並轉出產品的數量。

(2) 6 月份新投入生產的數量。

(3) 完工並轉出產品之成本。

(4) 期末在製品成本。　　　　　　　　　　　　　　　　　　　　　　　　（103 會計師）

10. 甲公司採用作業成本制製造三種規格之 T 恤：大號、中號及小號。三種規格之 T 恤序需經過「裁剪、組裝與完成三種作業。材料在生產開始時即全部投入。公司某年度 4 月份加工成本分配到三種作業的情形如下：

作業	直接人工	製造費用
裁剪	$25,000	$21,400
組裝	65,000	45,000
完成	100,000	55,200

4 月份無期初在製品存貨，直接材料成本與存貨數量如下：

規格	直接材料	製成品	期末在製品
小號	$12,500	2,000 件	500 件
中號	70,000	5,000 件	2,000 件
大號	210,000	10,000 件	4,000 件

目前期末在製品中，小號 T 恤尚在裁剪作業中，完工百分比為 40%；中號 T 恤尚在組裝作業中，完工百分比為 50%；大號 T 恤尚在完成作業中，完工百分比為 60%。

試作：

(1) 計算 4 月份裁剪，組裝與完成作業之單位加工成本。

(2) 計算三種不同規格 T 恤之單位成本。

(3) 計算三種不同規格 T 恤之完成品成本與期末在製品成本。　　　　　　（105 會計師）

CHAPTER

6 標準成本制

學習目標 讀完這一章，你應該能瞭解

1. 標準成本之功能。
2. 預算之精神，及其重要性。
3. 瞭解何謂靜態預算以及其缺點。
4. 說明彈性預算的精神，以及在管理決策上的
   意義。
5. 直接原料成本、直接人工成本的標準與差異
   分析。
6. 變動製造費用、固定製造費用的標準與差異
   分析。

引言

　　黃經理（業務部）：「自 2018 年中美貿易戰進入白熱化後，本公司的銷售開始受重大影響，初估 2019 年的業績雖可有起色，但未來的營業額仍不甚樂觀，預計 2020 年只能比 2019 年成長 10%。」

　　范經理（財務部）：「我們都知道中美貿易戰的衝擊還沒結束，相信明年仍然是充滿挑戰的一年。我的問題是，我們包括 ERP 系統加強以及員工教育訓練的開銷費用，將遠超過預估營收的成長，要如何維持合理的公司運作，可能非得從生產成本著手，這部分我想聽聽廠務部的意見。」

　　陳廠長（中科廠）：「今年的產能利用率約 80%，依黃經理的營運展望，明年大概 50% 就已足夠，若景氣復甦力道強，則產能利用率可達 60-65%。各位知道，我們的生產成本有很大的比重是固定成本，包括人事成本、機器設備保養、折舊等，這些固定成本是無法隨產能下降而下降的！生產成本如果要下降，除非裁員。」

　　彭副總：「或許我們可以考慮裁減考績較差的後 5% 員工，這樣對成本應該有顯著的影響，財務部可不可以先作一下各種模擬方案…。」

　　張總經理：「慢著！這是我最不願意聽到的，我們工廠裡多的是跟著瑞展二、三十年的老員工，各位要知道每一個員工背後都有一個家庭，除非是績效真的爛到不行，否則沒有到最後關頭，千萬不要提裁員這兩個字。」

　　范經理：「總經理請別緊張，針對營運業績下滑問題，適度的成本控管是必要的，而預算與標準是管理人員用以控制成本之最有效的兩大利器，在著手降低成本之前，我先來為您介紹標準成本與預算的功能，再作各種產能下，以及各種成本節省方案之呈報。」

6-1 標準成本之功能

專有名詞

標準成本

係指為達成某一目標預計應耗用之資源的成本，許多企業就透過所謂的「標準成本」制度，來協助管理人員評估成本控制的成效。

　　標準成本係指為達成某一目標預計應耗用之資源的成本，許多企業就透過所謂的「標準成本」制度，來協助管理人員評估成本控制的成效。標準成本一直被廣泛地應用在績效評估、成本控制以及預算規劃上。一般而言，標準之制定可採用下列三種基礎：

一、理想標準

　　理想標準又稱理論標準，係指在企業營運過程中，不允許任何浪費或無效率產生。此項標準完全排除現實中可能發生之延遲、機器故障、損耗、人工休息等不可控制情況，由於過於嚴苛，以此標準所作之差異分析常不具任何意義。

二、過去績效標準

　　過去績效標準係指以上期或過去若干期平均之實際資料為依據所設定之標準。過去之績效可能包含無效率或高效率之情況，不一定是正常狀況下應有之成本，故以之為標準並不一定合理。而且，若員工得知其目前之績效將成為評估未來績效之標準時，在惰性心態下為避免被設定未來不易達成之標準，將不願努力提升目前之效率。

三、現行可達成標準

　　此項標準由於已考慮如前述之不可控情況，因此藉由努力及較高效率即有達成可能，並可因外在因素如原料價格、技術革新等變動而隨之作必要之修正，具有相當彈性，故採用此標準於評估績效較能有效激勵員工，用於決策釐訂亦較能不偏離現實，故為較適切之標準。

　　經由前述的說明，范經理總結標準成本的建立目的在於成本的規劃與控制，標準成本的建立可幫助企業達成下列目的：建立標準以求提昇績效、規劃及控制成本、成本預測及售價擬訂參考、節省帳務處理成本及落實責任會計。

　　說明完標準成本的功能後，范經理對張總再三強調，標準之訂定必須慎重，不但要避免訂定過高標準以免員工在達不到標準的挫折感下產生自暴自棄的態度；更要防止標準過於寬鬆而使員工懈怠。因此標準的訂定必須跨越所有部門進行整體性的思考，整合各部門的意見以追求公司最大效益為出發點進行標準訂定。再者，由於產業環境隨時改變，所以標準建立之後，仍需定期加以檢討修訂。

成會焦點

鴻海突圍 將調降人力成本

圖片來源：鴻海集團官網

鴻海集團因應 2019 年全球經濟情勢恐受美中貿易戰等不確定因素帶來的考驗，近期提前針對高階人事最佳化、降低人力成本與固定費用等領域擬出四大策略，並啟動系列對應專案，藉此在國際局勢動盪之際，鴻海集團仍能永續經營。

據了解，鴻海集團此次擬出的四大策略，除了希望藉此帶來更多經營正面助力之外，也是積極落實集團總裁暨鴻海董事長郭台銘定調「扎實工作年」的第一年計畫。

美中貿易戰升溫，鴻海內部高階主管已提出數套應對措施，首先，內部檢討高年薪人員貢獻價值程度。業界傳出，不少總經理、副總以及副總裁等級的管理層，皆在逐一檢討名單內，並已有對應安排，惟細節並未獲得鴻海證實。

其次，外傳在人力檢討上，對非技術職、間接人員及文員等人力成本管控，目標相關成本降低約一成，系列計畫目標在今年內達成。第三，擬訂固定費用減少二成的計畫。第四則是各次集團先後召開動員大會，加強檢討系列工作績效。

郭董在年初與今年股東大會上已多次宣誓，鴻海集團已訂出未來三年扎實的工作年計畫，同時年初揮毫的春聯也呼應啟動「提質、增效、降本、減存、雲端人智慧為競爭力」，以及「關鍵有效微觀納米海量大數據乃新能源」系列策略，並分別對應運用雲端運算、奈米、大數據與 AI 結合智慧製造新技術，以提高在全球的競爭力。

資料來源：經濟日報

6-2　標準成本與預算

　　遇到中美貿易戰的衝擊，編製預算將面對更大的不確定性，相信這不只是瑞展公司才有的現象。編製預算是企業常用的策略執行工具，將組織預期完成的活動或計畫加以量化，有助於協調計畫的執行。預算包括這些計畫的財務面與非財務面的量化資訊，財務面的資訊預算所編出來的財務報表也稱作擬制性財務報表（pro forma statements）。例如：預計損益表、預計資產負債表等，非財務面預算，例如：生產數量、員工人數、可容忍的不良率等。經過縝密編製的預算，若達不到，便是效率不佳，屬於執行面的績效考核問題，但若未來實際情形與編製預算時的假設不一致時，那預算作為績效評估標準就不切實際了。因此預算最好能因應實際情境的變化而能彈性調整，這就是彈性預算的精神。聽到這裡，張總著急著問：「那麼到底什麼是彈性預算呢？」范經理回答：「不急不急，我這就為您介紹」

專有名詞

彈性預算（flexible budget）
是在編製預算時，預估一段區間內的各種產能水準，編製各產能水準下的預算，故預估次期實際產出的水準並非唯一。

　　彈性預算（flexible budget）是在編製預算時，預估一段區間內的各種產能水準，編製各產能水準下的預算，故預估次期實際產出的水準並非唯一。而靜態預算（static budget）也稱作整體預算（master budget），其特點則是在編製預算時，僅依據預期的單一作業水準為基礎所編製的預算。這裡所指的作業水準，可能是銷售水準或者是生產水準。預算的編製，通常從銷售水準的預測（銷貨收入預算）開始，接著編製生產成本預算、管銷費用以及其他各項費用預算、最後才得到預計營業淨利。彈性預算制度下，實際數與預計數比較時，因為產能基礎一樣，故相較於靜態預算，較具意義，因在同樣產能基礎下，比較收入與各項成本的差異分析，才能真正看出經理人的績效。

　　說到這裡，范經理再向張總補充說明，預算與標準，兩者均為企業用以管理控制之工具，且良好的預算制度須搭配使用標準成本方能發揮功效；預算與標準兩者不同處，在於標準以單位金額為基礎，但預算則為總額的概念，此外，標準為估計未來「應當的成本」，而預算則為估計未來「可能的成本」。

　　預算與標準成本的觀念，可計算出的各種差異分析，其間的關係詳如圖 6-1。從圖 6-1 中可以看出，預算成本制的主要內容即是在探討靜態預算差異，他包含了銷售數量差異與彈性預算差異兩大部分；其中，在探討彈性預算差異部分又可獨立出來，稱為標準成本制。關於在標準成本制下，直接原料、直接人工、變動製造費用以及固定製造費用的差異分析方法與應用，將在下一節中介紹；而預算成本制的架構下，靜態預算與彈性預算的差異應用，則留待第 11 章說明。

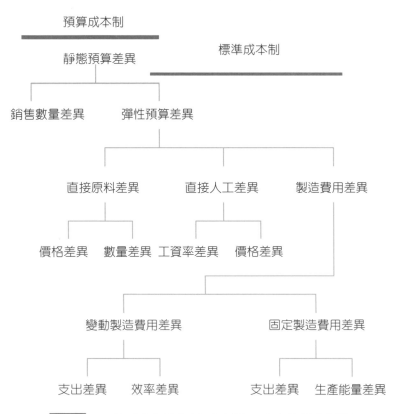

圖 6-1　預算成本制與標準成本制下成本差異關係圖

6-3 標準成本制

在還未開始介紹彈性預算差異（標準成本差異）的重頭戲之前，范經理開宗明義的說明：「凡屬合理的生產要素例如：直接人工、直接材料及製造費用，皆可用以作為標準。當標準以投入量表達，即為數量標準；若以單位價格表達，即為價格標準；若以成本金額表達，即為成本標準。」

價格和數量的標準一般皆分開考慮，係因價格和數量的發生時點不同、以及責任部門亦不同所致。以原料為例，價格由採購部門於購買時議定，但耗用量則是在廠務部門投入生產時方才發生，發生時點不同且責任部門亦不同，因此有必要將此兩項標準分別評估。標準建立後，即可與實際發生數比較，進行差異分析。

為便於張總理解，范經理另外拿出紙筆藉由圖解進行更詳細的說明，圖 6-2 列示成本差異分析。其中，實際（Actual，簡稱 A）成本與標準（Standard，簡稱 S）成本的差異數〔（AQ × AP）－（SQ × SP）〕稱為總差異（total variance)，係由價格差異及數量差異所組合而成。

價格差異（Price variance ）是指實際成本與「以實際數量為基礎之預算成本」的差異數，亦即實際投入數量之實際價格與標準價格的差異〔AQ × （AP － SP）〕。而數量差異（volume variance）則是指以實際數量為基礎之彈性預算成本與標準成本的差異數，亦即在標準價格下，實際投入數量與標準投入數量之差異〔SP × （AQ － SQ）〕。當實際成本小於標準成本稱為有利差異（Favorable Variances），以（F）表示在差異數之後；當實際成本大於標準成本則為不利差異（Unfavorable Variances），以（U）表示在差異數之後。

> **專有名詞**
> 價格差異（Price variance）
> 是指實際成本與「以實際數量為基礎之預算成本」的差異數，亦即實際投入數量之實際價格與標準價格的差異〔AQ × （AP － SP）〕。

> **專有名詞**
> 數量差異（volume variance）
> 則是指以實際數量為基礎之彈性預算成本與標準成本的差異數，亦即在標準價格下，實際投入數量與標準投入數量之差異〔SP × （AQ － SQ）〕。

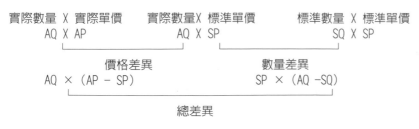

圖 6-2 成本差異分析

一、直接原料成本標準與差異分析

為了讓張總更能清楚的了解，范經理以公司生產電動代步車的電源線為例，該生產部門預估本期該電源線的銷售量為 5,000 尺。每一尺電源線所使用的直接原料、直接人工和變動製造費用之各項標準如下表 6-1：

表 6-1 直接原料、直接人工和變動製造費用之各項標準

成本項目	數量標準	價格標準	成本標準
直接原料	5 尺	$20/ 尺	$100
直接人工	0.5 小時	$120/ 人工小時	$60
變動製造費用	1.0 小時	$120/ 機器小時	$120

公司本期實際以每尺 $18 購進 27,000 尺的直接原料，並投入生產。本期直接原料成本用料差異分析列示於圖 6-3。

實際投入數量 × 實際價格 （AQ × AP） 27,000尺×18 =486,000	實際投入數量 ×標準價格 （AQ ×SP） 27,000尺×20 =540,000	實際產出所允許之標準投入數量 ×標準價格 （SQ × SP） 25,000尺×20 =500,000

價格差異 54,000(F)　　　　　　　　　數量差異40,000(U)

總差異$14,000(F)

圖 6-3 直接原料成本差異分析

（一）直接原料價格差異

直接原料價格差異係指在一定期間內，實際購買價格與依據價格標準所應支付成本之差額。從圖 6-3 可知，此差額可按下列公式計算之：

$$直接原料價格差異 = AQ \times AP - AQ \times SP$$
$$= AQ \times （AP - SP）$$
$$= 27,000 尺 \times （\$18 - \$20）$$
$$= \$54,000 （F）$$

（二）直接原料數量差異

直接原料數量差異亦可稱為直接原料效率差異，係指在一定期間內，直接原料以實際數量為基礎的彈性預算成本與其標準成本的差額。

從圖 6-3 可知,數量差異可按下列公式計算:

直接原料數量差異 $= AQ \times SP - SQ \times SP$

$= (AQ - SQ) \times SP$

$= (27,000\ 尺 - 5,000\ 尺 \times 5\ 尺) \times \$20$

$= \$40,000\ (U)$

（三）直接原料總差異

直接原料總差異（Direct material total variance）亦稱為直接原料彈性預算差異（direct material flexible-budget variance），係指在某特定期間內,直接原料價格差異與數量差異之和。本例中之直接原料總差異可計算如下:

直接原料總差異 = 有利的價格差異 $54,000 + 不利的數量差異 $40,000

$= \$14,000\ (F)$

在標準成本制度下,直接原料成本差異之會計處理依總分類帳系統應設置若干差異科目,用以記錄各項成本差異。在進料時,記錄進料價格差異;而在生產部門領用原料時,記錄原料數量差異（或亦同時記錄用料差異）。

茲將該部門之有關原料差異的相關分錄列示於下。

記載進料之分錄:

直接原料（或原料）	540,000	
應付帳款		486,000
進料價格差異		54,000

記載原料領用之分錄:

在製品	500,000	
直接原料數量差異	40,000	
直接原料		540,000

二、直接人工成本標準與差異分析

該部門本期記錄之直接人工工作時數為 2,800 小時,實際直接人工成本為 $420,000,相關直接人工各項標準見表 6-1,該月份之直接人工成本差異分析列示於圖 6-4。

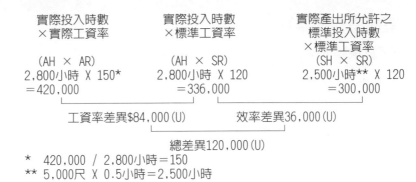

```
   實際投入時數              實際投入時數              實際產出所允許之
   ×實際工資率               ×標準工資率               標準投入時數
                                                      ×標準工資率

   (AH × AR)               (AH × SR)               (SH × SR)
 2,800小時 X 150*          2,800小時 X 120          2,500小時** X 120
  ＝420,000                  ＝336,000                ＝300,000
```

```
        工資率差異$84,000(U)          效率差異36,000(U)
                  總差異120,000(U)
*   420,000 / 2,800小時＝150
** 5,000尺 X 0.5小時＝2,500小時
```

圖 6-4 直接人工成本差異分析

(一) 直接人工工資率差異

直接人工工資率差異(Direct labor rate variance)係指實際發生之直接人工成本與以實際直接人工小時為基礎之彈性預算成本間的差額。例如,從圖 6-4 得知,此差額在本例中可按下列公式計算:

$$直接人工工資率差異 = AH \times AR － AH \times SR$$
$$= AH \times (AR － SR)$$
$$= 2,800 \text{ 小時} \times (\$150 － \$120)$$
$$= \$84,000 \text{ (U)}$$

(二) 直接人工效率差異

直接人工效率差異(direct labor efficiency variance)係指「以實際直接人工小時為基礎之彈性預算成本」與標準成本問之差額。由圖 6-4 可知,此差額在本例中可按下式計算之:

$$直接人工效率差異 = AH \times SR － SH \times SR$$
$$= (AH － SH) \times SR$$
$$= (2,800 \text{ 小時} － 2,500 \text{ 小時}) \times \$120$$
$$= \$36,000 \text{ (U)}$$

（三）直接人工總差異

直接人工總差異（Direct labor total variance）亦稱為直接人工彈性預算差異（direct labor flexible － budget variance），係指直接人工工資率差異與效率差異之和。從圖 6-4 可知，本例中之直接人工總差異可計算如下：

直接人工總差異＝不利的工資率差異 $84,000 ＋ 不利的效率差異 $36,000

= $120,000（U）

范經理最後將本期之直接人工差異的相關分錄簡單列示於下，記載發生直接人工成本及各項差異之分錄：

在製品	300,000	
直接人工工資率差異	36,000	
直接人工效率差異	84,000	
應付薪資		420,000

三、變動製造費用標準與差異分析

該部門本期產出 5,000 尺，實際耗用 5,500 機器小時，實際發生之變動製造費用總額為 $715,000，該月之變動製造費用差異分析列示於圖 6-5。

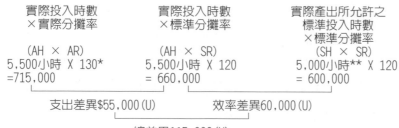

＊ 715,000÷5,500小時＝130
＊＊ 5,000尺×1小時/尺＝5,000小時

圖 6-5 變動製造費用差異分析

（一）變動製造費用支出差異

變動製造費用支出差異（Variable overhead spending variance）係指實際發生之變動製造費用，與依據標準分攤率所應發生之變動製造費用間的差額。從圖 6-5 可知，此差額在本例中可按下列公式計算：

$$變動製造費用支出差異 = AH \times AR - AH \times SR$$
$$= AH \times (AR - SR)$$
$$= 5,500 \text{ 機器小時} \times (\$130 - \$120)$$
$$= \$55,000 \text{ (U)}$$

（二）變動製造費用效率差異

變動製造費用效率差異（variable overhead efficiency variance）係指以實際作業水準為基礎之彈性預算變動製造費用，與按標準作業水準為基礎之已分攤變動製造費用間之差額。從圖 6-5 可知，此差額在本例中可按下式計算之：

$$變動製造費用效率差異 = AH \times SR - SH \times SR$$
$$= (AH - SH) \times SR$$
$$= (5,500 \text{ 機器小時} - 5,000 \text{ 機器小時}) \times \$120$$
$$= \$60,000 \text{ (U)}$$

製造費用可按其成本習性區分成變動及固定兩個部分；依此規劃及記載製造費用之企業，可為此兩類製造費用設立個別之統制帳戶，而每個統制帳戶下又可再設置其自身的費用分攤帳戶。茲將本期變動製造費用差異分析之相關分錄列示於下：

記載實際發生之變動製造費用：

變動製造費用	715,000	
各項貸項 *		715,000

各項貸項包含薪資費用、消耗品、累積折舊、預付費用及現金等。

記載變動製造費用之分攤：

在製品	600,000	
已分攤變動製造費用		600,000

記載製造費用之各項差異：

已分攤變動製造費用	600,000	
變動製造費用支出差異	55,000	
變動製造費用效率差異	60,000	
變動製造費用		715,000

四、固定製造費用標準與差異分析

　　范經理對張總說明：「固定製造費用之總額在攸關範圍內不會隨著作業水準的改變而改變；然而單位固定製造費用卻會隨著作業水準之變動而呈反向變化。由於成本習性不同，固定製造費用的分析與前述變動製造成本的分析亦不相同。」瑞展公司生產電動代步車電源線本期的固定製造費用的相關資料如下，另固定製造費用差異分析列於圖 6-6：

正常產能 - 機器小時	6,000
正常產能下（預算）固定製造費用	$240,000
標準（預計）固定製造費用分攤率	$40
實際投入機器小時	5,500
實際產出允許之標準機器小時	5,000
實際固定製造費用：	
折舊	$90,000
薪資	80,000
其它	60,000
合計	$230,000

圖 6-6 固定製造費用差異分析

（一）固定製造費用支出差異

　　指實際固定製造費用與正常產能下（或預算）固定製造費用間的差異數，代表實際成本與預計數字的差額。本例中之支出差異可計算如下：

固定製造費用支出差異 ＝ 實際固定製造費用 － 正常產能下固定製造費用
$$= \$230,000 - \$240,000$$
$$= \$10,000 \text{（F）}$$

（二）固定製造費用數量差異

係指正常產能下之固定製造費用，與分攤至在製品之標準固定製造費用間之差額。此差額是因實際產出之標準作業水準與原預期之作業水準不同而產生。本例中之數量差異可以計算如下：

固定製造費用數量差異 ＝ 預計固定製造費用 － 實際產出標準固定製造費用

＝ 240,000 － 5,000 機器小時 × 40

＝ $40,000（U）

不利的數量差異表示公司實際作業水準低於正常產能之作業水準，亦即公司生產設備存在閒置產能；反之，有利的差異則表示公司在該期間實際作業水準高於正常產能之作業水準，公司生產設備有過度使用之現象。范經理解釋，數量差異主要係用以檢視廠房設備之使用程度，而非用以衡量成本支出的多少。在固定製造費用差異之會計處理部份，其差異分錄如下：

記載實際發生之固定製造費用：

固定製造費用	230,000	
各項貸項		230,000

記載固定製造費用之分攤：

在製品	200,000	
已分攤固定製造費用		200,000

記載製造費用之各項差異：

已分攤固定製造費用	200,000	
固定製造費用數量差異	40,000	
固定製造費用		230,000
固定製造費用支出差異		10,000

五、製造成本差異之處理

差異分析說明完後，范經理接著向張總解釋期末時差異處理的問題，成本差異之處理是將其視為期間費用，直接結轉至銷貨成本或本期損益。茲分別討論這兩種狀況於下。

（一）成本差異結轉至銷貨成本

若成本差異數額不重大，該項差異可直接結轉至銷貨成本帳戶。

	借（不利）	貸（有利）
直接原料用料價格差異		$54,000
直接原料數量差異	$40,000	
直接人工工資率差異	36,000	
直接人工效率差異	84,000	
變動製造費用支出差異	55,000	
變動製造費用效率差異	60,000	
固定製造費用支出差異		10,000
固定製造費用產能差異	40,000	

結轉差異帳戶分錄如下：

銷貨成本	251,000	
直接材料用料價格差異	54,000	
固定製造費用支出差異	10,000	
直接原料數量差異		40,000
直接人工效率差異		36,000
直接人工工資率差異		84,000
變動製造費用支出差異		55,000
變動製造費用效率差異		60,000
固定製造費用產能差異		40,000

（二）成本差異結轉至本期損益

將成本差異視為期間費用之另一種方式，乃是將差異直接結轉至本期損益而不結轉至銷貨成本。若瑞展公司採用此一處理方式，則期末結轉差異帳戶的分錄應修正以本期損益科目替代銷貨成本科目。贊成此種處理方式者所持的主要理由是，只有標準成本才是真正的製造成本，不論是有利或不利的差異數，都不應該影響到銷貨成本的金額。基於此一觀點，所有的成本差異數應該全部結轉至本期損益中。

六、預算差異分析之應用

前面所介紹的各種差異分析，均假設在製造環境下所作的分析，其實若是在非製造業，各種差異分析的概念仍然是可以應用的。試想在一家商業銀行裡，經營成本可能沒有直接材料、直接人工等直接製造成本，其營運成本大多是間接性質，這些成本依其與作業活動間的因果關係，仍可區分為變動與固定；例如，信用狀押匯業務，審核押匯文件耗用時間，其人員薪資便是屬於變動，而水電費、辦公室租金、電腦折舊等便是固定費用。各項變動與固定費用一樣可以依照前面介紹的概念作各項差異分析，並評估營運績效。

此外，我們也可能以為各種差異分析僅針對財務指標，但其實差異分析的觀念也可以用在非財務性指標。例如，催收帳款部門主管每個月可以依每位職員當月份每講一分鐘電話可收回帳款的金額（當月收回帳款金額÷當月電話使用分鐘數），作為個人工作績效的衡量標準；航空公司可以依可銷售座位里程數當作績效衡量標準等，這些情況都可以應用差異分析概念。在下一章要介紹的作業基礎成本制，若企業推行該制度，其差異分析要如何應用，我們將留待第 7 章作進一步探討。

差異分析的案例

黃以南是瑞展工業股份有限公司業務部的資深且績優員工，每年因為表現優異而領優厚的績效獎金，因中美貿易戰引起的全球經濟影響，2019 年下半年開始，讓他到 12 月中旬為止，整年的實際銷售額比預計目標少了近三百萬。以下是他與紅旺電子公司採購蘇小姐的電話對談：

蘇：這張訂單真的已經取消，你怎麼說不必取消呢？

黃：這個訂單不要了我知道，我只是希望妳先不要在這個時候通知我們公司取消這張訂單，到明年初妳再通知我們還不是一樣，這對妳一點困難也沒有吧！

蘇：那這樣做的目的在哪？

黃：不瞞妳說，我今年的銷售績效離目標都還差三百萬，若妳這張八百萬的訂單也在這個時候取消，年終的檢討會上，我這個連續兩年的超級營業員寶座可就不保囉！幫幫忙，我今年如果再拿到績效獎金，絕對先謝謝妳這個大恩人啦！長榮飯店的鐵板燒怎麼樣？

蘇：我是可以先不打單啦，反正也已經 12 月中了。

問題一：

黃以南用拖延原本在今年該取消的訂單到隔年才取消，以成就他今年的銷售業績，若你是主管，要如何避免與防堵這樣的行為？

問題二：

公司應採取哪些措施以利及時因應產業外在環境之變化，以降低黃以南事件之發生率？

討論：

會計弊案在實務上層出不窮，像個案中黃以南的手法在一般的情況下可能不易被察覺，公司可能因此而讓績效考核無法落實，主管應該隨時提高警覺，防範類似的情況發生，除了主管的機警外，內部稽核部門也可以在例行的稽核（或專案稽核）中主動深入追查可疑的績效表現，以及不尋常的趨勢。除此之外，亦須定期檢討預算與標準成本之設定。

本章回顧

　　本章介紹標準成本的觀念，以及在管理實務上的意義。標準成本的制訂基礎，可依理想標準、過去績效標準，或者是現行可達成標準。預算的編製，通常從銷售水準的預測（銷貨收入預算）開始，接著編製生產成本預算、管銷費用以及其他各項費用預算、最後才得到營業淨利。

　　彈性預算是在編製預算時，預估一段區間內的各種產能水準，編製各產能水準下的預算，故預估次期實際產出的水準並非唯一。而靜態預算的特點，則是在編製預算時，僅依據預期的單一作業水準為基礎所編製的預算。彈性預算制度下，實際數與預計數比較時因為產能基礎是一樣的，故其比較具有意義。

　　差異分析是管理階層作績效評估時常用的工具，本章介紹的各重差異分析公式如下，讀者應該了解各項差異代表的管理意涵，才能活用這些公式：

1.　直接原料差異分析

　　(1)　直接原料總差異＝直接原料價格差異＋直接原料數量差異

　　(2)　直接原料價格差異＝實際數量 × 實際單價－實際數量 × 標準單價

　　(3)　直接原料數量差異＝實際數量 × 標準單價－標準數量 × 標準單價

2.　直接人工差異分析

　　(1)　直接人工總差異＝直接人工工資率差異＋直接人工效率差異

　　(2)　直接人工工資率差異＝實際投入時數 × 實際工資率－實際投入時數 × 標準工資率

　　(3)　直接人工效率差異＝實際投入時數 × 標準工資率

　　　　　　　　　　　　－實際產出所允許之標準投入時數 × 標準工資率

3.　變動製造費用差異分析

　　(1)　變動製造費用總差異＝變動製造費用支出差異＋變動製造費用效率差異

　　(2)　變動製造費用支出差異＝實際投入時數 × 實際分攤率

　　　　　　　　　　　　　　－實際投入時數 × 標準分攤率

　　(3)　變動製造費用效率差異＝實際投入時數 × 標準分攤率

　　　　　　　　　　　　　　－實際產出允許之標準投入時數 × 標準分攤率

4.　固定製造費用差異分析

　　(1)　固定製造費用總差異＝固定製造費用支出差異＋固定製造費用能量差異

　　(2)　固定製造費用支出差異＝實際固定製造費－正常產能下預算固定製造費用

　　(3)　固定製造費用能量差異＝正常產能下預算固定製造費用－實際產出所允許之

　　　　　　　　　　　　　　　標準時數 × 標準固定製造費用分攤率

本章習題

一、選擇題

( ) 1 甲公司標準工資率每小時 $5，X3 年 2 月份人工效率不利差異 $200，工資率有利差異 $150，實際發生直接人工小時數 2,500 小時，則每小時實際工資率為何？

(A) $4.92　(B) $4.94　(C) $5.06　(D) $5.08。　　　　（100 普考）

( ) 2. 管理者在分析利潤差異時，經常分解為諸多差異，下列關於差異間關係之敘述，何者錯誤？

(A) 銷貨收入總差異可區分為銷售價格差異與銷售數量差異

(B) 銷貨毛利價格差異可區分為銷售價格差異與生產成本差異

(C) 邊際貢獻總差異可區分為變動成本差異與固定成本差異

(D) 銷售數量差異可區分為銷售組合差異與純銷售數量差異。　　（106 普考）

( ) 3. 甲公司生產一單位產品之直接原料與直接人工標準成本資料如下：

　　　　直接原料　　　投入 1.5 磅

　　　　直接人工　　　投入 2 小時，每小時 $12

實際採購與生產資料如下：

　　　　直接原料採購量　　　2,000 磅

　　　　直接原料使用量　　　1,800 磅

　　　　投入直接人工小時　　1,900 小時

　　　　直接人工每小時工資　$10

若直接原料之數量差異為 $4,680（不利），直接人工之效率差異為 $1,200（不利），則每磅原料之標準單價為何？

(A) $15.6　(B) $10.4　(C) $9.36　(D) $7.2。　　　　（106 地特四等）

( ) 4. 材料的價格差異在購料時認列，則材料明細帳中之入帳基礎為何？

(A) 實際價格，實際數量　(B) 實際價格，標準數量

(C) 標準價格，實際數量　(D) 標準價格，標準數量。　　（106 地特四等）

( ) 5. 甲公司生產一單位產品之直接原料與直接人工標準成本資料如下：

　　　直接原料　　　　　　　投入 5 磅，每磅 $10

　　　直接人工　　　　　　　投入 2 小時

實際採購與生產資料如下：

採購及使用原料量　　6,000 磅

投入直接人工小時　　2,600 小時

若直接原料數量差異爲 $2,500（有利），直接人工效率差異爲 $1,800（不利），則直接人工標準工資率爲何？

(A) $6　(B) $9　(C) $12　(D) $18。　　　　　　　　　　（106 高考三等）

(　　) 6. 甲司採用標準成本制度，並以直接人工小時作爲製造費用分攤的基礎，下列爲固定製造費用之相關資料：

實際數	靜態預算數	
產品產量	1,000 單位	1,200 單位
直接人工小時數	5,200 小時	6,000 小時
固定製造費用	$117,000	$120,000

下列敘述何者正確？

(A) 少分攤固定製造費用 $17,000

(B) 已分攤固定製造費用爲 $120,000

(C) 固定製造費用支出差異（spending variance）爲 $13,000（不利）

(D) 固定製造費用生產數量差異（production-volume variance）爲 $20,000（有利）。　　　　　　　　　　（106 地特四等）

(　　) 7. 下列關於靜態預算與彈性預算之比較，何者正確？

(A) 靜態預算爲只包含固定成本之預算，但是彈性預算爲同時包含固定成本與變動成本之預算。

(B) 靜態預算著重固定資產取得成本之控管，但是彈性預算著重隨銷售量而改變之費用之控管。

(C) 靜態預算在預算期間開始後即無法變更，但是彈性預算則必須按照實際成本之數額隨時調整。

(D) 靜態預算下的成本與實際成本之差異即使爲不利，仍可能因成本控管使彈性預算差異爲有利。　　　　　　　　　　（105 地特三等）

(　　) 8. 甲公司 7 月份實際購進直接原料 5,000 磅，無期初原料存貨，所有購進之原料
已全部投入生產，每磅直接原料的標準單價為 $10。若該月份直接原料數量差
異為 $3,000（不利），價格差異為 $2,000（有利），試問標準用量與每磅原料
的實際單價分別為何？

(A) 4,700 磅與 $9.6　　　　　(B) 4,700 磅與 $10.4

(C) 5,300 磅與 $9.6　　　　　(D) 5,300 磅與 $10.4。　　　　（105 地特四等）

(　　) 9. 乙公司 X5 年 1 月實際製造費用 $12,000，多分攤製造費用 $3,000，不利支出
差異 $2,100，則製造費用總差異為何？

(A) $900　(B) $3,000　(C) $5,100　(D) $6,900。　　　　（105 地特四等）

(　　) 10. 關於市場占有率差異與市場規模差異（或稱市場需求差異）之敘述，下列何者
錯誤？

(A) 在多種產品且基於預計銷售組合下，市場占有率差異與市場規模差異之總
和等於純銷售數量差異。

(B) 市場占有率差異係以預計產業總銷售量為基礎，計算產品因市場占有率變
動對收入或毛利之影響。

(C) 市場規模差異則是用以衡量產業景氣或市場需求導致市場總銷售量改變
時，對收入或毛利之影響。

(D) 相對於市場占有率差異，市場規模差異較不具可控制性，在評估績效時不
宜由行銷部門完全負責。　　　　　　　　　　　　　　　（105 高考三等）

二、計算題

1. 甲公司採標準成本制，其所投之標準成本為每生產一件產品之標準工時為 6 小時，每
小時之標準工資率為 $45。假設 11 月份，甲公司生產 15,000 件，並造成不利的人工
效率差異為 $157,500。另外，每件產品之原料標準投入量為 3 公斤，每公斤之標準成
本為 $2.5。11 月份供應商為削減其庫存壓力，故以每公斤 $2 售予甲公司。甲公司為
因應 11 月份之生產，共購買並使用 48,000 公斤之原料及人工成本 $4,488,000。

試作：

(1) 計算實際人工小時數與人工工資率差異。

(2) 計算用料價格差異及材料數量差異。　　　　　　　　　　　　　（102 地特四等）

2. 甲公司生產乙產品 1,000 公斤的標準原料成本如下：

原料	公斤數	單位成本	合計
A1102	120	$120	$14,400
B1205	480	40	19,200
C1309	240	160	38,400
D1425	360	80	28,800
合計	1,200		$100,800

5 月份甲公司生產乙產品 20,000 公斤，實際購入數量、購入成本、實際耗用量如下：

原料	購入數量（公斤）	購入成本	耗用量（公斤）
A1102	4,000	$448,000	3,690
B1205	9,000	504,000	8,610
C1309	6,500	936,000	6,150
D1425	7,000	616,000	6,150
合計	26,500	$2,504,000	24,600

甲公司原料價格差異在購入時認列，試作：

(1) 原料購料價格差異。

(2) 原料組合差異。

(3) 原料產出差異。

(4) 原料數量差異。　　　　　　　　　　　　　　　　　　　　　（102 地特三等）

3. 書神印刷公司專門為大學或研究機構印刷專業書籍，由於每次印刷之整備成本高，書神印刷公司會累積書籍訂單至將進 500 本時，才安排印刷整備與生產書籍。對於特殊定單，書神印刷公司會生產每批次數量較少之書籍，每次特殊訂單索價 $4,200。2013 年印刷作業之預算與實際成本如下：

	靜態預算數	實際數
印刷書籍總數量	300,000	324,000
每次整備平均印刷書籍數量	500	480
每次印刷機器整備時數	8 小時	8.2 小時
每整備小時之直接變動成本	$400	$390
故定整備製造費用總金額	$1,056,000	$1,190,000

試作：

(1) 2013 年靜態預算之裝備次數及彈性預算之整備次數。

(2) 採用裝備小時分攤固定整備製造費用，求算預計固定製造費用分攤率。

(3) 計算直接變動整備成本之價格差異與效率差異，並標明有利（F）或不利（U）。

(4) 計算固定整備製造費用之支出差異與能量差異，並標明有利（F）或不利（U）。

（103 普考改編）

4. 甲公司於 X3 年開始生產一項新產品，並將各項差異分攤至期末存貨與銷貨成本。

(1) X3 年各項成本要素差異餘額如下：

	X3 年	
	借方	貸方
材料數量差異	$1,500	
工資率差異	1,100	
人工效率差異		$800
製造費用可控制差異	1,200	
製造費用數量差異	3,000	

(2) X3 年期末存貨資料如下：

存貨	X3 年
在製品（材料 100% 投入，X3 年加工完成 50%）	1,000 單位
製成品	1,500 單位
銷貨	2,500 單位

試作：

X3 年底分攤當年度各項差異的分錄。　　　　　　　　　（102 普考改編）

5. 甲公司採用標準成本制度作爲規劃及控制的工具。製造費用以直接人工小時作爲分攤的基礎，在 50,000 個直接人工小時下，預計變動製造費用爲 $200,000，預計直接人工成本爲 $4,500,000。直接原料每磅標準成本爲 $2，每單位所需之標準原料數量爲 1磅。其他相關資料如下：

(1) 6 月份共生產 48,000 單位，無期初原料及在製品存貨，亦無期末在製品存貨，但有期末原料存貨若干。

(2) 6 月份原料價格差異係於購入時認列，購料價格差異每磅 $0.5。原料購料價格差異為 $30,000（有利），原料數量差異為 $20,000（不利）。

(3) 6 月份實際平均工資率高於標準工資率 $10/ 每小時，實際直接人工成本為 $6,100,000。

(4) 6 月份實際固定製造費用總額為 $210,000，製造費用預算差異為 $40,000（不利），製造費用變動效率差異為 $50,000（不利），製造費用差異總數為 $10,000（不利）。

試求：

(1) 6 月底直接原料的存貨數量。

(2) 6 月份實際人工小時。

(3) 6 月份製造費用的支出差異。

(4) 6 月份製造費用的數量差異。 （102 高考）

6. 乙公司生產各種機器人玩具，並經由各地代理商銷售。玩具是以塑膠盒分別包裝，但係按批次方式處理裝箱與運送。運送部門配送費用包含變動直接批次水準費用與固定批次水準費用，運送部門 2016 年相關資訊如下：

	實際資料	靜態預算資料
運送玩具數量	350,000 個	500,000 個
平均每箱玩具數量	16 個	20 個
每箱裝箱小時數	1.8 小時	2.2 小時
每小時變動配送費用	$48	$44
固定配送費用	$210,000	$220,000

試作：（各項差異須標示有利或不利）

(1) 2016 年靜態預算與彈性預算下裝箱應有之箱數為多少？

(2) 2016 年實際運送之箱數為多少？乙公司採用裝箱時數分攤固定配送費用，則預算固定配送費用分攤率為多少？

(3) 列表計算變動配送費用之用款差異與效率差異。

(4) 列表計算固定配送費用之用款差異與基準水準差異。 （106 關務）

7. 甲公司本年 7 月份有關生產 10,000 瓶漂白水的資料如下：

直接材料（假設購入材料均投入生產）

標準成本：每毫公升 $0.06

實際總成本：$530,000

每瓶漂白水所允許投入的成本 $54

材料數量差異：$1,200(有利)

直接人工：

標準成本：每小時 $124，每小時應完成 20 瓶漂白水

實際成本：每小時 $125

人工效率差異：$3,720(不利)

試作：

(1) 每瓶漂白水之標準投入量。

(2) 直接材料價格差異。

(3) 直接人工的彈性預算差異與價格差異。　　　　　　　　（103 會計師）

8. 南科公司生產部門於 X8 年 7 月份預計生產 10,000 單位的產品，其預計的製造費用如下：

固定成本：

房租	$15,000
折舊	5,000
保險費	2,800
間接人工	3,400

變動成本：

間接原料	12,000
間接人工	7,500
電力	3,600

7 月份共生產了 9,800 單位的產品，實際製造費用如下：

房租	$15,600
折舊	5,000
保險費	2,750
間接原料	11,956
間接人工	10,602
電力	3,626

試作：

南科公司採用彈性預算，請編製南科公司生產部門 7 月份之製造費用績效報告。

（100 會計師）

9. 甲公司上個月購入之材料均在該月即投入生產使用，相關的材料成本與人工成本之資料如下：

直接材料		直接人工	
每單位標準價格	$90	實際使用人工時數	$20,000
每單位實際價格	$80	實際每小時工資率	$16
材料價格差異	$200,000（有利）	人工效率差異	$28,000（有利）
總材料成本差異	$20,000（有利）	總人工成本差異	$12,000（不利）

若甲公司上個月共完成 9,000 單位產品之產出，且無在製品存貨及生產損失發生。請計算：

(1) 上個月直接材料之標準使用數量。

(2) 上個月直接人工之標準使用時數。　　　　　　　　　　　　　　　（102 關務）

10.甲公司以 80% 的作業水準（以直接人工小時為衡量基礎）編製未來 1 年的彈性預算資料如下：

直接人工小時	28,800
變動製造費用	$144,000
總製造費用分攤率（每一直接人工小時）	$18.70

甲公司在分攤製造費用時係以 90% 的作業水準作為分攤基礎，生產一單位產品須投入 4 小時直接人工。X1 年甲公司共投入 33,300 小時生產 8,500 單位產品，實際發生

的製造費用比實際產量之彈性預算下製造費用多 $12,000，其中固定製造費用便占了 $5,000。

試作：

請依據上述資料計算下列各項費用差異（若無法整除，請四捨五入至小數點後第 2 位）

(1) 變動製造費用效率差異。

(2) 製造費用支出差異。

(3) 製造費用生產數量差異。

(4) 變動製造費用支出差異。 （99 高考）

CHAPTER 7

作業基礎成本制

學習目標 讀完這一章，你應該能瞭解

1. 瞭解以數量為基礎的傳統成本分攤系統如何扭曲產品成本。

2. 設計一個傳統的作業基礎成本制度（Activity-based costing; ABC），將耗用的資源成本（resource cost）與各種作業活動（activities）作連結，並將之對應分攤到成本標的（cost object），如產品或顧客。

3. 應用作業基礎成本系統的資訊，協助提升營運效率與決策品質（如定價）。

4. 瞭解衡量實際產能的重要性，以及閒置產能的成本。

5. 應用作業基礎成本系統於服務業，作顧客管理。

6. 瞭解作業基礎成本制成功的必要條件，以及推行時的可能阻礙。

引言

　　瑞展公司最近發生一些讓各主管傷透腦筋的事情，張佳年董事長為了這些事情一再開會檢討，希望能找出原因與解決方法。

　　事情是這樣的，有鑑於老年化社會的來臨，兩年前公司決定跨足電動輪椅的傳動系統開發，雖然醫材部門早已生產傳統輪椅的輪軸（WA60 與 WA61），但去年投入開發先進的電動輪椅傳動系統，開始生產 WA62 新產品，類似的產品已經有韓國產品銷入臺灣，當時張佳年不以為意，本著『品質第一』的原則，自信瑞展的產品絕對不比韓國貨差，但今年年初以來，傳統產品中一些原本該拿到的訂單陸續被韓國人搶走。韓國貨的報價出奇的低，甚至比瑞展會計部門估計的製造成本還要低，看起來韓國人是賠本在賣，張佳年以為韓國人在削價競爭，但近來發現連日本公司的報價也比瑞展的報價低，這讓張佳年開始懷疑公司的報價是否出了問題。

　　更詭異的是，WA62 產品是公司好不容易開發出來的產品（為此公司增聘 4 名具博士學位的研發工程師，每年多出好幾百萬的薪資費用），品質與日本貨不相上下，市場價格很好，會計部門估計出來的毛利率高達 76.88%，行銷經理於是將 WA62 訂為今年銷售的主力，取代獲利較差的產品。銷售部門也不負重望，今年的營業額比去年增加 30%，主要就是因為 WA62 產品銷售奇佳，但令人不解的是，會計部門結算出來的營業淨利卻是負數，張佳年開始慌了，究竟問題出在哪裡？會計部門也說不上來。

　　瑞展公司早期醫材部門產品線只有 WA60 與 WA61 兩種產品，這兩種產品的製程均大同小異，到目前為止，製造成本除了可以直接追蹤到訂單的直接原料與直接人工外，對於製造費用均以機器小時數作為分攤到各訂單的唯一基礎。

　　針對這一點，會計師早就已經提醒張佳年，現行的成本會計系統將不足以應付未來公司發展所需，因為這幾年來產品線的發展非常快，且每一次開發的新產品，製程日趨複雜，往往花費大量成本在研發、設計與測試，但依目前的成本會計系統，這些研發、設計與測試成本均屬製造費用（間接成本），無法在個別訂單的成本單裡出現這些成本，而早已開發成熟的傳統產品因為大量使用機器時間，反而得分攤較多的製造費用。這些問題經過這幾天來的反覆開會檢討，主管們大概已經瞭解當時會計師的建議是有道理的，但問題是，要如何解決這種成本扭曲的問題呢？到底該如何把每一種產品的正確成本算出來呢？究竟哪些產品才是真正能讓公司賺錢的產品？哪些是賠本在賣呢？

7-1 製造費用傳統的分攤方法

一、傳統的成本分攤方法

傳統製造業的主要成本（原料、人工）占總成本比重較大，而間接成本（製造費用）所占比重較小，且這種成本結構關係在各種產品間的差異不大，這樣的成本結構，運用第 4、5 章所介紹的分步與分批成本制通常就已足夠。不管分步或分批，除了原料與人工等主要成本外，對於間接成本（例如生產線上機器成本的折舊、排程、品管，以及一般的廠務管理等成本），通常均以簡單的方法分攤到生產部門或產品，例如將這些間接成本除以總人工小時數或是機器小時數，得出每一單位人工小時或每一機器小時的分攤率（overhead allocation rate），有了分攤率便可以將上述的間接成本，透過分攤率分攤到生產部門或產品。

我們再回到先前瑞展公司的案例，在開發出 WA62 產品以前，瑞展公司醫材部門的主力產品是 WA60 與 WA61，這兩種產品公司已經有多年的生產經驗了，技術已經非常成熟，目前已經是半自動化生產，之所以開發 WA62，是因為 WA62 的售價是 WA60、WA61 的兩倍多，且前景看好。價格較貴的原因是因為 WA62 是屬於新型電動輪椅傳動系統的一部分，需要投入許多研發與設計人員，部分技術過去在市場上只有日本貨，瑞展公司聘了幾位高級工程師，經過幾年的努力，好不容易突破了技術瓶頸，品質幾乎和日本貨不相上下，會計部門認為，WA62 的前半段製程幾乎和 WA60、WA61 一樣，只有後段製程需配合產品電路設計而需額外設計以及先進的設備做測試，耗費的時間雖然較久，但因為毛利高，所以去年的主管會議中，行銷經理提議將 WA62 列為今年銷售的主力產品，將部分原先生產 WA60 與 WA61 的產能騰出給 WA62，今年銷售人員非常努力，WA62 的銷售也確實突飛猛進。

這 3 種產品的毛利資料如下（20X8 年 5 月份的資料）：

表 7-1　傳統成本制下 WA60、WA61、WA62 產品毛利分析表

	WA60	WA61	WA62
當月生產與銷售數量（尺）	1,500	1,200	2,100
單位售價	$25	$28	$62
銷貨收入	$37,500	$33,600	$130,200
直接原料成本	5,300	5,100	6,600
直接人工成本	5,800	5,200	9,100
機器小時數	45	42	32
製造費用（機器小時 ×$450）	20,250	18,900	14,400
總製造成本	$31,350	$29,200	$30,100
毛利	$ 6,150	$ 4,400	$100,100
毛利率	16.4%	13.10%	76.88%

　　表 7-1 中可以看出，WA62 的毛利率高達 76.88%，比 WA60、WA61 都高出甚多，因此去年底主管會議將 WA62 訂為今年行銷主力應該相當合理。但令人納悶的是，雖然 WA62 銷售業績亮麗，但 20X8 年 5 月份會計部門結出來醫材部門的營業淨利卻是負數（如表 7-2 所示）：

表 7-2　瑞展公司醫材部門 20X8 年 5 月份營業淨利分析表

...... 承表 7-1 資料		
毛利：WA60	$ 6,150	
WA61	4,400	
WA62	100,100	$110,650
減：銷售費用	$42,554	
管理費用	108,300	(150,854)
營業淨利		($40,204)

　　張佳年發現，去年同期（20X7 年 5 月）的銷售額約只有今年的 90%，且營業淨利為正，今年成本計算方式和去年都一樣，製造費用的分攤率都是用機器小時為基礎，這個方法已經用超過十幾年了。每年會計部門會根據實際製造費用金額調整分攤率，前年的分攤率每機器小時只有 $280，去年起之所以調高到每機器小時 $450，是因為增聘研發部門人員，造成成本增加，以及因應 WA62 增產，成立智能研發室、增購多項先進的電子儀器設備與品管人員與耗材，造成製造費用大增，以致會計部門決定提高分攤率。

二、傳統成本系統對產品成本的扭曲

瑞展公司對於製造費用的分攤方法其實是一般傳統製造業慣用的方式，也就是對於製造費用只用一種或兩種分攤率將之分攤到產品，這在製造費用佔總成本比重不大，或者產品種類少、製程固定的情形下，基本上不會產生太大的衡量誤差，但產品種類如果增多，且每一種產品製造的複雜度又有差異時，便會扭曲各種產品的成本。這是因為分攤製造費用只用一兩種分攤率，使得多耗用分攤基礎成本動因（如機器小時）的產品，便得多分攤製造費用，相對的，必定有其他產品會少分攤製造費用（因為總製造費用固定）。

例如，瑞展公司醫材部門的三種產品，只用機器小時一種分攤基礎，WA60 與 WA61 因為生產過程中大量耗用機器小時，便得多分攤製造費用，而 WA62 除了耗用機器外，還得經過許多設計與測試等複雜且耗費成本的製程，但這些額外的耗費，在瑞展的成本會計系統下，把這些額外的成本（例如：研發人員薪資、檢測儀器折舊、品管測試成本等 WA62 額外增加的支出），全部混和在總製造費用，透過「機器小時」分攤給三種產品。如此一來，多使用機器小時的產品就得多負擔，少使用機器小時的就可以少分攤。

WA62 實際上耗費的成本比帳上記錄的還要多，但部分轉嫁給 WA60 與 WA61 分攤，WA60 與 WA61 因此多分擔了不該屬於它的製造費用。過去沒有生產 WA62 時，分攤率每機器小時只要 $280，而有了 WA62 後就調高到 $450，增加的原因主要就是因為 WA62 製程較複雜，需額外投入一些成本，但這些成本卻由三種產品共同承擔，以致於會造成產品成本相互補貼的不合理現象。

你可能會問，過去沒有生產 WA62 時，WA60 與 WA61 間難道就沒有這種相互補貼成本的情形呢？這可能有，但不會太嚴重，因為 WA60 與 WA61 製程相似、成本結構差異不大，所以交互補貼的情形不嚴重，但 WA62 成本結構與這兩種產品差異太大，若仍用同一種分攤方法，必然造成成本交互補貼的情形。這種成本扭曲的現象，其後果是使得 WA62 成本被低估，而 WA60 與 WA61 成本被高估，若依據錯誤的成本資訊作定價，

那定出的價格也一定不對。WA62 因為成本低估，定價很可能也低估，表7-1 所呈現的高毛利率可能是假象，其實際的毛利率很可能遠低於這個數字，而 WA60 與 WA61 則正好相反，這兩種老產品實際成本可能低於表7-1 的數字。公司努力賣 WA62、少賣 WA60 與 WA61，以為這樣可以增加毛利，但實際情形可能正好相反，WA62 未必有如此高的毛利，依現行價格賣越多未必賺越多，而 WA60 與 WA61 也許毛利不錯，但公司卻減少銷售，多賣毛利差的產品、少賣毛利好的產品，才會造成總銷售額增加，而營業淨利卻未能相對的增加。

依現行一般公認會計原則，企業對外的報表（損益表）中只要揭露總成本（銷貨成本），不必揭露每一項產品的製造成本，也不必將成本分成直接成本與間接成本。總成本要分攤到個別產品，較麻煩的是間接成本（製造費用）要如何分攤到每一項產品。企業外部的人使用損益表，通常是要作投資、授信等決策，因此只要知道總成本的資訊便已足夠，但內部的管理決策（例如：個別產品定價）則往往需要知道個別產品的精確成本，因此如何將製造費用分攤到個別產品便非常重要了。

瑞展公司的案例可能是許多製造業共同的問題，若全公司只用一種分攤率（例如瑞展公司使用機器小時）分攤製造費用，很容易造成有的產品多分攤、有的少分攤，因為有些產品已經大部分都自動化，大量使用機器，耗費較多的機器小時而必須分攤較多的製造費用，反之，有的產品因為客製化且尚屬測試開發階段，往往耗時費力，必須多花費研發、測試等成本，成本應該很高，但因為多耗費的成本多和人力有關，與機器無關，因此反而不必分攤太多製造費用，那些研發、測試等成本便無法由該項產品負擔，而是轉嫁給其他多使用機器的產品。這樣的成本分攤方法，在生產多種產品時，常會造成有些產品成本被高估、有些產品成本被低估。經理人根據錯誤的成本資訊作決策，如訂定個別產品的價格，成本高估的產品售價會訂得過高，將不易出售，反之，成本被低估的產品，定價可能低於實際成本，這種產品可能賣越多虧越多，但問題是公司主管往往不知道實情而努力推銷不賺錢的產品。

　　隨著科技的進步，以及經濟活動的快速發展，現在的製造業成本結構在過去一百年來已經有很大的改變。在二十世紀初期，直接人工是主要的成本要素，約佔總成本的 50%[1]，與直接原料構成產品的主要成本，製造費用所占的比重通常很低。在這樣的環境下，成本會計系統設計的主要目的是在衡量（measurement）與控制（control）所耗費的直接原料與直接人工。製造費用通常以一個數量化的基礎（例如人工小時、工資）分攤到每一個產品以求簡化，因為製造費用所占比重小，所以這樣的成本分攤方法雖嫌粗略，每項產品間雖會有衡量誤差（measurement error）存在，但由於製造費用占總成本比重不大，所以通常可以忽略。

　　隨著自動化生產的普及，機器大量使用在生產線上，加上資訊科技的廣泛應用，現今的製造環境下，直接人工可能只占總成本的一小部分而已，現今美國的電子產業，直接人工占總成本的比重平均甚至低於 5%，而製造費用所占的比重則越來越大，這是因為現代企業投資在機器設備、資訊軟體以及研發（research and development）的支出往往金額龐大，對於產品成本而言，這些龐大的支出通常歸類為間接成本（製造費用）。由於製造費用所占的比重越來越大，若仍以單一的分攤率分攤到產品，將使產品成本被扭曲，造成像瑞展公司一樣的問題，雖然銷售金額與數量均增加，但淨利卻不見相對應的增加，因為成本高估的產品定價必定也高，但可能因此不好賣，反之，成本低估的產品被公司以為是創造利潤的主力而努力銷售，這種產品也常常會比較好賣（因為定價訂得較低），但其實這種產品可能是虛盈實虧，賣越多虧越多。

　　面對傳統成本系統對產品成本的扭曲，作業基礎成本制（Activity Based Costing；簡稱 ABC）的實施，或可改善這樣的缺失，下一節將介紹瑞展公司如何運用作業基礎成本制解決上述的問題。

1　Atkinson, Kaplan, Young, Matsumura, Management Accounting, 5th Edition, Prentice Hall.

成會焦點

智慧製造不是要跑得快，是要回歸管理的本質

身為臺灣前二十大國際品牌的主機板大廠映泰科技，許迪翔協理（以下簡稱許迪翔）在鼎新電腦「實踐智慧製造，邁向工業 4.0」研討會開場時即笑著表示：「幾年前映泰根本不清楚什麼是智慧製造，我要分享的是，不是我們跑得比大家快，而是我們在邁向智慧製造的過程，所得到的效益與收穫。」

製造業是臺灣經濟的基礎，隨著工業 4.0 的理念在全球不斷深化、發酵，在這個雲端、大數據、物聯網等科技工具興起的新工業革命時代，製造業面臨的未來將是「隨需而製」的整合能力，以及運用 IT 科技讓生產線上的組件都能靈活串接溝通運用，進而達成更好的生產效率。

製造業所面臨的挑戰，無非是速度、彈性、效率與資訊的透通。許迪翔表示，映泰主要生產電腦主機板以及遊戲顯卡等，例如，工業電腦裡的板卡，一年的訂單可能會有幾萬台；公司內部的產品可能面臨市場上少樣多量或是少量多樣的特殊需求。

但公司的作業流程與管理平台卻可以正確銜接，原因何在？關鍵就在於基礎穩定的資訊透通平台。主要重點為：

1. 挖掘管理挑戰，企業基礎工程再造。

2. 競速時代的靈活跨界，智慧製造的協作共融。

3. 企業內外流程整合，邁向智慧生產。

4. 掌握資訊決策先機，持續精進優化。

資料來源：鼎新電腦 http://www.dsc.com.tw/

7-2　作業基礎成本制

在一個偶然的機會，張佳年結識一位任教於中部某大學管理學院的教授，佳年決定邀請這位教授來看看公司目前的問題有何解決良方。這位教授來工廠看了幾次後，建議佳年要改變目前的成本計算方式，改用作業基礎成本制。公司於是在這位教授的帶領下，組成「ABC 推動小組」，由教授帶領的 6 位研究生，以及公司相關的高、中、低階主管共同組成，開始推動作業基礎成本制，工作小組每週開會一次，每個月向張佳年董事長會報一次。

一、將成本累積到作業活動

作業基礎成本制和傳統成本制度一樣，仍然是運用兩階段的方法計算產品成本。傳統成本制是先將所耗費的支出（成本）累積（accumulate）到成本集（cost pool）或叫成本中心（cost center），這些成本中心通常是公司實際的營運部門，之後再將成本集的成本分攤（allocation）到個別產品。而作業基礎成本制則是先分析生產過程中將動用哪些活動或作業[2]（activity），將所有支出金額依因果關係分別由這些活動吸收（累積），再將之除以作業活動量，便可以計算出每一項作業活動的分攤率[3]。其基本的邏輯就是認為任何一項作業活動均會耗費公司的資源（成本），因此，所有的作業活動都會帶動成本的發生。至於個別產品的成本，就看生產這項產品動用了哪幾項的作業活動，依每一項作業活動的分攤率乘以作業活動數，以計算產品的成本。

「ABC 推動小組」首先在醫材部門的生產現場觀測每一項動作，以便歸納所有作業活動，通常訂單由行銷部門轉過來後，廠長會簽發製令（即製造命令的意思），並作排程（規劃生產日期與安排機台），副理每天一早從電腦上列印出當天的生產目標（生產產品別、數量），便指派領

2　實務上作業活動的數目通常會多達數十項，所以常會分成幾個作業中心（activity center），每一個作業中心由相關的的幾個作業活動所組合。
3　例如每啟動一次機器算是一項動作，這項啟動的動作會耗費的成本包括啟動機器的這幾分鐘內，機器的折舊、保養費、電費、操作人員的薪資、保險費等，所以每啟動機器一次，就得分攤這些成本。

班負責特定的訂單，之後便進入實質的生產流程。通常管線（原物料）從倉庫領出後，便送到指定的機台進行車床處理，依訂單要求規格的複雜度，在機台處理的時間會不一樣，接著是由人員以流體（砂質金屬與化學藥劑的混和體）作拋光的處理，使產品外層呈光滑狀，由於拋光工作較為制式，因此幾乎都已經標準化，一般訂單通常只要處理一次即可，但有些顧客要求品質較高時，就需要進行兩次的拋光，接下來便是清洗與包裝，每一種產品清洗的動作雖然大同小異，但一般產品只要在清洗場以清水沖洗、乾燥後便可包裝入庫（送入倉庫儲存），而 WA62 則需在新成立的智能研發室處理，其動作較為複雜。依此，「ABC 推動小組」將整個製程劃分成整備作業、車床作業、流體拋光作業、清洗作業、智能研發作業、生管作業等六大作業活動。

作業活動確定之後，接下來便要為每一項作業活動選取適切的成本動因（cost driver），作為將來將成本分攤到各項產品或訂單的基礎。所謂成本動因，就是作業活動發生的主要原因，例如，發生車床作業活動量的大小，原因可能包括人工時間、工資、機器小時等，但在 ABC 的精神下，應該要找一個最能解釋與車床作業活動量有直接因果關係的動因，即機器小時（因為車床作業耗費成本多寡主要是取決於機台開動時間長短），因為這項動因（機器小時）的發生而帶動成本的發生，所以叫成本動因。表7-3 是「ABC 推動小組」分析歸納出的六種作業活動名稱、內容概述與動因。

表 7-3 作業名稱與內容描述

作業名稱	主要內容	成本動因
整備作業	將機台清理乾淨、熱機、配合訂單所需的尺寸，選取適當程式。	啓動次數
車床作業	將未處理的管線送基台，作各種尺寸的裁切塑型。	機器小時
流體拋光作業	以砂質金屬與化學藥劑將管線體表面及內圈面拋光，使表層明亮光滑。	作業次數
清洗作業	依不同品質要求，將產品作不同等級程度的清潔，並包裝、入庫。	人工小時
智能研發作業	包括為客製化而進智能研發室設計、測試，以及後段的處理。	進智能研發室時數
生管作業	從開製令至產品完成至通過品檢入庫為止，所發生的一切生產線上的管理相關事物（含倉管）。	生產總時數

表 7-3 其實就是所謂的作業動因手冊（activity dictionary）的雛形[4]，所謂作業動因手冊，就是描述工場所有作業活動的名稱、作業內容的描述，以及成本動因，在作業動因手冊中對於作業活動的描述要越詳盡越好，要讓每一位人員都可以憑這本手冊就可以在現場工作，不必再由資深的人員教導，為了讓同一種動作達到標準化（不管誰作都會一樣），因此在手冊中的描述要非常的詳細。

從表 7-3 可以看出六種作業活動分別有不同的成本動因，車床作業主要的動因為機器小時數，應該是很直覺的。流體拋光作業因為是屬於標準化的作業活動，每一次所耗用的時間，以及消耗的材料也都差不多，因此決定以作業次數作為成本動因。至於清洗作業，因為較不涉及技術性，這項作業主要是不必進智能研發室的產品的清洗作業，以人工小時做為成本動因較為合理。生管作業的內容較為龐雜，舉凡所有的廠內管理（例如廠長、領班的部分薪資）、品管以及水電、總務開銷等費用均是屬於這一項作業活動。在 ABC 的精神下，所有的活動都必須是對產品有貢獻的，所以理論上不容許任何閒置、等待的情形發生，因為閒置等待對產品價值沒有貢獻，且會耗費機會成本，為了落實這項精神，於是選總生產小時數為成本動因，若某批訂單生產延誤，在某一製程中等待較久，則這項作業分攤的成本必然較高，如此才能反映因生產無效率所引發的機會成本[5]。至於倉儲作業，主要是倉庫管理所衍生的成本，倉儲成本主要取決於使用倉儲設備與服務的程度，以重量作為成本動因是一個合理的選擇。

選定了作業活動與成本動因後，接下來就得將成本資料與成本動因相整合，原則上要將所有發生的成本，均能歸屬到作業活動，如此才能讓產品承擔製造成本。例如，瑞展公司醫材部門廠長的薪資究竟要屬於哪一項作業活動呢？這要看廠長平時工作內容而定。「ABC 推動小組」發現廠長平時約有 50% 的時間花在排程、開製令、以及整廠的管理性工作（例

4　實務上一家公司所界定的作業活動應該不會只有六項，通常會多達數十項，甚至數百項作業活動，這裡是為了方便讀者瞭解 ABC 的精神，故將瑞展公司的例子簡化成只有六項作業活動，否則表 7-3 將會是一本厚厚的手冊。

5　機會成本的觀念在第二章已經有介紹，訂單若沒有在應該完成的時間內完成，隱含生產無效率，例如延誤的原因可能是因為機器疏於保養，使得生產過程中當機，為了等修復而延誤完工時間，這種延誤所引發的機會成本在傳統的成本制度下多被忽略，但ABC 制度下，便須將這種無效率的成本算入產品成本。

如到處巡視），花在指導與監控整備、車床、拋光、清洗、智能研發室等管理事務的時間各約 10%。因此，廠長薪水 50% 要由生管作業負擔，其餘各項作業活動則須各負擔 10%。此外，電腦設備似乎只有整備與智能研發室在使用（各占 40% 與 60%），因此資訊等相關費用，整備作業與智能研發作業活動各需負擔 40% 與 60%。

依據這樣的分配概念，我們便可以依據各項間接費用對於各項作業活動的相對貢獻程度比重，作為成本分攤的基礎，這樣的分攤概念，因果關係的認定是最重要的指導原則，這也是 ABC 制度成敗的重要關鍵。表 7-4 是「ABC 推動小組」將各項間接費用依此概念分攤到各項作業活動的結果[6]。

表 7-4 瑞展公司醫材部門作業活動與費用分攤表

全年估計費用（單位：元）	作業活動分攤金額與比率					
	整備	車床	流體拋光	清洗	超潔淨	生管
廠長薪資：$700	$70(10%)	$70(10%)	$70(10%)	$70(10%)	$70(10%)	$350(50%)
資訊費用：$60	$24(40%)				$36(60%)	
機器折舊保養費：$100	$10(10%)	$90(90%)				
研發費用：$2,000					$2,000(100%)	
水電費：$700	$140(20%)	$210(30%)	$70(10%)	$140(20%)	$105(15%)	$105(15%)
合　　計	$244	$370	$140	$210	$2,211	455

至此，ABC 制度只完成一半，工廠花費的間接成本目前已經可以分攤到各項作業活動，但作業活動所累積的成本還沒能分攤到產品或訂單。要將作業活動的成本分攤到產品，觀念上與傳統的成本制度相似，就是將每一個作業活動累積的成本依照其成本動因（如表 7-3 最右邊一欄所示）分攤到產品，就如同傳統成本制度是依機器小時將間接成本分攤到產品一樣，只是 ABC 制度以較多的基礎分攤（瑞展公司為 6 個）到產品。

二、將成本由作業活動分攤到產品或訂單

瑞展公司原先的成本制度下，將間接成本依機器小時分攤到產品，需先決定分攤基礎的作業量（例如，估計全年機器開動的實際小時數），然

6　同樣的，表 7-4 也是將實況加以簡化以便說明，實務上各間接費用項目很龐雜，但作法都是運用一樣的道理。

後將間接成本總額除以總機器小時數，得到每機器小時的分攤率（例如，每機器小時 $450），才能將成本分攤到產品。同樣的，在 ABC 制度下，也必須要估算每一作業活動的分攤率，才能將成本攤到產品。通常我們先估算在一定期間內（例如，一年），每一個作業成本動因量[7]，將作業活動所累積的成本除以這些估計的成本動因量，便可得到作業成本動因的分攤率。接著再測出每一種產品所需耗用的作業成本動因量，將每項產品所耗用的動因量分別乘以各動因的分攤率後予以加總，如此便能算出各產品的單位成本。表 7-5、表 7-6 分別表示 6 項成本動因及其全年估計量，以及各項產品每單位耗費的動因量。

表 7-5 成本動因全年估計量

作業活動	作業活動成本金額（元）	作業成本動因	作業成本動因年估計量	作業成本動因分攤率
整備作業	$244,000	啓動次數	122 次	$2,000
車床作業	370,000	機器小時	1,480 小時	250
流體拋光作業	140,000	作業次數	200 次	700
清洗作業	210,000	人工小時	1,400 小時	150
智能研發作業	2,211,000	進智能研發室時數	500 小時	4,422
生管作業	455,000	生產總時數	1,920 小時	237

表 7-6 各項產品每單位耗費的動因量

作業成本動因	WA60	WA61	WA62	合計
整備作業	0.01	0.01	0.02	0.04
車床作業	0.5	0.4	0.3	1.2
流體拋光作業	0.2	0.2	0.2	0.6
清洗作業	0.02	0.02	0	0.04
智能研發作業	0	0	1.2	1.2
生管作業	0.04	0.04	0.06	0.14

有了表 7-5 與表 7-6 的資料，將這兩張表的資訊加以整合（見表 7-7），便可以求算出每一種產品該分攤多少製造成本，加上各自的原料及人工成本，便可以決定個別產品的單位成本了。

7　通常分攤率要定期檢討修訂，這是因為在生產還未進入完全成熟或標準化前，往往作業活動量會有撥動起伏，因此必須定期檢討（例如三個月或半年）。

表 7-7　分攤製造費用至產品

	作業成本動因分攤率	WA60 每單位耗費動因量	WA60 分攤的製造費用	WA61 每單位耗費動因量	WA61 分攤的製造費用	WA62 每單位耗費動因量	WA62 分攤的製造費用
整備作業	$2,000	0.01	$20	0.01	$20	0.02	$40
車床作業	250	0.5	125	0.4	100	0.3	75
流體拋光作業	700	0.2	140	0.2	140	0.2	140
清洗作業	150	0.02	3	0.02	3	0	0
智能研發作業	4,422	0	0	0	0	1.2	5,306.4
生管作業	237	0.04	9.48	0.04	9.48	0.06	14.22
合　計			$297.48		$272.48		$5,575.62

　　在 ABC 的精神下，產品成本取決於動用作業活動量的多寡，從表 7-7 中可以看出，產品單位成本由動因分攤率乘以動因量而得。過去公司的製造成本主要是原料與人工，對於間接成本（製造費用），只能從會計帳冊上的科目，例如：薪資、折舊費用、保養費、研發費用、水電費等予以加總，再除以全年估計機器小時數，分攤到各個產品。ABC 制度下則是盡可能以因果關係找出帶動這些成本的動因，將間接成本分配到這些作業活動，瑞展公司的分配的基礎由原先的一個（機器小時）增加為 6 個，當然會更合理且精緻。

　　若我們將原料、人工成本考慮進去，便可以得到這三種產品每單位總成本，以 20X8 年 5 月份的銷售資料（表 7-1），我們便可以作 ABC 制度下 5 月份的毛利分析（表 7-8）：

表 7-8　ABC 制度下 WA60、WA61、WA62 產品毛利分析

	WA60	WA61	WA62
當月生產與銷售數量（尺）	1,500	1,200	2,100
單位售價	$25	$28	$62
銷貨收入	$37,500	$33,600	$130,200
直接原料成本	(5,300)	(5,100)	(6,600)
直接人工成本	(5,800)	(5,200)	(9,100)
製造費用	(4,462.2)*	(3,269.76)**	(117,088.02)***
總製造成本	($15,562.2)	($13,569.76)	($132,788.02)
毛利	$ 21,937.8	$20,030.24	($ 2,588.02)
毛利率	58.5%	59.61%	(1.988%)

*　　：$297.48 × （1,500 ÷ 100）＝ $4,462.2
**　：$272.48 × （1,200 ÷ 100）＝ $3,269.76
***：$5,575.62 × （2,100 ÷ 100）＝ $117,088.02

　　將表 7-8 與表 7-1 相對照，可以明顯的看出，在傳統成本制下，
WA60、WA61 的毛利率分別只有 16.4% 與 13.1%，但在 ABC 制度下卻為
58.5% 與 59.61%，而 WA62 在傳統成本制下的毛利率高達 76.88%，但在
ABC 制度下卻降至 -1.988%，為什麼在 ABC 制度下與原先的方法會有這
麼大的差異呢？這是因為製造費用原先在傳統成本制下只經由一種成本動
因（機器小時）分攤給這三種產品，WA60 與 WA61 因為大量使用機器生
產，耗用較多的機器小時，所以會承擔大部分的製造費用，而 WA62 因為
使用機器小時數的比重較少，所以就會少分攤製造費用，但這其實是錯誤
的。WA62 其實是個比較耗費成本的，只是在傳統成本制下成本被模糊，
而將該由它負擔的成本轉嫁給其他兩種產品。

　　ABC 制度的導入，經作業活動的分析，找出六項作業活動，並且分
別對應產生該項成本的動因，作為分攤給產品的基礎，唯有耗用該項作業
活動的才需分攤該項成本，每一項產品所耗用的作業活動頻率並不相同，
因此所應分攤的成本便會有差異。WA62 耗費機器小時數少，車床作業活
動的分攤成本就少於 WA60 與 WA61，但 WA62 生產過程中卻在智能研發
作業活動中耗費大量時間，所以就得分攤較多的智能研發作業所引發的成
本，而 WA60、WA61 因為沒有耗費智能研發作業活動，所以當然不必分
攤智能研發作業活動的成本。

　　其實生產的總成本並沒有改變，只是傳統成本制與 ABC 制對於製
造費用的分攤方法不一樣，使得最後分攤給這三種產品的金額也就不一
樣。若我們將表 7-2 依照表 7-8 的結果重編，便可以得出 5 月份營業淨利
分析表（表 7-9），我們同樣可以發現，在傳統成本分攤制度下，原先 5
月份的營業淨損只有 $40,204，但在 ABC 制度下所算出來的淨損卻高達
$111,474.78。這是因為部分製造費用在傳統成本制度下沒有被認列，例
如，整備作業主要是生產活動開始，機器設備啟動、整理等相關費用，在
傳統成本制下這些成本都是隱形的（因為沒有收據、發票等憑證），但在
ABC 制下，時間的耗費也是成本，人員在機台等待熱機，除了耗電外，
人員的薪資也是應該設算的成本。因此 ABC 制度下的成本可能高於傳統
成本制度下的成本，營業淨損自然會較嚴重了。

表 7-9　ABC 制度下瑞展公司醫材部門 20X8 年 5 月份營業淨利分析表

.... 承表 7-8 資料		
毛利：WA60	$21,937.8	
WA61	20,030.24	
WA62	(2,588.02)	$ 39,379.22
減：銷售費用	$42,554.00	
管理費用	108,300.00	(150,854.00)
營業淨利		($ 111,474.78)

　　瑞展公司的例子讓我們對產品成本的算法有了全新的認識，產品成本若沒有計算正確，表面上以為毛利高的產品（如 WA62），其實可能是虧錢在賣，而原以為毛利並不高的產品（如 WA60、WA61）卻反而是獲利的主力。瑞展公司若沒有導入 ABC 制度，繼續努力推銷 WA62，將會是賣越多虧越多，而真正賺錢的產品應該仍是舊有的 WA60 與 WA61，但先前公司卻以為這兩項產品不大賺錢，公司若沒有調整行銷策略，這種虛盈實虧的現象將會使公司走向衰敗，甚至滅亡。

　　圖 7-1 以 WA62 為例，圖示傳統成本制以及 ABC 成本制下成本結構的比較，讓我們更清楚的比較出兩種制度下成本分攤結果的差異。在傳統成本制下，WA62 的成本被低估，使得有虛盈實虧的現象，也就是傳統成本制下的毛利事實上根本不存在，因為在 ABC 成本制下的成本遠高於銷貨收益，這樣的產品賣越多必定虧越多。相對的，WA60 與 WA61 正好相反，在傳統成本制下以為毛利率不大，但在 ABC 成本制下，其實際上的毛利率其實很大，其圖形的變化會跟 WA62 正好相反，讀者可以自行把 WA60 或 WA61 的成本結構比較圖仿造圖 7-1 畫畫看。

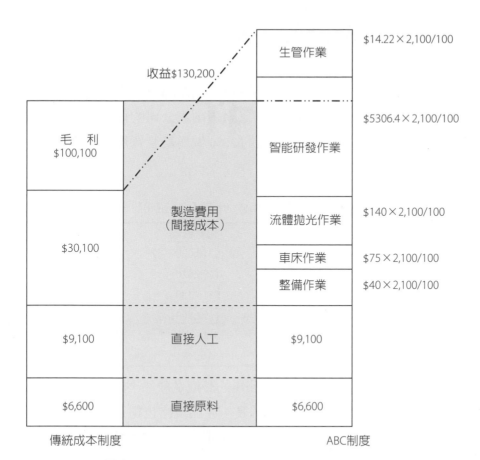

$14.22×2,100/100 生管作業

收益$130,200

$5306.4×2,100/100 智能研發作業

毛利
$100,100

製造費用
（間接成本）

$140×2,100/100 流體拋光作業

$75×2,100/100 車床作業

$40×2,100/100 整備作業

$30,100

$9,100 直接人工 $9,100

$6,600 直接原料 $6,600

傳統成本制度　　　　　　　　　ABC制度

圖 7-1　WA62 產品在兩種成本制度下成本結構的比較

7-3　ABC 在行銷與顧客管理上的運用

　　瑞展公司在導入 ABC 制度時，「ABC 推動小組」發現，銷售與管理費用年年攀升，且目前營業淨利是負值，要讓公司轉虧為盈，就得好好控制成本，而要控制成本，除了製造成本的嚴格控制外，銷管費用的控制也是刻不容緩的。

　　對於銷管費用，目前公司是以銷售金額的 28% 的比率，作為分析每一個顧客的獲利性的基礎。但「ABC 推動小組」發現，在瑞展目前的顧客當中，其實顧客特質差異很大，用這種方式分攤銷管費用是不合理的；有的顧客很單純，服務這樣的顧客不必耗費額外的成本，但有的顧客比較難伺候，常常需額外的服務，如果讓每一個顧客都分攤同樣比率的銷管費

用，那不就又跟製造成本在傳統成本制度下，在產品間會有交互補貼的現象一樣了嗎？

例如，利新公司與佑健公司是瑞展的兩家大顧客，對這兩家公司的銷售額不相上下，如表 7-10 所示，去年對這兩家公司的銷售額差不多，依原先的作法，兩家公司均依銷售額的 28% 做為銷管費用的分攤基礎，這兩家公司的獲利率也都差不多。

表 7-10　顧客獲利率分析表（傳統制度）

	利新公司	佑健公司
銷貨收入	$710,000	$735,000
減：銷貨成本	(395,620)	(401,533)
銷貨毛利	$314,380	$333,467
減：分攤銷管費用（銷貨 × 28%）	(198,800)	(205,800)
營業淨利	$115,580	$127,667
獲利率	16.28%	17.37%

但事實上，公司同仁對這兩家公司的評價是截然不同的，利新公司通常會及早訂貨，交期（lead time）很長，產品規格也穩定，不大需要額外的規格調整，收款也十分穩定，不常發生退貨、延遲付款等情事，且票期都不會開太久，大家對這家公司都有非常好的印象。但佑健公司則是眾所公認的難纏客，每次訂貨都是急如救火，為了如期交貨，常得將生產線上別家公司的訂單暫停生產以便生產他們的訂單，而它們訂的貨常常要求特殊的規格，技術人員常得疲於奔命，以應付一些額外的技術服務，不但如此，交貨後這家公司通常會有一定數量的所謂瑕疵品退貨，常因此要求貨款額外的折讓（減價），而付款時開出的票期都長達四個月以上。雖然曾有員工建議不要再接佑健公司的單，但張佳年覺得這家公司的獲利率還不錯，要求員工對佑健公司的訂單仍要待之如上賓。

「ABC 推動小組」覺得這兩家顧客的獲利率絕對不是目前的情形，因此決定以製造部門導 ABC 制度的概念為行銷部門作改造。它們將行銷部門面對顧客所可能碰到的問題以及所可能衍生的動作事項作整理分析，將作業活動分成技術支援、顧客服務、訂單處理、送貨等四項作業活動，並分別找出其動因如表 7-11 所示。

表 **7-11** 行銷部門動因分析

作業活動	內容概述	成本動因
技術支援	銷售與技術人員額外的服務。	對個別顧客服務的時間。
顧客服務	行銷人員佣金、出差費、運輸設備耗損折舊等。	實際支出金額。
訂單處理	自接訂單起的所有行政服務，如生產排程、單據處理、聯繫等。	以服務時間及處理的複雜度為基礎的計算公式。
送貨	運送製成品至顧客指定地點（含隔夜費用、急件交貨額外處理費用等）	考慮時間與實際費用的計算公式。

依據 ABC 制度，重新分析利新公司與佑健公司的獲利率，如表 7-12 所示，這兩家公司的獲利率其實有很大的差異，這兩家公司的獲利率分別由先前的 16.28% 與 17.37%（表 7-10），變成 23.21% 與 2.70%，經「ABC 推動小組」的分析，張佳年終於明白利新公司的獲利率遠高於佑健公司，因此決議明年起對利新公司降價 5%，加強維繫與這家優質客戶的關係，對於佑健公司則規定需加收插單（插隊排入生產線）處理費等額外服務的費用，否則就不要與這家廠商往來。

表 **7-12** 顧客獲利率分析表（ABC 制度）

	利新公司	佑健公司
銷貨收入	$710,000	$735,000
減：銷貨成本	(395,620)	(401,533)
銷貨毛利	$314,380	$333,467
減：技術支援	(8,000)	(136,820)
顧客服務	(35,000)	(51,000)
訂單處理	(22,000)	(56,350)
運送成本	(84,600)	(69,460)
營業淨利	$164,780	$19,837
獲利率	23.21%	2.70%

這個實例給我們的啟示是，在人力資源有限的情況下，並不是每一個顧客都是值得不計代價的服務，實務上有所謂的「二八法則」，即百分之二十的顧客創造百分之八十的利潤，這也表示部分的顧客可能是沒有獲利的。因此，在資源有限、競爭激烈的環境下，如何管理對顧客的獲利性

（managing customer profitability），是經理人重要的議題，ABC 制度不但用在生產線上，也能幫助經理人做好顧客管理、行銷管理。

ABC 制度最早是應用在製造業的成本管理上，雖然導入 ABC 制度非常耗費人力與時間，但其資訊可以用在許多管理決策上，所發揮的效益絕對不僅止於成本的計算，運用 ABC 的資訊系統在管理決策上，就是所謂的作業基礎管理（Activity Based Management; ABM）。例如，在產品強調顧客導向的客制化生產環境下，當顧客要求特殊規格訂單時，在 ABC 制度下，只要匯集這張特殊訂單所耗用的作業活動數，乘以每一作業活動的標準分攤率，便可以知道這張特殊訂單的成本，可以迅速的對顧客報價。另外，ABC 制度也能幫我們作績效評估，依產品的標準製造程序應該經過幾項作業活動在 ABC 制度下是一定的，若實際作業活動與標準的製程有差異，必定隱含無效率活動的可能性，經理人就能針對異常的活動量加以控制。

雖然 ABC 制度是從製造業發展出來的，但現今 ABC 已經廣泛的用在各行各業，尤其是服務業如銀行、醫院、飯店、航空公司等，這是因為服務業的成本多屬間接成本，且工作複雜度大（例如，飯店的每一位顧客所需的服務內容均不同），若能運用 ABC 制度的精神，將各種動作標準化並且精算出每一個動作的成本，對成本的控管便可以精準的掌握。

7-4 實施作業基礎成本制應注意事項

ABC 制度的概念其實很簡單，但實務上推行 ABC 制度的公司，需要長時間的資訊收集、分析、測試、修正等漫長的過程，且需投入大量的人力，成本十分昂貴，並非每一家導入 ABC 的公司都會成功。推行 ABC 制度無法成功的因素約有下列幾項：

一、目標不明確

ABC 制度的推行，往往在公司裡被認為那只不過是要把成本算得更正確的制度而已，在推導開始時，各部門協助提供資訊分析，之後這些部門就以為沒事了。其實，若只為了把成本算得更正確，推行 ABC 是划不

來的，公司在推行 ABC 制度時，就應該明確的界定推行的目的，例如藉由 ABC 的推行，可以找出最合理有效率的製造程序、消除無效率的動作，或者讓產品成本定價更具有競爭力、運用 ABC 制度的資訊作績效評估等，有了這些目標，整個制度的推行就不再只是會計部門的事了。

當然，我們也不能對 ABC 制度過度的期待，有些顧問為了接案子，常把 ABC 制度過度的吹噓，好像只要導入 ABC 制度，不但能將成本下降、還能使獲利提升，要知道 ABC 是不能幫我們賺錢的，獲利的主要來源還是得靠銷貨收入，ABC 制度只是幫我們建構一套有效的成本分析與管理系統而已。

二、最高階層主管欠缺認知

推行 ABC 制度的成敗關鍵就在資訊的正確與否，而資訊的正確收集，往往需要最高階層的支持與參與，例如，高階主管薪資必須要由各項作業活動吸收，這時必須要高階主管薪資的資訊，以及高階主管平時工作時間的分配。若高階主管沒有對 ABC 制度以及它的功效有充分的認知與認同，便可能隨便填報資料，對於相關資訊的收集也未必會全力支持與協助，且對於 ABC 制度建構的資訊也不知道要如何活用，如此一來，ABC 就很難發揮效能。因此，ABC 制度要成功，最高階主管的參與往往是不可或缺的。

三、把責任推給顧問

在大公司裡，往往有「天高皇帝遠」的不健康文化，往往公司大力宣導 ABC 的效益，並作教育訓練，但基層員工往往一旦碰到困難就丟給顧問，從不自發性的主動思考解決的方法。要知道顧問主要的任務是協助規劃制度的建構，他的工作是有時間性的，當制度推導完畢（或是合約時間一到），顧問就離開了。公司員工應該要把推行 ABC 制度看成是自己的事，認知這些制度對自己業務可能產生的效益，讓這項效益發揮到最大。唯有公司員工具備接手 ABC 制度的資訊收集、調整、修正等能力，ABC 的推行才能長期有效的運作。

四、不理想的 ABC 模型

如前所述，ABC 制度的成敗關鍵就在資訊的正確與否，許多失敗的案例都是因為顧問沒有花費足夠的時間與心思，等到合約期滿便急就章的交一份報告結案，這樣的制度推導必定要失敗。好的 ABC 制度推行，必須有足夠時間收集資訊、測試、宣導，反覆的辯證、調整動作、動因以及分攤率的計算，這個過程是無法避免的。若花費大量成本建構一個不能用的模型，那只是將一個錯誤的成本系統改成令一個錯誤的成本系統而已。

五、個人或組織的抗拒

一個歷史悠久的公司，某些制度往往數十年如一日，老員工對於舊的制度往往情有獨鍾，新制度的推行對於這些老員工往往會產生威脅感，以致可能會有個人或者集體對抗新制度的現象，這種對抗往往是無形的消極對抗；例如，故意提供不正確的資訊，看看工作小組有沒有能力發現更正，或者陽奉陰違，若組織裡有這樣的氣氛，ABC 制度的推行也很難成功。因此，事前作充分的由上而下的溝通，讓員工知道 ABC 制度的推行，對公司、個人都是有好處的，才不至於發生情緒上的反抗。

問題討論

ABC 制度道德案例

王大維是全能企業管理顧問公司的專案經理，來這家公司前，原本在一家大型會計師事務所當經理，覺得審計工作壓力很大才決定換跑道。來到顧問公司後，發現老闆完全是業績導向，一年來業績一直不好。

目前有家公司找上門來，希望王大維能幫他們提升利潤。王大維聽說瑞展精密機械股份有限公司推導 ABC 制度成效卓著，於是拿瑞展的例子向這家公司大肆宣揚 ABC 制度的威力，宣稱導入 ABC 必定能讓公司降低生產成本，提升利潤。

這家公司的產品很單純，只生產一種老鼠藥，生產流程完全自動化，王大維知道這家公司的問題在行銷與定價策略，而非成本控制，但是若能讓這家公司願意推導 ABC 制度，必然可以替公司增加一筆可觀的顧問費收入，對自己慘淡的業績不無小補。

問題：

王大維的行為有沒有牽涉道德問題？每一家公司都需要導入 ABC 嗎？ ABC 真能讓公司降低成本、提升利潤嗎？

討論：

從課文中我們知道，並不是每一家公司都必須導入 ABC 制度，這家公司是一家產品單一、生產技術純熟、生產流程單純的公司，這樣的公司在傳統成本制度下，或許就能正確的產生成本資訊，在這樣單純的製造環境下要導入 ABC 當然也可以，只是有「殺雞用牛刀」的感覺。而且，ABC 的功能是讓生產成本更佳精緻、正確，並不是可以「降低成本」，因為生產總成本是不變的。王大維明明知道這個道理，卻為了業績考量而給顧客錯誤的資訊，這在實務上確實存在。因此，企業經理人在與管理顧問交往的過程中，也必須對顧問所提議的管理工具有所瞭解，以免任人宰割。

本章回顧

　　傳統的分步成本制、分批成本制製造成本中，通常以一兩種分攤基礎（例如，機器小時或人工小時）將製造費用（間接成本）分攤到生產部門或產品，若製造費用所占的比重不大，對於產品成本的衡量誤差不大。但若 (1) 製造費用所占比重大、或 (2) 產品多樣化且各種產品的成本結構差異大，則多耗用分攤基礎成本動因（例如，機器小時）的產品，得多分攤製造費用，相對的，必定有其他產品會少分攤製造費用（因為總製造費用固定），造成產品成本相互補貼的扭曲現象。

　　作業基礎成本制則是先分析生產過程中將動用哪些活動或作業，將所有成本依因果關係分由這些活動吸收（累積），再將之除以作業活動量，便可以計算出每一項作業活動的分攤率，原則上要將所有發生的成本，均能歸屬到作業活動。因此作業基礎成本制下，會有多個成本分攤率，產品成本取決於生產過程中所耗用的動作量而定（作業動因分攤率乘以動因量）。不論分步、分批，或者試作業基礎成本制，生產的總成本並沒有改變，只是對於製造費用的分攤方法不一樣，使得最後分攤給這各種產品的金額也就不一樣。

　　作業基礎成本制的概念，也可以用在行銷等分生產部門，實務上也廣泛的運用在服務業等非製造產業。然而推動作業基礎成本制要成功必須要有許多因素的配合，通常造成作業基礎成本制無法成功的因素如 (1) 目標不明確；(2) 最高階層主管欠缺認知；(3) 把責任推給顧問；(4) 不理想的 ABC 模型；以及 (5) 個人或組織的抗拒等。

一、選擇題

(　　) 1　下列敘述是傳統成本制度與作業制成本制度的差異，何者錯誤？

(A) 作業制成本制度的製造費用成本庫的數目通常較多

(B) 作業制成本制度的分攤基礎數目通常較多

(C) 相較於傳統成本制度成本庫中的成本，作業制成本制度成本庫中的成本通常較同質

(D) 所有作業制成本制度都是一階段成本制度，而傳統成本制度可能一階段或是兩階段。　　　　　　　　　　　　　　　　　　（100 普考）

(　　) 2.　甲公司採用作業基礎成本制，該制度的特色為何？

(A) 適用於分步成本制度，但不適用於分批成本制度

(B) 適用於分批成本制度，但不適用於分步成本制度

(C) 試圖將原本被歸類為間接成本的項目，轉變為具有直接成本的性質

(D) 只適用於三階段的分攤方式。　　　　　　　　　　　（100 普考）

(　　) 3.　要成功實施作業基礎成本制度，下列敘述何者錯誤？

(A) 應獲得高階主管的支持

(B) 應體認作業基礎成本資訊並非完美

(C) 應營造公司為何需要實施作業基礎成本制度的氛圍

(D) 應迅速達成重大改變，以快速證明作業基礎成本制度是有效果的。

（106 地特四等）

(　　) 4.　實施作業基礎成本制度時，常需將成本區分為不同之成本層級，則開機成本及機器維修成本分別屬於那一個成本層級？　①產出單位水準成本（output unit-level costs）②批次水準成本（batch-level costs）③產品支援成本（product-sustaining costs）④設備支援成本（facility-sustaining costs）

(A) ①、②　(B) ①、④　(C) ②、①　(D) ②、③。　　（106 高考三等）

(　　) 5.　使用直接人工小時為單一預計間接成本之分攤基礎，很容易造成何項結果？

(A) 預計間接成本分攤率被高估

(B) 低估低單價產品的產品成本

(C) 少攤成本給生產數量高的產品

(D) 低估生產數量低、製程複雜的產品成本。　　　　（105 地特三等）

( ) 6. 公司為新產品所支出之行銷成本係屬於何種成本類型？

    (A) 單位水準成本   (B) 批次水準成本

    (C) 產品支援成本   (D) 設施層級成本。   （103 高考三等）

( ) 7. 下列有關作業基礎成本制與傳統成本制之比較，何者錯誤？

    (A) 作業基礎成本制係採用兩階段成本分配方式

    (B) 傳統成本制亦可能採用兩階段成本分配方式

    (C) 採用作業基礎成本制可提高產品直接材料成本計算之精確性

    (D) 採用傳統成本制會高估高產量產品之成本。   （103 高考三等）

( ) 8. 在作業基礎成本制下，生產排程作業屬於下列何種作業層級？

    (A) 單位層級   (B) 批次層級   (C) 產品層級   (D) 顧客層級。 （102 地特三等）

( ) 9. 下列何者為批次水準成本？

    (A) 間接原料的成本   (B) 整備成本

    (C) 產品生產人員的薪水   (D) 廠房折舊與保險。   （101 地特四等）

( ) 10. 甲公司有下列作業基礎成本制相關資料：

作業成本庫	成本總額	總作業量
組合	$1,137,360	84,000 機器小時
訂單處理	28,479	1,100 筆
檢驗	97,155	1,270 檢驗小時

    甲公司產品 W26B 每年產銷 470 單位，需要 660 個機器小時、50 筆訂單與 40

    個檢驗小時。每單位 W26B 耗費直接原料成本 $40.30，直接人工成本 $42.22。

    若產品售價每單位 $118，在作業基礎成本制下，銷售 W26B 之毛利為多少？

    (A) 每單位 $6,444.70   (B) 每單位 $4,679.20

    (C) 每單位 $3,384.70   (D) 每單位 $16,675.60。   （102 地特三等）

二、計算題

1. 乙診所於今年採用時間導向的作業基礎成本制度（time-driven ABC），在該制度下，
診所對護理人員進行訪查及觀察，得到主要三個活動的單位時間（處理病人掛號及結
帳：5 分鐘；配藥： 6 分鐘；抽血：3 分鐘）。今年 8 月該診所產生之間接成本（護

理人員薪資與行政費用等）為 $1,000,000，護理人員的實質產能為 2,000,000 分鐘，其他之相關資料如下：

作業別	作業數量	成本動因
處理病人掛號及結帳	40,000 人	病人數量
配藥	35,000 張	處方籤數量
抽血	1,000 人次	檢驗人次

試作：

(1) 計算每分鐘之單位成本。

(2) 計算今年 8 月配藥及抽血作業之成本動因率。　　　　　　　　（104 普考）

2. 乙公司目前使用人工小時分攤間接成本，每小時分攤率為 $150。該公司最近想以作業基礎成本觀念改良成本分攤的方式，於是請相關部門蒐集作業活動與成本資訊如下：

作業活動	成本動因	分攤率
機器運轉	機器小時	$20/ 每小時
組裝	人工小時	$10/ 每小時
材料處理	材料數量	$5/ 每單位

試問：

(1) 在目前成本制度下，該公司生產一批次 200 單位的產品（該批次產品需要耗用 12 個機器小時、10 個人工小時、120 單位材料），其每單位產品之間接成本為何？

(2) 若乙公司改採用作業基礎成本制分攤間接成本，該公司生產一批次 200 單位的產品（該批次產品需要耗用 12 個機器小時、10 個人工小時、120 單位材料），其每單位產品之間接成本為何？

（104 普考改編）

3. 甲渡假村擁有一訂位部門接受訂位，訂位服務成本是以訂位電話通話時間分攤給豪華、休閒、標準與經濟四種房型，其他成本則以每種房型之訂房次數分攤。甲渡假村近來想以更精確的方式，來分攤其訂位服務成本，以增加競爭力。與訂位服務相關資料如下：

	通話時間 （千分鐘）	訂位次數 （千次）
豪華	750	50
休閒	1,250	100
標準	2,000	300
經濟	1,500	250

訂位部門人事成本為 $2,410,000，當期其他成本僅有設備的成本，計算 $1,240,000，該項成本之習性為固定成本。

試作：計算每一房型分攤之成本（計算至小數點以下第三位，餘四捨五入）

(1) 採單一費率法（根據通話時間）。

(2) 採雙重費率法（人事成本採通話間分攤，其他成本採訂房次數分攤）。

（103 地特）

4. 甲公司製造兩型的桌子——標準型與舒適型，下列是各型的相關作業與成本資訊：

產品	整備數	零件數	機器運轉小時數	直接人工小時數
標準型	11	4	8	375
舒適型	14	6	12	225
製造費用	$20,000	$30,000	$10,000	

(1) 假設傳統成本法分攤製造費用 $60,000，是採用直接人工小時，請問在傳統成本法下標準型應分攤多少成本？

(2) 若改採作業基礎成本制，舒適型應分攤多少成本？　　　（102 會計師改編）

5. 甲公司生產足球與棒球，此兩產品製造費用之相關資料如下，試依作業基礎成本制（ABC）之精神，計算每種產品之單位製造費用（計算值四捨五入至小數點後第二位）：

	足球	棒球	總成本
生產數量	100,000	150,000	
機器小時	5,000	10,000	$375,000
製造運轉次數	20	40	$120,000
檢驗小時	2,000	1,000	$105,000

（102 地特改編）

6. 甲公司為兩種產品記錄成本資訊如下：

	產品 A	產品 B	合計
生產數量	2,000	1,000	
直接製造人工小時總額	5,000	20,000	25,000
每批次整備成本	$1,000	$2,000	
每批次單位數	100	50	
整備成本發生總額	$20,000	$40,000	$60,000
每單位所需直接製造人工小時	2	1	

傳統成本制度以直接製造人工小時分攤整備成本，作業基礎成本制度則以批次分攤整備成本，試問每生產一單位產品 A，在傳統成本制度與作業基礎成本制度下，所需整備成本為何？ （98 地特三等改編）

7. 甲公司生產三種型式的玩具車，其相關資料如下：

	型式一	型式二	型式三
生產數量	200	600	2,500
直接人工小時	4,000	2,000	4,000
每批生產量	20	40	100
運送次數	200	225	275
工程變更數	15	10	5

在製造過程中，開始新的批次製造均須整備作業。製造成本包含：整備成本 $45,000；運送成本 $70,000；工程成本 $90,000。若公司選定作業基礎成本制度，試問型式一每單位的製造費用為多少元？ （99 會計師改編）

8. 甲公司製造兩種類型的音響設備，其於 t 年相關資訊如下

	基本型	創新型
零件數	10	40
每單位直接人工小時	1.2	2.2
總直接人工小時	156	550
每批生產數量	10	5
整備次數	13	50
零件處理次數	20	80

相關製造費用之資訊為：零件處理總成本為 $100,000，總人工成本為 $42,360，整備總成本為 $3,150，傳統成本分攤法是以直接人工小時為分攤基礎，試問在傳統成本分攤法下，每單位基本型音響設備應分攤的製造費用為多少元？　　（會計師改編）

9. 甲公司使用三個成本庫分攤其製造費用，下列資料係為下年度之估計數

成本庫	製造費用	成本動因	作業水準
直接人工之監督	$320,000	直接人工時數	800,000
機器維修	$120,000	機器時數	960,000
工廠租金	$200,000	面積（平方呎）	100,000
總製造費用	$640000		

依據會計資料顯示，#100 訂單耗用下列資源

成本動因	實際水準
直接人工時數	200
機器時數	1,600
面積（平方呎）	50

(1) 假如甲公司僅以直接人工時數作為分攤其製造費用之單一成本動因，試問其單一成本動因分攤率為若干？

(2) 若改用作業基礎成本制，試問其成本動因為何？　　（會計師改編）

10. 甲公司正在規劃其年度預算，有關公司內部對個別產品的獲利分析，管理當局認為應該將製造費用分攤到個別產品線，相關資料如下：

預計材料處理成本 $50,000

產品	A－牆面鏡產品	B－特殊鏡面
生產單位數	25	25
每條生產線的材料移動次數	5	15
單位直接人工小時	200	200

若該公司採用直接人工小時作為分攤製造費用的基礎，試問材料處理成本分攤至產品 A－牆面鏡的單位成本為何？　　（106 地特三等改編）

CHAPTER 8 聯合成本

引言

　　瑞展公司因面臨市場激烈競爭，佳年認為相關產品的訂價必須精準且合理，方能更具競爭力，有了初步概念後馬上找來財務部范經理及生產部門吳經理，先行了解有關產品生產流程及原料成本的投入等問題，以擬定相關的策略。吳經理首先就其所負責之製程說明原料投入到多項產品產出的整個過程，而范經理隨後接續解釋這種聯合生產（joint production）的成本起因於生產的過程中，一種原料的投入可能會產生多種產品，而各種產品的成本會因其製造過程的複雜度而有所不同。

8-1　聯合成本之概念

　　范經理表示在生產過程中，投入一種原料有時可生產出兩種以上的產品，此類產品稱為聯合產品或聯產品（joint product）。這些聯產品依據其銷售價值而被認定為主產品及副產品。具最高銷售價值的產品稱之為主產品（main product），銷售價值則僅次於主產品者，稱之副產品（by-product）。

　　在聯合生產過程中，投入的原料成本與加工成本即為聯合成本（joint cost）。聯合成本終將分攤至所有的產品上，但分攤聯合成本前，須先確認聯合生產的分離點。分離點（split off point）意指聯合生產過程中，多項產品可被個別認定（或分離）的時點（圖8-1）。若產品過分離點後又繼續加工，而所發生的成本稱之為可分離成本（separable cost），此成本可直接歸屬至該產品上。瑞展公司的聯合生產過程（圖8-1）中，投入鋼材原料而生產了平齒輪、錐齒輪及斜齒輪等三種產品，因此投入的鋼材原料成本與加工成本可稱為聯合成本。此後，聯合產品繼續加工生產出其他不同的產品所耗費的生產成本，稱為可分離成本。圖8-1中，平齒輪可繼續加工而生產出平齒輪A1及平齒輪A2兩種產品，而生產此兩產品所發生的成本即為該兩產品的聯合成本。

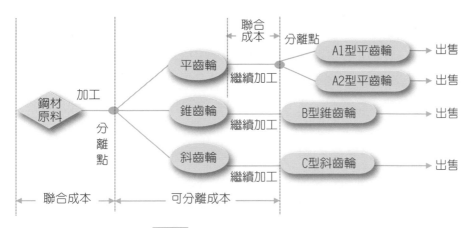

圖 8-1　瑞展公司的聯合生產

聯合成本的分攤用意在於區分個別產品的製造以及存貨成本、銷貨成本等資訊，以方便公司進行精確的報價或其他管理決策。此外，若公司存貨受損（例如：颱風造成倉庫中的存貨受損），保險公司對於產品的保險理賠也常參考公司所提供的各種產品的成本資訊作為計算基準。

聯合成本的分攤用意在於區分個別產品的製造以及存貨成本、銷貨成本等資訊，以方便公司進行精確的報價或其他管理決策。

對此，董事長張佳年先生對於聯合成本分攤的合理性提出了質疑，因此財務部吳經理為董事長分析了四種分攤聯合成本的方法。

成會焦點

從假油案到地溝油，頂新集團的「中標率」竟達百分之百

圖片來源：味全官網

地溝油原本被認為是中國的「特產」，是指從地溝的廢棄食物與殘渣中提煉出的油，它也包括餿水油、萬年油等廢棄食用油。幾年前中國學者根據食用油的使用量及合法生產量相比，估計中國存在一成左右的地溝油；接著官方查緝發現不少生產地溝油的不法業者。

當時，所有人看到生產地溝油的過程，都是噁心、驚嚇兼具；看著那些丟棄的食物、死雞、死貓、餿水，被業者一起混合，進而「提煉」出讓人們食用的油；看著生產地方的髒亂、污濁、油脂四溢、老鼠四竄，臺灣人是很慶幸臺灣至少沒有地溝油，也對中國的食安、業者的道德大搖其頭。不過，這個惡夢降臨了，臺灣也有地溝油，而且，已經有不少人吃下肚了。整個過程就是一個層層關卡鬆散、貪小便宜所造成的災難。

一般認為假油、地溝油等劣質－甚至有毒的食用油，大部份是出現在食安死角的夜市、地攤、小商家，但在臺灣，卻出現在大廠、品牌商身上。購買地溝油作原料的強冠公司，並非無名小卒，在臺灣搞了 20 幾年的食用油，也名列掛牌上市的興櫃公司之中，卻把地溝油買回調製成全統油品賣出。接下去中標的下游廠商更多，而且全部是國內知名廠商與品牌－頂新集團的味全有 12 種產品用上了地溝油，還有味王、美而美、牛頭牌、奇美食品等。有關單位繼續調查，這份名單大概還有「無限增長」的潛力吧！

難道這些廠商對自己使用的原料來源、產製過程，毫不在意、所以也毫無把關機制嗎？強冠公司的人怪罪說，賣地溝油的郭姓業者帶他們去看別人的廠房，如果他們看到實際工廠那麼髒，誰敢跟他買原料？這段話其實就擺明了業者的把關是形同虛設，如此容易受騙，當然，更可能是根本是內賊通外鬼。

其它中標的廠商，都是國內著名的品牌食品業者，更是不應該。一般製造業對上游供應廠商，都有嚴格、層層的把關機制，從生產監控、測試，到認証接受，都需要相當時日；即使接受原料廠商的供料，後續的監控機制仍在。但從假油案到今天的地溝油事件，外界看到的是：關係著民眾健康的食品業，對原料廠商的監管、測試鬆散，只要便宜一點，什麼都收！這是那門子的把關？是那一種層級的企業生產管控？更是那一流的企業道德？

發生食安事件時，我們較難對那些毫無知識、能力作辨別的小麵店、小攤販過份苛責，因為他們較缺乏知識、能力及資源作辨別；但越大的廠商越該被責怪，因為他們理應有能力、也應該幫消費者作把關，這也是他們品牌價值的根源。

以頂新集團而言，到中國發展多年，已成為中國最大的食品集團之一；回臺投資，買下臺灣老牌食品企業味全，同時跨足電信、有線電視等領域，顯然有在臺深耕的企圖心。但這 1 年來國內最重大的 2 個食安事件—假油案與地溝油案，頂新全部涉及，而本身作為食用油廠商，頂新踩中地溝油地雷，更讓人意外與不解；如果頂新是為了賺錢、貪便宜、卻不顧消費者食安，那是百分之百的黑心；如果是漫不經心、管理鬆散踩中地雷，那是無心、無能。

無論是那個原因，都讓外界對頂新集團的企業經營管理能力，甚至企業道德，打出一個大問號，社會形象更跌到谷底，黑心食品商的斥責揮之不去。揹著這種形象，頂新要推 4G 電信業務，大概很難不受影響吧？對國內食品業者而言，從塑化劑事件、假油案到地溝油案，業者的管理、把關、監控機制，確實大有問題，是該作大幅改革的時候了。

資料來源：商周 .com

8-2 聯合成本的分攤方法

聯合生產的過程中，因原料的投入而產生多種產品。為求合理分攤及計算原料投入成本及加工成本，通常會依據兩類的分攤基礎（實體基礎及市價基礎），來分攤原料及加工成本。

一、以實體為基礎的分攤

（一）實體數量法

分攤聯合成本時，採用實際生產的數量作為分攤的依據。這個方法以個別產品的產量對總生產量的相對比例作為分攤聯合成本的基礎。用實體數量法（Physical-measure method）分攤聯合成本通常用在聯合生產過程中所生產的各類產品之同質性較高，而且各個產品獲利水準相當一致的情況。實務上，由於聯合生產出來的各種產品，其銷售價值與數量可能不一定呈正比，因此用實體數量法分攤聯合成本，價值大的產品不一定會分攤較多的成本。

以瑞展公司為例，瑞展公司為生產齒輪，須向鋼材製造商購入特殊鋼材以生產不同等級的齒輪。鋼材經加工後，產出平齒輪 5,200 單位、錐齒輪 5,500 單位、斜齒輪 5,500 單位。下列為 09 年 11 月的生產資料彙總：

鋼材購入量	20,000 單位
鋼材購入成本	$100,000
鋼材加工成本	$200,000
平齒輪	5,200 單位，單位售價 $50
錐齒輪	5,500 單位，單位售價 $30
斜齒輪	5,500 單位，單位售價 $20

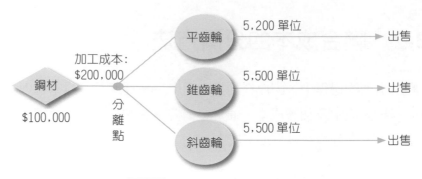

圖 8-2　聯合成本與聯合產品

依實體數量概念，瑞展公司生產三種齒輪：平齒輪 5,200 單位，占總產量的 32%；錐齒輪 5,500 單位，比重為 34%；斜齒輪 5,500 單位，比重為 34%（參見表 8-1）。依據實體數量法分攤聯合成本後，各項產品的簡易損益表如表 8-2 所示。

表 8-1　實體數量法之聯合成本分攤比例

聯合產品	實體數量	分攤比例
平齒輪	5,200	0.32
錐齒輪	5,500	0.34
斜齒輪	5,500	0.34
合計	162,000	

表 8-2　以實體數量法分攤聯合成本

品項	平齒輪	錐齒輪	斜齒輪	合計
銷貨：				$535,000
平齒輪 (5,200 × $50)	$260,000			
錐齒輪 (5,500 × $30)		$165,000		
斜齒輪 (5,500 × $20)			$110,000	
銷貨成本：				(300,000)
平齒輪 ($300,000 × 0.32)	(96,000)			
錐齒輪 ($300,000 × 0.34)		(102,000)		
斜齒輪 ($300,000 × 0.34)			(102,000)	
銷貨毛利	$164,000	$63,000	$8,000	$235,000
銷貨毛利率	63.08%	38.18%	7.27%	43.93%

二、市價基礎的分攤

(一) 分離點銷售價值法（Sales values at split off approach）

假設經由聯合生產過程所生產的多項產品將不再進一步加工時，即可使用分離點銷售價值法來分攤聯合成本。這個方法是以各產品之最終銷售價值占全部產品的總銷售價值之比率作為權數，以此權數作為分攤聯合成本的依據。

圖 8-3 顯示聯合生產過程中所發生的聯合成本，及平齒輪、錐齒輪、斜齒輪等三種齒輪的產量及銷售價值。依據分離點後各產品的銷售價值來分攤聯合成本時，分攤的比例如表 8-3，聯合產品簡易損益表如表 8-4。

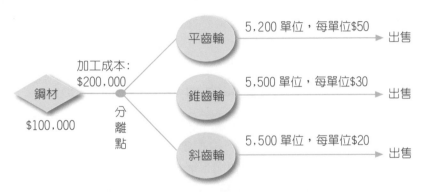

圖 8-3　聯合成本、聯合產品產量與銷售價值

表 8-3　分離點銷售價值法之聯合成本分攤比例

聯合產品	銷售價值	分攤比例
平齒輪	$260,000	0.48
錐齒輪	$165,000	0.31
斜齒輪	$110,000	0.21
合計	$535,000	

表 8-4　分離點銷售價值法之聯合成本分攤

品項	平齒輪	錐齒輪	斜齒輪	合計
銷貨：				$535,000
平齒輪 (5,200 × $50)	$260,000			
錐齒輪 (5,500 × $30)		$165,000		
斜齒輪 (5,500 × $20)			$110,000	
銷貨成本：				(300,000)
平齒輪 ($300,000 × 0.48)	(144,000)			
錐齒輪 ($300,000 × 0.31)		(93,000)		
斜齒輪 ($300,000 × 0.21)			(63,000)	
銷貨毛利	$116,000	$72,000	$47,000	$235,000
銷貨毛利率	44.62%	43.64%	42.73%	43.93%

　　依此方法分攤聯合成本暨簡單又合理，原因是各種產品皆有其最終的銷售價值。此資訊可自過去公司的交易或從市場上取得，符合會計的可靠性原則。

（二）淨變現價值法（Net realized value approach）

　　有時聯合生產中所產出的產品在分離點時可能尚未達可銷售之狀態，為了增加該產品的銷售價值，須繼續加工，以期提高該產品的銷售價值。個別產品繼續加工所產生的加工成本，稱為可分離成本（separable cost）。此時，因分離點時並無市價可供計算各產品的相對價值，故無法以分離點時的銷售價值作為分攤基礎。此時可改以各項產品於分離點後繼續加工的淨變現價值為權數用以分攤聯合成本。所謂淨變現價值是指最終銷售價值減去可分離成本的部分。淨變現價值法下，依據分離點後，個別產品的淨變現價值占全部產品的淨變現價值之比率來分攤聯合成本。

專有名詞

淨變現價值

指最終銷售價值減去可分離成本的部分。

　　聯合生產過程中，所有產品可能必須繼續加工才可出售，或者僅部分產品必須繼續加工再出售。視繼續加工與否，依下列兩種情況分別說明：

1. 全部產品繼續加工下的聯合成本分攤

　　瑞展公司經聯合生產後，生產了平齒輪、錐齒輪、斜齒輪等三種齒輪。為使產品的銷售價值提高，瑞展公司決定將這三項產品繼續加工。經繼續加工後，生產 A 型平齒輪、B 型錐齒輪及 C 型斜齒輪。圖 8-4 顯示全部產品繼續加工後之聯合成本、可分離成本、聯合產品產量與銷售價值等資訊。依據分離點時個別產品的淨變現價值占全部產

品的淨變現價值的比率來分攤聯合成本時,成本分攤比例如表 8-5,
各式齒輪的簡易損益表如表 8-6。

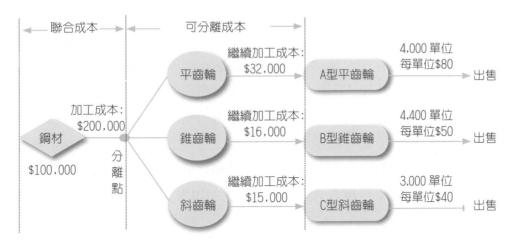

圖 8-4 全部產品繼續加工後之聯合成本、可分離成本、聯合產品產量與銷售價值

表 8-5 全部產品繼續加工下的聯合成本分攤比例

品項	最終銷售價值	可分離成本	淨變現價值	分攤比例
A 型平齒輪	$320,000	$32,000	$288,000	0.48
B 型錐齒輪	220,000	16,000	204,000	0.34
C 型斜齒輪	120,000	15,000	105,000	0.18
合計	$660,000	$63,000	$597,000	

表 8-6 淨變現價值法之聯合成本分攤（全部產品繼續加工）

品項	A 型平齒輪	B 型錐齒輪	C 型斜齒輪	合計
銷貨:				$660,000
A 型平齒輪 (4,000 × $80)	$320,000			
B 型錐齒輪 (4,400 × $50)		$220,000		
C 型斜齒輪 (3,000 × $40)			$120,000	
銷貨成本:				(300,000)
聯合成本:				
A 型平齒輪 ($300,000 × 0.48)	(144,000)			
B 型錐齒輪 ($300,000 × 0.34)		(102,000)		
C 型斜齒輪 ($300,000 × 0.18)			(54,000)	
可分離成本:	(32,000)	(16,000)	(15,000)	(63,000)
銷貨毛利	$144,000	$102,000	$51,000	$297,000
銷貨毛利率	45.00%	46.36%	42.50%	45.00%

2. 部分產品繼續加工下之聯合成本分攤

　　瑞展公司經聯合生產後，生產了平齒輪、錐齒輪、斜齒輪等三種齒輪。其中斜齒輪已達可銷售狀態，且該產品功能及價格已為市場所接受，目前斜齒輪生產 5,500 單位，每單位售價 $20，預計將有 $110,000 的銷貨收入。平齒輪與錐齒輪若繼續加工，可提高該產品的銷售價值。圖 8-5 顯示部分產品繼續加工後之聯合成本、可分離成本、聯合產品產量與銷售價值等相關資訊。瑞展公司決定將平齒輪與錐齒輪等兩齒輪繼續加工，生產出 A 型平齒輪及 B 型錐齒輪，而斜齒輪則直接出售。根據個別產品淨變現價值（或銷售價值）占全部產品總淨變現價值的比例來分攤聯合成本，分攤比例如表 8-7，各項產品的簡易損益表如表 8-8。

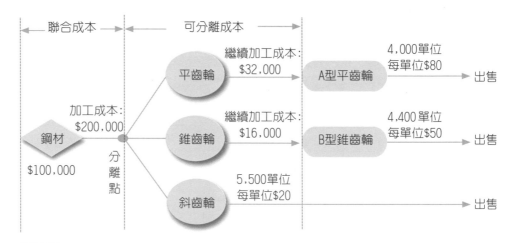

圖 8-5　部分產品繼續加工後之聯合成本、可分離成本、聯合產品產量與銷售價值

表 8-7　部分產品繼續加工下的聯合成本分攤比例

聯合產品	最終銷售價值	可分離成本	淨變現價值	分攤比例
A 型平齒輪	$320,000	$32,000	$288,000	0.48
B 型錐齒輪	220,000	16,000	204,000	0.34
斜齒輪	110,000	0	110,000	0.18
合計	$650,000	$48,000	$602,000	

表 8-8 淨變現價值法之聯合成本分攤（部分產品繼續加工）

品項	A 型平齒輪	B 型錐齒輪	斜齒輪	合計
銷貨：				$650,000
A 型平齒輪 (4,000 × $80)	$320,000			
B 型錐齒輪 (4,400 × $50)		$220,000		
斜齒輪 (5,500 × $20)			$110,000	
銷貨成本：				(300,000)
聯合成本：				
A 型平齒輪 ($300,000 × 0.48)	(144,000)			
B 型錐齒輪 ($300,000 × 0.34)		(102,000)		
斜齒輪 ($300,000 × 0.18)			(54,000)	
可分離成本：	(32,000)	(16,000)		(48,000)
銷貨毛利	$144,000	$102,000	$56,000	$302,000
銷貨毛利率	45.00%	46.36%	50.91%	46.46%

（三）固定毛利率淨變現價值法（Constant Gross-Margin rate NRV approach）

此方法是以所有聯合產品之平均銷貨毛利率作為分攤聯合成本的依據。因此，首先必須先計算出聯合產品的平均銷貨毛利率：

$$固定銷貨毛利率 = \frac{個別產品之最終銷售價格合計 - （聯合成本 + 可分離成本）}{個別產品之最終銷售價格合計}$$

以此固定銷貨毛利率推算個別產品的銷貨成本，再以個別產品的銷貨成本減去該產品的可分離成本後，即為該產品所應分攤的聯合成本。

以瑞展公司全部產品繼續加工下的聯合分攤成本資訊（參見圖 8-6）為例。表 8-9 中，經繼續加工後，個別產品之最終銷售價值合計為 $660,000，減除聯合成本 $300,000 與可分離成本 $63,000 後所計算出的固定銷貨毛利率為 45%。固定銷貨毛利法之各項產品簡易損益表如表 8-9。

$$固定銷貨毛利率 = \frac{\$660,000 - （\$300,000 + \$63,000)}{\$660,000} = 45\%$$

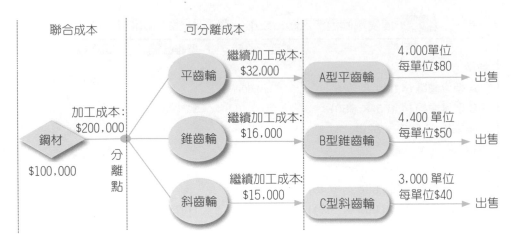

圖 8-6　全部產品繼續加工後之聯合成本、可分離成本、聯合產品產量與銷售價值

表 8-9　全部產品繼續加工下的聯合成本分攤比例

聯合產品	最終銷售價值	可分離成本
A 型平齒輪	$320,000	$32,000
B 型錐齒輪	220,000	16,000
C 型斜齒輪	120,000	15,000
合計	$660,000	$63,000

表 8-10　固定銷貨毛利率淨變現價值法之聯合成本分攤

品項	A型平齒輪	B型錐齒輪	C型斜齒輪	合計
銷貨：				$660,000
A 型平齒輪 (4,000 × $80)	$320,000			
B 型錐齒輪 (4,400 × $50)		$220,000		
C 型斜齒輪 (3,000 × $40)			$120,000	
銷貨毛利：				(297,000)
A 型平齒輪 ($320,000 × 0.45)	(144,000)			
B 型錐齒輪 ($220,000 × 0.45)		(99,000)		
C 型斜齒輪 ($120,000 × 0.45)			(54,000)	
銷貨成本：	176,000	121,000	66,000	363,000
可分離成本：	(32,000)	(16,000)	(15,000)	(63,000)
聯合成本：	($144,000)	($105,000)	($51,000)	($300,000)
銷貨毛利率	45.00%	45.00%	45.00%	45.00%

三、分攤方法的選擇

公司管理評估應選擇何種方法以合理分攤聯合成本時，通常應考慮下列事項：

1. 聯合產品銷售價值的可衡量性：為了取得合理的分攤基礎，聯合生產後的最終銷售價值是最佳指標。因此，瑞展公司須詳細估計聯合產品的最終價值，以作為合理分攤的依據。

2. 聯合產品繼續生產後的附加價值提升：瑞展公司也須考慮聯合生產後產品是否值得繼續生產的問題。若瑞展公司發現繼續生產將提高產品的附加價值，且附加價值超過該產品的增額投入成本（即產品的淨現值須大於零），則該產品便值得繼續進行加工。

3. 簡便之估計方式：瑞展公司亦須考慮到計算的便利性。為求公平合理，採用過於複雜的計算方式，有違成本效益原則。

   分離點銷售價值法具備公平、合理及簡單易算等多項優點。淨變現價值法則用於產品繼續加工情況下，而固定銷貨毛利率淨變現價值法以每一項產品的銷貨毛利率一致的基礎下，所進行的聯合成本分攤。

8-3 聯合成本分攤之攸關決策問題

從上述各種聯合成本分攤方法可知，銷售價值是聯合成本的分攤依據。就成本的攸關性而言，聯合生產完工時，聯合成本即為沉沒成本（sunk cost），個別產品是否繼續加工則須視該產品是否創造出更多利潤（淨變現價值）。即當繼續加工後的產品之淨變現價值高於加工前的產品收益及額外加工成本時，該產品才有繼續加工的可能性。

瑞展公司面臨聯合產品的後續加工問題，不管聯合產品的繼續加工與否，已發生的聯合成本無法影響聯合產品的繼續加工決策。對於聯合產品是否繼續加工，考量重點應比較聯合產品因繼續加工所產生的增額成本（incremental cost）及增額的銷售利益（incremental revenue）。

表 8-11　繼續加工前後之增額利潤比較

聯合產品	後續加工產品	加工前銷售價值 (A)	加工後銷售價值 (B)	增額銷售價值 (C)	可分離成本 (D)	增額利潤 (C-D)
平齒輪	A 型平齒輪	$260,000	$320,000	$60,000	$32,000	$28,000
錐齒輪	B 型錐齒輪	165,000	220,000	55,000	16,000	39,000
斜齒輪	C 型斜齒輪	110,000	120,000	10,000	15,000	(5,000)
合計		$535,000	$660,000	$125,000	$63,000	$62,000

如表 8-11 所示，不考慮聯合成本的分攤，則平齒輪繼續加工後，產生 A 型平齒輪，其增額收益為 $60,000($320,000 － $260,000)，而增額成本為 $32,000，因此 A 型平齒輪所產生的增額利潤為 $28,000。同樣地，B 型錐齒輪所產生的增額利潤為 $39,000 [($225,000 － $165,000) － $21,000]；C 型斜齒輪所產生的增額損失為 -$5,000[($120,000 － $110,000)-$15,000]。經由詳細計算後，除斜齒輪直接出售外，瑞展公司決定平齒輪與錐齒輪繼續加工再行出售，以增加公司收益。

成會焦點

中華航空改造服務流程，商務艙服務全球第一

一、成本降 1%、單位收益卻增 10%

2006 年，航空服務調查機構 Skytrax Research，在全球六十六家航空公司服務評比中，評選中華航空為「商務艙」整體服務品質第七名，首度擠進全球前十名。而其中的商務艙人員服務品質評比，華航更在 2005、2006 連續兩年奪得全球第一。但 2004 年之前，華航服務品質甚至不曾擠進前三名。這是華航從 2004 年開始，

圖片來源：中華航空臉書

進行服務品質改造的結果。總經理趙國帥表示，過去華航把大量資源投注在硬體設備，但是服務品質，卻只是停留在「中規中矩」而已，例如雖然艙等有頭等、商務、經濟艙之分，但其實三種艙等的服務並沒有等同票價所呈現的差距。

二、不增預算的流程改造，人力彈性調配，服務品質不打折

華航定下目標為在相同的預算內，擴大服務品質的差距，希望讓為公司帶來較高獲利的高艙等客戶感覺實至名歸，同時也讓經濟艙的旅客感覺服務沒有縮水。然而，不能增加預算，自然無法用擴編空服組員的方式來提升服務品質，華航於是進行服務流程的改造。

首先是重新調整人力配置：過去的空服員配置十分制式，每個空服員都有專門負責的工作，例如有一人專責廚房、有兩人負責送飲料。廚房的空服員，在用餐時間忙翻了，但非用餐時間，卻閒著沒事。後來，華航打破職責畫分，廚房就從一人專職，變成八個

人共同協調工作,從此,非用餐時間,就不會有閒置的人力。再來是改善流程:空服處管理部檢討每項服務的流程,像過去經濟艙的送餐程序,是先送完一輪飲料之後再出餐,現在就改為同時出餐和飲料,不但節省人力,也讓乘客更快享用到餐飲。人力彈性調度、派遣及流程改善的效益是,人力更精簡,服務品質不打折。例如七四四大型客機,依航程地點、飛行時間不等,即可節省兩到三個人力。每週翻新菜單,推出空中小籠包,由預熱到送達,精準以秒計算。

在高級艙等中,華航標榜讓乘客享受到五星級的服務,除了特製由知名書法家董陽孜書寫的精美菜單,讓乘客有奢華的感受之外,另有 MVC(most valuable customer,最有價值顧客)系統,記錄頭等艙、商務艙常客的喜好,提供客製化的服務。當飛機起飛後,空服員會為長期搭乘的旅客遞送慣用的特調花茶或咖啡,甚至連茶杯杯耳是不是放在客人慣用手的那邊,也是空服員必須注意的重點。

資料來源:《商業周刊》第 1028 期

8-4 副產品的會計處理

聯合生產過程中,除了產出價值較高的主要產品外,亦可能產出價值較低之副產品。例如,瑞展公司購入鋼材,主要用來製造齒輪(主產品),並且利用剩餘的鋼材製造齒條(副產品)。

瑞展公司 20X1 年 11 月份有關主產品與副產品的生產及銷售狀況如表 8-12。圖 8-7 顯示聯合生產之聯合成本、主產品與副產品的產量與銷售價值。

表 8-12 20X1 年 11 月生產銷售狀況

產品	生產	銷售	期初存貨	期末存貨
主產品－齒輪	5,000	4,500	0	500
副產品－齒條	2,500	2,200	0	300

副產品的會計處理有兩種方式:(1) 將副產品銷售價值列為銷貨成本的減項;(2) 將副產品列為銷貨收入的加項。以下分別就此兩種方法進行說明。

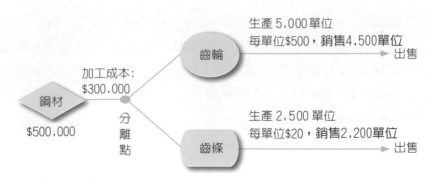

圖 8-7 聯合生產之聯合成本、主產品與副產品的產量與銷售價值

一、將副產品價值列為生產成本的減項

為求即時認列副產品價值，一般將當期生產的副產品總銷售價值轉列為生產成本的減項。以表 8-13 為例，瑞展公司有關主產品與副產品的生產、銷售狀況及損益表如下。

表 8-13 副產品的會計處理

	列為銷貨成本的減項	列為銷貨收入的加項
銷貨：		
主產品－齒輪 (4,500×$500)	$2,250,000	$2,250,000
副產品－齒條 (2,200×$20)	－	44,000
總收益	$2,250,000	$2,294,000
銷貨成本：		
期初存貨	－	－
進貨成本＋加工成本 ($500,000＋$300,000)	800,000	800,000
減：副產品收益 (2,500×$20)	(50,000)	－
製造成本淨額	750,000	800,000
減：期末存貨 (750,000÷5,000×500)[a]	(75,000)[a]	(80,000)[b]
(800,000÷5,000×500)[b]		
銷貨成本	675,000	720,000
銷貨毛利	$1,575,000	$1,574,000
銷貨毛利率	70%	68.6%
期末存貨金額		
主產品：齒輪	75,000	80,000
副產品：齒條 (300×$20)	6,000	

11 月份的會計紀錄如下：

1. 在製品   500,000
        應付帳款   500,000
   （11 月份購買並耗用的直接原料）

2. 在製品   300,000
        各種貸項   300,000
   （11 月份的加工成本）

3. 副產品存貨－齒條 (2,500×$20)   50,000
   製成品－齒輪   750,000
        在製品   800,000

4. 銷貨成本   675,000
        製成品－齒輪   675,000

5. 現金或應收帳款 (4,500×$500)   2,250,000
        銷貨收入－齒輪   2,250,000

6. 現金或應收帳款 (2,200×$20)   44,000
        副產品存貨－齒條   44,000

二、將副產品價值列為銷貨收入的加項

副產品生產完成時不認列收益，直到銷售時方認列其收益，依據副產品實際之銷貨收入認列。實務上，因副產品的價值低，所創造的收益不大，可列入當期的銷貨收入，也可以列入其他收入。若瑞展公司將副產品列為銷貨收入的加項，則 11 月份的會計紀錄如下：

1. 在製品   500,000
        應付帳款   500,000

2. 在製品   300,000
        各種貸項   300,000

3. 製成品－齒輪   800,000
        在製品   800,000

4. 銷貨成本   720,000
        製成品－齒輪   720,000

5. 現金或應收帳款 (4,500×$500)   2,250,000
        銷貨收入－齒輪   2,250,000

6. 現金或應收帳款 (2,200×$20)   44,000
        銷貨收入－齒條   44,000

問題討論

繼續加工決策

　　佳年與財務部范經理及生產部門吳經理協討論有關產品的生產流程及原料成本的投入等問題。吳經理說明對原料投入到多項產品產出的整個過程後，進一步建議斜齒輪不應再繼續加工製造 C 型斜齒輪，因繼續加工後並不會提升獲利（請參閱表 8-11）。

　　聽完說明後，佳年亦初步認同吳經理建議，進一步詢問范經理時，范經理則擔心瑞展公司如果放棄生產 C 型斜齒輪，則辛苦建立的市場將拱手讓與競爭對手，因此對斜齒輪不再繼續加工之決策抱持保留態度。

問題：

　　若你身為財務部經理，你贊成瑞展公司的決策（斜齒輪不再繼續加工）嗎？

討論：

　　我們應學習思考加工決策的必要性與可能性。產品的繼續加工決策並非單從成本面考量，管理者還必須從公司所面臨的市場環境來考量，例如：繼續加工是否會增加產品的價值、或是以長期競爭之角度考量（例如這項產品搭配其他產品賣，才會讓其他產品好賣；就好像賣咖啡要搭配奶精，但奶精未必賺錢）等。

本章透過齒輪製造過程，詳細說明聯合生產時的聯合成本的分攤過程。聯合產品的成本分攤，可依各產品產出後的實體數量之比例進行分攤，也可依產品的銷售價值比例進行分攤。由於銷售價值的認定不同，所設算的產品銷售價值也不同，因此聯合成本的分攤比例亦會不同。

在銷售價值的認定上，一般可由下列三種方式擇一：分離點銷售價值法（sales value at split-off approach）、淨變現價值法（net realized value approach）、固定毛利率淨變現價值法（constant gross margin rate NPV approach）。分離點銷售價值法下，聯合成本的分攤是按各產品的銷售價值的相對比例（即個別產品銷售金額佔銷貨總額）來分攤。淨變現價值法則是按各產品的銷售價值減除可分離成本的相對淨變現價值作為權數進行聯合成本分攤。固定毛利率淨變現價值法則假定各產品的銷貨毛利率皆相同的情況下，以相同的銷貨毛利率追溯各產品應有的銷貨成本，再由此銷貨成本減除該產品的分離成本而得該產品應該分攤的聯合成本額度。若聯合製造在分離點時，各產品均有明確市價資訊，則管理者可能選擇分離點銷售價值法來分攤聯合成本。若到分離點時，部分產品或全部產品無明確市價資訊，則可以選擇淨變現價值法。若管理者要求各產品須有一致的銷貨毛利率的話，則可選擇固定毛利率淨變現價值法。不論採用何種方法分攤聯合成本，都應符合公平、合理之原則。

最後，管理者考量分離點後是否繼續加工時，原則是加工所產生的增額成本必須小於增額利益外，亦必須同時考量競爭策略及市場環境等因素。

本章習題

一、選擇題

( ) 1 下列何者為聯產品在分離點直接出售或繼續加工之決策準則？

(A) 繼續加工之總收入大於直接出售之總收入時，應選擇繼續加

(B) 繼續加工之增額收入大於繼續加工所增加之變動成本時，應選擇繼續加工

(C) 繼續加工之增額收入大於繼續加工之增額成本時，應選擇繼續加工

(D) 分離點後的可免固定成本大於直接出售之總收入，應選擇直接出售。

（106 普考）

( ) 2. 經同一製程而產出兩種產品時，若其中一種具有相對較高的銷售價值，另一種則價值微小，則此二產品分別稱為：

(A) 聯產品與副產品　(B) 聯產品與殘料　(C) 主產品與副產品　(D) 主產品與聯產品。　　　　　　　　　　　　　　　　　　（106 高考三等）

( ) 3. 某公司之甲和乙產品經由共同製程加以生產，兩種產品在 2 月份的聯合成本共計 $20,000。在完成最後個別加工後，甲產品單位售價為 $32，乙產品單位售價為 $48。每一產品在分離點即已具有出售價值，單價分別為：甲產品 $10，乙產品 $8。2 月份產量分別是：甲產品 3,000 單位，乙產品 2,500 單位；2 月份銷售量分別是：甲產品 2,000 單位，乙產品 2,500 單位。試問在採用分離點銷售價值法分攤聯合成本後，各產品分攤而得之每單位聯合成本為何？

(A) 甲產品 $2.96；乙產品 $4.44　(B) 甲產品 $4；乙產品 $4.55　(C) 甲產品 $5；乙產品 $4　(D) 甲產品 $4；乙產品 $3.2。　　　（105 地特三等）

( ) 4. 關於聯產品在分離點是否繼續加工的決策中，下列何者為「非攸關」的項目？
①分離點之前發生的變動製造成本　②分離點之後發生的變動製造成本　③分離點之後發生的可免固定成本

(A) ①　(B) ②　(C) ①③　(D) ①②。　　　　　　　　　（105 地特四等）

( ) 5. 由於副產品的價值較低，公司採用步分攤聯合成本的會計處理，但副產品的收入淨額得做為銷貨收入、其他收入、主產品生產成本的減項或主產品銷貨成本的減項。試問在公司經營的第一年中，何種方法下公司的純益金額通常會是最低的？

(A) 銷貨收入　(B) 其他收入　(C) 主產品生產成本的減項　(D) 主產品銷貨成本的減項。　　　　　　　　　　　　　　　　　　　　　　　　　　　　　（96 高考）

(　) 6. 丁公司透過聯合生產過程產出 X，Y 及 Z 產品。聯合成本分攤方式採用分離點之售價加以分攤，其他資料如下：

產品	X	Y	Z	合計
生產數量	14,000	10,000	6,000	30,000
分攤之聯合成本	$204,000	$90,000	$66,000	$360,000
分離點之售價	?	150,000	110,000	600,000
繼續加工成本	38,000	30,000	22,000	90,000
最終售價	348,000	185,000	147,000	680,000

請問 X，Y 及 Z 產品何者應繼續加工？

(A) X　(B) X 和 Y　(C) Y 和 Z　(D) X，Y 及 Z。　　　　　（102 地特四等）

(　) 7. 甲公司自 X9 年起營運，生產汽油及某種汽油副產品。下列為該公司 X9 年產銷資訊：

分離點生產成本總額	$120,000
汽油銷貨收入	270,000
副產品銷貨收入	30,000
汽油存貨（X9 年 12 月 31 日）	15,000
其他副產品成本	
行銷	10,000
生產	15,000

甲公司在生產時認列副產品價值，並作為分離點前生產成本之減項。試問 X9 年甲公司汽油及副產品之銷貨成本為何？

(A) 汽油 $105,000，副產品 $25,000　(B) 汽油 $115,000，副產品 $0

(C) 汽油 $108,000，副產品 $37,000　(D) 汽油 $100,000，副產品 $0。

　　　　　　　　　　　　　　　　　　　　　　　　　　　　　（102 地特三等）

(　) 8. 甲公司製造主要產品時，產生副產品 A，以每單位 $4 銷售 A 時，僅產生一項可分離成本（即 $1 之銷售費用）。甲公司將副產品 A 的銷貨淨額 $3，由主產品銷貨成本中減除。在無存貨的情況下，若甲公司將副產品 A 改視為聯產品，則對該公司毛利有何影響？

(A) 無影響　(B) 每出售 1 單位 A，毛利增加 $1　(C) 每出售 1 單位 A，毛利增加 $3　(D) 每出售 1 單位 A，毛利增加 $4。　（102 地特三等）

(　　) 9. 大安公司由同一製程生產了 M、N 兩種聯產品，兩者在分離點後之加工總成本為 $60,000，加工後 M 和 N 之銷售價值合計數為 $150,000，其餘有關資料如下：

	M 產品	N 產品
分攤之聯合成本	？	$20,400
分離點後之個別成本	$30,000	？
最終售價	？	$60,000

該公司對於聯合成本之分攤採市價法，且假設各產品之毛利率固定。試問：經分攤聯合成本後，M 產品之總生產成本為何？

(A) $75,600　(B) $44,000　(C) $45,600　(D) $60,000。　（105 會計師）

(　　) 10. 若聯產品在分離點皆已具有公開明確的銷售價格，下列敘述何者正確？　①若無期初與期末存貨，按分離點銷售價值相對比例來分攤聯合成本時，可使各產品計算出相同的毛利率　②按分離點銷售價值相對比例來分攤聯合成本時，比其他市場基礎的分攤方法簡單易用　③若部分產品在分離點後仍可繼續加工以提高售價，則採用的聯合成本分攤方法應把繼續加工決策納入考慮，更為合理　④按分離點銷售價值相對比例來分攤聯合成本時，所謂銷售價值是以各聯產品當期實際銷量乘上售價

(A) ①②　(B) ③④　(C) ②③　(D) ①②④。　（104 地特三等）

二、計算題

1. 木新公司為一生產飲料的公司，該公司生產兩種飲料分別為 A 飲料與 B 飲料。生產過程中兩種飲料都先同時在混合部門聯合生產，混合部門產出後，A 飲料直接用每公升 $20 賣出，但是 B 飲料則必須再繼續加工後才能出售，加工成本為每公升 $10，B 飲料加工後每公升售價為 $40。本年度十二月木新公司聯合成本為 $400,000，A 飲料生產 10,000 公升，B 飲料生產 20,000 公升。十二月無任何期初存貨，期末存貨 A 飲料 3,000 公升，B 飲料 4,000 公升。

試作：

假設木新公司採用淨變現價值法分攤聯合成本，請問十二月份 A 飲料和 B 飲料的期末存貨成本爲何？ （105 地特四等）

2. 甲公司買進原料從單一聯合生產過程生產四種聯合產品：A、B、C、D。其中 C 產品在分離點出售，而 A、B、D 產品則可於分離點出售，亦可進一步再加工成高級品。X1 年 12 月 31 日會計年度終了資料如下：

	A 產品	B 產品	C 產品	D 產品
分離點產量	198,300 單位	66,100 單位	33,050 單位	33,050 單位
分離點銷貨收入	$66,100	$39,660	$66,100	$92,540
再加工成本	$264,400	$105,760		$118,980
再加工後之銷貨收入	$396,600	$132,200		$158,640

假設該公司無期初及期末存貨。其分離點的聯合成本包括原料及加工成本共 $132,200。

試求：

(1) 分別以下列方法分攤聯合成本。

　　①產量法　②分離點售價法　③淨變現價值法。

(2) 列出產品 A、B、D 加工與否之決策對淨利之影響。

(3) 評估 (1) 之三種方法對決策之有用性。 （101 關務三等）

3. 甲公司於 102 年 5 月投入直接材料 $220,000 及加工成本 $342,000 聯合製造三種產品，其中產品 A 及產品 B 爲聯產品，產品 C 爲副產品。於聯合製造程序結束後，產出之 40,000 公斤的產品 A 須再投入加工成本 $80,000，並以每公斤 $10 出售；產出之 60,000 公斤的產品 B，不需進一步加工即可以每公斤 $8 出售；產出之 20,000 公斤產品 C 須再投入加工成本 $10,000，並以每公斤 $3 出售，另外，產品 C 尚須支付售價之 20% 的行銷成本。羅東公司係採淨變現價值法分攤聯合成本，而聯合成本須先扣除副產品於分離點之淨變現價值後，才將餘額分配給聯產品。

試作：

(1) 計算產品 A 及產品 B 各應分攤的聯合成本。

(2) 計算產品 A，產品 B 及產品 C 每公斤的生產成本。 （102 高等管會）

4. 甲公司生產主產品 KK 及 WW，生產過程中也同時產出副產品 ZZ。共同製造中的聯合成本為 $113,400。副產品 ZZ 淨變現價值係直接作為 KK 及 WW 的聯合成本之減項。以下資訊為 2012 年 7 月之相關資料：

產品	生產單位數	最終市價	分離點後額外成本
KK	2,100	$84,000	$0
WW	3,150	73,500	0
ZZ	1,050	14,700	6,300

若甲公司使用淨變現價值法分攤聯合成本，則 KK 會被分配到多少聯合成本？

（101 會計師改編）

5. 甲公司生產 X、Y 二種聯產品。8 月份計發生聯合成本 $20,000，相關資料如下：

	X	Y	合計
分離點後加工成本	$11,000	$11,000	$22,000
最終產品售價	$36,000	$24,000	$60,000

該公司採市價法分攤聯合成本，若各產品之毛利率固定，則產品 X 應分攤之聯合成本為多少？ （100 高考改編）

6. 甲公司經由一個聯合製程生產出甲、乙、丙三種產品，產量分別為 12,000、8,000、20,000 件，聯合成本為 $400,000。分離點後，三種產品皆須額外加工才能出售，加工成本分別為：甲投入 $80,000、乙投入 $200,000、丙投入 $320,000。若甲、乙、丙加工後銷售價值分別為 $320,000、$480,000、$800,000。若公司採淨變現價值法分攤聯合成本，則甲產品之生產成本為何？ （107 高考改編）

7. 甲石化廠從一聯合程序將原油提煉為石油及液化天然氣，此二產品之聯合成本為 $80,000。5,000 桶的石油可以在分離點以每桶 $20 出售，或再以 $20,000 精煉後以每桶 $25 出售。10,000 桶的液化天然氣可以在分離點以每桶 $15 出售，或再以 $20,000 精煉後以每桶 $16 出售。另外精煉程序需委由乙精煉廠完成，若只有其中一產品選擇精煉時，乙精煉廠將以未達規模效益為由，向甲額外收取 $10,000。則甲石化廠之精煉決策應為？ （101 普考改編）

8. 甲公司製造二聯合產品：甲及乙，採分離點售價法分攤聯合成本 $1,000,000，正在考慮是否於分離點後將二產品進一步加工再出售。相關資訊如下：

	甲	乙
產出公斤數	75,000	45,000
分離點每公斤售價	$45	$156
分離點後進一步加工變動成本	$320,000	$500,000
分離點後進一步加工再出售每公斤售價	$57	$167

若甲公司以極大化整體公司獲利為目標，其決策應為？　　　　（103 普考改編）

9. 甲公司生產 W、X、Z、D 四種聯產品，聯合製造總成本總額為 $30,000，生產單位及分離點市價如下所示：

產品	生產量	單位市價
W	5,000	$0.25
X	3,750	3.00
Z	2,500	3.50
D	3,750	5.00

假設這些產品於分離點時即可出售，則 Z 產品之成本為多少？　　　　（103 普考改編）

10. 某公司於聯產過程中產生甲和乙兩種主產品及副產品丙，分離點後未再加工即可出售。假設該公司在報表上將副產品收入淨額列為其他收入。主產品採淨變現價值法來分攤聯合成本。該公司銷管費用金額微小而不予考慮，相關資料如下：

	主產品甲	主產品乙	副產品丙	合計
聯合成本	？	？	？	$312,000
分離點後銷售價值	$240,000	$360,000	$24,000	$624,000
生產量	60,000	100,000	10,000	170,000
銷售量	60,000	80,000	10,000	150,000

試問：甲產品在淨變現價值分攤法下所分攤到的聯合成本為何？　　　　（105 高考三等）

CHAPTER

9

損壞品、重製與殘料的會計處理

學習目標 讀完這一章，你應該能瞭解

1. 正常損壞與非常損壞的分別。
2. 分批成本制度下，損壞品成本的分攤。
3. 分步成本制度下，損壞品成本的分攤。
4. 重製的會計處理。
5. 殘料的會計處理。

引言

　　瑞展公司傳動事業部中，齒輪產品的製程可分為：軋輾、熱炙、鑽孔、研磨、校正與檢驗等六個製程，產品完成需經上述製程。其中，大里廠負責產品的鑽孔、研磨等兩道製程。為了有效降低產品的瑕疵率，大里廠莊廠長正努力地尋求製造流程的合理性與準確性，以期損壞品與產品重製的比率得以降低。

　　在生產過程中，因製造流程或原料添加的錯誤而生產出不符顧客需求或不符標準的產品，若不能加以修改或重新製作的話，即列入次級品、瑕疵品，或稱之為損壞品（spoilage）；相反地，若這些不符標準的產品經修改或部分流程重新製作後，得以完成並出售，此類產品稱之為重製（rework）後的產品。公司投入原料進行生產，或多或少皆有損壞品或重製品的產生，且生產過程中，所遺留下來的材料（亦即殘料（scrap））亦是無可避免。

　　損壞品、重製品及殘料等成本的精確計算將有助於莊廠長正視並發現製造流程的不合理性或工作人員的缺失。莊廠長試圖經由流程的改善或人員的訓練，以期降低損壞品、重製品及殘料等比率。

9-1 損壞品

　　一般而言，損壞品（spoilage）分為正常損壞品及非常損壞品。在正常的生產過程中，容許的不良率下所產生的產品耗損是無可避免的，此耗損稱之為正常損壞品（normal spoilage）。相反地，在正常的生產過程中，由於員工不當操作或非預期的機械故障所造成的產品損壞，此產品損壞稱之為非常損壞品（abnormal spoilage）。

　　以營運效率觀點，不論是正常損壞品或非常損壞品，均非公司所樂見的事情。因此，公司定期檢視製造流程的合理性及人員的配置，以期降低產品不良率，同時也可降低因損壞或重製所發生的額外成本，此為策略成本管理（strategic cost management）的開端。由於成本制度的不同，對於損壞品的處理也有異，以下就分批成本制及分步成本制分別說明。

一、分批成本制下的損壞品

以批量方式生產的分批成本制度下，由於正常損壞品為製造過程中無可避免的產物，因此正常損壞品被視為存貨的一部分。相反地，非常損壞品則不列入存貨成本中，而列入當期的期間成本（period cost）。

（一）正常損壞

進行正常損壞品的成本分攤時，須明確分辨該正常損壞品成本應歸屬於某特定批次，或歸屬於所有批次中。當損壞品的產生是由於製程等問題而非顧客的特殊需求所致，在容許的不良率下所產生的損壞品成本歸屬於所有批次中，則損壞品成本的發生可視為製造費用的一部份。若損壞品尚有殘值，可列入「損壞品存貨」科目中。

以瑞展公司大里廠的齒輪生產為例，20X1 年 12 月份鑽孔課生產報告如下：

表 9-1　20X1 年 12 月份生產報告

12 月份產量	5,000 單位
12 月份直接原料單位成本	$60
12 月份直接人工單位成本	$40
12 月份預計單位製造費用分攤率（含損壞品製造費用分攤率 $2）	$80

1. 將正常損壞品成本歸屬於所有批次之產品

   依據過去經驗，瑞展公司齒輪製造之正常損壞比率為 3%。這部分的損壞成本已計入預計製造費用分攤率中，透過此分攤率由全部產品分攤正常損壞的成本。假定 12 月份有 100 單位的損壞品，在正常損壞的範圍內。損壞品尚可以每單位 $50 出售，則 12 月份的損壞品成本歸屬於所有批次的會計紀錄如下：

   (1) 認列直接原料、直接人工及已分攤製造費用

在製品存貨	900,000	
原料		300,000
應付薪資		200,000
已分攤製造費用 ($80×5,000)		400,000

(2) 認列損壞品成本

損壞品存貨 ($50×100)	5,000	
製造費用	13,000	
在製品存貨 (900,000÷5,000×100)		18,000

(3) 產品完成轉入製成品

製成品存貨	882,000	
在製品存貨		882,000

完好品單位成本＝ 882,000÷(5,000 － 100) ＝ $180

2. 將正常損壞品成本歸屬於某特定批次的產品

因某訂單的生產規格特殊或顧客的特別需求，需要特殊製程才能完成。若因此而產生了產品損壞的話，則會將此損壞品成本歸屬於該項批次訂單的成本中。

依據前例，瑞展公司 12 月份的生產報告（表 9-1）中，在進行批號 110 的製造時，因顧客特殊需求而有變更製造流程，致使製程運作不順而產生 100 單位的損壞品。損壞品尚可以每單位 $50 出售，則 12 月份的 100 單位的損壞品成本歸屬於該批號 110 的會計紀錄如下：

(1) 認列直接原料、直接人工及已分攤製造費用

在製品存貨－批號 110	890,000	
原料		300,000
應付薪資		200,000
已分攤製造費用 ($78× 5,000)		390,000

(2) 認列損壞品成本

損壞品存貨 ($50×100)	5,000	
在製品存貨－批號 110		5,000

(3) 產品完成轉入製成品

製成品存貨	885,000	
在製品存貨－批號 110		885,000

完好品單位成本 = 885,000÷ (5,000 – 100) = $180.6

將損壞品成本歸屬於批號 110 時，有 $13,000(= $18,000 － $5,000) 的差額仍留於在製品存貨－批號 110 之帳戶中，由該批產品負擔。因此，完好產品的總成本及單位成本均提高（表 9-2）。此可解釋為因顧客特殊需求，所導致產品成本的提高，促使管理者重視其品管及訂價策略。兩種歸屬方式計算結果如下表 9-2。

表 9-2　損壞品成本的歸屬

成本歸屬	歸屬於所有產品	歸屬於批號 110 產品
完好品數量	4,900	4,900
總製造成本	$882,000	$885,000
單位成本	$180	$180.6

（二）非常損壞

在正常的生產過程中，由於員工不當操作或無預期的機械故障所造成的產品損壞，而產品損壞的比率已超過可容許的範圍時，此損壞的產品稱之為非常損壞品。非常損壞品實際發生時，不轉為製造費用，而列入「非常損壞品損失」科目，作為當期其他損失項目。

1. 非常損壞品成本歸屬於所有批次的產品

瑞展公司 12 月份有 200 單位的損壞品。因正常產品損壞比率為 3%，故其中 150 單位的產品屬正常損壞品，透過預計製造費用分攤率由全部產品分攤正常損壞的成本。50 單位之產品屬非常損壞品，則列入非常損壞損失。所有損壞品尚可以每單位 $50 出售，則 12 月份的 200 單位的損壞品成本歸屬於所有批次的會計紀錄如下：

(1) 認列直接原料、直接人工及已分攤製造費用

在製品存貨	900,000	
原料		300,000
應付薪資		200,000
已分攤製造費用 ($80×5,000)		400,000

(2) 認列損壞品成本

損壞品存貨	10,000	
製造費用 (36,000-10,000)×150÷200	19,500	
非常損壞損失 (36,000-10,000)×50÷200	6,500	
在製品存貨 (900,000÷5,000×200)		36,000

(3) 產品完成轉入製成品

製成品存貨	864,000	
在製品存貨		864,000

完好品單位成本 = 864,000÷(5,000 − 200) = $180

由上述分錄可知，製造費用與非常損壞損失是以損壞品總投入成本減除出售之變現價值後，按正常與非常損壞比例分攤金額。

2. 非常損壞品成本歸屬於某特殊批次的產品

瑞展公司 12 月份進行批號 110 的製造時，因顧客特殊需求而有變更製造流程，致使製程運作不順而產生 200 單位的損壞品。因此這 200 單位的損壞品損失，由批號 110 概括承受。所有損壞品尚可以每單位 $50 出售，則 12 月份的 200 單位的損壞品成本歸屬於批號 110 的會計紀錄如下：

(1) 認列直接原料、直接人工及已分攤製造費用

在製品存貨－批號 110	890,000	
原料		300,000
應付薪資		200,000
已分攤製造費用 ($78×5,000)		390,000

(2) 認列損壞品成本

損壞品存貨 ($50×200)	10,000	
在製品存貨－批號 110		10,000

(3) 產品完成轉入製成品

製成品存貨	880,000	
在製品存貨－批號 110		880,000

完好品單位成本 = 880,000 ÷ (5,000 − 200) = $183.33

原本有 $36,000(=$900,000÷5,000×200) 的成本應貸記在製品存貨帳戶，由於非常損壞品之成本須歸屬到批號 110 中，也就是有 $26,000(=$36,000-$10,000) 的非常損壞損失的成本須由該批次自行承擔，以增加該批次的產品成本。因此該批次的完好品的單位成本將會提高。兩種歸屬方式計算結果如下表 9-3。

表 9-3 非常損壞品成本的歸屬

成本歸屬	歸屬於所有產品	歸屬於批號 110 產品
完好品數量	4,800	4,800
總製造成本	$864,000	$880,000
單位成本	$180	$183.33

成會焦點

不做就沒訂單，日月光一滴水用三次

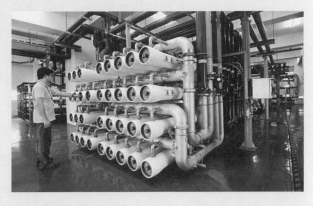

2013 年底，日月光 K7 廠因排放廢水造成污染，被勒令停工約一年，復工約半年之後，他們試著把水從危機變轉機。

2015 年中，日月光中水回收廠啟用，特地立起 LED 螢幕，將每十五分鐘檢測水質的結果，對廠外公布，按日月光半導體高雄廠資深副總經理周光春的說法，放流水水質一旦超出標準，將自動停止放流，與過去人工容易造成「疏忽」不同。

我們原以為，蓋出包括全臺最大的三座中水回收廠，兩年省下兩千座游泳池水量的日月光，連串改造物流系統、省下一百萬個紙箱，及砸兩千萬元研究智慧電網的舉措，只是為了降低生產成本。沒想到，比省錢更重要的，是風險管理。

「你沒有訂單，降什麼成本？」周光春開門見山，點明企業的處境。

「我們在做全世界最頂尖客戶的時候，客戶會從各方面來看你公司的表現，（看的）不是只有你的報價比別人低。」周光春說，給不給單，衡量標準包括對待外勞的方式、工廠管理、環境保護等，「（因為）有一天你停工，會造成它的問題。」

如今日月光，一滴水要用三次，花五年時間研發物流系統，不再使用紙箱，周光春抽屜裡還放著各種日月光製程所產生的廢棄物，能不能把廢棄物轉成產品賣出去，是周光春的首要任務。

資圖來源：《商業周刊》第 1606 期

二、分步成本制下的損壞品

（一）損壞品的計算

分步成本制下，企業投入原料後，經由各種不同製造步驟（或流程），最後才完成可供銷售的產品。因此在製造過程當中，為合理分攤各

個製造流程的產品成本，對尚在製造中的產品之完工單位數採約當產量（Equivalent unit）之方式來計算（詳見第 5 章）。然而，由於原料或加工因素，以至於各個製造流程中，都有可能生產損壞品。

有關損壞品的處置，瑞展公司採各項製程之完工率達某比率時，即進行產品的檢驗。如此的作法可使瑞展公司及早發現不良產品（即損壞品）而及時將這些損壞品排除於後續的製造流程之外。而損壞品約當數量的計算，是透過產品的完工比率及檢驗損壞品的時點來決定。此外，若於完工前進行產品檢驗而產生的損壞品，則此損壞品的部分來自於本期完成品外，期末在製品亦均通過檢驗點。因此，此情況下的損壞品成本須以本期完成品與期末在製品的單位數爲權數，進行正常損壞品成本的分攤。相反地，若於完工後才進行產品檢驗，此時所產生的損壞品與期末在製品無關，故期末在製品無須分攤損壞品的成本。

以下以瑞展公司的齒輪製造爲例，瑞展公司 12 月份大里廠的齒輪生產報告如下：

表 9-4 12 月份生產報告

期初在製品	2,000 單位
本期投入生產	4,000 單位
期末在製品	1,000 單位
本期完工並轉出	4,800 單位
本期共計損壞品	200 單位

依據過去經驗，瑞展公司的正常產品損壞比率爲通過檢驗點正常投入量的 3%。若期初在製品的完工比例達 30%，而期末在製品的完工比例達 80%，就以下三種檢驗時點，分析期初在製品及期末在製品等應有的損壞品單位數。

情況1： 於完工率達20%時，實施產品的檢驗

若於完工率達20%時實施產品檢驗，則30%完工率的期初在製品已於上期製造流程已通過檢驗了，應無產生損壞品的發生，故將期初在製品單位數排除於損壞品的計算。按本期投入量4000單位，以正常損壞比率3%計算正常損壞品爲120(=4,000×3%)單位，而非常損壞品爲80(=200−120)單位。

情況2： 於完工率達60%時，實施產品的檢驗

於完工率達60%時實施產品檢驗，則完工率已達30%的期初在製品於本期繼續製造，於本期完工率達60%時接受檢驗。因此將本期投入單位數4,000單位與期初在製品單位數合併計算，以正常損壞比率3%計算正常損壞品為180 [=(4,000+2,000)×3%]單位，非常損壞品為20(=200－180)單位。

情況3： 於完工率達100%時，實施產品的檢驗

於完工率達100%時實施產品的檢驗，意味著檢驗所有100%完工的完好品，而80%完工率的期末在製品並未進行檢驗。因此，本期總投入單位數6,000單位（期初在製品2,000單位＋本期投入單位數4,000單位）須扣除期末在製品1,000單位，以正常損壞比率3%計算正常損壞品為150 [= (4,000 + 2,000 – 1,000)×3%]單位，而非常損壞品為50(200-150)單位。

表 9-5 以投入量的 3% 計算損壞品單位數

檢驗點	完工 20% 時檢驗	完工 60% 時檢驗	完工 100% 時檢驗
期初在製品（完工比率 30%）	2,000	2,000	2,000
本期投入生產單位數	4,000	4,000	4,000
本期投入總生產單位數	6,000	6,000	6,000
本期完成並轉出單位數	4,800	4,800	4,800
期末在製品（完工比率 80%）	1,000	1,000	1,000
正常損壞品單位數	120	180	150
非常損壞品單位數	80	20	50

理論上，以正常投入單位數來計算正常損壞品單位數，但實務上為了方便，多以完工產品的數量作為正常損壞品的計算，非以投入量的多寡來計算損壞品的數量。若以表 9-4 所示之本期完工品 4,800 單位，以 3% 的正常損壞率計算正常損壞品與非常損壞品之單位數如表 9-6 所示。（注意：本期完工品 4,800 單位中，有 2,000 單位是來自期初在製品而於本期完工的數量，有 2,800 單位為本期投入生產而完工的數量。）

表 9-6　以完工單位數的 3% 計算損壞品單位數

檢驗點	完工達 20% 時檢驗	完工達 60% 時檢驗	完工達 100% 時檢驗
期初在製品（完工率 30%）	2,000	2,000	2,000
本期投入生產單位數	4,000	4,000	4,000
本期投入總生產單位數	6,000	6,000	6,000
本期完成並轉出單位數	4,800	4,800	4,800
期末在製品（完工率 80%）	1,000	1,000	1,000
正常損壞品單位數	114[1]	174[2]	144[3]
非常損壞品單位數	86[1]	26[2]	56[3]

1. 正常損壞品 114 [= (4,800 − 2,000 + 1,000) ×3%]；非常損壞品 86(= 200 − 114)。
2. 正常損壞品 174 [= (4,800 + 1,000) × 3%]；非常損壞品 26(= 200 − 174)。
3. 正常損壞品 144 (= 4,800 × 3%)；非常損壞品 56(= 200 − 144)。

（二）損壞品的認列

於第 5 章分步成本制中，若將期初投入與本期投入合併計算，進行產品成本分攤的方式為加權平均法；而產品的成本分攤若採期初投入與本期投入分開計算的方式則是先進先出法。以上述之資訊繼續延伸，以不同的檢驗時點下，配合不同的完工比率，計算約當產量、單位成本及成本分攤。

1.　加權平均法 (Weight-average method)

瑞展公司 20X1 年 12 月份鑽孔課的生產報告彙總資料如下：

20X1 年 12 月份生產報告	單位數
期初在製品：	2,000 單位
原料 (投入 100%)	
加工成本 (投入 30%)	
12 月份投入製造單位	4,000 單位
12 月份完工並轉出 (含損壞單位)	5,000 單位
在製品 (12/31)	1,000 單位
直接原料 (投入 100%)	
加工成本 (投入 80%)	

20X1 年 12 月份總成本明細		
在製品 (12/1)		
直接原料 (2,000 × $60)	$120,000	
加工成本 (2,000 × $120)	240,000	$360,000
12 月份投入直接原料成本		264,000
12 月份投入加工成本		543,000
總成本		$1,167,000

情況1： 完工率達20%時檢驗

瑞展公司在產品完工率達20%時，進行產品檢驗。依過去經驗，正常產品損壞比率為通過檢驗點正常投入量的3%，其他則列為非常損壞品。損壞品處理及成本認列如下：

表 9-7 步驟 1－計算含損壞品的實體生產單位及約當產量（完工率達 20% 時檢驗）

	單位數	約當產量	
		直接原料	加工成本
期初在製品 (原料 100%；加工成本 30%)	2,000		
本期投入生產單位	4,000		
待處理單位數	6,000		
本期完工並轉出單位數	4,800	4,800	4,800
正常損壞品 (原料 100%；加工成本 20%)	120	120	24
非常損壞品 (原料 100%；加工成本 20%)	80	80	16
期末在製品 (原料 100%；加工成本 80%)	1,000	1,000	800
已處理單位數	6,000	6,000	5,640

( )：完工比率

表 9-8 步驟 2－計算約當產量單位成本及總成本的分攤（完工率達 20% 時檢驗）

	直接原料	加工成本	合計
期初在製品	$120,000	$240,000	$360,000
本期投入成本	264,000	543,000	807,000
已投入成本	$384,000	783,000	$1,167,000
約當產量	÷6,000	÷5,640	
約當產量單位成本	$64	$138.82	
成本分攤：			
本期完工並轉出成本 (4,800×$64)+(4,800×$138.82)+56[1]		$973,592	
正常損壞品成本 [(120×$64)+(24×$138.82)]×4,800÷5,800[2]		9,113	
轉出品總成本			$982,705
非常損壞品成本 (80×$64)+(16×$138.82)			7,341
期末在製品			
直接原料 (1,000×$64)		64,000	
加工成本 (800×$138.82)		111,056	
正常損壞品成本[(120×$64)+(24×$138.82)]×1,000÷5,800[2]		1,898	
期末在製品成本			176,954
已處理總成本			$1,167,000

1. 誤差值調整至 "本期完工並轉出成本" 中。
2. 由本期完工品 4,800 單位及期末在製品 1,000 單位，按比例分攤正常損壞品的成本。

情況2： 完工60%時實施產品的檢驗下，約當產量的計算與成本的分攤

瑞展公司在產品完工60%時，進行產品的檢驗。依過去經驗，正常產品損壞比率為通過檢驗點正常投入量的3%，其他則列為非常損壞品。損壞品處理及成本認列如下：

表 9-9 步驟 1 －計算含損壞品的實體生產單位及約當產量

	單位數	約當產量	
		直接原料	加工成本
期初在製品 (原料 100%；加工成本 30%)	2,000		
本期投入生產單位	4,000		
待處理單位數	6,000		
本期完工並轉出單位數	4,800	4,800	4,800
正常損壞品 (原料 100%；加工成本 60%)	180	180	108
非常損壞品 (原料 100%；加工成本 60%)	20	20	12
期末在製品 (原料 100%；加工成本 80%)	1,000	1,000	800
已處理單位數	6,000	6,000	5,720

( ) ：完工比率

表 9-10 步驟 2 －計算約當產量單位成本及總成本的分攤

	直接原料	加工成本	合計
期初在製品	$120,000	$240,000	$360,000
本期投入成本	264,000	543,000	807,000
已投入成本	384,000	783,000	$1,167,000
約當產量	÷6,000	÷5,720	
約當產量單位成本	$64	$136.88	
成本分攤：			
本期完工並轉出成本 (4,800×$64)+(4,800×$136.88)+47[1]		$964,271	
正常損壞品成本 [(180×$64)+(108×$136.88)]×4,800÷5,800[2]		21,768	
轉出品總成本			$986,039
非常損壞品成本 (20×$64)+(12×$136.88)			2,922
期末在製品			
直接原料 (1,000×$64)		64,000	
加工成本 (800×$136.88)		109,504	
正常損壞品成本 [(180×$64)+(108×$136.88)]×1,000÷5,800[2]		4,535	
期末在製品成本			178,059
已處理總成本			$1,167,000

1. 誤差值調整至〝本期完工並轉出成本〞中。
2. 由本期完工品 4,800 單位及期末在製品 1,000 單位，按比例分攤正常損壞品的成本。

情況3： 完工100%時實施產品的檢驗下，約當產量的計算與成本的分攤
瑞展公司在產品完工（及完工比率100%）時，進行產品的檢
驗。依過去經驗，正常產品損壞比率為通過檢驗點正常投入
量的3%，其他則列為非常損壞品。損壞品處理及成本認列如
下：

表 9-11 步驟 1 －計算含損壞品的實體生產單位及約當產量

	單位數	約當產量	
		直接原料	加工成本
期初在製品 (原料 100%；加工成本 30%)	2,000		
本期投入生產單位	4,000		
待處理單位數	6,000		
本期完工並轉出單位數	4,800	4,800	4,800
正常損壞品 (原料 100%；加工成本 100%)	150	150	150
非常損壞品 (原料 100%；加工成本 100%)	50	50	50
期末在製品 (原料 100%；加工成本 80%)	1,000	1,000	800
已處理單位數	6,000	6,000	5,800

表 9-12 步驟 2 －計算約當產量單位成本及總成本的分攤

	直接原料	加工成本	合計
期初在製品	$120,000	$240,000	$360,000
本期投入成本	264,000	543,000	807,000
已投入成本	384,000	783,000	$1,167,000
約當產量	÷6,000	÷5,800	
約當產量單位成本	$64	$135	
成本分攤：			
本期完工並轉出成本 (4,800×$64)+(4,800×$135)	$955,200		
正常損壞品成本 (150×$64)+(150×$135)	29,850		
轉出品總成本			$985,050
非常損壞品成本 (50×$64)+(50×$135)			9,950
期末在製品			
直接原料 (1,000×$64)	64,000		
加工成本 (800×$135)	108,000		
期末在製品成本			172,000
已處理總成本			$1,167,000

　　由於生產過程中所發生的非常損壞品已屬無法重製，因此由該部門之在製品存貨科目轉出的非常損壞品成本列為企業的其他損失項目之一。而正常損壞品的成本分攤涉及轉入部門與轉出部門間的績效評估，企業會以某比例作為權數將正常損壞品成本分攤到製成品存貨（歸屬轉入部門績效）與在製品存貨（歸屬轉出部門績效）中。實務上，許多企業也會以某比例作為權數（分攤比例）將正常損壞品成本分攤到製成品存貨與銷貨成本中。前者的分攤精神在於企業內部門間對損壞品的責任歸屬，屬責任會計的概念。後者的分攤精神則重視期末財務報表的真實呈現，屬財務會計的概念。國際會計準則第 2 號－存貨的認列與評價之規定中，明訂正常損壞品成本應按比例分攤到製成品存貨與銷貨成本中。

　　正常損壞品成本分攤的比例訂定隨企業的生產環境而有所不同。瑞展公司將正常損壞品成本全部列入當期的銷貨成本。依據上述三種情況，分別將完成並轉出的產品成本、正常損壞品成本與非常損壞品成本記錄於會計日記簿中（加權平均法）。

	完工達 20% 時檢驗之轉出成本與損壞成本認列（表 9-8）		完工達 60% 時檢驗之轉出成本與損壞成本認列（表 9-10）		完工達 100% 時檢驗之轉出成本與損壞成本認列（表 9-12）	
製成品存貨－轉入研磨課	982,705		964,271		955,200	
銷貨成本－正常損壞	9,113		21,768		29,850	
在製品存貨－鑽孔課		982,705		986,039		985,050
非常損壞損失	7,341		2,922		9,950	
在製品存貨－鑽孔課		7,341		2,922		9,950

2. 先進先出法

　　假設瑞展公司在產品全部完工（即完工比率 100%；其他比率檢驗點的做法，讀者可以類推）時，進行產品的檢驗。依過去經驗，正常產品損壞比率為通過檢驗點正常投入量的 3%，其他則列為非常損壞品。依據先進先出法，首先認列損壞品處理及成本：

表 9-13　步驟 1 －計算含損壞品的實體生產單位及約當產量（完工率達 100% 時檢驗）

	單位數	約當產量	
		直接原料	加工成本
期初在製品 (原料 100%；加工成本 30%)	2,000		
本期投入生產單位	4,000		
待處理單位數	6,000		
期初在製品	2,000	0	1,400
本期完工並轉出單位數	2,800	2,800	2,800
正常損壞品 (原料 100%；加工成本 20%)	120	120	24
非常損壞品 (原料 100%；加工成本 20%)	80	80	16
期末在製品 (原料 100%；加工成本 80%)	1,000	1,000	800
已處理單位數	6,000	4,000	5,040

表 9-14　步驟 2 －計算約當產量單位成本及總成本的分攤（完工率達 100% 時檢驗）

	直接原料	加工成本	合計
期初在製品			$360,000
本期投入成本	264,000	543,000	807,000
已投入成本	264,000	543,000	$1,167,000
約當產量	÷ 4,000	÷ 5,200	
約當產量單位成本	$66	$104.42	
成本分攤：			
期初投入而完工並轉出成本		$360,000	
本期完工並轉出成本 (2,800×$66)+(4,200×$104.42)+16*		623,380*	
正常損壞品成本 (150×$66)+(150×$104.42)		25,563	
轉出品總成本			1,008,943
非常損壞品成本 (50×$66)+(50×$104.42)			8,521
期末在製品			
直接原料 (1,000×$66)		66,000	
加工成本 (800×$104.42)		83,536	
期末在製品成本			149,536
已處理總成本			$1,167,000

＊尾數調整

　　根據表 9-14 中的資訊，將完成並轉出的產品成本、正常損壞品成本與非常損壞品成本記錄於會計日記簿中（先進先出法）：

製成品存貨－轉入研磨課	983,380*	
銷貨成本－正常損壞	25,563	
在製品存貨－鑽孔課		1,008,943
非常損壞損失	8,521	
在製品存貨－鑽孔課		8,521

　　* $983,380 = $360,000 + $623,380

9-2 重製

　　若生產過程中，經檢驗後而有瑕疵的產品可透過進一步整修後即可再出售的產品，此過程稱爲重製。依重製過程的正常與否，分爲正常重製與非常重製。

一、正常重製

　　分批成本制度下，就正常重製的成本歸屬，可歸屬至特定批次（特定產品）上，也可歸屬到所有的生產批次（所有產品）上。然而在分步成本制度下，由於生產的產品屬同質且量多，實務上將正常重製所耗用的成本歸屬到所有產品中。

（一）歸屬至所有批次（所有產品）的正常重製

　　正常重製的狀況下，將重製所耗用的原料、人工及製造費用等成本列入製造費用中，之後再經由製造費用的分攤程序歸屬到所有批次中。

　　20X1 年 12 月份，瑞展公司大里廠鑽孔課製造齒輪時，有 10 單位的瑕疵品。其他成本如下：

表 9-15　12 月份 A 齒輪之單位製造成本

直接原料單位成本	$60
直接人工單位成本	$40
單位製造費用	$80

會計分錄如下：

製造費用	1,800	
原料		600
應付薪資		400
各項貸項 ($80×10)		800

（二）歸屬至特定批次（特定產品）的正常重製

沿前例，瑞展公司大里廠 20X1 年 12 月份製造齒輪時，有 10 單位的瑕疵品。這 10 單位的瑕疵品屬製造批次編號 110 號的產品內容，所以將此重置成本歸屬於該批次。

歸屬至所有批次（所有產品）的正常重製

在製品存貨－批號 110	1,800	
原料		600
應付薪資		400
各項貸項 ($80×10)		800

二、非常重製

在非正常狀況下，進行產品的重製時，所耗費的成本將視為非常損失。因此分錄製作如下：

分批成本制下的非常重製

非常損失	1,800	
原料		600
應付薪資		400
各項貸項 ($80×10)		800

分步成本制度下的非常重製的會計處理與分批成本制度相同。因此，分步成本制度下的非常重製亦列為非常損失。

9-3 殘料的會計處理

企業投入原料進行產品製造時，常常會有剩餘的部分原料。若這些原料已無法再利用時，此稱之為殘料。殘料的有效管理將有助於企業對原料的控制與管理。儘管殘料的價值甚低，也應以秤重、計數等方式記錄其存

量，以利資源的有效利用。若殘料尚有出售的價值時，則應認列出售的收益。作法類似於第八章中的副產品會計處理。

瑞展公司所生產的齒輪，因製作成品而剩下了很多長短不一的鑽孔廢料。這些小齒輪已無法再製作成完成品，屬於殘料。公司有計畫性地將這些殘料集合起來，準備出售給附近的資源回收公司。公司估計該批殘料的價值約 $2,000 元。

情況1：於出售時認列殘料的出售收益

歸屬至所有批次（所有產品）的殘料出售收益時，須將殘料出售收益貸記製造費用。這將使製造費用降低，所有產品的製造成本會因製造費用的減少而降低。因此，殘料出售收益貸記製造費用時，將嘉惠給所有的產品。

現金（或應收帳款）	2,000	
製造費用		2,000

若歸屬至特定批次（批號 110 產品）的殘料出售收益時，由於此殘料是因製造批號 110 產品時所遺留下來，將殘料出售收益作為該批次產品成本的減少也屬適當。因此，將殘料出售收益貸記在製品存貨－批號 110 之帳戶中。這將使該批次的在製品存貨成本降低，使該批次產品因殘料出售而受惠。

現金（或應收帳款）	2,000	
在製品存貨－批號 110		2,000

情況2：於殘料產生時，認列殘料價值

歸屬至所有批次（所有產品）的殘料出售收益時，首先會借記材料，貸記製造費用。借記材料的用意是讓殘料作為企業資產的一部分，等到真正出售時，再將此資產沖消。

材料	2,000	
製造費用		2,000

若歸屬至特定批次（批號 110 產品）的殘料出售收益時，將殘料的價值作為該批次產品成本的減少，所以貸記在製品存貨－批號 110 之帳戶中。

材料	2,000	
在製品存貨－批號 110		2,000

　　無論歸屬至所有批次或歸屬至批號110，當殘料出售時，須作下列分錄：

現金	2,000
材料	2,000

　　殘料管理也是存貨管理重要的一環。正視殘料管理，將有助於企業改善使用原料的方法及步驟，將殘料的發生比率降至最低。如此，則可有效達成成本降低的目的。

成會焦點

丹麥過期食品超市，打擊浪費絕招

圖片來源：威福臉書

　　三月中，《基督教科學箴言報》走訪開張兩週的過期食物專賣超市威福（WeFood），當場目睹洶湧人潮，大讚丹麥人「打擊浪費非口號」。

　　威福二月底開幕時，大批消費者排隊購買的畫面躍上歐洲多國媒體版面。由於它主賣過期或即期麵包、蔬果，其餘則是標示錯誤、包裝損毀或大量生產過剩的各種 NG 食品，售價平均也因此比市價低四成。

　　低價雖是威福的強力武器，但它可不是想賣給荷包乾扁的窮困族，而是想擺脫浪費大國惡名的環保族。根據歐洲最大英語媒體《在地報》（The Local），丹麥每年丟棄的食物超過七十萬噸，惹得主管機關看不過去，直稱「簡直荒謬」。

問題討論

損壞品的產品成本計算

為了因應顧客需求，瑞展公司也製造了客製化的產品。若祥醫院對醫院所用的齒輪有特殊需求。因此特別請求瑞展公司幫忙協助生產 5,000 單位。為此，該公司生產部門吳經理必須為該醫院另作模具並製造符合衛署規格與醫院需求的齒輪。

依據過去製造經驗，瑞展公司以正常投入的 3% 作為正常損壞率。在編列製造費用時，也將正常損壞的預算額度列入製造費率的計算中。

針對若祥醫院的 5,000 單位訂單，生產部門投入 5,500 單位進行生產。經檢驗後，不合格者有 700 單位，完好品僅 4,800 單位。對此，主任會計陳靜宜小姐將損壞品達 3% 正常損壞率的部分列為正常損壞品，其餘則列為非常損壞品，並進行此客製訂單的成本計算。

然而生產部門吳經理對損壞品的歸類有不同的看法。他認為這客製訂單製作不易，且多項模具都是專為此訂單而重新開發的。加上生產流程與公司現行生產有所不同，才導致不合格品的增加。因此，吳經理認為要將此 700 單位的不合格品皆列為正常損壞品的計算中，才符合使用者付費的精神。

問題一：

對此，你贊同吳經理的想法嗎？

問題二：

若 700 單位的不合格品全部列為正常損壞品對該批訂單的利潤有何影響？

討論：

個案中，讓我們思考正常損壞品與非常損壞品的差異。由於管理者的認定差異將造成產品成本的不同，甚至影響產品的訂價決策。

本章回顧

　　本章詳細介紹在產品製程中所發生的產品損壞、重製與殘料的會計處理。在生產過程中，發生了產品損壞、重製或已無使用價值的殘料時，或多或少隱含了企業生產的不效率性。透過會計處理方式，可精準計算出損壞品、重製及殘料等成本，提供管理當局正視生產效率的重要依據。

　　不同的製造流程下，損壞品及重製的成本計算也有差異。分批成本制下，正常損壞列入當期存貨，而非常損壞則列入當期的期間成本。在進行損壞品的成本分攤時，可將損壞品的產品成本歸屬於某特定產品中，也可歸屬於所有產品中。將損壞品的成本歸屬於某特定產品時，完成品的單位成本較高。將損壞品的成本歸屬於所有產品時，完成品的單位產品成本較低。前者，可突顯某特定產品因損壞品的增加而造成特定批次或訂單之產品成本的增加，以便管理者進行某特定產品的品質管理。

　　在分步成本制下，每一個製造階段都有可能生產出損壞的產品。因而損壞品的約當數量須透過檢驗損壞品當時的產品完工程度（比率）來決定。理論上，正常損壞率應依正常投入單位數計算。但實務上，正常損壞品的數量以完工產品的數量作為計算的基準，而非以投入量的多寡來計算損壞品的數量。配合檢驗時點的完工比率而計算出正確的損壞品的約當數量後，即可進行約當數量的單位成本並分配成本於完成並轉出的產品、正常損壞品、非常損壞品與期末在製品上。完成品成本轉入下一部門（流程）作為該部門的轉入品成本，正常損壞品成本可分攤至銷貨成本中，而非常損壞品成本認列為其他損失。重製是發現損壞品後的後續作業。重製也須耗費原料、人工、製造費用等成本。這些重製成本可歸屬於某特定產品中，也可歸屬於所有產品中。

　　最後，公司須定期檢視製造流程的合理性與人員的配置，以期降低產品的不良率，同時也可降低因損壞或重製所發生的額外成本。

本章習題

一、選擇題

( ) 1 在分批成本法之下，下列有關殘料處理之敘述，何者錯誤？

(A) 殘料收入可直接結轉本期損益

(B) 殘料退回倉庫至出售尚需一段時間，則應至出售時才按淨變現價值認列出售收入

(C) 殘料具有重大價值且可追蹤至個別批次時，應借記現金（或應收帳款），貸記在製品

(D) 殘料可追蹤至個別批次時，出售殘料收入可視為該批次成本之減少。

（104 高考會計）

( ) 2. 乙公司產銷一種產品，其生產部門本月份生產產品 15,000 件（包含損壞品），成本為 $45,000，製造完成時損壞 600 件。若該損壞係屬正常損壞，估計殘餘價值 $1,800，則該公司製成品的單位成本為何？

(A) $2.88　(B) $3　(C) $3.125　(D) $4.2。　　　　（104 高考會計）

( ) 3. 甲公司生產 101 批號產品 3,000 單位，其單位成本如下：每單位直接材料為 $21；每單位直接人工為 $10；每單位製造費用為 $5。如生產完成後，發現有 100 單位屬於正常作業下所發生之損壞品（無法歸咎於 101 批號），且每單位損壞品具有處分價值 $8，試問下述對損壞品之會計處理何者正確？

(A) 借記：製造費用 $2,800　　(B) 貸記：在製品 $800

(C) 借記：非常損失 $2,800　　(D) 借記：（期間）損失 $2,800。

（103 高考會計）

( ) 4. 有關損壞品成本之敘述，下列項目何者錯誤？

(A) 非常損壞品之成本歸屬當期損失

(B) 視損壞原因及檢驗時點決定非常損壞處理方式

(C) 正常損失若發生於製造程序終了時，由本期製成品負擔

(D) 正常損失若發生於製造開始時，由製成品及期末在製品共同負擔。

（103 地特三等）

（　） 5. 如果重製成本是基於修復損壞發生，該損壞雖然對於特定訂單相當不尋常，但是對於整體生產過程則經常發生，則該重製成本應列入下列那一項成本中？

(A) 非正常損壞損失　　　　　(B) 該特定訂單

(C) 間接製造費用　　　　　　(D) 直接材料成本。　　　　　　（103 地特三等）

（　） 6. 在分步成本制度下，當產品完工時才檢驗出之正常損失，其損壞成本應如何處理？

(A) 由期末在製品單獨負擔　　　　　(B) 列為非正常損失

(C) 由完成品及期末在製品共同分擔　(D) 由完成品單獨負擔。

（103 地特三等）

（　） 7. 分批成本法對廢料處理之敘述何者錯誤？

(A) 廢料具有重大價值且生產完成可立即出售時，出售廢料收入可直接結轉銷貨成本

(B) 廢料具有重大價值且銷售時間較長時，應借記在製品，貸記廢料存貨

(C) 廢料可直接追溯至個別批次時，出售廢料收入可視為該批材料成本的減少

(D) 廢料收入不重大時可視為其他收入。　　　　　　（100 普考會計）

（　） 8. 根據我國財務會計準則第十號公報「存貨之會計處理準則」規定，企業發生正常損壞與非常損壞對當期銷貨成本之影響為何？

(A) 發生正常損壞當期銷貨成本一定增加，發生非常損壞當期銷貨成本也一定增加

(B) 發生正常損壞當期銷貨成本一定增加，發生非常損壞當期銷貨成本不一定增加

(C) 發生正常損壞當期銷貨成本不一定增加，發生非常損壞當期銷貨成本一定增加

(D) 發生正常損壞當期銷貨成本不一定增加，發生非常損壞當期銷貨成本也不一定增加。　　　　　　（100 地特三等）

（　） 9. 有關廢料的敘述，下列何者正確？

(A) 又稱「再製品」或「重製品」，係指製造過程中所產生未符合流程或品質標準，而需加以修改或再製，方可按完好產品或次級品出售的產品

(B) 若於生產時入帳，並歸由特定批次吸收，則於廢料退回倉庫時，借記：材料，貸記：製造費用

(C) 若於生產時入帳，並歸由所有批次吸收，則於廢料退回倉庫時，借記：材料，貸記：在製品

(D) 若於出售時入帳，並歸由特定批次吸收，則於廢料出售時，借記：現金（或應收帳款），貸記：在製品。 （100 會計師）

(   ) 10. 下列與殘廢料有關的敘述，何者錯誤？

(A) 廢料一般均無出售價值，處分後，應將處分成本借記製造費用

(B) 殘料如果設有存貨紀錄，應於發生時，按淨變現價值入帳

(C) 製造費用的預計分配率中若未考慮到殘料價值，於實際出售時貸記在製品存貨

(D) 製造費用的預計分配率中，若已考慮到殘料價值，此即表示殘料價值已在預計分配率中作為加項。 （99 地特三等）

二、計算題

1. 乙公司生產產品之正常損壞率為通過檢驗點之完好產品數量之 7%。06 年 3 月份該公司之期初在製品為 12,000 單位，完工程度 70%。3 月份開始生產 150,000 單位，產出完好品 130,000 單位。3 月份之期末在製品為 15,000 單位，完工程度 30%。3 月份之損壞品共 17,000 單位。試作：

(1) 若乙公司之檢驗點設於完工程度 60% 時，請計算正常損壞品數量。

(2) 若乙公司之檢驗點設於完工程度 25% 時，請計算正常損壞品數量。

（107 普考會計）

2. 乙公司 20X7 年生產第 201 批號產品 3,000 單位，單位成本如下：

直接材料	$10
直接人工	$20
製造費用	$10

試作：

(1) 生產完成後，發現 100 單位屬正常損壞品，損壞品無殘值，損壞係因該產品要求精細規格所致，試作有關損壞品之會計分錄。

(2) 生產完成後，發現 100 單位屬正常損壞品，損壞品每單位殘值 $10，損壞係因生產期間公司電壓不穩所致，試作有關損壞品之會計分錄。

(3) 生產完成後，發現 100 單位屬非常損壞品，每單位殘值 $5，試作有關損壞品之會計分錄。 （105 普考會計）

3. 永新公司在其「A 部門」製造生產辦公桌，直接材料在一開始時即全部一次加入，加工成本則依照生產進度平均加入。公司在生產程序完成時進行檢驗，檢驗後發現有些損壞品導因於無法發覺的材料瑕疵，而正常損壞品大約占完好品的 4%。永新公司採用先進先出法處理其分步成本，20X6 年 5 月份其生產相關資料如下：

期初在製品 5/1	64,000 單位
直接材料（100% 完工）	
加工成本（85% 完工）	
五月開始加入生產	140,000 單位
完成且轉出	160,000 單位
期末在製品 5/31	36,000 單位
直接材料（100% 完工）	
加工成本（80% 完工）	
成本：	
期初在製品 5/1	
直接材料	$140,000
加工成本	80,000
直接材料（本期加入）	210,000
加工成本（本期加入）	242,080

試問：

(1) 該公司 5 月份正常損壞品與非常損壞品各為多少單位？

(2) 該公司 5 月份正常損壞品與非常損壞品成本各為多少？

(3) 該公司 5 月份期末在製品金額為多少？

(4) 該公司 5 月份製成品完成且轉出之分錄為何？ （105 高考管會）

4. 大智公司生產太陽能電池模組,其組裝部門的直接原料於製造過程開始時悉數投入,加工成本則於製程中平均投入。20X4 年 3 月,組裝部門有期初在製品存貨 20,000 單位,其加工成本已投入 40%;3 月開始投入生產之數量爲 100,000 單位;月底在製品存貨爲 30,000 單位,其中加工成本已投入 70%。組裝部門 3 月份發生了 15,000 單位損壞品,正常損壞率爲完好單位的 12%,該部門 3 月份的成本資料如下:

	期初在製品	本期投入成本
直接原料	$64,000	$200,000
加工成本	$102,500	$1,000,000

針對下列三種獨立情況,假設檢驗點分別訂在製程的 20%、60%、80% 階段,請計算 2014 年 3 月份正常及非常損壞品單位數。 （104 關務特考）

5. 甲工廠生產一種產品,採分步成本制,設置兩個檢驗點,第一個檢驗點於加工至 50% 時實施,第二次檢驗則於完成時實施。X1 年 1 月有關資料如下:

數量資料		成本資料	
本期投入生產	10,000 單位	原料（製造開始時一次投入）	$400,000
本期製造完成	5,500 單位	加工成本	$261,000
期末在製品（完工 70%）	1,000 單位		
損壞單位			
第一檢驗點（正常損壞）	2,000 單位		
第二檢驗點（500 單位爲非常損壞）	1,500 單位		

根據以上資料計算:

(1) 原料約當產量。

(2) 加工成本約當產量。

(3) 期末在製品成本。

(4) 非常損壞品成本。

(5) 製成品成本。 （102 地特三等）

6. 甲公司之 A 部門某月份之製造過程發生了損壞品,其成本爲 $100,000,預估淨處分價值爲 $5,000。請分別假設甲公司係 (1) 採分步成本制與 (2) 採分批成本制,並在下列不同情況下編製應有之損壞品相關分錄:

(1) 該損壞爲非常損壞。

(2) 該損壞為正常損壞，且由全體產品共同負擔。

(3) 該損壞為正常損壞，且由該特定批次產品負擔。　　　　　（100 地特三等）

7. 榮輝公司委託會計師查帳，得悉公司帳載存貨中有製成品存貨 54,000 單位，金額為 $125,000（包含正常損失成本在內）及在製品存貨 45,000 單位，完工程度 40%，金額為 $65,200。此外又發現公司下列各項資料：

(1) 公司係單一產品製造商，產品成本採先進先出分步成本制度，材料係於製程開始時全數投入。

(2) 直接人工與製造費用則於製程中均勻加入。製造費用按直接人工成本之 75% 分配到產品成本中。

(3) 公司損壞品檢驗點設於製程進度之 60%。正常損壞單位為本期投入完好產出量之 2%，損壞品每單位殘值為 $0.5。

(4) 存貨數量及成本數字如下：

	單位數	材料成本	直接人工成本
期初在製品 (完工 80%)	50,000	$25,000	$40,000
本期投入數	250,000	$137,500	$249,480
完工轉出單位數	250,000		
損壞單位數	5,000		

試作：

(1) 材料與加工成本之約當產量。

(2) 材料之單位成本與加工成本之單位成本。

(3) 期末在製品之成本。

(4) 非常損失之成本。

(5) 製成品成本。　　　　　　　　　　　　　　　　　　　（100 會計師）

8. 皓月公司某月份 A 部門發生之製造成本為 $500,000，全部產出均已完工。該月份發生損壞品成本 $60,000，其中 $5,000 為非常損壞，損壞品無任何殘值。請依下列兩條件分別做 A 部門之必要分錄：

(1) 該公司採分批成本制度，正常損失由 A 部門全部產品負擔。

(2) 該公司採分步成本制度，除損壞品外，全部產出均已完工並轉至 B 部門。

　　　　　　　　　　　　　　　　　　　　　　　　　　　　　（99 關務特考）

9. 月亮公司期初在製品計有 11,000 單位（完工程度 25%），本期再投入 74,000 單位進行加工，本期共完工 61,000 單位，期末在製品 16,000 單位（完工程度為 75%），該公司正常損壞數為本期通過檢驗點完好產品之 10%。

請分別計算在不同情況下月亮公司之非常損壞單位數：

(1) 情況一：檢驗點為完工 20% 時。

(2) 情況二：檢驗點為完工 50% 時。

(3) 情況三：檢驗點為完工 90% 時。 　　　　　　　　　　　　　　　　（99 關務特考）

CHAPTER 10 部門間的成本與收入之分攤

學習目標 讀完這一章,你應該能瞭解

1. 部門間成本分攤的用意。
2. 成本分攤的考量。
3. 單一費率與雙重費率的差異。
4. 三種支援部門分攤成本的方法:直接分攤法、逐步分攤法、相互分攤法。
5. 共同成本與收入的分攤。

引言

瑞展公司產品頗受市場好評，因此銷售狀況堪稱穩定。該公司能製造品質優良的產品，除了靠製造部門的品管與技術外，還須支援部門（例如：人事、財務、資訊系統等部門）的協助始能達成。最近公司內部的支援部門質疑成本分配的合理性，與營運部門有意見的衝突。因此，會計長必須想出辦法，讓這些支援部門所耗費的成本可以公平、合理地分攤到產品上。然而，該公司製造部門強勢主導了成本分攤的模式。財務部范經理認為應建立公平、合理的分攤機制以求各支援部門能合理分攤費用至製造部門以使產品能被合理訂價。為了平息支援部門對於成本分攤的歧見，瑞展公司必須找到一個足以說服營運部門與其他支援部門的分攤方法。

10-1 部門間成本分攤的用意

通常在企業的內部組織大致分成兩種類型的單位：執行單位（line positions）及幕僚單位（staff position）。執行單位即是企業的營運部門，例如：生產、製造部門，而幕僚單位則是企業的支援部門，例如：會計與財務部門、人事部門、資材部門、資訊系統部門及維修部門等。由於支援部門多以其功能性區分，因此又稱為功能性部門（functional department）。

以瑞展公司為例，傳動事業部有三個廠：嘉義廠、中科廠及大里廠，此為瑞展公司的營運單位；輔助或支援營運單位的部門有行銷業務部門、人力資源部、資訊技術支援部、研究發展部、財務部及資材管理部等。企業中的營運部門主導了企業創造價值，而支援部門則是輔佐企業價值的創造。若以製造業而言，企業的營運部門從事生產與製造，而會計與財務、人事、資材、資訊系統等部門對營運部門提供服務，以利營運部門有效地製造產品。企業為了提升效能以製造產品，必須輔以各項支援部門的服務始能達成。因此，這些支援部門提供的服務所發生的費用須有系統地分攤到營運部門，再分攤至產品上。此為部門間成本分攤的用意所在。

通常分攤的程序是，首先將支援部門的成本分攤到營運部門（此為分攤的第一階段），其次再由營運部門分攤到產品或服務的標的中（此為分攤的第二階段）。

企業內部組織中支援性部門所耗費的成本有系統地分攤到營運部門再分攤至產品，有助於產品的正確定價。此外，承接政府的工程或計畫的合約中，也有成本分攤的問題。與政府的合約中，大致分為兩種：固定價格合約與成本加成合約。前者係指簽定合約的雙方決議以某固定價格作為採購價格的合約；而後者係指採購商允許製造商以成本加成方式決定其採購價格的合約。與製造商訂定固定價格合約的採購商而言，製造商內部成本分攤的公平與否，採購商並不在意。採購商在意的是，當採購商與製造商訂定「成本加成合約」時，採購商必須謹慎審視製造商對於內部成本分攤的方式與結果。因為製造商成本分攤的合理與否，將決定採購價格的高低。對此，採購商通常需與製造商訂立成本分攤的規則以防止製造商恣意地分攤支援部門（服務部門）的成本。

> **專有名詞**
> 固定價格合約
> 簽定合約的雙方決議以某固定價格作為採購價格的合約。

> **專有名詞**
> 成本加成合約
> 指採購商允許製造商以成本加成方式決定其採購價格的合約。

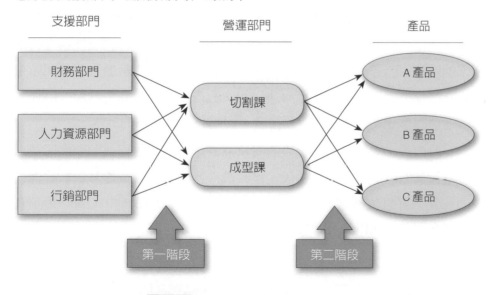

圖 10-1 支援部門之服務成本分攤

基本上，將支援部門的服務成本（製造費用）分攤到營運部門的帳務處理方式為：

```
製造費用－營運部門 1        X X X X
製造費用－營運部門 2        X X X X
    製造費用－支援部門 1               X X X X
    製造費用－支援部門 2               X X X X
```

10-2 成本分攤的考量

前一節提到成本分攤時，應講求公平與合理。因此在分攤成本的過程中，首先面臨到的就是分攤成本的基礎、再者是支援性部門分攤到營運部門的先後順序。而分攤的成本是總額成本，還是只分攤變動成本，以及要分攤預估成本還是實際發生成本等問題，也是必須考量。最後，則是要決定是分攤預估的成本金額（預算）還是分攤實際發生的成本。

一、分攤基礎的選擇

將支援部門的成本分攤至各營運部門的方式有很多種，例如：財務部門人員幫助營運部門計算產品的成本與利潤時所耗用的時間及次數、人力資源部門幫助營運部門人員的教育訓練的時數及次數、資訊及技術支援部門協助營運部門管理資訊的時數與次數、資材管理部門對於營運部門所生產的產品提供儲存的空間面積與運送的次數等。原則上應基於因果關係，即營運部門享受支援部門的服務愈多，便應該分攤愈多的成本。

一般而言，支援部門所提供的服務通常是人力的支援或問題的解決。這些支援部門所耗費的成本多因工作時數、作業人數，或作業次數等而造成的，我們可以依據這些作業量作為分攤基礎。表 10-1 中，列舉幾項有關支援部門可能運用的分攤基礎與衡量基準。

表 10-1　支援部門之成本分攤的選擇

服務部門	分攤基礎（成本動因）	衡量基準
財務部門	工作時數	$ / 小時
	作業人數	$ / 人次
	作業次數	$ / 次
人力資源部門	訓練時數	$ / 小時
	訓練人數	$ / 人次
	訓練次數	$ / 次
資訊及技術支援部門	資訊管理時數	$ / 小時
	資料救援（資料備份）次數	$ / 次
	報表列印張數	$ / 張
資材管理部門	空間面積	$ / 平方公尺
	運送次數	$ / 次

二、支援部門分攤成本的先後順位

隨著企業組織的日漸龐大，企業內部的支援部門也隨之增多。在成本分攤的過程中，必須要有一些準則，例如：支援部門分攤成本的先後順位、支援部門是否有相互服務的問題等。

有關支援部門的成本分攤方法有三種 (1) 若支援部門間無相互分攤成本而直接對營運部門做分攤，稱之為直接分攤法（direct allocation method）。(2) 若欲將支援部門也分攤至其他支援部門，可採逐步分攤法（或階梯式分攤法）（step allocation method）。此法依序將支援部門的成本分攤至其他所有的支援部門與營運部門，但分攤給其他部門者，便不再吸收其他支援部門的成本。(3) 若支援部門間有相互分攤成本，須先訂出各支援部門彼此分攤對方成本的比例，才能計算出各支援部門經相互分攤後的成本總額，由此成本總額再分攤到營運部門去，此稱之為相互分攤法（reciprocal allocation method）。此將於第三節中再詳細討論成本分攤的過程。

> 專有名詞
>
> 支援部門的成本分攤方法：直接分攤法、逐步分攤法、相互分攤法。

三、依成本習性的分攤

在成本分攤過程中，是否也須考量成本的習性（cost behavior）？在第 3 章中探討了成本習性的問題。成本依習性分類，大致可分為變動成本（variable cost）與固定成本（fixed cost）。變動成本會隨作業量的增加而增加，而固定成本並不隨作業量的增加而有所增減。若公司將支援部門的所有成本彙集至單一的成本庫，以單一分攤基礎分攤此成本到產品時，此稱為單一費率成本分攤法（single-rate cost-allocation method）；若公司將支援部門的成本習性分類為固定與變動，進一步用不同的分攤基礎分攤固定成本與變動成本到產品時，此稱為雙重費率成本分攤法（dual-rate cost-allocation method）。

四、依預計用量或實際用量分攤成本

究竟依預計用量（budgeted volume）還是實際用量（actual volume）來分攤支援部門的服務成本呢？考量此問題時，須釐清支援部門的服務成本是以營運部門的「需求量（預計使用量）」還是「使用量（實際使用

量）」作爲成本分攤的基礎。若支援部門以營運部門的使用量做爲分攤基礎，則是以實際用量所設算出的比率（稱之實際分攤率）作爲分攤成本的依據；反之，若支援部門以營運部門的需求量做爲分攤基礎，則是以預計用量所設算出的比率（稱之預計分攤率）作爲分攤成本的依據。由於產能水準[1] 的不同，預計成本率或實際成本率的計算也有差異。

假設 20X1 年度瑞展公司資材管理部門對營運部門的服務狀況如下：

資材固定成本	$200,000
預計單位變動成本	$15 / m²
資材總面積（資材理論可使用空間）	25,000 m²
資材可使用空間（資材實際使用空間）	20,000 m²
切割課預計使用空間	12,000 m²
成型課預計使用空間	8,000 m²
切割課實際使用空間	10,000 m²
成型課實際使用空間	6,000 m²

> 若支援部門以營運部門的使用量做爲分攤基礎（稱之實際分攤率），若支援部門以營運部門的需求量做爲分攤基礎，則是以預計用量所設算出的比率作爲分攤成本的依據。

(一) 以資材可使用面積（正常產能）作為成本分攤基礎

1. 單一費率下的成本分攤

經固定成本與變動成本合計後，設算出單一的成本費率，用此單一費率進行支援部門的成本分攤方法稱之為單一費率的成本分攤。以瑞展公司資財管理部門爲例：

實際使用空間	20,000 m²
預計固定成本率（$200,000÷20,000 m²）	$10 / m²
預計變動成本率	$15 / m²
總分攤成本（$200,000+$300,000）	$500,000
單一成本費率（$500,000÷20,000 m²）	$25 / m²

在單一費率下，固定成本與變動成本合計後，依總預計空間使用面積 20,000 m²（12,000 m² + 8,000 m²）計算出單一的費率。此費率分攤的基礎是以營運部門預計使用空間作爲分攤基準。因此單一費率爲每平方公尺 $25。此時，切割課實際使用空間僅 10,000 平方公尺，成型課實際使用空間爲 6,000 平方公尺。因此，資材部門分攤成本到此兩部門的成本如下：

---

1 產能水準可分為理論產能（Theoretical capacity）、實際產能（practical capacity）、正常產能（normal capacity）與主要預算產能（master-budget capacity）。

分攤至切割課之成本（10,000 m² × $25） $250,000

分攤至成型課之成本（6,000 m² × $25） $150,000

少分攤資材部門之固定成本（4,000 m² × $10／m²） $40,000

由於實際使用量少於預計使用量，因此造成少分攤的固定成本有 $40,000，公司可依合理的方式（例如，再依實際使用比）將此一金額分配至切割課及成型課。

2. 雙重費率下的成本分攤

若分別使用固定成本費率與變動成本費率分攤成本者，稱之雙重費率之成本分攤。固定成本費率通常是以部門間事先約定的使用空間（預計使用量）為分攤基礎計算而得。例如：資材租金費用、管理人員的薪資等，資材部門的固定成本並不因營運部門實際利用資材空間的多寡而有差異，而是以營運部門當初的預估的資材使用空間來核算應分攤的成本額度。因此固定成本費率是以預計使用量作為分攤基礎。因此，切割課應分攤資材部門 $120,000 的固定成本，而成型課應分攤資材部門 $80,000 的固定成本。

變動成本的發生需視營運部門的實際使用量而定，所以變動成本費率的計算是以營運部門的實際使用量進行分攤。因此，切割課實際使用 10,000 平方公尺，所以該部門須分攤資材部門 $150,000 的變動成本；成型課實際使用 6,000 平方公尺，所以須分攤資材部門 $90,000 的變動成本。兩營運部門分攤的成本總額如下：

> 變動成本的發生需視營運部門的實際使用量而定，所以變動成本費率的計算是以營運部門的實際使用量進行分攤。

分攤至切割課之成本（$120,000+10,000 m² × $15／m²） $270,000

分攤至成型課之成本（$80,000+6,000 m² × $15／m²） $170,000

少分攤資材部門之固定成本 $0

（二）以資材總面積（理論產能）作為成本分攤基礎

1. 單一費率下的成本分攤

以資材總面積作為單一費率的計算時，費率的計算是以資材的理論空間（總面積）作為計算基準。因此，計算後的預計成本費率（= 預計固定成本費率 + 預計變動成本費率）為每平方公尺 $23。

總使用空間	25,000 m^2
預計固定成本率（$200,000÷25,000 m^2）	$8 / m^2
預計變動成本率	$15 / m^2
單一成本費率（$8+$15）	$23 / m^2

此時，切割課實際使用空間僅 10,000 平方公尺，成型課實際使用空間為 6,000 平方公尺。因此，資材部門分攤成本到此兩部門的成本如下：

分攤至切割課之成本（10,000 m^2×$23 / m^2）	$230,000
分攤至成型課之成本（6,000 m^2×$23 / m^2）	$138,000
少分攤資材部門之固定成本 [(25,000 m^2－16,000 m^2)×$8 / m^2]	$72,000

同樣地，此 $72,000 少分攤固定成本，最終仍應依合理的方式，分攤至兩個營運部門。

2. 雙重費率下的成本分攤：

總空間	25,000 m^2
預計固定成本費率（$200,000÷25,000 m^2）	$8 / m^2
預計變動成本費率	$15 / m^2

在雙重費率下，固定成本費率與變動成本費率是分別計算的。固定成本費率通常以部門間事先約定的額度作為分攤基礎，也就是預計的使用狀況作為分攤基礎。因此固定成本費率是以預計使用量作為分攤基礎。變動成本則是視營運部門的實際使用量而定，所以變動成本費率的計算理當以營運部門的實際使用量作為分攤基礎。

因此，切割課預計使用空間為 12,000 平方公尺，因而分攤資材部門 $96,000（12,000 m^2 × $8）的固定成本；成型課預計使用空間為 8,000 平方公尺，因而分攤其固定成本 $64,000（8,000 m^2 ×$8）。另一方面，切割課實際使用 10,000 平方公尺，故分攤資材部門 $150,000 的變動成本；成型課實際使用 6,000 平方公尺，故分攤了資材部門 $90,000 的變動成本。兩營運部門分攤的成本總額如下：

分攤至切割課之成本（12,000 m^2 × $8 /m^2 + 10,000 m^2 × $15 /m^2）	$246,000
分攤至成型課之成本（8,000 m^2 × $8 /m^2 + 6,000 m^2 × $15 /m^2）	$154,000
少分攤資材部門之固定成本：（25,000 m^2– 20,000 m^2）× $8 /m^2）	$40,000

在計算支援部門的服務成本分攤率時，採用的是營運部門預計使用量。然而，將支援部門的服務成本分攤到營運部門時，則是以營運部門實際使用量進行分攤。因此，若營運部門的期初預計使用量與期末

實際使用量有差異時，支援部門將其固定成本分攤到營運部門時，將發生實際耗用產能小於預計產能，而有少分攤或未分攤的情形。這些少分攤或未分攤的成本仍應以合理的方式由兩個營運部門吸收或轉至當期的銷貨成本。

以單一費率成本法分攤支援部門的成本，有模糊成本習性的顧慮。表 10-2 中，切割課的預計使用空間為 12,000 平方公尺，但實際使用空間才 10,000 平方公尺。資材部門的固定成本分攤是以切割課的實際使用空間作為分攤基準的話，資材部門的固定成本分攤到切割課的成本僅有 $100,000（=10,000 × $10 /m^2）。若以切割課的預計使用空間作為分攤基礎的話，資材部門的成本分攤到切割課的成本應有 $120,000（=$10×12,000）。因此產生資材部門未耗用的固定成本 $20,000。此未耗用固定成本勢必將由支援部門自行吸收。

表 **10-2** 預計使用空間大於實際使用空間下之固定成本分攤

部門	預計使用空間	實際使用空間	以預計空間為基礎所設算之單一固定成本費率	應分攤固定成本	實際分攤固定成本	因實際使用空間與預計使用空間之差異所造成的多（＋）或少（－）分攤固定成本
切割課	12,000	10,000		$120,000	$100,000	－ $20,000
成型課	8,000	6,000	$10	$80,000	$60,000	－ $20,000
合　計	20,000	16,000		$200,000	$160,000	－ $40,000

相反地，若某營運部門的預計使用空間小於實際使用空間的話，將導致該營運部門分攤較多來自於支援部門的服務成本。表 10-3 中是假設切割課實際使用 14,000 平方公尺時，由於切割課實際使用空間比預估使用空間來得多，因此致使切割課多分攤了 $20,000 的資材部門固定成本。此結果說明了兩個營運部門因為運用產能水準的不同而有不合理的分攤結果。因此，以單一費率成本法分攤支援部門的成本雖然立意明確而簡單，但就成本分攤概念而言，可能造成不合理的分攤。

以單一費率成本法分攤支援部門的成本雖然立意明確而簡單，但就成本分攤概念而言，可能造成不合理的分攤。

表 10-3　預計使用空間小於實際使用空間下之固定成本分攤情形

部門	預計使用空間	實際使用空間	以預計空間為基礎所設算之單一固定成本費率	應分攤固定成本	實際分攤固定成本	因實際使用空間與預計使用空間之差異所造成的多（＋）或少（－）分攤固定成本
切割課	12,000	14,000		$120,000	$140,000	＋ $20,000
成型課	8,000	6,000	$10	$80,000	$60,000	－ $20,000
合　計	20,000	20,000		$200,000	$200,000	$0

> 以雙重費率成本法來分攤支援部門的成本是考慮成本習性的合理作法。

　　以雙重費率成本法來分攤支援部門的成本是考慮成本習性的合理作法。表 10-4 中，以預計使用空間、實際使用空間或總空間（理論空間）計算固定成本費率與變動成本費率。可以發現預計空間為分攤基礎的固定成本分攤將會有剩餘的固定成本未被分攤，此為少分攤的固定成本。由於實際產能常少於理論產能，故以理論空間作為分攤基礎必然會造成固定成本無法分攤完的現象。

表 10-4　雙重費率下，不同分攤基礎的固定成本分攤

假設情況	營運部門	預計使用空間	實際使用空間	以預計使用空間為分攤基礎的固定成本分攤	以實際使用空間為分攤基礎的固定成本分攤	因實際使用空間與預計使用空間之差異所造成的多（+）或少（-）分攤固定成本
預計使用空間＝實際使用空間	切割課	12,000	12,000	$120,000	$120,000	$0
	成型課	8,000	8,000	$80,000	$80,000	$0
	合計	20,000	20,000	$200,000	$200,000	$0
預計使用空間＞實際使用空間	切割課	12,000	10,000	$120,000	$125,000	+$5,000
	成型課	8,000	6,000	$80,000	$75,000	-$5,000
	合計	20,000	16,000	$200,000	$200,000	$0
預計使用空間＜實際使用空間	切割課	12,000	15,000	$120,000	$150,000	+$30,000
	成型課	8,000	5,000	$80,000	$50,000	-$30,000
	合計	20,000	20,000	$200,000	$200,000	$0

* 預計空間為 20,000 平方公尺、固定成本 $200,000，故固定成本費率為 $10/ 平方公尺

　　另一方面，以實際空間作為分攤基礎的固定成本分攤時，將造成接受支援部門較多服務的營運部門需分攤較多的支援部門固定成本；相反地，接受支援部門較少服務的營運部門僅分攤較少的支援部門固定成本。如此，使用較多的營運部門除負擔應有的支援部門固定成本外，還須額外負擔因其他營運部門的減少使用而少分攤的支援部門固定成本。因此實際使用量為分攤基礎造成了營運部門間分攤成本的不公平與不合理。多分攤的營運部門將會逐漸少使用支援部門所提供的服務，可能轉而接受由外部所提供的服務。甚至將造成支援部門的產能閒置，導致全企業的經營無效率。

　　若以預計使用空間作為分攤基礎來分攤支援部門的固定成本時，可避免上述兩種情形的發生。而且以預計使用空間作為控制營運部門預算的效果是顯著的。這促使營運部門必須事先審慎評估需接受多少來自於支援部門的服務。無論事後營運部門使用的狀況多寡，營運部門必須照事前與支援部門間的約定來分攤支援部門的固定成本。固定成本不隨產能變化而變化，以預計使用空間作為分攤基礎來分攤支援部門的固定成本時，有助於營運部門對於自身產能的短期與長期的規劃。

　　綜上所述，雙重費率成本分攤法考慮了成本習性的內在特質。此外，就成本分攤的基礎而言，支援部門的固定成本及變動成本的分攤基礎應以營運部門預計使用量作為分攤基礎。而營運部門以事後的實際用量配合預計用量所產生的差額進行差異分析，以作為營運部門績效評估的重要依據。

10-3 支援部門與營運部門間的分攤

　　前一節說明了單一費率與雙重費率的成本分攤方法。此節中，將說明支援部門的服務成本分攤到營運部門的方式。一般而言，成本分攤的方式有直接法（direct Method）、逐步分攤法（step method），以及相互分攤法（reciprocal method）。為了詳細說明此三種不同的成本分攤方式，暫時將支援部門所提供的服務成本合計為單一成本，亦即此服務成本並不依成本習性而分類成固定成本與變動成本。以此三種方法來分攤瑞展公司20X1 年的支援部門的預計服務成本。

	支援部門		營運部門		
預算	資訊部門	資材部門	切割課	成型課	合計
預計成本：	$600,000	$500,000	$280,000	$420,000	$1,800,000
預計使用量：					
資訊管理時數（hr）		1,000 hr	1,600 hr	2,400 hr	5,000 hr
資材使用空間（m²）	5,000 m²		12,000 m²	8,000 m²	25,000 m²

表 10-5 20X1 年度瑞展公司支援部門的預計服務成本

一、直接分攤法

直接分攤法（direct allocation method）不考慮支援部門間有相互分攤問題，純粹將各個支援部門的服務成本直接分攤給營運部門。表 10-5 顯示瑞展公司有兩個支援部門：資訊部門與資材部門，此兩部門提供相關的服務給切割課與成型課等兩個營業部門。資訊部門提供系統的維修與備份的服務，該部門以提供服務的時數做為分攤服務成本的基礎。資材部門提供營運部門的資材及搬運的服務，而該部門以提供的空間大小作為分攤成本的基礎。

以直接法分攤服務成本時，營運部門預計使用系統維修與備份的服務為 4,000 小時（1,600 hr + 2,400 hr），此外營運部門預計使用資材部門提供的資材空間共計 20,000 平方公尺（12,000 m² + 8,000 m²）。因此，營運部門接受資訊部門服務的預計成本分攤率為每小時 $150（$600,000 ÷ 4,000 hr），接受資材部門服務的預計成本率為每平方公尺 $25（$500,000 ÷ 20,000 m²）。以此成本率計算切割課須分攤來自資訊部門 $240,000 及資材部門 $300,000 的服務成本，成型課需分攤來自資訊部門 $360,000 及資材部門 $200,000 的服務成本。

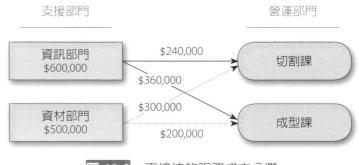

圖 10-2 直接法的服務成本分攤

表 10-6　直接法的服務成本分攤

	支援部門		營運部門		
	資訊部門	資材部門	切割課	成型課	合計
分攤前預計成本：	$ 600,000	$ 500,000	$ 280,000	$ 420,000	$ 1,800,000
資訊部門的成本分攤：	(600,000)		240,000[1]	360,000[2]	
資材部門的成本分攤：		(500,000)	300,000[3]	200,000[4]	
預算成本總額	$ 0	$ 0	$ 820,000	$ 980,000	$ 1,800,000

[1] $240,000 = $600,000×(1,600÷4,000)　　　[3] $300,000 = $500,000×(12,000÷20,000)
[2] $360,000 = $600,000×(2,400÷4,000)　　　[4] $200,000 = $500,000×(8,000÷20,000)

二、逐步分攤法

逐步分攤法（step allocation method）又稱梯型分攤法（step-down allocation method）、順序分攤法（sequential allocation method）。若某支援部門提供服務給其他支援部門，但此支援部門並無接受其他支援部門的服務時，即可以利用逐步分攤法來分攤服務成本。此法下，企業須決定支援部門之服務成本的的分攤順位。通常以服務其他支援部門的數量或金額來決定分攤成本的先後順位。因此，提供其他支援部門的服務最多或服務成本金額最高的支援部門為分攤的第一順位，其次則是服務次多或成本金額次高的支援部門為分攤的第二順位，依次分攤下去。故稱之為逐步分攤或順序分攤。

若依金額的大小，則表 10-5 中瑞展公司將資訊部門列為第一順位的分攤對象，因為資材部門也接受資訊部門所提供的服務，所以資材部門也部分分攤了來自資訊部門的服務成本。

以逐步法分攤服務成本時，資材部門與兩個營運部門預計使用系統維修與備份的總服務時數為 5,000 小時。因此，資訊部門服務的預計成本分攤率為每小時 $120（$120 = $600,000 ÷ 5,000 小時），分攤給資材部門、切割課及成型課各是 $120,000、$192,000 及 $288,000。另一方面，資材部門除了本身的預計成本外，還負擔了來自資訊部門的成本 $120,000，總計預計成本為 $620,000。而兩營運部門預計使用資材空間共計 20,000 平方公尺，因此資材部門的預計成本分攤率為每平方公尺 $31（$620,000 ÷ 20,000 m^2）。依此成本分攤率可計算出資材部門分攤服務成本至切割課及成型課各是 $372,000 及 $248,000。

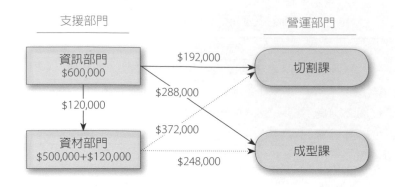

圖 **10-3** 逐步法的服務成本分攤

表 **10-7** 逐步法的服務成本分攤

| | 支援部門 | | 營運部門 | | |
	資訊部門	資材部門	切割課	成型課	合計
分攤前預計成本：	$ 600,000	$ 500,000	$ 280,000	$ 420,000	$ 1,800,000
資訊部門的成本分攤：	(600,000)	120,000[1]	192,000[2]	288,000[3]	
資材部門的成本分攤：		(620,000)	372,000[4]	248,000[5]	
預算成本總額	$ 0	$ 0	$ 844,000	$ 956,000	$ 1,800,000

[1] $120,000 = $600,000×(1,000÷5,000)   [4] $372,000 = $620,000×(12,000÷20,000)

[2] $192,000 = $600,000×(1,600÷5,000)   [5] $248,000 = $620,000×(8,000÷20,000)

[3] $288,000 = $600,000×(2,400÷5,000)

三、相互分攤法

相互分攤法（reciprocal allocation method）承認支援部門間有互相服務的情形，因此支援部門間的服務成本須相互分攤。經由相互分攤後，各支援部門將重新計算該部門可分攤成本的總量，而由此總量重新分攤其服務成本至營運部門。

以表 10-5 為例，瑞展公司兩支援部門均有接受其它支援部門的服務，因此兩支援部門的服務成本須相互分攤。支援部門成本的相互分攤方式有兩種：反覆分攤方式與以線性方程式求解的分攤方式。

(一) 反覆分攤方式

反覆分攤方式在操作上非常簡單而直接，即先將資訊部門的服務成本依照表 10-5 中所示之使用比例分攤到資材部門（支援部門）及其他營運

部門。例如，資訊部門的服務成本分攤到資材部門、切割課及成型課的分攤比例各爲 1000 / 5000、1600 / 5000 及 2400 / 5000。依此比率將資訊部門的服務成本分攤到此三個部門中。此爲資訊部門的第一次分攤。接著再將資材部門的服務成本依據表 10-5 中的各部門對資材部門的使用比例分攤到資訊部門及其他營運部門。表 10-8 顯示資材部門的服務成本分攤到資訊部門、切割課及成型課的分攤比率爲 5000/25000、12000/25000 及 8000/25000。此爲資材部門的第一次分攤。根據兩支援部門不同的分攤比率反覆並交叉地對接受服務的部門進行分攤，直到兩支援部門的服務成本完全分攤到營運部門爲止（詳見表 10-8）。

表 10-8 服務成本的反覆分攤

	支援部門		營運部門		
	資訊部門	資材部門	切割課	成型課	合計
分攤前預計成本：	$ 600,000	$ 500,000	$ 280,000	$ 420,000	$ 1,800,000
資訊部門一次分攤：	(600,000)	120,000	192,000	288,000	
		620,000			
資材部門一次分攤：	124,000	(620,000)	297,600	198,400	
資訊部門二次分攤：	(124,000)	24,800	39,680	59,520	
資材部門二次分攤：	4,960	(24,800)	11,904	7,936	
資訊部門三次分攤：	(4,960)	992	1,587	2,381	
資材部門三次分攤：	198	(992)	476	318	
資訊部門四次分攤：	(198)	40	63	95	
資材部門四次分攤：	8	(40)	19	13	
資訊部門五次分攤：	(8)	2	2	4	
資材部門五次分攤：	0	(2)	2	0	
預算成本總額	$ 0	$ 0	$ 823,333	$ 976,667	$ 1,800,000

(二) 以線性方程式求解的分攤方式

依據表 10-5 中，20X1 年度瑞展公司支援部門的預計服務成本概況得知，資訊部門預計提供資材部門有關系統維修等的服務共計 1,000 小時，而資材部門也預計提供資訊部門資材空間共計 5,000 平方公尺。因此，我們假定資訊部門本身的服務成本加上接受資材部門的服務成本後的預計服務成本總額爲 SYS；同時也假定資材部門本身的服務成本加上接受資訊部

門的服務成本後的預計服務成本總額為 STR 時，可列出下列方程式：

$$SYS = \$600,000 + \frac{5,000}{25,000} STR \quad\quad (式\ 11\text{-}1)$$

$$STR = \$500,000 + \frac{1,000}{5,000} SYS \quad\quad (式\ 11\text{-}2)$$

$\frac{5,000}{25,000}$ STR 為資訊部門接受資材部門的服務所應分攤的服務成本，而 $\frac{1,000}{5,000}$ SYS 則是資材部門接受資訊部門的服務所應分攤的服務成本。以此兩方程式進行聯立方程式的求解可得，接受資材部門服務後的資訊部門的預計服務成本總額共計 \$729,167（SYS = \$600,000 + \$129,167），接受資訊部門服務後的資材部門的預計服務成本總額共計 \$645,833（STR = \$500,000 + \$145,833）。因此，依據分攤比例為 1000/5000、1600/5000 及 2400/5000 將資訊部門的服務成本總額 \$729,167 分攤至資材部門 \$145,833、切割課 \$233,333 及成型課 \$350,000。另一方面，依據分攤比率 5000/25000、12000/25000 及 8000/25000 將資材部門的服務成本總額 \$645,833 分攤到資訊部門 \$129,167、切割課 \$310,000 及成型課 \$206,667。（詳見圖 10-4 及表 10-9）。

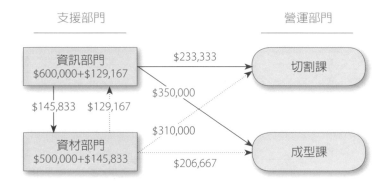

圖 10-4　相互分攤法的服務成本分攤

表 10-9　逐步法的服務成本分攤

	支援部門		營運部門		
	資訊部門	資材部門	切割課	成型課	合計
分攤前預計成本：	\$ 600,000	\$ 500,000	\$ 280,000	\$ 420,000	\$ 1,800,000
資訊部門的成本分攤：	(729,167)	145,833	233,333	350,000	
資材部門的成本分攤：	129,167	(645,833)	310,000	206,667	
預算成本總額	\$ 0	\$ 0	\$ 823,333	\$ 976,667	\$ 1,800,000

以上詳細介紹支援部門分攤服務成本至營運部門的三種方法：直接分攤法、逐步分攤法及相互分攤法。在計算上，直接分攤法最為簡單，相互分攤法最為複雜。相互分攤法考慮了支援部門間相互服務的問題。逐步分攤法則是按支援部門的重要順位依次分攤服務成本，且服務成本已分攤的支援部門將不再接受其他支援部門成本的分攤。依據不同的分攤方法，累計的營運部門製造費用總額也不同，所設算出的預計製造費率有差異。相互分攤法最為複雜，但卻是最公平合理的分攤方式。如今，企業皆有電腦輔助成本的計算，只要將分攤比率規定清楚，配合電腦的計算將不是難事。隨著電腦運用的普及，相互分攤的概念將越加受重視。

表 10-10　三種方法的預計製造費用總額比較

分攤方法	支援部門成本分攤到「切割課」之預計總製造費用	支援部門成本分攤到「成型課」之預計總製造費用
直接分攤法	$ 740,000	$ 860,000
逐步分攤法	844,000	956,000
相互分攤法	823,333	976,667

10-4 共同成本與收入的分攤

一、共同成本（common cost）的分攤

我們在考慮成本分攤前，首先須釐清某項成本是否可歸屬到某部門中。上述的狀況，都是將部門各自的成本明確後，才進行成本的分攤。然而，有些成本無法歸屬到某部門，或者該成本是為了提升企業整體的效益或知名度，例如：廣告、企業捐贈等。企業必須衡量各部門所受效益，在公平與合理的原則下，對這些無法歸屬至某特定部門的成本進行合理的分攤。

二、收入的分攤

企業為了創造較佳營收，可能會進行配套促銷的活動，以多種套裝產品方式進行銷售。這種套裝產品的銷售手法是將二種以上的產品組合在一起販售的銷售模式。基本上，套裝產品的銷售價格換算產品單位售價會比原本的產品單位售價來得低。因此，套裝產品的銷售通常可擴大營收。

由於套裝產品內容有二種以上，所以套裝產品所得的銷貨收入也必須依產品類別加以分攤。一般的作法是以產品單位售價、產品單位成本或個別產品銷貨收入作為分攤基礎。

釋 例

瑞展公司代理日本 Omron 血糖機及血糖專用試紙販售給醫院等醫療單位。瑞展公司銷售方式採兩種：(1) 套裝產品－一台血糖機與一包血糖專用試紙組合銷售；(2) 血糖機與血糖專用試紙個別銷售。20X1 年 12 月份銷售狀況如下：

	套裝產品（組）	血糖機（台）	血糖專用試紙（包）
售價	$5,000	$4,860	$540
銷貨量	1,000 組	400 台	150 包
單位成本		$3,680	$320

（一）以產品單位售價的相對權重分攤套裝產品的銷貨收入

以產品單位售價作為分攤的權數，因此 $5,000,000 的套裝產品收入分攤如下：

$$分攤至血糖機銷貨收入：\$5,000 \times \$1,000 \times \frac{4,860}{5,400} = \$4,500,000$$

$$分攤至血糖試紙銷貨收入：\$5,000 \times \$1,000 \times \frac{540}{5,400} = \$500,000$$

表 **10-11** 簡易損益表－以產品單位售價分攤套裝產品的銷貨收入

	血糖機	血糖專用試紙
銷貨收入：		
單一產品	$1,944,000	$81,000
套裝產品	4,500,000	500,000
銷貨成本：	(5,152,000)[1]	(368,000)[2]
銷貨毛利	$1,292,000	$213,000
銷貨毛利率	20.00%	36.67%

[1] $5,152,000 = $3,680×1,400　　　[2] $368,000 = $320×1,150

（二）以產品單位成本相對權重分攤套裝產品的銷貨收入

以產品單位成本作為分攤的權數，因此 $5,000,000 的套裝產品收入分攤如下：

$$\text{分攤至血糖機銷貨收入}：\$5,000 \times \$1,000 \times \frac{3,680}{4,000} = \$4,600,000$$

$$\text{分攤至血糖試紙銷貨收入}：\$5,000 \times \$1,000 \times \frac{320}{4,000} = \$400,000$$

表 10-12 簡易損益表－以產品單位成本分攤套裝產品的銷貨收入

	血糖機	血糖專用試紙
銷貨收入：		
單一產品	$1,944,000	$81,000
套裝產品	4,600,000	400,000
銷貨成本：	(5,152,000)	(368,000)
銷貨毛利	$1,392,000	$113,000
銷貨毛利率	21.27%	23.49%

（三）以產品個別銷售的銷貨收入分攤套裝產品的銷貨收入

以個別產品銷售的銷貨收入作為分攤的權數，因此 $5,000,000 的套裝產品收入分攤如下：

分攤至血糖機銷貨收入：

$$\$5,000 \times \$1,000 \times \frac{(\$4,860 \times 400)}{(\$4,860 \times 400 + \$540 \times 150)} = \$4,800,000$$

分攤至血糖試紙銷貨收入：

$$\$5,000 \times \$1,000 \times \frac{(\$540 \times 150)}{(\$4,860 \times 400 + \$540 \times 150)} = \$200,000$$

表 10-13 簡易損益表－以個別產品的銷貨收入分攤套裝產品的銷貨收入

	血糖機	血糖專用試紙
銷貨收入：		
單一產品	$1,944,000	$81,000
套裝產品	4,800,000	200,000
銷貨成本：	(5,152,000)	(368,000)
銷貨毛利	$1,592,000	($87,000)
銷貨毛利率	23.61%	-30.96%

三種方式所計算的銷貨毛利有所差異。若以個別產品銷售的銷貨收入作為分攤基礎的話，將造成血糖專用試紙的銷貨毛利呈現負值。儘管如此，以單位售價或個別產品的銷貨收入作為分攤基礎來分配套裝產品的收入時，考量的重點在於個別產品對利潤的貢獻程度。若產品對利潤的貢獻

大，分配較多的套裝產品的收入亦是適當。此三種方式皆可用來分配套裝產品的收入，但是管理當局還是須以利益觀點或成本觀點考量，選擇適當的分攤基礎來分攤套裝產品的收入。

成會焦點

COSTCO 賣的是信任！在 COSTCO，只要獲利超過 12%，就要寫報告「為什麼要賺這麼多」

圖片來源：COSTCO 官網

　　COSTCO 的經營模式，用白話來說，就是「讓顧客在這裡買到有價值的東西」。這句話同時包含了兩個層面，一個是產品能提供給消費者多少價值，另一個是為了這個價值消費者要付出多少價格，而每個消費行為是否產生，端賴客戶從貨架上拿下一個產品時，他認為用這個價格買這項商品，划得來還是划不來？而除了產品成本之外，零售業者訂出產品售價前還要計算的是，這個定價是否分攤了企業所有的成本與足夠的獲利，才能讓企業繼續營運下去。

　　有些企業商品的毛利可以高達 30% 到 50%，甚至超過 100%，但是 COSTCO 所謂的「為顧客創造價值」，是指讓顧客用最好的價格，買到最好的商品，因此 COSTCO 堅持在每項商品上，平均只賺 10% 到 12% 的毛利，能多賺的也不賺，比其他通路便宜很多也無所謂，盡可能地「讓利」給會員。COSTCO 的訂價策略只有一種，就是不管外面賣多貴，我們都是以進貨成本再加上 12% 做為每項商品的售價（最高無論如何都不能超過 14%）。如果某項商品的售價讓公司的獲利超過 12%，負責的同仁就必須向公司總部說明為什麼會有這個「特例」情況，若是無法說服總部，就無法以此價格販售。而這10% 到 12% 的毛利必須包括我們所有的人事成本、營運成本、貨運倉儲以及每家店從早開到晚的所有費用，所以我們必須節省營運上看得見的每一塊錢，才能提供這樣的低價給消費者，也因為如此，在成本的估算上，我們都要精算到小數點以下三、四位。…

資料來源：《商業周刊》

服務部門的成本分攤－逐步分攤法

　　瑞展公司的服務部門有財務、研發、人事及行銷部門等四個部門,外加一個生產部門。生產部門中,有多項作業流程,每項作業流程皆可視為一個小部門。而這些生產部門中的作業皆須接受上述 4 個服務部門的服務。因此,各服務部門皆將其所耗的費用分攤至生產部門中。

　　長期以來,瑞展公司皆採行逐步分攤方式來分攤服務部門的成本。而且首先由財務、其次為研發、再來是人事,最後為行銷部門,以此順位分攤其服務成本。在逐步分攤法下,行銷部門接受了其他服務部門的服務成本,因而行銷部門所負擔的成本也是最重。由於行銷部門承擔了較多其他部門的服務成本,所以該部門的經營績效一直處於劣勢,而黃經理也常常受到主管的叮嚀與指責。

問題一:

　　行銷部門的黃經理應該為行銷部門如何辯護?

問題二:

　　你認為何種的分攤順位較為合理?

討論:

　　逐步分攤法下,分攤順位的決定常常是爭議的焦點。解決之道在於視某部門服務其他部門的程度來判斷。此外,也可用服務成本的金額大小來決定分攤的順位。

本章回顧

本章詳細說明了支援部門的成本分攤。支援部門成本分攤的主要目的在於控制與規劃營運部門接受來自支援部門的服務所產生的成本。

企業在服務成本的分攤上，最好將成本分成變動成本與固定成本。依據不同的成本習性，進行雙重費率的分攤是較為妥當的做法。其次，應以各部門預計的使用水準作為分攤的基礎，計算出預計固定成本費率與變動成本費率。在變動成本的分攤上，考慮事前（年初）的預計使用量與事後（年底）的實際使用量的差異，以進行績效的差異分析。

其次，就支援部門的成本分攤方法而言，有直接分攤法、逐步分攤法與相互分攤法。以直接分攤法分攤支援部門的服務成本是簡單而清楚的作法，然而隨著支援部門相互支援的情況日益增多，在配合電腦的資訊處理下，相互分攤法將是未來分攤服務成本的主流。

最後，管理當局進行部門間的成本分攤時，還是須對使用分攤基礎的公平性與合理性、對部門的貢獻程度、部門的負擔能力等加以考量，始能消弭部門間歧異與對立，不致影響企業的整體績效。

本章習題

一、選擇題

( ) 1. 服務部門的成本分攤至營運部門時，若是以服務部門的實際成本予以分攤，而非以服務部門的預計或標準成本分攤，則下列敘述何者正確？
(A) 服務部門將自行承擔服務部門的不利成本差異
(B) 服務部門缺乏效率所增加的成本，將會分攤給營運部門
(C) 營運部門可以事先評估並規劃對服務部門之資源耗用
(D) 有助於公平合理地衡量各部門績效。　　　　　　　（107 高考會計）

( ) 2. 分攤服務部門成本時，相較於從需求面採「營運部門使用量」為基礎計算分攤率，若某公司是從供給面以「服務部門實際產能（practical capacity）」做為計算分攤率的基礎時，下列敘述何者正確？　①較容易導致以成本為訂價基礎的公司，其營運部門對服務部門的需求持續下降　②促使服務部門管理者注意並加強對未使用產能的管理　③服務部門未使用產能的成本會分攤到營運部門
(A) ①②　(B) ②③　(C) ①③　(D) ②。　　　　　　　（107 高考會計）

( ) 3. 將服務部門成本分攤至營運部門時，若公司是將服務部門成本區分為固定和變動後採雙重費率分攤，相較於採固定和變動成本合計後的單一費率，下列敘述何者正確？　①雙重費率分攤法下，固定成本分攤至營運部門時，會轉化成猶如變動成本　②一般雙重費率分攤法的執行成本較高　③雙重費率分攤法產生的資訊，較能從公司整體效益評估是否外包
(A) ①②③　(B) ①②　(C) ①③　(D) ②③。　　　　　　　（105 地特三等）

( ) 4. 保達公司在分攤服務部門費用給生產部門時，希望由服務部門績效評估的觀點來分攤成本，請問下列那一分攤方式最符合績效評估觀念？
(A) 根據標準成本分攤，並將變動成本與固定成本合併計算分攤率
(B) 根據實際成本分攤，並將變動成本與固定成本合併計算分攤率
(C) 根據標準成本分攤，並分別計算變動成本與固定成本分攤率
(D) 根據實際成本分攤，並分別計算變動成本與固定成本分攤率。

（105 會計師）

（　） 5. 以預計成本分攤服務部門的成本給使用部門，較以實際成本分攤的優點可能包括：①只需要使用一個預計的成本分攤基礎　②只需要一個成本庫　③使用部門可預先得知分攤費率，減少不確定性　④服務部門無法將無效率與浪費的成本轉嫁。上述何者正確？

  (A) ①②　(B) ②③　(C) ③④　(D) ①④。　　　　　　　　　　（105 會計師）

（　） 6. 共同成本分攤最常使用的兩種方法為增額成本分攤法（incremental cost-allocation method）與獨支成本分攤法（stand-alone cost-allocation method），有關此二法描述，以下何者為正確？

  (A) 增額成本分攤法下，如果有兩個以上的額外使用者共同使用設備，則需按照使用金額多寡來排序，以分攤成本

  (B) 增額成本分攤法下，如額外使用者加入後，共同成本並未增加，則額外使用者無須分攤共同成本

  (C) 獨支成本分攤法是將服務部門之共同成本按使用部門人工小時相對比例分攤到各部門

  (D) 增額成本分攤法比獨支成本分攤法公平。　　　　　　　　　（103 會計師）

（　） 7. 甲公司有三個部門，一個部門生產汽車消耗性零件，另一部門生產引擎，第三個部門則是維修卡車。三個部門皆有使用人事部門的服務。分攤人事部門成本到這三個部門最好的分攤基礎是：

  (A) 這三個部門員工人數　　　　　(B) 這三個部門生產產品的價值

  (C) 這三個部門所發生的直接原料　(D) 這三個部門所使用的機器小時。

                 （102 普考會計）

（　） 8. 假設 A＝服務部門成本分攤，B＝生產部門成本分攤，C＝部門直接成本之彙集，D＝同成本之分攤，E＝成本之分類。分攤間接成本之適當步驟為：

  (A) C－E－A－D－B　　(B) C－E－D－A－B

  (C) E－C－A－D－B　　(D) E－C－D－A－B。　（102 高考會計）

（　） 9. 分攤服務部門成本給生產部門時，採用直接法（direct method）與相互分攤法（reciprocal method）的比較，何者正確？

(A) 兩種方法分攤給生產部門的總服務成本會一樣

(B) 後者較前者更爲著重生產部門間交互使用的服務

(C) 前者會導致生產部門耗用較多的服務，而產生服務無效率

(D) 前者所計算的服務成本較爲正確。 （101 會計師）

( ) 10. 公司採用階梯分攤法（step-down method）將服務部門成本分攤給生產部門時，下列何者正確？ ①服務部門在將成本分攤出去後仍需受分攤 ②依提供服務比例的順序分攤 ③已部分考慮服務部門間有相互服務的事實

(A) ①② (B) ②③ (C) ①③ (D) ①②③。 （100 會計師）

二、計算題

1. 台南公司設有第一、第二生產部門以及維修、一般事務服務部門，20X7 年 1 月該公司各部門發生之成本與使用情形資料如下：

		提供服務之比率	
部門別	製造費用	維修部	事務部
維修部	$10,000	-	20%
事務部	$19,750	35%	-
第一生產部	$30,000	15%	45%
第二生產部	$40,000	50%	35%

試作：

(1) 採用互相攤受法（同時分攤法）求算服務部門成本分攤後，第一、第二生產部門之製造費用。

(2) 編製服務部門成本分攤之分錄。 （106 高考會計）

2. 仁愛公司有甲、乙兩個服務部門，及丙、丁兩個生產部門。05 年 3 月甲部門之成本爲 $96,000、乙部門之成本爲 $54,000。甲部門之服務提供給乙、丙、丁部門之比例分別爲 0.2、0.3、0.5；乙部門之服務提供給甲、丙、丁部門之比例分別爲 0.1、0.2、0.7。

試作：

(1) 若仁愛公司採用直接法分攤服務部門成本。計算丙、丁部門應分攤之服務部門成本。

(2)若仁愛公司採用逐步分攤法分攤服務部門成本。計算丙、丁部門應分攤之服務部門成本（假設先分攤甲部門之成本）。

(3)仁愛公司採用相互分攤法分攤服務部門成本。計算丙、丁部門應分攤之服務部門成本。

（105 普考會計）

3. 仁仁診所使用直接法將服務部門成本分攤至營運部門。該診所有甲、乙兩個服務部門及丙、丁兩個營運部門，相關資料如下：

	服務部門		營運部門	
	甲	乙	丙	丁
部門別成本分攤前之成本	$13,800	$38,755	$149,710	$504,730
員工人數	1,500	500	11,500	8,500
占地面積（平方呎）	1,500	500	19,000	4,500

甲部門之成本分攤是根據員工人數，乙部門則是根據占地面積（以平方呎計）。試問：分攤服務部門成本後，丁營運部門之分攤後成本金額最接近下列何者？

（104 地特三等）

4. 甲公司有 A、B 二個服務部門，以及 X、Y 二個製造部門，服務部門 7 月份之有關資料如下：

服務部門	分攤前之部門一成本	提供服務比例			
		A	B	X	Y
A	$160,640	-	20%	50%	30%
B	$40,000	10%	-	20%	70%

若該公司採相互分攤法分攤服務部門成本，則 X、Y 二個製造部門各會分攤到多少服務部門之成本？

（103 高考會計）

5. 某化學公司有兩個製造部門（混合部門及裝配部門）及三個服務部門（一般工廠管理、工廠維修及工廠餐廳），有關分攤成本前的資訊如下：

	混合	裝配	工廠維修	工廠餐廳
部門直接成本	$3,300,000	$3,700,000	$406,400	$480,000
直接人工小時	562,500	437,500	27,000	42,000
員工人數	280	212	8	20
坪數	88,000	72,000	2,000	4,800

工廠維修及工廠餐廳的成本分別根據直接人工小時、坪數及員工人數進行分攤。假設公司選擇階梯分攤法分攤服務部門的成本，分攤順序是以服務部門原始成本較大者先分攤，請問工廠餐廳成本分攤到工廠維修部門、裝配部門、混合部門的金額為何？

（101 普考會計）

6. 甲公司採維修小時與工程小時作為分攤基礎，將二個服務部門的成本分攤給三個製造部門，相關資訊如下：

| | 服務部門 | | 製造部門 | | |
	維修	工程	A 部門	B 部門	C 部門
維修小時		400	800	200	200
工程小時	400		800	400	400
部門直接成本	$12,000	$54,000	$180,000	$290,000	$350,000

若甲公司採相互分攤法，工程部門應分攤給維修部門與製造部門的成本總額為何？

（101 普考會計）

7. 西陵企業生產電話與傳真機，維修部門提供服務給公司其他兩個營業部門「電話部門」及「傳真部門」，維修部門之變動成本預算是依據營業部門所生產的機具數量，維修部門之固定成本則依據營業部門在尖峰時間所生產之機具數量。下列為相關成本資料：

服務部門
變動成本－預算	$6 / 每具
固定成本－預算	$328,000
變動成本－實際	$254,014
固定成本－實際	$331,940

電話部門
尖峰時刻產能需求量（%）	35%
預算數	12,000
實際數	12,010

傳真部門
尖峰時刻產能需求量（%）	65%
預算數	29,000
實際數	28,960

試作：

(1)維修部門在年底時應分別分攤多少成本給電話部門及傳眞部門？

(2)維修部門成本有多少成本未分攤給營業部門？ （98 身障特考三等）

8. 甲公司生產 A 與 B 二種產品，分別由 A 部門與 B 部門製造，二個部門均需 C 部門提供生產過程品質監測服務。B 產品之製造則需依序經由 X、Y、Z 三個生產線，才能製造完成。甲公司採用加權平均法，X8 年有關生產資料如下：

	A 部門	B 部門		
		X 生產線	Y 生產線	Z 生產線
投入成本				
直接材料	$360,000	$13,720		
直接人工	340,000	14,100	$18,860	$15,840
製造費用	170,000	13,160	8,200	9,360
生產數量				
開始生產或前部轉入	200,000	100,000	90,000	80,000
生產完成轉出或出售	160,000	90,000	80,000	70,000
期末在製品	20,000	8,000	6,000	8,000
期末在製品完工程度				
原料	100%	100%		
人工及製造費用	50%	50%	1/3	25%

每單位 A 產品售價爲 $10，銷售費用爲售價之 10%；B 產品售價爲 $6，銷售費用爲售價之 20%。生產過程中皆會有耗損情形發生。X8 年 C 部門發生成本 $403,808。

試作：

假設皆無期初存貨，甲公司採預估淨變現價值法進行 C 部門成本分攤，則 X8 年 A、B 部門各應分攤多少 C 部門成本？ （98 高考會計）

9. 中興公司有一組設備，提供給甲、乙部門使用，該設備每年成本 $540,000，最近一年，有關資料如下

	甲部	乙部
實際使用量	20,000	5,000
收入	$1,000,000	$500,000

若乙部門不使用設備，則設備固定成本將為 $450,000 而若甲不使用設備則成本將為 $300,000，此外亦有外界公司願提供設備服務，收費為甲部門 $400,000，乙部門 $240,000，試分別按下列分攤基礎計算：

(1) 使用量比例。

(2) 增支共同成本分攤法。（以甲為主要使用者）

(3) 獨立共同成本分攤法。

(4) 相對收入比例。

10. 中興顧問公司 EDP 部門提供稅務諮詢部門與人力資源部門使用該電腦。以下為 EDP 部門下年度之預算資料

操作設備固定成本	$300,000
可供使用能量（小時）	2,000（小時）
預計使用小時	稅務諮詢部門 800 小時 人力資源部門 400 小時

在 1,000 至 1,500 小時攸關範圍內，每小時變動成本率為 $200。

試作：（假設稅務諮詢部門實際使用 900 小時，人力資源部門則使用 300 小時）

(1) 採單一分攤率法，計算兩部門實際分配成本金額。

(2) 採雙重分攤率法，計算兩部門實際分配成本金額。（固定按預計數量分攤，變動成本則按實際數量分攤）

(3) 說明兩種方法之優劣點。

CHAPTER 11 主要預算

學習目標 讀完這一章，你應該能瞭解

1. 瞭解何謂預算，並描述其對企業的主要功能。
2. 瞭解預算的編製過程。
3. 預算的種類。
4. 編製主要預算的程序。
5. 瞭解預算編製的道德面。

引言

　　佳年自從接任瑞展公司董事長一職後，經常思考如何在保持產品品質水準的前提之下，公司成本該如何控制？如何有效應用公司有限的資源提高配置的效率，藉以降低製造成本，使產品更具有市場競爭力。為了解答心中疑惑，於是請教財務部范經理，在與范經理討論過後，經理強調預算編製的重要性，完善的預算編製可以讓公司資源的使用效率大大的提升，避免公司財務資金發生短缺情況，進而增加公司的競爭力。

11-1 預算

　　佳年瞭解了預算制度的重要性後，確定預算是公司欲執行的計畫，於是佳年積極的與財務部范經理深度討論公司執行預算制度的可能性與編製預算的程序。范經理首先說明預算制度的意義、功能、循環、種類以及整體預算。

一、何謂預算

　　預算是以數量化模式表達企業在特定期間所預期進行之活動計畫，包含未來某段時間內財務，例如預算綜合損益表、預算資產負債表及與預算現金流量表，以及其他資源取得與使用之詳細計畫，例如製造單位數、員工人數與新產品上市的數目。通常將預算訂定的過程，稱為預算編製，而運用預算以控制企業活動的過程，則稱為預算性控制。預算編製對於企業內資源使用的效率規劃有很大的影響，同時有助於對各事業單位的績效評估。因此，預算在企業營運活動的規劃與控制方面，扮演很重要的角色。

二、預算的功能

（一）協調與溝通功能（coordination and communication function）

　　預算的編製是站在企業整體的立場，藉由對生產與行銷等各部門預算方案，有助於作綜合性的溝通與協調，以決定企業的主要預算與目標，並

且使企業的目標能讓企業中所有員工了解與接受，促使各部門的計畫目標與企業整體利益能互相配合，以提昇企業整體的績效。

（二）激勵功能（motivating function）

預算編製通常是由各部門管理者與員工親自參與所共同制訂，較具有合理性並且易於達成目標，從而產生激勵各部門管理者與員工努力達成工作目標之效果。

（三）規劃功能（planning function）

預算編製有助於企業目標的執行，並將計畫予以落實，任何組織的營運要有效率，預先的「規劃」工作，扮演很重要的角色，藉以設定未來目標及編製達成這些目標的預算，並將資源做最佳的配置。

（四）績效評估功能，亦稱控制功能（controlling function）

預算編製提供員工努力，並作為將來評估績效的標準。將企業營運實際結果與預算加以比較，找出差異部分，並且分析無法執行預期計畫的原因，作為績效改正的依據，來採取正確的改正行動。就預算與規劃和控制的關係，通常可以如圖 11-1 來說明。

在規劃的過程中，預算是企業策略與戰術性計畫中不可缺少的一環。首先，以策略性計畫（strategic plan）為工作起點，策略性計畫所涵蓋的範圍期間通常五年以上，由最高階管理者負責擬訂，以作為企業長期目標。其次，策略性計畫訂定後，由高階管理者與次級管理者共同訂定戰術性計畫（tactical plan），藉由參考過去的歷史資料與未來的發展趨勢，來訂定落實策略性計畫所需訂定的戰術性計畫，通常為一年的營運計畫，以作為企業短期的目標。最後，以戰術性計畫為預算的編列基礎，來編製預算。再者，預計數與實際數加以比較，可找出差異，並且分析其發生原因，可作為採取正確的改正行動或者藉由回饋可提醒管理者需要重新修正策略性與戰術性計畫。

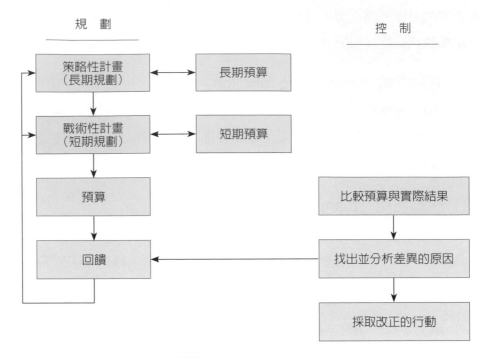

規　劃　　　　　　　　　　　　　　　　控　制

圖 **11-1**　預算、規劃與控制的關係

三、編製預算循環

一般而言，管理完善的企業運用預算管理控制制度，是遵行下列編製預算的循環：

（一）規劃績效

預算是將企業的生產與行銷等各部門的績效目標加以規劃，促使企業內每個人都能將此績效，視為努力之目標與方向。

（二）提供標準

預算會提供作業之標準，包含財務或非財務的預期資料，作為實際結果之比較。

（三）分析差異

當實際與預計結果產生差異時，應加以比較找出差異原因，可作為年度績效評估或下一年度預算編列之參考，以作為改正行動的依據。

（四）重新規劃

依據執行結果和情況的改變，重新再修正規劃執行的過程。例如當本期銷售水準降低時，管理者應重新調整策略規劃。

四、預算種類

（一）依整體或部門可分

1. 整體預算，又稱主要預算（master budget）

   係指將企業所有部門或單位之銷售、生產、運送及財務等各方面的計畫及未來的目標加以彙總，並以預期綜合損益表、預期資產負債表及預期現金流量表作為表達。

2. 部門預算（departmental budget）

   係指企業所屬各單位以數量化模式將所預期未來收益、現金流量及財務狀況等作為表達。

（二）依預算期間可分

1. 短期預算，又稱年度預算

   係指企業為配合會計年度的營業活動，以一年期間之經營及財務計畫，所編製之預算財務報表。在實務上，預算編製通常以月份與季為編製期間。

2. 長期預算

   係指經營及財務計畫涵蓋的期間超過一年以上，所編製之預算財務報表。

3. 連續預算，又稱滾動預算（continuous or rolling budgets）

   係指使預算編製保持涵蓋 12 個月份之預算數，以一個會計年度 12 個月為期，每當一個月結束後，立即再補上一個新的月份。

（三）依性質可分

1. 固定預算，又稱靜態預算

   係指依據某一特定作業水準為基礎而編製之預算，不考慮實際作業水準對成本及費用的影響而調整。

2. 彈性預算，又稱變動預算

係指在特定的攸關範圍內，而非在單一作業水準下編製預算，是隨著不同作業水準對成本及費用的影響而調整。

（四）依員工參與程度可分

1. 參與預算，又稱自主預算（participative or self-imposed budgets）

由企業各階層主管與員工自行參與預算程序編製而成之預算稱之。通常是由下往上溝通方式傳達預算編製資料並且加以整合。

2. 強制預算（imposed budget）

由上而下強制編製預算程序而成之預算稱之。換言之，經由高階主管編製而成，再以強制方式交由各階層主管與員工負責執行。

（五）其他預算制度

1. 零基預算（zero-based budget）

沒有過去數據可以參考，一切編製預算的基礎均從零開始編製。因此在此預算觀念下沒有任何成本具有延續性，且各部門在編製零基預算必須考慮決策包（decision package）。決策包內容包括各部門之成本分析、攸關收益及替代方案可能結果等。每個決策包必須是獨立且完整的，明確依其重要性將企業的各項作業活動依優先順序排列，給予評估每個決策包，進而刪除較不重要或無附加價值的作業活動。

2. 改善式預算（kaizen budget）

由日本企業所提出的一種持續不斷改進的預算制度，意指在預算期間內，預算資料將隨時間經過而不斷修正。

例如：瑞展公司預算編製步驟，假設製造每批齒輪需花 7.5 個直接人工小時。而使用 Kaizen 預算制度可進行持續不斷改進，即可減少 20X9 年所需的直接人工小時，說明如下：

	預計製造每批齒輪所需直接人工小時
2010 年 1 月至 3 月	7.5
2010 年 4 月至 6 月	7.4
2010 年 7 月至 9 月	7.3
2010 年 10 月至 12 月	7.2

直接人工小時是變動製造費用成本的成本動因，故當直接人工小時減少時，會同時降低變動製造費用成本。因此瑞展公司必須進行持續不斷改進的目標，否則實際直接人工小時仍會超過下一季的預計小時。當不佳的情況發生時，瑞展公司管理者應查明目標無法達成的原因，修正其目標或執行程序，直到達成持續不斷改進的目標與精神。

3. 作業基礎制預算制度（activity-based budget）

此預算制度採用作業基礎成本制所得到之成本動因，作為估計生產與銷售產品或提供服務時，所需的作業成本預算編製方法。一般而言，作業基礎預算的編製步驟如下：

步驟一：決定每個作業之預算單位成本。

步驟二：根據銷售和生產目標決定每個作業單位投入之作業水準。

步驟三：根據前二個步驟的資料，計算出每個作業單位之總預算成本。

步驟四：將每個作業之總預算成本加以彙總編表，並列示作業成本總預算。

成會焦點

政府預算之應用

政府預算的分配是一種選擇，我國預算是依據預算法之相關規定編列，首先經過行政院所提出施政方針在依據預估的政府收入，擬定出大略的支出規模，國家的預算有其政策上考量，常使預算有其僵固的現象，例如：社會福利費用的支出、國防支出、教科文支出，在有限的資源下，應將資源靈活運用，

圖片來源：行政院
資料來源：行政院全球資訊網

創造最佳的施政效率與效益。我國政府績效內容是以績效預算為主，費用預算、設計計畫預算、零基預算為輔。透過上述預算內容，可讓各單位重視工作績效、成本效益分析…等，嚴格把關效率不佳的執行單位，使政府的稅收發揮最大的效益。

11-2 主要預算

一、主要預算之意義

係指企業在下一會計年度之經營及財務規劃，所整合成的預算財務報表，可分為 (1) 營業預算（operating budget）營業預算係指企業在未來一段期間而編製的預算，包括銷貨預算及生產預算等，主要產生的報表為「預計綜合損益表」。與 (2) 財務預算（financial budget）財務預算係指企業在未來一段期間資金的取得與運用計畫所編製的預算，包括資本支出預算與現金預算等，主要產生的報表為「預計資產負債表」與「預計現金流量表」。。主要預算所組成內容說明如表 11-1。

表 11-1　主要預算組成內容

營業預算	財務預算
銷貨預算	現金預算 • 現金收入預算 • 現金支出預算 • 現金結存預算
製造預算 • 直接原材用量及採購預算 • 直接人工預算 • 製造費用預算 • 期末製成品存貨預算 • 銷貨成本預算	預計資產負債表
生產預算	預計現金流量表
銷售費用預算	
管理費用預算	
其他收入與費用預算	
預計損益表	

二、編製主要預算的步驟

　　財務部范經理為了使佳年進一步瞭解預算的程序，便以瑞展公司為例，說明主要預算編製過程。圖 11-2 為瑞展公司主要預算流程圖，說明表 11-1 各項組成內容及其相互間關係，上半部自銷貨預算到預計綜合損益表為營業預算，下半部為財務預算。

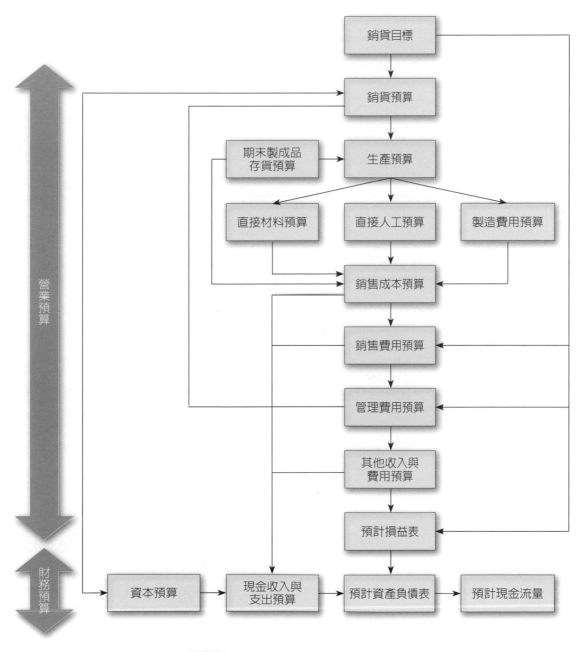

圖 11-2 　瑞展公司主要預算流程圖

步驟1：編製銷貨預算

如圖11-2可知，通常由銷售預算為起點開始編製預算，包括生產、存貨及費用都是引用銷售量與預計收入的水準而定。編製銷貨預算是由預期銷售量乘以每單位售價，計算公式如下：

銷售預算 = 預期銷售量 × 每單位售價

假設瑞展公司 20X9 年各季的銷貨預測如表 11-2 可知，該公司預計全年可售出 20,000 個齒輪，每個單位售價 $100，其中在第三季為銷貨旺季。

表 **11-2** 銷貨預算

	瑞展公司 銷貨預算 20X9 年 季別				
	第一季	第二季	第三季	第四季	全年
預期銷售量	3,000	4,000	8,000	5,000	20,000
乘：每單位售價	$ 100	$ 100	$ 100	$ 100	$ 100
銷貨收入總額	$ 300,000	$ 400,000	$ 800,000	$ 500,000	$ 2,000,000

步驟2：編製生產預算

在設定銷貨預算完成之後，下一個步驟就可以估計下一個營業期間所需生產數量。企業對期末存貨會有事先規劃，以避免存貨庫存量過多或不足的情況發生。故在編製生產預算時，通常會先決定該期末存貨的數量。每期所需生產數量是由預期銷售量加上預期期末存貨數量，再減去預期的期初存貨數量，計算公式如下：

生產數量預算 = 預計銷售數量 + 預期期末存貨數量
— 預期的期初存貨數量

假設瑞展公司20X9年各季預期期末存貨數量，為下一季銷售量的20%，預期每下一年度之第一季銷售量為3,000單位，該公司生產預算表如表11-3。

表 11-3　生產預算

	瑞展公司 生產預算 20X9年 季別				
	第一季	第二季	第三季	第四季	全年
預期銷售量（參照表 11-2）	3,000	4,000	8,000	5,000	20,000
期末存貨數量 *	800	1,600	1,000	600	600**
總需求量	3,800	5,600	9,000	5,600	20,600
減：期初存貨數量 ***	600	800	1,600	1,000	600
所需生產數量	3,200	4,800	7,400	4,600	20,000

* 相當於下一季銷售量的 20%
** 相當於第四季的數字
*** 前一季的期末存貨＝下一季的期初存貨

步驟3：編製直接原料用量預算

生產預算編製完成之後，下一步驟即可編製直接原料用量預算，可計算出生產過程所需的原料用量。企業所採購的原料必須足夠，以供應生產過程及期末存貨所需耗用的數量，計算公式如下：

直接原料用量預算＝生產數量 × 生產每一單位產品所需直接原料用量
　　　　　　　　　＋期末存貨原料存量 － 期初存貨原料存量

假設瑞展公司20X9年預期生產每一單位產品需耗用直接原料10單位，原料每單位購價為$0.4。預期公司每一季的期末原料存量為下一季生產需求量之10%，且預期第四季之期末原料存量為2,000單位，該公司直接原材用量預算表如表11-4。

表 11-4　直接原料用量預算

瑞展公司
直接原料用量預算
20X9年
季別

	第一季	第二季	第三季	第四季	全年
預期生產量（請參照表 11-3）	3,200	4,800	7,400	4,600	20,000
乘：每單位所需耗用原料量	10	10	10	10	10
生產需求量	32,000	48,000	74,000	46,000	200,000
加：期末存貨原料存量 *	4,800	7,400	4,600	2,000	2,000
原料耗用總需求量	36,800	55,400	78,600	48,00	202,000
減：期初存貨原料存量	3,200	4,800	7,400	4,600	3,200
預期原料採購量	33,600	50,600	71,200	43,400	198,800
乘：原料每單位購價	$ 0.4	$ 0.4	$ 0.4	$ 0.4	$ 0.4
預期原料採購成本	$ 13,440	$ 20,240	$ 28,480	$ 17,360	$ 79,520

* 相當於下一季生產需求量的 10%

步驟4：編製直接人工預算

直接人工預算是依據生產預算來編製，企業必須先計算對直接人工的需求，人力資源部門可事先規劃，有助於人事政策調整，計算公式如下：

直接人工預算 = 生產數量 × 生產每一單位產品所需直接人工小時
× 每直接人工小時成本

假設瑞展公司20X9年預期生產每一單位產品需耗用直接人工0.4小時，人工成本每小時為$100，該公司直接人工預算表如表11-5。

表 11-5　直接人工預算

直接人工預算
20X9 年
季別

	第一季	第二季	第三季	第四季	全年
預期生產數量（請參照表 11-2）	3,200	4,800	7,400	4,600	20,000
乘：每單位所需耗用直接人工小時	0.4	0.4	0.4	0.4	0.4
生產所需直接人工時數	1,280	1,920	2,960	1,840	8,000
乘：每小時直接人工成本	$ 100	$ 100	$ 100	$ 100	$ 100
直接人工成本總額	$ 128,000	$ 192,000	$ 296,000	$ 184,000	$ 800,000

步驟5：編製製造費用預算

製造費用預算列示除了直接原料及直接人工以外之所有製造成本，依成本習性可區分為固定成本與變動成本，並計算出預期製造費用分攤率，以便將預算期間的製造費用分攤至個別產品。另外將屬於非現金項目之製造費用從製造費用總額中扣除，以計算出製造費用的現金支出數，以便編製現金預算。製造費用計算公式如下：

製造費用預算＝固定製造費用預算＋每單位變動製造費用分攤率
　　　　　　　× 預期生產量或作業量

假設瑞展公司以直接人工小時數作為預期製造費用分攤率，該公司變動製造費用分攤率為每直接人工小時 $10，每一季預期固定製造費用為 $30,000，其中 $10,000 是折舊費用，所有與製造費用相關的現金支出都在當季支付，該公司製造費用預算表與預期現金支出如表 11-6。

表 **11-6** 製造費用預算

	瑞展公司 製造費用預算 20X9 年 季別				
	第一季	第二季	第三季	第四季	全年
生產所需直接人工時數（參照表 11-5）	1,280	1,920	2,960	1,840	8,000
乘：預期變動製造費用分攤率	$ 10	$ 10	$ 10	$ 10	$ 10
預期變動製造費用	$12,800	$19,200	$29,600	$18,400	$80,000
加：預期固定製造費用	30,000	30,000	30,000	30,000	120,000
預期製造費用總額	$42,800	$49,200	$59,600	$48,400	$200,000
減：折舊費用	10,000	10,000	10,000	10,000	40,000
製造費用現金支出（需求）	$32,800	$39,200	$49,600	$38,400	$160,000

步驟6：編製期末製成品存貨預算

依據表11-2至表11-6，已有足夠的數據資料來計算每單位製成品成本，並估計期末製成品存貨成本，以便估計出銷貨成本，有助於預算綜合損益表與預算資產負債表之編製。

假設瑞展公司每單位製成品成本為$54，其中包括$4是直接原料、$40是直接人工及$10是製造費用，其中製造費用以直接人工小時為製造費用的分攤基礎，該公司期末製成品存貨預算表如表11-7。

表 11-7　期末製成品存貨預算

	數量	成本	合計
瑞展公司 期末製成品存貨預算 20X9 年			
每單位生產成本：			
直接原料	10 單位	$0.4 / 每單位	$　　　4
直接人工	0.4 小時	$100 / 每小時	$　　　40
製造費用	0.4 小時	$25 / 每小時 *	$　　　10
每單位生產成本			$　　　54
預期製成品存貨：			
期末製成品存貨量（參照表 11-3）			600
乘：每單位生產成本			$　　　54
			$　32,400

* 預計固定製造費用分攤率＝ $120,000 / 8,000(DLH) ＝ $15 / 每直接人工小時
　預計製造費用分攤率 =$15+$10=$25

步驟7：編製銷貨成本預算

可根據步驟3至步驟6之資料編製銷貨成本預算，瑞展公司20X9年銷貨成本預算表如表11-8。

表 11-8　銷貨成本預算表

瑞展公司 銷貨成本預算 20X9年		
期初製成品存貨（600×$54）		$　32,400
加：製造成本總額		
直接原料（參照表 11-4，200000×$0.4）	$　80,000	
直接人工（參照表 11-6，8,000(DHL)×$100）	800,000	
製造費用（參照表 11-6）	200,000	$ 1,080,000
可供銷售製成品總額		$ 1,112,400
減：期末製成品存貨（參照表 11-7）		32,400
銷貨成本		$ 1,080,000

步驟8：編製銷售與管理費用預算

銷售與管理費用預算係指在預算期間列示不屬於非生產活動所發生的各項費用。這些費用預算數字是由各項負責控制銷售與管理費用的人員分別編製彙總而成。編製此預算時，必須按成本習性把費用區分為變動費用與固定費用。

假設瑞展公司預期銷售每單位變動銷售與管理費用為$4，每季固定銷售與管理費用為$125,600，包含廣告費$4,000，薪資費用$120,000，折舊$1,000以及財產稅$600，該公司銷售與管理費用預算表如表11-9。

表 11-9　銷售與管理費用預算表

	第一季	第二季	第三季	第四季	全年
瑞展公司 銷售與管理費用預算 20X9年 季別					
預期銷售量（參照表 11-2）	3,000	4,000	8,000	5,000	20,000
乘：每單位變動銷售與管理費用	$ 4	$ 4	$ 4	$ 4	$ 4
預計變動銷管費用	$ 12,000	$ 16,000	$ 32,000	$ 20,000	$ 80,000
加：固定銷售與管理費用					
廣告費	4,000	4,000	4,000	4,000	16,000
薪資費用	120,000	120,000	120,000	120,000	480,000
折舊	1,000	1,000	1,000	1,000	4,000
財產稅	600	600	600	600	2,400
預期銷售與管理費用總額	$ 137,600	$ 141,600	$ 157,600	$ 145,600	$ 582,400
減：折舊	1,000	1,000	1,000	1,000	4,000
銷售與管理費用的現金支出	$ 136,600	$ 140,600	$ 156,600	$ 144,600	$ 578,400

步驟9：編製現金收入預算

一般而言，現金收入主要來自於銷貨所收到的現金，包括本期現金銷貨收入、本期賒銷在當期收現部分以及以前賒銷在本期收現部分。

假設瑞展公司預期每季銷貨收入總額在銷貨當季收現80%，剩下20%部分於次季收現，並且去年年底應收帳款為$100,000在本年第一季全部收回現金。該公司現金收入預算表如表11-10。

表 11-10 現金收入預算表

	瑞展公司 現金收入預算 2019年 季別				
	第一季	第二季	第三季	第四季	全年
銷貨總額（參照表 11-2）	$300,000	$400,000	$800,000	$500,000	$2,000,000
預期現金收入：					
應收帳款（去年年底）	$100,000				$ 100,000
加：第一季銷貨收入 (80%，20%)	240,000	$ 60,000			300,000
加：第二季銷貨收入 (80%，20%)	-	320,000	$ 80,000		400,000
加：第三季銷貨收入 (80%，20%)	-	-	640,000	$160,000	800,000
加：第四季銷貨收入 (80%)	-	-	-	400,000	400,000
現金收入總額	$340,000	$380,000	$720,000	$560,000	$2,000,000

步驟10：編製現金支出預算

現金支出預算表列示了預算期間內預計現金支出總額，包括原料採購成本、直接人工、製造費用、所得稅、購買設備及支付股利的支出等。

假設瑞展公司預期每季原料採購成本在採購當季即支付80%，剩下20%部分於次季付現，並且去年年底應付帳款為$16,000在本年第一季全部付現。另外該公司計畫於本年第一季以現金購買一套自動化設備為$100,000，並且於本年最後一季支付現金股利$10,000。該公司現金支出預算表如表11-11。

表 11-11　現金支出預算表

	第一季	第二季	第三季	第四季	全年
瑞展公司 現金支出預算 20X9年 季別					

	第一季	第二季	第三季	第四季	全年
預期原料採購成本 (參照表 11-4)	$13.440	$20,240	$28,480	$17,360	$79,520
應付帳款 (去年年底)	$16,000				$16,000
加：第一季購貨 (80%，20%)	10.752	$2,688			13,440
加：第二季購貨 (80%，20%)	-	16,192	$4,048		20,240
加：第三季購貨 (80%，20%)	-	-	22,784	$5,696	28,480
加：第四季購貨 (80%)	-	-	-	13,888	13,888
採購原料現金支出	$26,752	$18,880	$26,832	$19,584	$92,048
其他現金支出：					
直接人工 (參照表 11-5)	$128,000	$192,000	$296,000	$184,000	$800,000
製造費用 (參照表 11-6)	32,800	39,200	49,600	38,400	160,000
銷管費用 (參照表 11-9)	136,600	140,600	156,600	144,600	578,400
購買設備	100,000	-	-	-	100,000
支付現金股利	-	-	-	10,000	10,000
合計	$397,400	$371,800	$502,200	$377,000	$1,648,400
現金支出總額	$424,152	$390,680	$529,032	$396,584	$1,740,448

步驟11：編製現金預算

當營業預算編製完成後，下一個步驟即可以開始編製現金預算，根據期初現金餘額加上現金收入預算數（參照表11-10），再減去現金支出預算數（參照表11-11），得出現金餘額若有不足的部分，即產生資金需求的缺口，則必須向銀行申請貸款或其他融資方式以取得資金，相反的若有多餘的部分，則可以用來償還貸款或從事短期的投資活動。一般而言，現金預算所涵蓋的期間愈短愈好，以免忽略現金餘額的短期波動。這企業以月或週為期間單位，但最常見還是以月或季為單位來編製現金預算。

假設瑞展公司去年年底現金餘額為$150,000，每季現金餘額至少$100,000以應付營業上之需要，若有現金不足的部分，可向銀行申請融資。銀行貸款或還款皆以萬元為單位，且年利率為

12%，貸款於每季第一個月初生效，每季最後一個月底本金與利息一同償付。若該公司現金多餘的部分，也是以萬元為單位，從事短期投資。該公司現金預算表如表11-12。

表 11-12　現金預算表

		瑞展公司 現金預算表 20X9年 季別		
	第一季	第二季	第三季	第四季
期初現金餘額	$150,000	$105,848	$105,168	$101,936
加：現金收入 (參照表 11-10)	340,000	380,000	720,000	560,000
可使用現金總額	$490,000	$485,848	$825,168	$661,936
現金支出 (參照表 11-10)	$424,152	$390,680	$529,032	$396,584
預期最低現金餘額	100,000	100,000	100,000	100,000
現金需求總額	$524,152	$490,680	$629,032	$496,584
現金餘額 (不足)	($34,152)	($4,832)	$196,136	$165,352
理財				
借款	$ 40,000	$ 10,000	-	-
償還	-	-	($50,000)	-
利息 (年利率 12%)*	-	-	($4,200)	-
融資結果	$ 40,000	$ 10,000	($54,200)	-
短期投資	-	-	($140,000)	160,000
期末現金餘額	$105,848	$105,168	$101,936	$105,352

* 注意償還之借款利息是每季最後一個月所還本金計算。

第三季利息支出為 $40,000×0.12×9÷12+10,000×0.12×6÷12 ＝ 4,200

步驟12：編製預計綜合損益表

根據表11-2至表11-12的相關資料，即可編製預計綜合損算表，用以表達預算期間之預期營業結果，其內容也可以作為績效衡量的標準，是預算編製過程中重要的財務報表之一。瑞展公司預計綜合損益表如表11-13（假設20X9年度並無其他綜合損益項目）。

表 **11-13** 預計綜合損益表

瑞展公司 銷貨損益表 20X9年		
銷貨收入 (參照表 11-2)	$	2,000,000
減：銷貨成本 (參照表 11-8)		1,080,000
銷貨毛利	$	920,000
減：銷管費用 (參照表 11-9)		582,400
營業淨利	$	337,600
減：利息費用 (參照表 11-12)		4,200
本期淨利 *	$	333,400
* 不考慮所得稅		

步驟13：編製預計資產負債表

預計資產負債表的編製過程，是根據上期期末資產負債表，然後考慮其他各項預算的資料加以調整。假設瑞展公司20X8年底的資產負債表則列示如表11-14，該公司20X9年預計資產負債表如表11-15。

表 **11-14** 20X8 年底資產負債表

瑞展公司 資產負債表 20X8年12月31日				
資　　產				
流動資產：	$	150,000		
現金		100,000		
應收帳款		1,280		
直接原料存貨 (3,200 單位 ×$0.4)		32,400		
製成品存貨 (600 單位 ×$54)			$	283,680
流動資產合計				
廠房及設備：				
土地	$	1,000,000		
房屋及設備		400,000		
累計折舊		(100,000)		
廠房及設備淨額				1,300,000
資產合計			$	1,583,680
負債及股東權益				
流動負債：				
應付帳款			$	16,000
股東權益				
普通股本	$	1,200,000		
保留盈餘		367,680		
股東權益合計			$	1,567,680
負債與股東權益合計			$	1,583,680

表 **11-15**　20X9 年底預計資產負債表

瑞展公司
預計資產負債表
20X9 年 12 月 31 日

資　產		
流動資產：		
現金	$　　105,352[a]	
短期投資	$　　300,000[b]	
應收帳款	100,000[c]	
直接原料存貨	800[d]	
製成品存貨	32,400[e]	
流動資產合計		$　　538,552
廠房及設備：		
土地	$　1,000,000[f]	
房屋及設備	500,000[g]	
累計折舊	(144,000)[h]	
廠房及設備淨額		1,356,000
資產合計		$　1,894,552
負債及股東權益		
流動負債：		
應付帳款		$　　3,472[i]
股東權益：		
普通股本	$　1,200,000[j]	
保留盈餘	691,080[k]	
股東權益合計		$　1,891,080
負債與股東權益合計		$　1,894,552

a 與 b：參照表 11-12

c：參照表 11-10。第四季銷貨總量的 20%，即 $500,000×20%=100,000。

d：參照表 11-4。期末直接原料存量為 2000 單位，原料每單位購價為 $0.4，即期末直接原料存量為 2000×$0.4=800。

e：參照表 11-7。

f：參照表 11-14，因為今年的土地未作任何的變動故與去年相同。

g：去年底房屋及設備餘額為 $400,000，今年度購置 $100,000 的設備（參照表 11-10），故今年期末的餘額為 $400,000+100,000=500,000。

h：去年底累計折舊餘額為 $100,000，本年度提列 $44,000 亦指即 40,000（參照表 11-5）+4,000（參照表 11-8）=44,000。故本年底餘為 $100,000+$44,000=$144,000。

i：參照表 11-11。第四季原料採購成本的 20%，即 $17,360×20%=3,472。

j：參照表 11-14，因為今年的普通股本未作任何的變動故與去年相同。

k：去年底保留盈餘餘額為 $367,680（亦指今年期初保留盈餘）+ 本期淨利為 $333,400（參照表 11-13）－ 股利 $10,000（參照表 11-11）= 今年度期末保留盈餘 $691,080。

步驟14：編製預計現金流量表

根據現金預算表、綜合損益表與資產負債表的資料，即可以編製預計現金流量表。此表係以現金流入與流出，報導企業在預算期間內之營業、投資及理財活動。瑞展公司20X9年預計現金流量表如表11-16。

表 11-16 20X9年度預計現金流量表

<table>
<tr><td colspan="3" align="center">瑞展公司
預計現金流量表
20X9年12月31日</td></tr>
<tr><td>營業活動之現金流量</td><td></td><td></td></tr>
<tr><td>本期淨利</td><td></td><td>$ 333,400[a]</td></tr>
<tr><td>調整項目</td><td></td><td></td></tr>
<tr><td>　加：折舊費用</td><td>$ 44,000[b]</td><td></td></tr>
<tr><td>　　　存貨減少</td><td>$ 480[c]</td><td></td></tr>
<tr><td>　減：應付帳款減少</td><td>(12,528)[d]</td><td>31,952</td></tr>
<tr><td>營業活動之淨現金流入</td><td></td><td>$ 365,352</td></tr>
<tr><td>投資活動之現金流量</td><td></td><td></td></tr>
<tr><td>購置設備</td><td>$ (100,000)[e]</td><td></td></tr>
<tr><td>短期投資</td><td>(300,000)[f]</td><td></td></tr>
<tr><td>投資活動之淨現金流出</td><td></td><td>(400,000)</td></tr>
<tr><td>理財活動之現金流量</td><td></td><td></td></tr>
<tr><td>支付股利</td><td></td><td>(10,000)[g]</td></tr>
<tr><td>本期現金淨流出</td><td></td><td>($44,648)</td></tr>
<tr><td>加：期初現金餘額</td><td></td><td>150,000[h]</td></tr>
<tr><td>期末現金餘額</td><td></td><td>$ 105,352</td></tr>
</table>

a：參照表11-13。

b：期初累積折舊餘額為$100,000，期末累積折舊餘額為$144,000，故累積折舊增加$44,000皆為今年所提列的折舊費用。

c：期初存貨餘額為$33,680($1,280+$32,400)，期末存貨餘額為$33,200($800+$32,400)，故今年存貨減少$480。

d：期初應付帳款餘額為$16,000，期末應付帳款餘額$3,472，故今年應付帳款減少$12,528。

e：期初房屋及設備餘額為$400,000，期末房屋及設備餘額為$500,000，故今年房屋及設備增加$100,000，皆為今年購置設備。

f：期初短期投資餘額為$0，期末短期投資餘額為$300,000，故今年短期投資增加$300,000。

g：參照表11-11。

h：參照表11-14。

　　本章討論整體預算，其中「道德」在預算編製時扮演重要角色。為了使預算編製更有效率，需要下級部屬對上級主管忠實表達預算的相關資訊，以作為實際績效表現之依據。但是有時候下級部屬意圖建立預算鬆弛（budgetary slack）預算鬆弛（budgetary slack）即填塞預算（padding the budget）係指部門主管或員工在編製預算過程中，企圖高估費用或低估收入，使能以較少之努力達成預算執行的目標，使其預算執行的目標更容易達成。從「問題討論」，我們可以體會公司員工常面臨道德兩難的情況。

🔍 問題討論

道德兩難案例

吳正穎先生是瑞展工業股份有限公司中科廠生產部門的主管，他預估今年該部門的生產力能成長 15%，且自信滿滿的說：「其中 5% 的生產力是一定可以達成的」，吳正穎面臨兩難的情況，是要向上級主管呈報預估數字 15% 或是實際可達到數字 5% 之生產力？

情況一：吳正穎向上級主管呈報預估數字 15%，若事後中科廠生產部門未達到 15% 之生產力目標，則上級主管可能會把原因歸究於吳正穎在生產力表現欠佳所造成的，如此一來會影響吳正穎先生獲取紅利與升遷的機會。

情況二：吳正穎向上級主管呈報預估數字 5%，若事後中科廠生產部門超過預估值 5%，則公司將無法提供足夠的原物料以供中科廠生產部門生產，如此一來影響公司整體的利益。

問題：

若你是吳正穎的話，在預算編製時，要考量個人利益為優先，或是以公司整體利益為考量且提供最符合現狀的預算估計數字？

討論：

從上述案例來看，公司的員工若面臨到上述的情況，我們建議公司上級主管應經常親自參與並實地觀察各部門，也可以將生產部門所預估生產力與其他同業相比較，以決定所發放紅利與升遷的機會，而非以生產部門主管所提供的預估數字為依據，避免生產部門主管將預算設在易於達成的水準。並且不建議以施加壓力的方式要求員工達成較高的目標，會使該生產部門主管在無法達成較高預算時，作出不實之預計財務報表。因此，公司應該以激勵方式促使員工能誠實地報告最符合現狀的預算估計數字，以減少編製預算鬆弛的情況產生。

本章回顧

　　預算是以數量化模式表達企業在特定期間所預期進行之活動計畫，包含未來某段時間內財務以及其他資源取得與使用之詳細計畫。一般而言，預算功能有四：(1) 協調與溝通功能；(2) 激勵功能；(3) 規劃功能；(4) 績效評估功能。

　　通常將預算訂定的過程，稱為預算編製，而運用預算以控制企業活動的過程，則稱為預算性控制。編製預算過程：(1) 規劃績效；(2) 提供標準；(3) 分析差異；(4) 重新規劃。預算種類則可依整體或部門、預算期間、性質、員工參與程度、其他預算制度等區分。

　　主要預算係指企業在下一會計年度之經營及財務規劃，所整合成的預算財務報表，可分為營業預算與財務預算，編製主要預算步驟為：(1) 編製銷貨預算；(2) 編製生產預算；(3) 編製直接原料用量預算；(4) 編製直接人工預算；(5) 編製製造費用預算；(6) 編製期末製成品存貨預算；(7) 編製銷貨成本預算；(8) 編製銷售與管理費用預算；(9) 編製現金收入預算；(10) 編製現金支出預算；(11) 編製現金預算；(12) 編製預計綜合損益表；(13) 編製預計資產負債表。

本章習題

一、選擇題

( ) 1. 下列為丁公司第四季相關資料：

銷貨成本	$18,000
期初應付帳款	4,000
期初存貨	3,000
期末存貨	2,100

若第四季每月之採購額均相同，且當月之採購於次月付現；則第四季採購之現金支出預算為何？

(A) $15,400　(B) $16,600　(C) $21,100　(D) $22,900。　　　　（107 普考會計）

( ) 2. 丁公司正規劃 X7 年的營業預算，預定使用的平均營運資產為 $2,000,000。丁公司產品每單位平均邊際貢獻為 $200，流動負債 $180,000，長期負債 $820,000，固定成本 $800,000。若丁公司 X7 年度目標投資報酬率為 20%，則產品銷售量應為何？

(A) 6,000 單位　(B) 6,900 單位　(C) 7,000 單位　(D) 7,900 單位。

（107 普考會計）

( ) 3. 責任會計制度對於員工行為具有重要影響，應如何執行為佳？

(A) 責任會計制度的重點在於應對績效不佳的部門究責以促進組織目標的達成

(B) 責任會計制度的重點在於獲取資訊使管理者作出對個別責任中心最有利的決策

(C) 責任會計制度應使管理者對可控制與不可控制的成本負責以提升各責任中心的績效

(D) 責任會計制度的重點在於提供資訊給管理者使其瞭解如何能夠提升整體組織的績效。　　　　（107 高考會計）

( ) 4. 甲公司產銷傳真機，並以部門可控制淨利衡量各部門之績效，下列何者為計算部門可控制淨利之方法？

(A) 部門收入扣除部門變動成本後之餘額

(B) 部門收入扣除部門可控制固定成本後之餘額

(C) 部門收入扣除部門變動成本及部門可控制固定成本後之餘額

(D) 部門收入扣除全公司變動成本及部門可控制固定成本後之餘額。

（106 普考會計）

( ) 5. 下列關於靜態預算與彈性預算之比較,何者正確?

(A)靜態預算為只包含固定成本之預算,但是彈性預算為同時包含固定成本與變動成本之預算

(B)靜態預算著重固定資產取得成本之控管,但是彈性預算著重隨銷售量而改變之費用之控管

(C)靜態預算在預算期間開始後即無法變更,但是彈性預算則必須按照實際成本之數額隨時調整

(D)靜態預算下的成本與實際成本之差異即使為不利,仍可能因成本控管使彈性預算差異為有利。　　　　　　　　　　　　　　(105 地特三等)

( ) 6. 下列何者不是一套良好的平衡計分卡所具備的特質?

(A) 明確顯示各個構面策略目標的因果關係

(B) 包含所有可能的衡量指標以求衡量之完整性

(C) 設定每個目標所欲達成的績效水準

(D) 連結策略規劃與預算分配。　　　　　　　　　　　(105 會計師)

( ) 7. 關於獎酬與績效評估之敘述,下列何者不正確?

(A) 在評估部門經理個人績效時,宜採用與評估部門整體績效一致之績效指標

(B) 在評估部門經理個人績效時,宜採用與評估部門整體績效不同之績效指標

(C) 給予經理人固定獎酬容易產生道德危險(moral hazard),但經理人所承擔的風險較小

(D) 給予經理人變動獎酬能提供較高之努力誘因,但經理人亦承擔較高之風險。

(105 會計師)

( ) 8. 下列敘述何者最不能說明平衡計分卡中之「平衡」意義?

(A) 收入成長與成本抑減之平衡　　　　(B) 財務與非財務構面衡量之平衡

(C) 企業內部與外部之平衡　　　　　　(D) 領先指標與落後指標之平衡。

(105 地特四等)

( ) 9. 下列對於零基預算的描述有幾項錯誤?　①強調無論是新興或者是舊有的預算,編製預算時皆需重新評估各項考慮因素的預算制度　②要求每一部門主管

為其所負責之業務或作業，準備一份決策囊（decision package），決策囊中明確列示所有業務或作業的重要性及相對優先順序　③需要準備及印製大量文件

(A) 零項　(B) 一項　(C) 二項　(D) 三項。　（103 地特三等）

(　　)10. 下列何者非為良好的績效報告應具備之條件？

(A) 績效報告應列出實際數、預算數與差異數

(B) 為爭取時效，績效報告可犧牲某種程度之準確性

(C) 對高層管理當局之報告，應涵蓋較長期間且內容較詳細

(D) 績效報告應避免深奧的會計專有名詞。　　　　　　　（101 地特四等）

二、計算題

1. 乙公司為一辦公用品的批發商，總部位於臺北，向製造商購買商品後，在北區、中區、南區成立三個銷售據點。今年公司首度出現營業虧損，總經理要求會計部門提供損益表以檢討虧損原因。以下為會計部門所提供的各地區別之損益表：

	北區	中區	南區
營業收入	4,500,000	8,000,000	7,500,000
區域費用：			
銷貨成本	1,629,000	2,800,000	3,765,000
廣告費	1,080,000	2,000,000	2,100,000
人事費	900,000	880,000	1,350,000
水電費	135,000	120,000	150,000
折舊費	270,000	280,000	300,000
運送費用	171,000	320,000	285,000
區域費用總和	4,185,000	6,400,000	7,950,000
區域營業淨利（損）	315,000	1,600,000	(450,000)
總部費用			
廣告費	180,000	320,000	300,000
行政費	500,000	500,000	500,000
總部費用總和	680,000	820,000	800,000
營業淨利（損）	(365,000)	780,000	(1,250,000)

上表中，銷貨成本與運送費用為變動成本，其餘成本為固定成本。三個銷售據點規模很接近，每一據點皆各自有銷售經理與業務人員。

試回答下列問題：

(1)以上述會計部門所提供之損益表評估各銷售據點之營運績效有何缺陷？

(2)請問總部費用是如何分攤給各地區之銷售據點？你認為該分攤是否合理？請說明理由。 （106 會計師）

2. 乙公司設有 A、B、C 等三若部門，在某年度的財務報表中，若各部門的財務狀況如下：

	A 部門	B 部門	C 部門	全公司
銷貨收入	$30,000	$42,000	$84,000	$156,000
銷貨成本及費用	30,000	40,000	76,000	146,000
損益	$　　0	$ 2,000	$ 8,000	$ 10,000

各部門變動成本及費用占各該部門銷貨收入之百分比如下：A 部門 40%，B 部門 50%，C 部門 60%。

各部門共同性之固定成本及費用為 $12,000，依直接人工小時分攤至各部門之數額如下：A 部門 $3,000，B 部門 $4,000，C 部門 $5,000。若他成本及費用，若屬各該部門之直接成本。

試作：

(1)以貢獻式損益表列示各部門與全公司之損益。

(2)A 部門因為損益為 $0，公司總經理想開發另外一個 D 部門，來接替 A 部門。D 部門預計可創造銷貨收入 $30,000，但其變動之銷貨成本及費用只有 $15,000，其餘成本與費用的使用狀況均與 A 部門相同，請問若乙公司關閉 A 部門，並開發 D 部門，則將為公司帶來多少損益？ （105 關務特考）

3. 丁公司估計未來 6 個月的預計銷貨如下：

月份	銷貨單位
6	90,000
7	120,000
8	210,000
9	150,000
10	180,000
11	120,000

該公司 6 月初有期初存貨 30,000 單位，且每月底需根據下個月銷貨的 20% 預備存貨。假設每單位的產品需用 5 公克的材料，每公克的材料單價為 $8，該公司需根據下個月之生產需求的 30% 來預備該月之材料存貨。6 月 1 日材料存貨為 15 公斤。

試作：

(1) 7、8 月與 9 月的預計生產單位數為何？

(2) 8 與 9 月的預計材料採購單位數為何？

(3) 8 與 9 月的預計材料採購金額為何？　　　　　　　　　　（105 關務特考）

4. 甲公司 t 月份之營運成果相關資料如下：

銷貨收入	$650,000
變動銷貨成本	200,000
固定銷貨成本	100,000
變動銷貨費用	50,000
固定銷貨費用	150,000

試作：編製甲公司 t 月份之貢獻式損益表。　　　　　（104 退除役軍人四等）

5. 書神印刷公司專門為大學或研究機構印刷專業書籍，由於每次印刷之整備成本高，書神印刷公司會累積書籍訂單至將近 500 本時，才安排印刷整備與生產書籍。對於特殊訂單，書神印刷公司會生產每批次數量較少之書籍，每次特殊訂單索價 $4,200。20X3 年印刷作業之預算與實際成本如下：

	靜態預算數	實際數
印刷書籍總數量	300,000	324,000
每次整備平均印刷書籍數量	500	480
每次印刷機器整備時數	8 小時	8.2 小時
每整備小時之直接變動成本	$400	$390
固定整備製造費用總金額	$1,056,000	$1,190,000

試作：

(1) 20X3 年靜態預算之整備次數及彈性預算之整備次數。

(2) 採用整備小時分攤固定整備製造費用，求算預計固定製造費用分攤率。

(3) 計算直接變動整備成本之價格差異與效率差異，並標明有利（F）或不利（U）。

(4) 計算固定整備製造費用之支出差異與能量差異，並標明有利（F）或不利（U）。

　　　　　　　　　　　　　　　　　　　　　　　　　　（103 普考會計）

6. 台華公司採行責任中心制，該公司甲部門本年度十月份的績效報告（預算係按正常產能 2,000 單位編製之靜態預算）列示如下：

	靜態預算	差異
變動成本：		
直接材料	$40,000	$1,600（不利）
直接人工	20,000	500（不利）
製造費用	4,000	500（不利）
固定成本：		
部門直接成本	2,000	400（不利）
分攤服務部門成本	4,000	1,000（不利）
合計	$70,000	$4,000

十月初在製品存貨 200 單位（直接材料完工程度 60%；直接人工及製造費用完工程度 80%）。當月份開始投入生產 2,200 單位，至十月底 400 單位仍在製中（直接材料完工程度 50%；直接人工及製造費用完工程度 80%）。甲部門成本計算採先進先出法。

(1) 計算甲部門十月份每單位的實際直接材料成本，與每單位的實際加工成本。

(2) 請編製甲部門採彈性預算之績效報告。　　　　　　　　（103 地特四等）

7. 甲公司編製 X1 年總預算之預計損益表如下。該公司的產能可生產 60,000 單位產品，經理人預計 X1 年市場需求為 40,000 單位，因此 X1 年總預算係以 40,000 單位為基礎而編製。但受到市場反應熱烈的影響，X1 年實際製造並銷售 45,000 單位。

甲公司
損益表
X1 年

銷貨收入		$2,400,000
銷貨成本		
直接材料	$800,000	
直接人工	600,000	
間接材料（變動）	20,000	
間接人工（變動）	32,000	
折舊	150,000	
薪資	50,000	
水電費（70% 固定）	100,000	
維修費（40% 變動）	50,000	1,802,000
銷貨毛利		$598,000
營業費用		
佣金（銷貨收入 8%）	$192,000	

廣告費（固定）	100,000	
薪資（變動）	80,000	
租金 (固定)	80,000	
總營業費用		452,000
營業損益		$146,000

請依據上述資料為甲公司編製 X1 年彈性預算下之預估損益表。　　　（101 地特三等）

8. 癸公司根據下列資料將進行 X5 年第三季現金預算之編製：

(1)

	第二季季末（實際）	第三季季末（預計）
應收帳款	$80,000	$70,000
存貨	100,000	80,000
應付帳款	70,000	65,000

(2)公司每年現銷金額約占銷貨收入之 30%。

(3)第二季銷貨收入為 $500,000，銷貨成本為 $400,000；第三季預估之銷貨收入為 $600,000，銷貨成本為 $320,000。

試求：

(1) 第三季因銷貨將自顧客處收取之現金。

(2) 第三季因進貨將支付予供應商之現金。　　　　　　　（101 地特四等）

9. 甲公司 9 月初的實際現金餘額為 $104,000，10 月底的預計現金餘額為 $714,800。7 月及 8 月份的實際進貨金額分別為 $1,200,000 及 $640,000；實際銷貨金額為 $1,600,000 及 $1,440,000。9 月份的預計進貨金額及銷貨金額分別為 $1,440,000 及 $1,880,000。甲公司於進貨的次月支付所有款項，而且每次均會取得 5% 的進貨折扣。每月月底還需支付當月銷貨額 20% 的銷管費用。甲公司於銷貨的當月份收到 60% 的貨款，次月份收到 25%，第三個月收到 12%，剩餘的部分視為壞帳。

試求：

(1) 9 月底的預計現金餘額。

(2) 10 月份的預計銷貨金額。　　　　　　　　　　　（101 鐵路三等）

10.堯舜公司產銷兩種商品：學生用球鞋及專業用球鞋。兩種商品都需要合成布及人工皮。以下 3 月份兩種商品的成本資料：

直接材料

　　合成布：每尺 $10

　　人工皮：每尺 $12

　　直接人工：每直接人工小時 $30

每單位產出的投入數量：

項目	學生用球鞋	專業用球鞋
直接材料		
合成布	3 尺	5 尺
人工皮	2 尺	4 尺
直接人工小時	4 小時	6 小時
機器小時	2 小時	5 小時

直接材料存貨相關資訊：

項目	合成布	人工皮
期初存貨量	120 尺	80 尺
目標期末存貨量	500 尺	70 尺
期初存貨成本	$1,300	$1,200

銷售與製成品存貨相關資訊：

項目	學生用球鞋	專業用球鞋
預期銷售單位量	800	500
售價	$960	$2,000
目標期末存貨單位量	40	30
期初存貨單位量	20	40
期初存貨金額	$3,500	$7,800

堯舜公司採用作業基礎成本法，將製造費用分類為三個作業成本庫：整備、物料機器處理和檢查，其中物料機器處理是單位層級而其他作業成本庫是批次層級。三個作業的分攤率分別是每整備小時 $80、每機器小時 $15 與每檢查小時 $20。其他資訊如下：

成本動因資訊：

項目	學生用球鞋	專業用球鞋
每批次數量	20	14
每批次整備時間	1.2 小時	2 小時
每批次檢查時間	1 小時	1.2 小時

堯舜公司對於材料及製成品存貨都是採用先進先出法的成本流動處理。

試作：請編製 3 月份下列各項預算

(1)兩種產品的生產量預算。

(2)直接材料的用料預算及進貨預算。

(3)三個作業成本庫的個別製造費用預算。 （100 關務三等）

CHAPTER 12 成本分析與定價決策

學習目標 讀完這一章，你應該能瞭解

1. 瞭解訂定商品價格應考慮的因素。

2. 分析成本加成定價法與市場價格定價法的差異。

3. 說明目標成本法定價執行的步驟。

4. 瞭解何謂價值改造工程及其在管理上的意涵。

5. 瞭解在短期內，價格接受者如何決定產品銷售組合。

6. 瞭解短期內，有閒置產能與沒有閒置產能時，要如何定價。

7. 解釋何謂生命週期定價策略。

引言

范經理（財務部）一大早進辦公室就接到董事長特助的電話，要他立刻到董事長辦公室，范經理直覺可能有大事，心想不妙，難怪早上一起床，左眼皮就不停的跳，沒想到一不留神，竟然將幾張折價券和一疊廢紙塞進碎紙機。

張董事長：范經理，RB62 的銷售最近的幾個標案都沒拿到單，經過黃經理（行銷部）旁敲側擊的打聽，發現對手底價比我們便宜一成五，但 RB62 的利潤本來也不過一成，你有什麼看法？

范經理：董事長，RB62 是去年開發 R62 的改良版，其實新產品的生產成本經過一段時間的經驗累積，理論上應該可以大幅降低，而且自從導入作業基礎成本制（ABC）之後，我們對於成本結構可以充分掌握。我想 R 系列的產品可能需要作製程再造，以提升效能，這樣才能進一步降低成本和設定更具競爭力的售價。

張董事長：怎麼做？

范經理：其實就是重新檢視整個製程，讓製程更合理有效率，消除沒有產生附加價值的作業活動⋯

張董事長：好，我同意，這件事就由你規劃，我希望價格能在利潤維持原有水準之下再降低 15% 到 20%。

企業以營利為目的，經理人當然希望自己公司產品的售價越高越好，但碰到瑞展公司面對同業削價競爭，在商場上可說是司空見慣。所謂商場如戰場，每家公司為了生存，常常得在售價上費盡心思，且面對競爭者的削價競爭，若不跟隨減價應戰，可能會喪失訂單，然而售價降低勢必壓縮獲利，在降價與保有利潤間的權衡，可說是一門藝術。本章將針對商品定價的決定因素、長短期定價策略所考慮的因素，以及生命週期對定價策略的影響進行更深入的介紹。

12-1 價格訂定應考量的因素

　　商品價格高低，會影響銷售數量進而影響利潤，而銷售量多寡亦成為工廠設定生產量的主要考量因素，而生產數量又再攸關產能的設定與成本之分攤，可謂環環相扣。因此，產品價格的決定必須非常謹慎。一般商品價格決定的因素，主要取決於成本、顧客以及市場上的競爭關係：

一、成本

　　成本是生產或供應商品的所有必要代價，就買賣業而言，主要成本為商品的進貨成本。製造業的成本則包括直接原料、直接人工以及製造費用等製造成本，售價除了要回收這些製造成本外，長期而言，成本應該涵蓋整個價值鏈創造過程中所有發生的必要成本，從研發、設計階段企業便已對商品投入成本，即使製造完成銷售給顧客後，仍有售後服務成本，這些後續的成本也都應該算是總生命週期成本的一部份。在售價不變的情形下，若能將成本壓低一分，便能比競爭者多享一分利潤，在追求利潤極大化的企業終極目標下，成本控管便成為企業管理者的重要課題。

二、顧客

　　從需求面看，顧客對商品的需求，構成商品銷售的原因，隨著經濟發展，消費能力的提升，顧客購買商品的原因，除了功能性的原因外，亦包括追求時尚、表現自我等複雜的因素，且現代消費者喜歡追求商品多樣化，企業往往被迫必須投入大量的資源以掌握顧客的需求。例如：早期的電話純粹是通話的功能取向，外型少有變化，然而時至今日，電話、手機除了通話的基本功能外，消費者還希望經常有新造型、新功能，光是探索消費者心理便是一門複雜的學問，但低廉的售價與優良的品質似乎永遠是吸引消費者購買的最主要因素。

三、競爭環境

　　幾乎所有的企業均處在競爭的經營環境之中，除非是靠法令保護（例如：自來水公司等公營事業），否則獨占市場一般幾乎是不存在的。在競

爭的環境下，企業除了面對來自銷售相同商品的同業競爭者壓力外，亦得面對替代性商品隨時取而代之的挑戰，例如：星巴克咖啡連鎖店，其同業競爭者包括其他咖啡連鎖店、速食店，以及便利超商等，均有販賣咖啡，此外，咖啡的替代品（例如：茶品）也足以威脅咖啡之銷售量。在詭譎多變的競爭環境下，企業有時必須透過削價競爭之手段與競爭者對抗，這時企業必須同時衡量商品的成本結構及需求彈性等相關因素。

　　企業經營者制訂價格，往往是成本、顧客與競爭環境等因素綜合考量評估，然而計畫永遠趕不上變化，有時外部環境之突發的狀況也會讓經理人措手不及，例如，匯率的變動便常常是競爭環境的一項干擾因素；以2009年初為例，當國際金融風暴如火如荼的在各行各業引爆時，韓圓（韓國的貨幣單位）對美元突然短期劇烈的貶值，導致我國半導體、面板業者除因應全球性不景氣所造成的需求下降外，原本與韓國業者間勢均力敵的競爭態勢，因韓圓的貶值使得韓國競爭者出口成本相對有利，我國業者可謂雪上加霜承受更為嚴峻的壓力，除了同步降價應戰外，亦得考慮與國際上的大廠策略聯盟，甚至同業間相互整併以求生存。

成會焦點

一杯珍奶搖出新臺灣經濟奇蹟

　　真正讓珍奶走向世界的，是雅茗天地集團（品牌快樂檸檬）董事長吳伯超。1994年，他當兵退伍後，馬上跟親朋好友借貸三分利、150萬台幣到香港開「仙踪林」珍奶店，不到幾個月，就有20多家加盟店，在香港颳起一陣珍奶旋風；1996年隨即到上海開第一家店。

　　「我雖不是珍奶發明者，卻是珍奶的推廣者，是第一個到香港、到大陸幫珍奶業者開出曙光的人，」他與有榮焉地說。

不只仙踪林，其他品牌也紛紛走向海外，包括休閒小站、快可立（Quickly）、歇腳亭（Share tea）、天仁茗茶、50 嵐（KOI Thé）、日出茶太（Chatime）、CoCo 都可、貢茶（Gong cha）、春水堂、茶湯會等，都前進世界五大洲。

一杯珍奶在台灣的價格約在 50 至 80 元間，但飄洋過海後，卻是燙金身價，不僅媲美星巴克，售價甚至還要更高。伯思美國際實業董事長王俊峰指出，德國、美國客戶的珍奶定價，一杯約 5 至 6 塊歐元（177 至 212 台幣）；在俄羅斯，一杯 8 到 10 塊美金（247 至 309 元），均比當地星巴克的咖啡還貴。

資圖來源：遠見雜誌

12-2 長期定價策略

一、總成本加成策略

經濟學原理告訴我們，生產者在長期情況下，所有的成本項目都是可變動的，也就是說，所有的成本都是變動成本。長期價格的制訂，依照生產者是否可以決定價格，可區分為價格接受者（price taker）與價格決定者（price maker）兩種。前者的情況通常是商品的價格由市場機制所決定，個別廠商只是眾多廠商中的一個，個別廠商無法任意改變價格；例如：鋼鐵、小麥等產業屬之。若廠商在該產業中具領導地位，例如：該產業中規模最大的，具備影響價格的能力，便是所謂的價格制訂者。

若是價格的決定者，則價格必然要訂在能維持與顧客間長期穩定關係，且能涵蓋所有固定以及變動成本並維持正常利潤[1]的價格。這時通常可以採用成本加成法制訂價格，也就是價格訂在總成本再加上一定成數或百分比的利潤。茲以瑞展公司 H21 產品為例，說明成本加成法的定價過程。

---

1 若設定的利潤超過正常利潤，可能引起潛在的競爭這進入市場；若利潤小於正常利潤，則長期營運下必然入不敷出，公司將無法生存。

假設瑞展公司生產的 H21 產品，生產技術已經非常成熟，市場上雖有競爭者，但大家井水不犯河水，彼此有各自的顧客群，表 12-1 是正常產能 2,000 單位下的成本資訊：

表 12-1 產品 H21 在正常產能下的成本

成本項目	總成本	單位成本＝總成本 ÷2000
直接材料（每單位 $273）	$ 546,000	$ 273
直接人工（$120 / 每小時）	480,000	240
變動製造費用（$83 / 每機器小時）	332,000	166
固定製造費用	672,000	336
合計	$2,030,000	$1,015

*註：產能設定 2,000 單位，4,000 機器小時

表 12-1 中，直接材料、直接人工與變動製造費用均為變動，在 2,000 單位的正常產能下，每單位的耗用量均為固定，而固定製造費用則是在該正常產能水準（2,000 單位）下總額固定，也就是說即使只生產一單位，也是要耗費 $672,000，因此每單位的固定製造費用是隨著產量變動而變動。單位總成本會受產能設定的影響。表 12-1 中，H21 產品的單位成本在正常產能水準下為 $1,015，若公司的政策希望售價能賺取 10% 的利潤，並假設每單位銷售費用為 $122、每單位管理費用為 $159，則如表 12-2 所示，售價應該訂在 $1,440。根據這個價格，總生產成本以及銷管費用均可以回收，且能達成公司既定的利潤目標 10%，行銷部門只要盡力達成預計銷售的數量即可。

表 12-2 考慮銷管費用與利潤後的售價

項目（每單位）	金額
製造總成本	$1,015
銷售費用	122
管理費用	159
總成本	$1,296
加：預計利潤 *	144
售價	$1,440

*計算：假設售價為 X，則 $1,296 + 0.1X = X，0.9X = $1,296，X = $1,440，利潤＝ 0.1X = $144

二、以市價爲基礎的訂價策略──目標成本法

上面的例子是以成本加一定成數的利潤做爲價格訂定的基礎，這個方法通常適合用在商品的競爭性小、需求彈性小、產品具有差異性，公司可以掌握價格訂定的主導權；例如：汽車製造商，通常不同廠牌不同車款的價格均不同，這是因爲每一款車均存在差異性。但是有些商品的競爭性較大，生產者眾，個別生產者通常無法擅自決定自己的售價，也就是說生產者處於價格接受者的地位；例如：石油的價格通常有一定的機制，個別廠商無法作大幅度的改變，又如同一條街上的牛肉麵，品質或服務若沒有特別之處，個別商家很難提高售價，這都是以市價做爲價格訂定基礎的例子。

以市價爲基礎的定價法首先需決定目標價格（target price），目標價格是指顧客願意支付的價格，這個價格有時是市場早已決定，但若是新產品、新式樣則有時需透過市場調查（market survey），以瞭解顧客的需求、期待的品質以及願意支付的價格。當目標價格決定之後，扣除目標利潤後，便是目標成本，總製造與行銷成本不能超過這個目標成本，這樣的方法就是所謂目標成本法（target costing）。我們以瑞展公司去年底新開發的 UH451 產品爲例，說明實施目標成本法的步驟：

（一）開發能滿足市場需求的商品

商品的開拓並不容易，大公司通常會有產品開發部門，隨時掌握市場的脈動，這除了瞭解顧客的需求外，也需瞭解競爭者產品的變化，以便能開發出更具競爭力的商品。瑞展公司的 UH451 產品目前在台灣市場上有來自韓國、日本以及瑞展公司的產品，品質上日本貨最優，但也最貴，韓國貨最便宜，但品質也最差，瑞展希望能提升品質到日本貨的水準，所以製程中設定特別處理之步驟，希望在品質提升下能賣出更好的價格。經過一番努力，終於突破技術上的瓶頸，確信這樣的改良能滿足市場顧客的需求。

（二）制訂目標價格

依照市場調查分析，瞭解顧客對於這項新產品的接受度，以及期待的合理價格，訂定一個與市場最貼近的目標價格，作爲銷售該商品的售價。

經行銷部門市場調查的結果，UH451 目前的品質層級雖已達日本進口品的水準，但市場仍相信日本品牌的品質較好，目前日本貨每單位賣 $2,800，為了能與日本品牌相競爭，因此決定將價格訂在每單位 $2,500，行銷部門評估，若品質相當，這樣的價格應該是市場可以接受的，且長期而言非常具有競爭力。

（三）決定目標利潤與目標成本

在決定單位售價之後，必須再決定單位利潤目標，也就是預計銷售該商品每一單位預計該獲得的利潤，將目標價格扣除目標利潤後，便是目標成本，目標成本是長期性的成本，包括固定與變動的成本。瑞展公司的主管認為 UH451 的利潤目標需每單位 $500，售價 $2,500 再扣除 $500 的利潤，因此目標成本為 $2,000，未來每單位總成本必須控制在 $2,000 以內。

（四）分析成本結構

目標成本確定之後，就必須作詳細的成本分析，瞭解生產過程的每一項細節所產生的成本。若單位總成本超過目標成本，便需要作價值改造工程（value engineering），在不影響品質要求的情況下，降低成本，以達目標成本。UH451 經詳細的成本分析，發現以原先的製程與設計，單位總製造成本為 $2,120，超出目標成本 $120。

（五）控制生產成本，致力達成目標成本

追求利潤是企業永遠的目標，在目標成本制下，生產成本必須控制在目標成本以下，且成本控制伴隨著持續改造的經營管理模式，成本將逐期繼續降低，因此成本節省與成本控制是常態的工作。UH451 經過為期 3 個月的價值改造工程後，在不影響產品效能下決定將製程中拋光作業所使用的化學藥劑配方作調整，並在製程上作更有效率的安排，以降低損耗率進而降低人工與機器小時數，經此調整，藥劑成本將下降約 20%、間接人工與機器小時數下降所節省的製造費用約 12%。改造後單位總成本下降至目標成本以下，經反覆測試，改變後的處理方式並不會影響產品品質，因此決定依改造後的製程進行 UH451 量產與銷售。

　　價值改造工程在推行目標成本制時，是重要的成本控管過程，其主要的任務是要檢視、分析、並確認整個產品的價值鏈（value chain）創造過程中，哪些活動是有附加價值活動（value-added activity），哪些是無附加價值活動（nonvalue-added activity）。所謂有附加價值活動，是指該項作業活動能提昇產品價值，若取消將損害該產品的價值形成，換句話說，這些活動是顧客願意付費購買的部分，應該維持並提升品質，若是無附加價值的活動，則應該消除。例如：手機的通話品質，應該是手機非常重要的部分，若生產過程中某項活動與通話品質有關，原則上就應該屬於有附加價值的活動。相反的，無附加價值活動是指那些無法提升產品價值，卻會消耗成本的活動，是顧客不願意付費購買的部分，例如：瑕疵品的再製，必然會耗費成本，這部分的成本會由所有的正常產品吸收，但瑕疵品成本並不是顧客所願意負擔的成本，若我們能將製程管理作得更好，降低瑕疵品成本，必能減少無附加價值活動，在售價無法調升的情況下，透過降低總成本，以提升銷售該商品的利潤。

12-3 短期定價策略

一、短期商品組合決策——價格接受者

　　若廠商在該產業中只是眾多生產者之一，其商品與其他生產者並無太大差異，且市場佔有率不大，這時該廠商只是市場價格的接受者，對於商品的供給、需求、價格都無法發揮重大影響力。這種產品通常具有標準化、大量製造，廠商不易有機會將產品差異化的特性，例如：鋼鐵、製藥等產業便具備此特性。

　　個別廠商在產業中的市場佔有率不高的話，廠商通常是價格的接受者，廠商只能決定要生產多少數量以供銷售。在這種情況下廠商若想要提高價格增進利潤，顧客可能因其漲價而轉向其他競爭者購買，因此需承受客戶流失的風險。反之，若廠商想降低售價（低於市場價格）以增加銷售量，則可能會引來其他競爭者跟進甚至演變成削價競爭，這種價格戰（price war）的結果，個別廠商通常得不償失，終將遵守市場決定的價格。

　　只要市場價格高於生產成本，為了讓利潤極大化，價格接受者通常會盡可能的生產並銷售商品。但短期內由於產能無法無限制的擴充，在產能受限的情況下，生產者要將產能投注於哪幾項產品？是需要有所取捨的。我們以下列例子說明短期內如何解決多種產品生產組合問題。

　　瑞展公司有四款產品（TU22、TU25、TR33、TR35）都必須使用車床機器設備，目前車床機台的產能上限為 11,200 機器小時，這四種產品的預計產量、市場最低與最高的銷售預測如表 12-3、四種產品的成本結構資料如表 12-4。

表 12-3　產品產量與市場銷售量預測表

產品	規劃生產量	最低應銷售量	最高可銷售量
TU22	8,000	3,000	8,000
TU25	6,000	4,000	6,000
TR33	5,000	5,000	8,000
TR35	9,000	5,000	9,000

表 12-4　產品成本結構

	TU22	TU25	TR33	TR35
直接材料	$12	10	15	14
直接人工	10	8	13	16
製造費用：				
水電費	8	8	18	16
機器維修費	11	13	20	18
品檢與管理費	3	5	8	7
機器折舊費	9	12	12	10
每單位總生產成本	$53	$56	$86	$81

　　表 12-3 顯示，TU22 在市場上最少有 3,000 單位的需求量，但最多也只有 8,000 單位的需求量，而公司決定生產 8,000 單位，同理，TU25 決定生產 6,000 單位、TR33 生產 5,000 單位、TR35 生產 9,000 單位。像這樣同時有多種產品，每一種產品的價格、成本結構都不一樣，究竟每一種產品各應該生產多少單位？便是所謂產品組合（product mix）的問題。要決定這四種產品的生產數量，首先必須先瞭解這四種產品的獲利情形。

表 12-5 是這四種產品每單位所需的機器小時數，以及依預計生產數量所計算出的總時數需求。由於每一種產品所耗費的時間均不同，而機器產能受限於 11,200 機器小時，因此每一種產品所耗費的機器小時數的總和，不能超過這 11,200 小時的上限。

表 12-5　產品機器小時耗費需求

產品	每單位耗費機器小時	預計生產數量	機器小時總需求量
TU22	0.5	8,000	4,000
TU25	0.4	6,000	2,400
TR33	0.6	5,000	3,000
TR35	0.2	9,000	1,800
合計			11,200

由於產能受限於 11,200 機器小時，因此必須讓產品的生產組合能達到最大的經濟效益，表 12-6 是每一種產品的邊際貢獻分析，每單位的邊際貢獻是以單位售價減單位變動成本，表 12-4 中的成本項目中的「機器折舊費」因為是固定費用，因此在計算邊際貢獻時沒有扣除。

表 12-6　產品邊際貢獻分析

	TU22	TU25	TR33	TR35
單位售價	$ 60	$ 60	$ 86	$ 78
減：變動成本				
直接材料	(12)	(10)	(15)	(14)
直接人工	(10)	(8)	(13)	(16)
水電費	(8)	(8)	(18)	(16)
機器維修費	(11)	(13)	(20)	(18)
品檢與管理費	(3)	(5)	(8)	(7)
單位邊際貢獻	$ 16	$ 16	$ 12	$ 7
每單位耗費機器小時	0.5	0.4	0.6	0.2
每機器小時邊際貢獻	$ 32	$40	$20	$35
預計產量	8,000	6,000	5,000	9,000
預計總邊際貢獻	$ 128,000	$ 96,000	$ 60,000	$ 63,000

從表 12-6 可以看出，若以個別產品作比較，單位邊際貢獻最高的產品是 TU22 與 TU25，均為每單位 $16，TR33 每單位 $12 次之，而 TR35 每單位只有 $7 最低。由於這四種產品所耗用的機器小時數並不相同，且

機器小時無法毫無限制的供應，產能的主要限制在於機器小時總數受限，因此應該以每一機器小時所創造的邊際貢獻作比較，而非以產品單位邊際貢獻作比較。若以每一機器小時所能創造的邊際貢獻作比較，則 TU25 最高，將車床機器設備投入生產 TU25，每小時可以創造 $40 的邊際貢獻，其次是 TR35 的 $35，再其次為 TU22 的 $32，最低為 TR33，每一機器小時只能創造 $20 的邊際貢獻。

在機器小時的產能有限的情況下，我們要讓總邊際貢獻最大，就得依這四種產品每一機器小時所能創造的邊際貢獻大小，做為生產排序的基礎，也就是說，每機器小時邊際貢獻最大的產品應該優先生產，只要市場能吸收就應該盡量生產，一直到產量已經達到市場的需求上限方更換邊際貢獻次高的產品繼續生產，依此類推便可排定生產的先後順序。表 12-7 便是依照這樣的邏輯作排序，按照每機器小時邊際貢獻數的大小依序由上至下排列（TU25、TR35、TU22、TR33），第二、三欄是市場最低的需求量，以及其所需的機器小時數，由於這些最低需求量所需的機器小時數僅 7,100 機器小時，仍有剩餘產能，因此可以依第一欄的產品順序依次生產，由於 TU25 每一機器小時邊際貢獻最大，所以剩下的產能可用來生產 TU25，至市場需求的上限（6,000 單位）為止，依此類推，將剩餘的產能依每機器小時邊際貢獻大小順序，生產至各該產品市場的最大需求量滿足為止，到 TR33 時，因為產能僅剩 1800 機器小時，只能再生產 3,000 單位，雖然其市場的需求量最高可達 8,000 單位（見表 12-3），但我們的產能機器小時也已經耗盡，無法再生產。我們可以發現，第三欄與第五欄耗費的機器小時數總和（7,100 + 4,100 = 11,200）正好等於機器小時數的最大限制，依表 12-7 所規劃的各種產品的生產數量，將使總邊際貢獻達到最大。

表 12-7　使利潤最大化所耗用的機器小時分析表

產品	最低可銷售量	機器小時需求	額外數量	機器小時需求
TU25	4,000	4,000×0.4 ＝ 1,600	2,000	2,000×0.4 ＝ 800
TR35	5,000	5,000×0.2 ＝ 1,000	4,000	4,000×0.2 ＝ 800
TU22	3,000	3,000×0.5 ＝ 1,500	5,000	5,000×0.5 ＝ 2,500
TR33	5,000	5,000×0.6 ＝ 3,000	0	0
合計		7,100		4,100

表 12-8   四種產品最後的生產計畫表

(1) 產品	(2) 生產數量	(3) 機器小時數	(4) 總邊際貢獻
TU25	6,000	6,000 × 0.4 = 2,400	6,000 × \$40 = \$240,000
TR35	9,000	9,000 × 0.2 = 1,800	9,000 × \$35 = \$315,000
TU22	8,000	8,000 × 0.5 = 4,000	8,000 × \$32 = \$256,000
TR33	5,000	5,000 × 0.6 = 3,000	5,000 × \$20 = \$100,000
合計		11,200	\$911,000

表 12-8 是依據表 12-7 的規劃生產數量所計算的機器小時數，以及四種產品所產生的邊際貢獻金額。上述例子說明短期內，無法透過銷售量影響銷售價格的情況下，如何決定產品的銷售組合。當價格由市場決定，廠商只能決定要生產或銷售多少數量，當然首先必須透過市場調查瞭解市場需求的上下限，再決定產能如何分配到各種產品間。上述的例子中，產能主要受限於機器小時數，因此以每一機器小時能創造的邊際貢獻金額作為產能分配的優先順序。

二、機會成本的影響

延續前面的例子，今假設瑞展公司收到一張急單（緊急訂單），需要 TR33 產品 2,500 單位，雖然行銷部門的同仁向對方表示目前產能滿載，生產排程都已經排定，但對方表示願意支付高於每單位 \$86 的價格購買，希望公司能接受這張額外的訂單，究竟這張訂單每單位要賣多少元才值得接？

在產能已經充分運用的情況下面對這種額外的訂單，若公司接受，則必然要犧牲目前已經排入生產排程的訂單，這將造成邊際貢獻的損失，再加上生產這 2,500 單位 TR33 所需的變動成本。因此，這張額外訂單的收益，必須要能彌補額外的增額生產成本，以及彌補放棄其他產品生產所損失的利潤，即機會成本。

若要讓機會成本最小，便要先犧牲每機器小時邊際貢獻最小的產品用來生產額外的訂單。從表 12-7 中可看出，TR33 目前生產 5,000 單位已經是應該生產的最低數量，無法再降低，因此需犧牲每機器小時邊際貢獻次低的 TU22 來支應這張訂單。TR33 每單位需要耗用 0.6 機器小時，2,500 單位須耗用 1,500 機器小時（2500×0.6），也就是要生產這張額外的訂單，需調撥目前產能中的 1,500 機器小時來生產。而原來生產 TU22 時，每單位需 0.5 機器小時，撥 1,500 機器小時需放棄 TU22 產品 3,000 單位的生產（1,500 機器小時 ÷0.5 機器小時）。

因此，我們可以表 12-9 計算因為生產這張額外的訂單所需的增額成本，作為定價的基礎，總成本包括生產 TR33 每單位的變動成本 $74（參見表 12-6），乘以 2,500 單位，以及因為放棄生產 TU22 產品 3,000 單位所衍生的機會成本。由表 12-9 可以看出，這張額外訂單的定價，必須每單位訂在 $93.2 以上，總收益必須 $233,000 以上才值得接受。

表 12-9　額外訂單定價分析表

項目	每單位成本	總金額
變動成本	$74	$74×2,500 ＝ $185,000
機會成本	3,000×$16÷2,500 ＝ $19.2*	$19.2×2,500 ＝ 48,000
	$93.2	$233,000
*另一種算法：1,500 機器小時 ×$32÷2,500 ＝ $19.2		

上例揭露一個短期定價的法則，就是在沒有剩餘產能時，額外的訂單，其定價法則是以生產的變動成本總額，加上機會成本，作為價格訂定的基礎。

三、短期定價策略－價格制訂者

前面的例子假設廠商無法改變商品價格，個別廠商是價格的接受者，這種情況市場通常是競爭的，廠商只能盡力降低成本以增進利潤。但有時廠商也會碰到可以主導價格的時候，例如：顧客要特殊的規格，且賣方掌握這項特殊規格的生產技術，此時賣方便可以掌握價格的主導權，定價的策略便應該要使價格包括全部成本，即固定成本與變動成本。

假設瑞展公司 JP 級產品為客制化產品，材料與規格均可配合顧客的特殊需要而作彈性調整，而且目前市場上只有瑞展公司能有這樣的技術能力。以每英呎為基本單位，其單位生產總成本如表 12-10 所示，約 $630。

表 **12-10**　JP 級產品每英呎生產總成本

直接材料：		
特殊鋼材		$ 112
直接人工：		
裁切、成型	$ 142	
超潔淨處理	210	352
製造費用：		
與數量有關	43	
與生產批次有關	92	
與整廠有關	31	166
合計		$ 630

JP 等級的規格特殊，市場上瑞展公司具有幾乎獨佔的技術優勢，所以可以掌握價格的主導權。因此，基本上這類型產品每單位的售價就可以依表 12-10 的全部成本為基礎，再加上一定的利潤成數作為售價，假設公司認為這類產品的加價率（markup percentage）應該在成本的四成（40%），則每單位的售價應該訂在每單位 $882（$630 × 1.4）。這是預期應該銷售的價格，但實際上會因為是否有剩餘產能而可以有彈性的作法，分別說明如下：

（一）有閒置產能時

若瑞展公司有閒置產能，原則上價格只要高於總變動成本即可，因為售價高於變動成本便具有邊際貢獻，可以分攤固定成本，否則沒有接這筆訂單的話，產能閒置亦得支出固定成本，有正的邊際貢獻便能讓固定成本得以回收。

以 JP 級產品為例，表 12-10 中單位總成本中除了與整廠有關的製造費用 $31 外，均為變動成本，因此，在有閒置產能的情形下，售價只要高於總變動成本 $599 便可以考慮出售（$630－$31）。

（二）無閒置產能時

　　若瑞展公司沒有閒置產能，則額外的訂單除了總變動成本外，可能還會增加一些額外的成本才能順利的生產。一般常見的額外增加成本例如給員工的加班費便是。

　　以 JP 級產品為例，假設在沒有閒置產能的情形下，有一客戶緊急需要 100 英呎，要求公司報價，經生產部門評估，在現階段產能滿載的情形下要生產這 100 英呎，需加班趕工，而加班費為原來工資的 1.5 倍，此外，特殊鋼材因緊急調貨，供應商要求需增加 20% 的費用，因此這張訂單每單位的售價至少應該高於 \$797.4（\$599 + \$112 × 0.2 + \$352 × 0.5）才划算。在沒有閒置產能的情形下，定價的基本法則相同，必須高於直接變動成本以及額外的增額成本（包括機會成本）。

12-4 生命週期定價策略

　　商品的生命週期，從研究發展階段開始、經製造、行銷、到銷售給顧客後的售後服務為止，產品在整個生命週期的各個階段均會花費成本，且不同階段所發生的成本並非平均發生。因此，產品的定價若只考慮生產階段的成本，就整個生命週期來看，會低估整體成本。一般而言，產品在不同生命週期所花費的成本情形大致如下：

一、研究發展階段

　　這個階段耗費的時間與成本最不確定，有的商品因為一個簡單即興的創意，便能抓住顧客的需求而大發利市，但有些產品雖經過數年甚至數十年的研究發展、測試，仍無法順利上市，例如：大藥廠開發新藥品，通常要經過實驗室研發測試、動物測試、人體多階段的測試等繁瑣的階段，耗費的時間與金錢都非常龐大。甚至有些產品好不容易研發成功卻因環境因素無法上市而前功盡棄，例如：部分汽車款式因為無法符合新的國家環保規定而無法上市。有些產業在開發階段則充滿不確定性，例如：石油探勘業者，全年不停的探勘油井，但多數均是沒有石油的乾井，少數有石油的油井便需負擔其他乾井的探勘成本。理論上，研究發展階段耗費的成本應

該攤到後續成功銷售的商品，只是後續商品會有多久的銷售生命、會銷售多少數量，在初期銷售商品時是難以預估的，因此定價時要將這部分的成本計入，透過精確的預測與估算攤到每一單位的成本。

二、生產階段

產品只要進入生產階段，其發生的成本便可明確的被認定、衡量、紀錄、分攤，這部分的成本最明確，在生產管理階段，經理人的責任是做好成本控管、提升生產效率，以便可以將成本不斷的壓低，提高利潤。通常在銷售初期由於負擔較多的固定成本（機器設備等），其生產成本會較高，隨著時間的經過，固定成本隨著時間的經過，折舊攤提完畢，早期資本投資所需的融資貸款也會隨著銷售獲利而逐漸清償完畢，固定成本便可以慢慢減少，而變動成本部分，則隨著經年累月的生產經驗，往往單位變動成本也會逐漸緩慢的下降。因此長期而言，生產成本會逐漸的下降。一般成本會計課本所介紹的成本計算，對於產品成本的估算通常只專注於生產階段成本的累積與分攤。

三、銷售與服務階段

這一階段的成本包括商品銷售時所耗費的行銷費用，以及銷售後的售後服務成本。二十世紀後期的行銷觀念強調服務第一、顧客導向，商品製造除了強調品質優良耐用外，更強調對顧客的服務，部分商品還對顧客有永久保固的承諾[2]，這種售後服務成本有時很難準確預估。售後服務的成本也包括售後的法律責任風險與相關的成本，部分商品在銷售給顧客多年後，因為顧客使用時受到傷害而控告製造商，要求提供損害賠償，這種風險有時長達數年、甚至數十年，其衍生的成本有時會侵蝕掉過去銷售時所賺得的利潤，通常這種因品質瑕疵所衍生的成本與生產成本間常有相互替代的關係，若在生產階段多投入成本以提升品質[3]，則這種外部失敗的成本[4]通常會降低許多。

2　著名的高仕原子筆（cross），便提供顧客永久保固的服務。

3　品質成本包括預防成本（prevention cost）、監督成本（monitoring most）、內部失敗成本（internal failure cost）、外部失敗成本（external failure cost）。

4　因商品銷售出去所產生的失敗成本。

四、商品廢棄與處置階段

近年來隨著環保意識的提升，有人認為生命週期應該一直到商品廢棄，對環境不再產生任何負擔為止。這是因為部分商品廢棄後仍須花費處理成本。例如：廢電池的處理成本便是一例，過去電池製造商將電池銷售給顧客後便不再負責廢電池的處理成本，但現今各先進國家多要求電池製造商必須負擔廢電池的處理成本。因此先進國家電池的價格均十分昂貴，因為製造商將部分的廢電池處理成本轉嫁給消費者負擔了。其他像保力龍、塑膠、核廢料等，均會造成麻煩的環保難題，製造這類產品的廠商對於相關的環保成本，必須在估算成本就考慮這類的成本。

現代的企業經營者，在制訂價格時應該考慮所有的成本，並賺得合理的利潤，本節特別強調一般成本管理較為忽略的生命週期概念，希望讀者能明瞭商品在不同的生命週期均會發生成本，且前段的研發階段與後段的售後服務、乃至於廢棄處理成本，有時不但金額龐大，且往往充滿不確定性，很難事先預知，生產者在訂定價格時應該考慮整體生命週期的成本，而非只考慮製造階段的成本。

價格戰的省思

在 20X9 年初的主管會議上正如火如荼的討論到 TU 級產品目前面對的嚴峻情勢；TU 級產品雖然利潤還不錯，但由於需要的技術層級不高，以致於越來越多小廠也進來搶生意，過去市場上大家一直有默契，不破壞行情價格，但這兩年來一些新近來的小廠往往不按牌理出牌，常常以超低價搶標，打亂了原先的均衡態勢，行銷部黃經理覺得一定要有一些政策因應，否則越來越難作了。

董事長特助表示，既然這些小廠要破壞行情，那我們也只好應戰，且我們的戰力應該更強，若價格下降兩成，相信這些小廠必定撐不到兩年，到時我們再來重整江湖，必能穩座龍頭…

問題：

董事長特助的提議，對於公司的影響為何？對整體產業的發展又有什麼影響？

討論：

從課文中我們知道，價格的制訂必須到市場的需求彈性，以及個別廠商在產業中是否可以主導價格，不同的情況採取的策略均不相同。董事長特助的提議明顯的就是要展開價格戰，價格戰短期內應該會有效果，但長期下來公司則未必會得利，除非公司能確保這些小廠真的會被打倒，否則若其他廠商聯合起來與該公司對決，則鹿死誰手還真難以論斷呢。

　　產品價格，往往是成本、顧客與競爭環境等因素一併考量，作綜合性的判斷。長期價格的制訂，依照生產者是否可以掌握價格的主導權，可分為價格接受者（price taker）與價格決定者（price maker）兩種情況。

　　若是價格的決定者，長期價格必然要能涵蓋所有固定以及變動成本以及正常利潤，這時通常可以採用成本加成法制訂價格，也就是價格訂在總成本再加上一定成數的利潤。若生產者處於價格接受者的地位，個別商家無法主導售價，則須以市價做為價格訂定基礎，首先需決定目標價格，扣除目標利潤後，便是目標成本，總製造與行銷成本不能超過這個目標成本，這樣的方法也叫做目標成本法。

　　價格接受者在短期的生產策略得將產能優先生產邊際貢獻大的產品，只要市場能吸收便應該多生產。若可以主導價格，定價的策略便應該要使價格包括全部成本，即固定成本與變動成本。若有額外訂單，不論是價格接受者或者是價格制訂者的策略都一樣，要看有無閒置產能，若有閒置產能，只要單位售價高於單位變動成本便可以接單，但若已經沒有閒置產能，則額外訂單的價格須包含生產該額外訂單的變動成本總額，加上機會成本（因為接這筆訂單而放棄其他訂單所犧牲的邊際貢獻）。

　　產品生命週期從研發、設計、生產製造、銷售、售後服務、一直到廢棄處置為止，現代的企業在定價時，應該考慮產品生命週期所應該負擔的所有成本，若只考慮生產製造的成本，往往後續的龐大售後保證服務，甚至廢棄處置成本會侵蝕原先的銷售利潤。

本章習題

一、選擇題

( ) 1. 甲公司生產與銷售 5,000 單位之產品,每單位變動成本 $3,500,投資總額為 $8,400,000,投資報酬率為 20%,以全部成本加成作為訂價基礎,加成率為 8%,試問甲公司每單位產品售價應為何?

(A) $4,536　(B) $4,200　(C) $3,836　(D) $3,360。　（107 普考會計）

( ) 2. 乙公司每年製造及銷售 1,000 單位的相機,售價為 $690,該售價乃依製造成本加成 130% 求得。該相機之單位變動銷售費用為 $30,每年固定銷管費用為 $70,000。今乙公司決定改按總成本來訂價,若售價仍維持 $690,試問其加成比率為何?

(A) 72.5%　(B) 80%　(C) 96.67%　(D) 109.09%。　（106 普考會計）

( ) 3. 有關轉撥計價的敘述,下列何者正確?

(A) 當市價無法取得時,以全部成本為轉撥價格才能達成目標一致性

(B) 當轉撥價格高於轉出部門的增額生產成本時,轉出部門必會產生損失

(C) 當轉撥價格低於轉出部門的增額生產成本時,轉入部門必會產生損失

(D) 雙重轉撥價格（dual pricing）會使轉出部門較無誘因控制生產成本。

　（106 普考會計）

( ) 4. 甲公司擬投資 $500,000 製造產品 10,000 單位,預計固定製造成本為 $50,000,銷管費用為 $100,000,若甲公司之期望報酬率為 20%,估計單位售價為 $40,則目標單位變動製造成本為何?

(A) $12　(B) $15　(C) $20　(D) $30。　（106 高考會計）

( ) 5. 丙公司 X1 年初投入金額 $5,000,000 生產電池,預期投資之報酬率為 20%,X1 年公司生產及銷售 2,000 單位,以全部成本加成 8% 為售價,單位變動成本為 $5,000。若公司預期 X2 年之銷售單位為 1,600 單位,在售價、固定成本以及加成訂價方式不變的情況下,則 X2 年單位目標變動成本應為何?

(A) $4,000　(B) $4,687.5　(C) $5,000　(D) $5,937.5。　（104 地特三等）

( ) 6. 下列各項敘述何者錯誤?

(A) 實務上,非營利事業之產品售價應低於邊際成本

(B) 理論上，以邊際收入等於邊際成本法則即可決定為達利潤極大之產品售價

(C) 實務上，在一產業內有多家廠商，且一廠商銷售多種產品之情境，產品之邊際收入難以估計，故須借助會計成本協助定價

(D) 理論上，增額付現成本是產品定價之最低限。　　　　（103 地特三等）

(　　) 7. 先決定售價乘以預計銷售數量，得出總銷貨收入，在減去預計賺取的利潤，得出總製造成本的上限，這種定價法稱為：

(A) 標準成本法　　　(B) 全部成本法

(C) 目標成本法　　　(D) 市價基礎法。　　　　　　　（103 地特三等）

(　　) 8. 公司生產計算機，每單位變動製造成本 $20、變動銷管費用 $5、固定製造費用 $15、固定銷管費用 $10，公司定價策略為全部成本加兩成（即 20%），則每台計算機售價為何？

(A) $30　(B) $42　(C) $48　(D) $60。　　　　　　（103 地特三等）

(　　) 9. 差別定價係指：

(A) 就同一產品對不同顧客採取不同價格之訂價方式

(B) 產品初期以高價位擷取最大利潤之訂價方式

(C) 以低價搶攻市場之訂價方式

(D) 在產能受限時，以提高價格的方式增加收入與利潤之訂價方式。

（101 地特四等）

(　　) 10. 一般而言，企業會對產品訂定較具競爭的價格，最可能會在產品銷售生命週期的哪一階段？

(A) 研發與成長期　　　(B) 成熟與衰退期

(C) 全部生命週期中　　(D) 視公司之策略而定。　　　　（100 高考會計）

二、計算題

1. 大化公司之木板與床組部門均為獨立之投資中心，木板部門生產一種可以拼裝成床組之木板，其每單位之市價及成本資料如下：

市場售價	$100
變動成本	60
固定成本	5
正常產能（單位數）	20,000 單位

木板部門之產品配送運費均由買方負擔，無須支付其他額外費用。床組部門每年需求 5,000 單位的木板，每單位外購價格 $100，但可取得 3% 之數量折扣。

試作：

(1)假定木板部門目前只能向外銷售 15,000 單位，試問如木板部門出售木板給床組部門，則轉撥價格應會落在那一區間？並解釋原因。

(2)假定木板部門可出售所有木板給外部顧客，試問木板部門可接受的轉撥價格區間為何？並解釋原因。

(3)假定木板部門可出售所有木板給外部顧客，試問床組部門可接受的轉撥價格區間為何？並解釋原因。 （107 關務三等）

2. 丁公司有 X、Y 兩部門，X 部門生產馬達，Y 部門則組裝風扇，過去 Y 部門都向外部市場購買馬達。丁公司為改善財務績效，打算改變目前作法。丁公司提出相關資料如下：

1. 20X6 年 X 部門之營運產能量僅達 70%。

2. Y 部門對馬達需求量在每個 $960 時，每年需 2,000 個。

3. 若馬達轉移至 Y 部門，則 X 部門之變動銷售成本每個可節省 $100。

4. 20X6 年 X 部門製造馬達之相關資料如下：

單位銷售價格	$1,100
單位變動製造成本	$600
單位變動銷售成本	$300
固定製造費用	$1,600,000
每年應分攤公司之銷管費用	$200,000
正常產能	15,000 個

試問：

(1)請說明 X、Y 部門間移轉馬達時，訂定的最高及最低移轉價格應為多少？

(2)若 Y 部門可按 $860 向外界供應商購入馬達，則 X 部門是否應以此價格移轉馬達給 Y 部門？

(3)若 X 部門之對外銷售已達正常產能，則問題之答案應如何修正？ （106 關務三等）

3. 甲公司推出一款玩具狗，其生產設備投資爲 $1,250,000，理論產能每年 3,000 單位，爲維持正常營運平均需投入營運資金 $250,000，預計正常產能及銷售量每年爲 2,500 單位。X5 年度，玩具狗的相關成本資料如下：直接原料成本每單位 $80，直接人工成本每單位 $90，變動製造費用每單位 $30，固定製造費用 $60,000，銷管費用包括變動銷管費用及固定銷管費用，其中固定銷管費用爲 $25,000。若甲公司採用變動成本（Variable cost）加成訂價法，成本加成百分比爲 50% 時，玩具狗之售價爲 $330。

試作：

(1) 甲公司採用資本報酬率訂價法，要求的預期使用資本報酬率爲 16%，玩具狗售價爲何？

(2) 甲公司採用全部成本加成訂價法，要求的目標報酬率爲 14%，全部成本加成百分比爲何？

(3) 甲公司採用全部製造成本加成訂價法，期望之邊際貢獻率爲 45%，則加成百分比爲何？ （105 會計師）

4. 信義公司生產並銷售某種玩具。每個玩具之售價爲 $36。該公司每年之產能爲 50,000 個，生產並銷售 50,000 個玩具之生產及銷售成本如下：

	每單位成本	總成本
直接原料	$12	$600,000
直接人工	6	300,000
變動製造費用	2	100,000
固定製造費用	5	250,000
變動銷售費用	3	150,000
固定銷售費用	2	100,000
總成本	$30	$1,500,000

試作：

(1) 假設信義公司目前生產並銷售 40,000 單位。當生產及銷售量不超過 50,000 單位時，固定製造費用及固定銷售費用如上表所列。日前和平公司提出一特殊訂單，請求信義公司爲其生產 10,000 單位之玩具，並出價每單位 $25。若接受此訂單，信義公司不必支付變動銷售費用。信義公司是否應接受？若接受，信義公司之利潤將增加或減少多少？

(2)假設信義公司目前生產並銷售 50,000 單位。若接受 (1) 中所提及和平公司之訂單，信義公司必須將目前賣給一般顧客之數量減少 10,000 個。此時信義公司是否應接受此訂單？若接受，信義公司之利潤將增加或減少多少？　　　　（105 普考會計）

5. 台南公司為一單車零件之經銷商，X8 年 1 月 1 日，其營運設備投資為 $2,000,000。台南公司 98 年銷售單車零件 50,000 個，平均每單位採購成本為 $200。台南公司採用作業基礎成本制分析成本，X8 年度相關資料如下：

作業活動	成本動因	成本動因總數	分攤率
訂購單車零件	訂單數	200	$100（每訂單）
驗收及倉儲	移動負荷量	4,000	$50（負荷量）
配送單車零件	配送次數	2,000	$90（次）

試作：

(1)若台南公司採用目標投資報酬率訂價法，公司設定的目標投資報酬率為 30%，單車零件之單位售價為何？

(2)台南公司 99 年度將單車零件之單位售價調整至 $215，以使銷售量仍能維持 50,000 個。假設營運設備投資維持不變，目標投資報酬率仍為 30%，台南公司 99 年之目標單位成本及每單位應抑減之成本為何？　　　　（104 會計師）

6. 大新公司乙產品之需求函數為：$Q=150-P$，其總成本函數為：$100+2Q$，其中 Q 代表產量，P 代表單位售價。若該公司欲獲取最大利潤，則該產品之單位售價應訂為多少元？　　　　（103 高考會計）

7. 甲公司從事運送病人液壓式捲揚機之製銷業務，在每月 3,000 部之正常產能下的單位成本資料如下：

製造成本		
直接材料		$100
直接人工		150
變動製造費用		50
單位變動成本		300
固定製造費用		120
單位製造成本		$420
銷管成本		
變動	$50	
固定	140	190
單位成本		$610

試作：

(1) 目前每部售價 $740，據市場調查顯示售價如降至 $650，銷量可望由 3,000 部增至 3,500 部（仍未超出產能負荷），甲公司是否應採取此項行動？列示計算。

(2) 某原料供應商建議所接訂單中，每月 1,000 部可委由該供應商承製，如果接受此項建議，這 1,000 部的變動銷管成本可降低 20%，而由於產量降至正常產能的 2/3，固定製造費用亦可望降低 30%。若供應商每部要價 $425，公司是否可接受？

(3) 假設倉庫堆置 200 部過時的捲揚機，如不儘快拋售將成廢物一堆，毫無價值，試問最低售價應為若干？ （102 原住民三等）

8. 甲公司預計開發一種新產品上市，相關之資料如下：

(1) 該產品預計之生命週期為 3 年，每年可銷售 10,000 單位，第一年因為是推廣期間，單位售價為 $25，以後將逐年調升 $3。

(2) 該產品需於第一年初投入 $30,000 研發，預計每年製造兩批，每批次製造 5,000 單位，每批次之製造整備成本為 $10,000，每批次之間接製造成本為 $45,000。

(3) 預計每單位直接製造成本為 $8、銷售成本為 $1、顧客服務成本為 $0.2。

試作：

(1) 該產品第一年之預估毛利率為若干？

(2) 如果公司對此產品之目標利潤設定為每年平均至少達 $60,000，公司若推出此產品，則第一年之利潤是否達到目標利潤？

(3) 承第 (3) 小題，甲公司可否只根據第一年之數據制定是否推出該產品之決策？該公司究竟是否應該推出該產品？ （101 關務三等）

9. 甲公司為一家兒童安全座椅製造商，每年銷售量為 240,000 個，每個售價為 $2,875，並有 $800 的邊際貢獻。X8 年初甲公司的競爭對手推出同型商品，售價為 $2,500，使得甲公司銷售量受到影響。該公司決定採取一項品質改善計畫，使得品質成本從目前占銷貨金額 20%，得以每月降低 1%，預計最低可降至只占銷貨金額的 3%。

試作：

(1) 若甲公司立即將售價降至 $2,500，以維持目前的銷售數量，則該公司品質改進計畫需持續多久，才可使每個產品的邊際貢獻恢復至目前的 $800 ？

(2) 若甲公司將品質成本降到只占銷貨金額的 3%，售價從 $2,500 開始，每降低 $25，可增加 15,000 個的銷售量，則售價降到多少時，可使產品的邊際貢獻最高？

（101 關務三等）

10. 丁公司生產汽車零件，單位售價 $40，單位變動成本 $20，每年固定成本為 $100,000。受原油價格調漲影響，該公司產品銷售狀況不如預期，前三季銷售總額僅達 3,500 單位。為提升利潤，公司擬採行下列三項方案之一：

(1) 固定與變動成本維持於預算之內，降低單位售價 $4，預估第四季將因售價調整而有 13,500 單位之銷售量。

(2) 調整生產流程，每單位變動成本將可降低 $2.5，單位售價亦降低 $3，第四季將有 11,000 單位之銷售量。

(3) 降低售價 3%，刪減固定成本 $10,000，每單位變動成本維持不變，第四季將有 10,000 單位之銷售量。

試作：

(1) 在利潤提升之方案採用前，為達全年利潤目標 $270,000，第四季應有之銷售數量為何？

(2) 以上三方案何者較佳？請列式計算各方案對利潤影響數以說明之。

（100 地特四等）

CHAPTER 13 變動成本法與全部成本法

學習目標　　讀完這一章，你應該能瞭解

1. 變動成本法之意義。
2. 變動成本法與全部成本法之損益比較。
3. 變動成本法與全部成本法之優缺點。
4. 變動成本法與全部成本法之評估。
5. 超級變動成本法。

引言

　　一天中午，張總在公司餐廳用餐時，耳聞隔壁桌研發部李處長與業務部葉處長為了該優先生產何種電動代步車產生爭執，李處長說應優先生產四輪電動代步車，因為其邊際貢獻是所有種類產品之最高，對公司獲利幫助最大；而葉處長搖頭說不對，三輪電動代步車目前供不應求，市況正好，因此應增加生產以服務客戶。兩人爭執不下越爭越激烈，此時范經理走進了餐廳，馬上被李、蔡兩人拉去評理，范經理聽完兩人陳述後提議下午再找時間邀集相關部門深入評估後，兩人方結束爭執。用餐結束後，張總趕緊請教范經理剛剛李處長所提之邊際貢獻是什麼意思？

13-1 變動成本法與全部成本法之意義

　　范經理表示企業通常在會計期間之期初，預先估計該會計期間之所有製造費用，再除以預期的作業數量，用以計算製造費用之預計分攤比率，並在期末結算時，依據分攤比率將製造費用分攤至最終產品。由於此種程序係將所有的固定與變動製造成本全部歸屬至各產品，故一般稱之為全部成本法，每一單位之成本包含了直接原料成本、直接人工成本、變動製造費用及固定製造費用。

　　全部成本法之成本計算看似完整，然而由於許多固定製造成本無法直接歸屬到個別產品或生產活動，如果採用全部成本法計算產品成本，這些固定成本勢必要透過某些設定的分攤程序分配到產品，然而經由分攤程序歸屬到最終產品之固定成本，往往與製造此等產品所實際耗用的成本並無太大關係，使得產品成本在提供決策時失去攸關性。在競爭激烈的環境下，管理階層需要更多的資訊，以瞭解因為銷售量或產品組合變動對利潤的衝擊，變動成本法便在此種氛圍下應運而生，在產品成本計算時排除武斷分攤的固定成本，以使產品成本資訊對管理決策較具攸關性。茲將全部成本法與變動成本法其意義分述如下：

專有名詞

全部成本法（full costing）
將直接人工、直接材料、變動與固定製造費用等一切生產成本均視為產品成本。

1. 全部成本法（**full costing**）：又稱吸納成本法（absorption costing）或傳統成本法（conventional costing），是指將直接人工、直接材料、變動與固定製造費用等一切生產成本均視為產品成本，亦即將直接材料、直接人工與製造費用發生時均列為存貨成本，直至銷貨時再將存貨成本轉入銷貨成本。

2. 變動成本法（**variable costing**）：又稱邊際成本法（marginal costing）或直接成本法（direct costing），是指產品成本僅包括直接材料、直接人工和變動製造費用等隨產量變動的變動製造及變動銷管費用等部分；而製造成本內的固定製造費用項目，則將其列入當期費用，排除於產品成本之外。

變動成本法（variable costing）
僅包括直接材料、直接人工和變動製造費用。

由以上定義可知，變動成本法與全部成本法二者之不同，主要在於固定製造費用之處理有所差異，亦即固定製造費用是否列入產品成本，固定製造費用在全部成本法下為產品成本項目之一，而在直接成本法下卻以當期費用項目列入損益表中，作為當期收入的減項。二法相關成本歸納差異詳見圖 13-1。

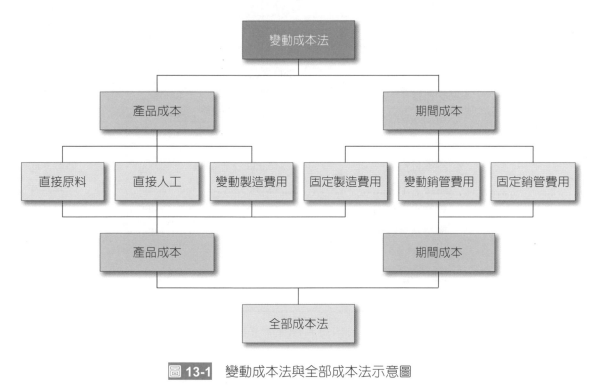

圖 13-1 變動成本法與全部成本法示意圖

13-2 變動成本法與全部成本法之損益比較

一、存貨計價損益編製

為了進一步說明全部成本法與變動成本法下成本計算之差異，范經理先提醒張總公司採行標準成本制，因此，直接成本之計算是以標準價格乘

以實際產出所允許之標準投入；而間接成本的分攤是以標準間接成本率乘以實際產出所允許之標準投入。製造費用的分攤基礎是預算生產單位數，但銷管費用的分攤基礎則為預計出售單位數。范經理以實際案例進行說明，假設公司大里廠每年每月預算基礎產能可生產三輪電動代步車 1,200 單位，並預計得以賣出 1,000 單位。 大里廠 5 月～ 7 月份每月之實際產能為 1,200 單位，且其相關的營運資料和製造與銷售成本明細資料如表 13-1 所示。

表 13-1　大里廠三輪電動代步車 5 ～ 7 月份營運與成本資料

數量資料	5 月份 （初存＜末存）	6 月份 （初存＞末存）	7 月份 （初存＝末存）
期初製成品存貨	100 單位	300 單位	100 單位
本期開始且完成單位	1,200 單位	1,200 單位	1,200 單位
期末製成品存貨	300 單位	100 單位	100 單位
本期銷售量	1,000 單位	1,400 單位	1,200 單位
成本資料	5 月份	6 月份	7 月份
變動成本			
直接材料	$42,000	$42,000	$42,000
直接人工	18,000	18,000	18,000
變動製造費用	12,000	12,000	12,000
變動銷管費用	5,000	7,000	6,000
固定成本			
固定製造費用	$9,600	$9,600	$9,600
固定銷管費用	10,000	10,000	10,000

依據以上資料，公司每月所生產的三輪電動代步車的單位成本可計算如下：

	全部成本法	變動成本法
直接材料	$ 35	$ 35
直接人工	15	15
變動製造費用	10	10
固定製造費用	8	-
每單位產品的成本	$ 68	$ 60

在全部成本法下，所有的製造成本（包含變動製造費用及固定製造費用），均應列入當期的產品成本中。在這種情形下，公司出售一單位產品之銷貨成本（即單位產品的成本）為 $68，尚未出售的產品，應以單位成本 $68 列於資產負債表的存貨項下；而在變動成本法下，僅有變動製造費用計入產品成本中，固定製造費用則被視為期間費用，因此銷貨成本應為 $60，而尚未出售的產品，則必須以每單位 $60 的成本列於資產負債表的存貨項下。

范經理繼續以大里廠 5 月份之產銷為例，說明全部成本法與變動成本法下之損益表編製。由上述資料得知，瑞展公司 20X9 年度大里廠 5 月份固定銷管費用為 $10,000，變動銷管費用為每單位 $5 ($5,000/1,000)，依據全部成本法或改採變動成本法所編製之損益表分別列示於表 13-2 的畫面 A 與畫面 B。

表 13-2 大里廠三輪電動代步車損益表

瑞展公司
損益表
20X9 年 5 月

畫面 A：全部成本法			畫面 B：變動成本法		
銷貨收入		$100,000	銷貨收入		$100,000
($100×1,000 單位)			($100×1,000 單位)		
銷貨成本：			銷貨成本：		
期初存貨	$ 6,800		期初存貨	$6,000	—
($68×100 單位)			($60×100 單位)		
加：製造成本	81,600		加：製造成本	72,000	
($68×1,200 單位)			($60×1,200 單位)		
可供銷售產品成本	$88,400		可供銷售產品成本	$78,000	
減：期末存貨	(20,400)		減：期末存貨	(18,000)	
($68×300 單位)			($60×300 單位)		
			變動銷貨成本	$60,000	
			加：變動銷管費用	5,000	
			($5×1,000 單位)		
銷貨成本		68,000	總變動成本		65,000
銷貨毛利		$32,000	邊際貢獻		$35,000
減：銷管費用		15,000	減：固定製造費用	$9,600	
($10,000 + $5×1,000 單位)			($8×1,200 單位)		
			固定銷管費用	10,000	19,600
營業淨利		$17,000	營業淨利		$15,400

由以上可以發現在全部成本法下，包括固定及變動的所有製造成本，均自銷貨收入中全部扣除，得出銷貨毛利；再從銷貨毛利中，扣除固定及變動之銷管費用，以求得淨利。但在變動成本法下，只是將變動的製造成本及銷管費用，先行自銷貨收入中扣除，用以計算邊際貢獻，而固定製造成本及銷管費用，則全數列為期間成本，從邊際貢獻中扣除，以求得最後的淨利。

范經理進一步解釋造成兩種成本法損益產生差異的原因，在於存貨量之變動，在全部成本法中，固定製造費用以當期銷售量（1,000 單位）為計算基礎，而在變動成本法下則以當期製造量（1,200 單位），以致造成 1,600 元之淨利差異（(1,200 － 1,000) ×8），再進一步分析可發現兩者淨利間之差別，恰巧與存貨增減變動有關，以上例分析，期末較期初增加 200 單位（300 － 100）存貨，採全部成本法時，會有一部分固定費用保留於存貨內，而變動成本法則將全部固定製造費用作為當期費用，故淨利較全部成本法短少 1,600 元。

二、營業淨利差異比較

為加深張總的印象，范經理繼續沿用大里廠營運資料，分別採用全部成本法與變動成本法編製 6 月份和 7 月份之損益表。6 月份期初製成品存貨為 300 單位，加上當月製造 1,200 單位扣除當期銷售 1,400 單位，故期末製成品存貨尚有 100 單位。6 月份期末結轉 7 月份之存貨為 100 單位，7 月份製造 1,200 單位並售出 1,200 單位，故期末存貨剩餘 100 單位。依據全部成本法所編製的損益表詳如下表 13-3，而改採變動成本法之損益表如表 13-4。

以兩種不同成本法所計算之損益差異進行分析，可發現 6 月份期末較期初減少 200 單位（100 － 300）存貨，則變動成本法所計算之淨利較全部成本法計算之淨利增加 1,600 元。

聽完范經理的說明，張總靜心反覆比較大里廠 5 月份和 6 月份之營運資料，並對損益差異與期初期末存貨變化兩者間之關係有了較為清楚的概念。但當張總查看 7 月份之資料時發現期初與期末的存貨數量相等，故隨口問道，如果期初與期末存貨無數量差異，兩種成本計算方法所求得之淨利是否應不會有差異？

表 13-3　　大里廠三輪電動代步車損益表－全部成本法

	瑞展公司 損益表 20X9 年 6、7 月			
	6 月		**7 月**	
銷貨收入（$100×1,400 單位；1,200 單位）		$140,000		$120,000
銷貨成本：				
期初存貨（$68×300 單位；100 單位）	$ 20,400		$ 6,800	
加：製造成本（$68×1,200 單位；1,200 單位）	81,600		81,600	
可供銷售產品成本	$102,000		$88,400	
減：期末存貨（$68×100 單位；100 單位）	(6,800)		(6,800)	
銷貨成本		95,200		81,600
銷貨毛利		$ 44,800		$ 38,400
減：銷管費用（$10,000 ＋ $5×1,400 單位；1,200 單位）		(17,000)		(16,000)
營業淨利		$ 27,800		$ 22,400

表 13-4　　大里廠三輪電動代步車損益表－變動成本法

	瑞展公司 損益表 20X9年6、7月			
	6月份		**7月份**	
銷貨收入 ($100×1,400 單位；1,200 單位)		$140,000		$120,000
銷貨成本：				
期初存貨 ($60×300 單位；100 單位)	$18,000		$6,000	
加：製造成本 ($60×1,200 單位；1,200 單位)	72,000		72,000	
可供銷售產品成本	$90,000		$78,000	
減：期末存貨 ($60×100 單位；100 單位)	(6,000)		(6,000)	
變動銷貨成本	$84,000		$72,000	
加：變動銷管費用 ($5×1,400 單位；1,200 單位)	7,000		6,000	
總變動成本		$91,000		$78,000
邊際貢獻		49,000		42,000
減：固定製造費用 ($8×1,200 單位；1,200 單位)	9,600		9,600	
固定銷管費用	10,000	(19,600)	10,000	(19,600)
營業淨利		$29,400		$22,400

范經理微笑道：「沒錯，全部成本法固定製造費用與變動成本法固定製造費用轉列當期費用相同，故其計算之淨利相等。」范經理將上述三種數量資料所計算之淨利兼差異歸納如下：

1. 當生產量小於銷售量（存貨數量減少）時，全部成本法之淨利小於變動成本法之淨利。

2. 當生產量大於銷售量（存貨數量增加）時，全部成本法之淨利大於變動成本法之淨利。

3. 當生產量與銷售量相等（存貨數量不變）時，全部成本法及變動成本法之淨利相等。

聽完范經理說明，張總反問道當期初與期末存貨數量相等時，兩種方式下之淨利會趨於一致，如果是在及時生產制度下，因無庫存，則淨利是否仍會相同，范經理點頭答道：「沒錯，在及時生產制度下，因無機會將固定成本遞延至下期，自然不會有淨利之差異，但兩種方式下之單位成本因定義之不同仍會有所差異。」

三、全部與變動成本法下的損益調節

范經理道出公司一般對外報表為符合法規皆以全部成本法編製，變動成本法僅能作為公司內部績效檢討或營運政策擬定之工具。在全部成本法下，成本項目包含原料、人工、變動及固定成製造費用等項目，而在變動成本法下，成本項目僅計算原料、人工及變動製造費用，因而造成存貨價值在不同成本法下產生差異。張總接口由於在變動成本法下，將固定製造費用列為當期費用，存貨因不包含固定製造費用，其成本低於全部成本法。

范經理點頭並道：「沒錯，當存貨增加或減少時，全部與變動成本法下所報導的損益就會發生差異。」所以在變動成本法下，必須透過調整存貨成本以使成本與全部成本法計算之存貨成本一致，其調整方式為資產負債表需將存貨分攤之固定製造費用計入，而在損益表應先將期初存貨所分攤之固定製造費用扣除，而期末存貨應分攤之固定製造費用應予計入。

看著張總認真思索的神情，范經理微笑道其實不用想得太複雜，如果要計算兩種產品成本法下在某一特定期間固定製造費用轉為費用金額的差

異，只要將存貨變動的單位數乘上每單位預計的固定製造費用分攤比率即可得知，為強化張總印象，范經理運用大里廠 5 月至 7 月之存貨變動進行說明：

月份	月初存貨	月底存貨	存貨變動數	預計固定製造費用分攤率	固定製造費用差異	全部成本法與變動成本法淨利差異數
	A	B	C = B − A	D	E = C×D	
5	100	300	200	$8	1,600	1,600
6	300	100	(200)	8	(1,600)	(1,600)
7	100	100	0	8	0	0

　　5 月時，因存貨增加 200 單位，表示生產量大於銷售量，此時全部成本法之淨利較變動成本法高出 $1,600（=200×$8）。主要係全部成本法下，僅有部分固定製造費用列為費用，部分固定製造費用轉入存貨列帳，而變動成本法則將所有固定製造費用列為當期費用，故全部成本法淨利高於變動成本法淨利。

　　而到了 6 月，存貨減少 200 單位，表示銷售量大於生產量，此時反倒變動成本法之淨利較全部成本法高出 $1,600。主要係全部成本法下，其固定製造費用除當月之製造費用之外，亦包含 5 月新增存貨 200 單位所包含之 5 月份固定製造費用，而變動成本法僅計算當月之固定製造費用轉列當期費用，故此時變動成本法淨利高於全部成本法。

　　7 月時，期初期末並無差異，此時生產數量與銷售數量一致，此時兩種方法之淨利相同並不需調整。在變動成本法下，固定製造費用全部轉列費用，而在全部成本法下，因生產量全數銷售，所有固定製造費用轉入銷貨成本，因此兩法計算之淨利相同。

13-3 變動成本法與全部成本法之優缺點

　　范經理總結上述說明，歸納直接成本法和全部成本法，在會計處理上最明顯的差異，可由損益表的編製和存貨成本的不同上看出。直接成本法僅將與產量有直接關係的變動製造成本計入產品成本中，並隨著產品的銷售轉為銷貨成本，未售出的產品列為期末存貨成本。

在損益表的編製格式依成本習性（變動成本和固定成本）分類，先由銷貨收入扣除各項變動成本（包括變動銷貨成本或製造成本及變動銷管費用）後，求出各產品的邊際貢獻，再由邊際貢獻減去固定成本，得出本期營業淨利。所謂邊際貢獻（contribution margin）或邊際收益（marginal income）是指銷貨收入扣除所有變動成本後的餘額，當邊際貢獻大於固定成本，有利潤產生；邊際貢獻小於固定成本，即發生損失。而全部成本法將固定製造費用和變動製造費用全部納入產品成本，並隨產品的銷售轉為銷貨成本，未出售的產品列為期末存貨成本。因此，可將變動成本法與全部成本法區別如下：

專有名詞

邊際貢獻

指銷貨收入扣除所有變動成本後的餘額，當邊際貢獻大於固定成本，有利潤產生；邊際貢獻小於固定成本，即發生損失。

1. **產品成本不同**：變動成本法之產品成本僅包含直接原料、直接人工與變動製造費用，全部成本法較變動成本法再多一項「固定製造費用」。

2. **損益表格式不同**：變動成本法之損益表係由銷貨收入先減去變動銷貨成本與變動銷管費用，先求得邊際貢獻後，再減去固定製造費用與固定銷管費用。而全部成本法則由銷貨收入減去銷貨成本計算銷貨毛利，再減去固定及變動銷管費用。

3. **成本分類不同**：變動成本法將固定製造費用當成期間費用，全部成本法則將其當成產品成本。

最後，范經理歸納在變動成本法下，其邊際貢獻之計算有助於利潤之規劃及短期產品之訂價設定；另一方面，由於產品成本均為變動成本，管理階層易於進行成本控制，且成本區分為變動與固定，有利於彈性預算之實施；最後，在變動成本法下，可排除存貨變動對淨利之影響，有助於決策分析以及績效評量。雖有上述優點，但變動成本法亦存在缺陷及限制，例如，在實務上，固定成本及變動成本並不易區分，且違反成本與收益配合原則，因而使該法不符外部報導要求，亦不為稅法所准許，而在管理上，易演變成重視短期利潤而忽略長期必須收回全部成本之原則，不適用於長期性決策。

相對於變動成本法之缺點，可輕易反映出全部成本法之優點，例如，符合公認會計原則，遵循對外財務報導的要求及稅法之規定，且無劃分固定及變動成本的困擾，而固定製造費用分攤於產品成本中，將有助於長期生產成本之衡量，以及便於制訂長期訂價決策。但是，固定製造費用納入成本計算，將使淨利受銷貨及存貨變化之影響，增加利益分析之困難，且

將非製造部門所能控制之固定製造費用納入成本，並不公平且不能真正反映經營績效，並可能誤導決策，造成潛在可能客戶或訂單之喪失。范經理最後總結道，兩種方法之優（缺）恰巧為對方之缺（優）點，如何妥善運用使其發揮最大功效，考驗著管理者之智慧。

13-4 變動成本法與全部成本法之評估

由於一般公認會計原則及稅法均規定，企業必須採行全部成本法計算產品成本，再加上企業一般皆以全部成本計算之淨利，作為部門績效評核之基準，在此氛圍下，可能迫使管理者採行下列看似有利，但實際上卻影響公司長期利益之決策，例如：

1. 排產時選擇利潤最大之產品優先生產，而忽略客戶之真正需求及公司長期發展之需要。
2. 衝高產品產量，以降低單位成本並加大獲利空間，造成存貨急增。
3. 為求最大產量，故意壓縮或延後生產設備之例行維修作業，造成設備故障損壞之機率大幅提高，進而影響其使用壽命。

由於上述之疑慮，故支持變動成本法者主張應以變動成本法之淨利取代全部成本法之淨利，用以評量部門之績效。范經理補充道支持使用變動成本法者認為固定成本並不會隨產銷量的增減而有所變動，所以，工廠部門內的固定製造費用不會因生產量的變動而改變，該項成本並非生產部門所能掌控，應全數列為當期費用計算之中，而不應納入產品成本並隨著存貨遞延至下期。而且若將固定製造費用納入產品成本，產品將墊高，造成公司在對客戶報價時，可能因反映較高成本而提高報價造成可能之客戶流失，或是礙於較高成本無法接受客戶較低報價之訂單造成潛在之損失。

尤有甚之，另有支持變動成本法者推論固定成本等同產能成本，主要在提供生產之產能，例如，廠房設備之折舊或消耗品旨在於提供實體產能，不論是否已充分利用，產能均將隨時間流逝而消失，故其產能亦將隨之消耗，成本自然因此不應攤入存貨項目而產生儲存遞延之效果。

年營收一億日圓，公司卻瀕臨倒閉？避開這種「地雷產品」，以免賣愈多賠愈多！

古屋悟司是日本樂天市場一家花店的經營者，在投入網路花店生意後，銷售成績連年成長，但年尾結算時，卻發現公司仍然在虧損、根本沒賺到錢。

那時候他總想著，「多賣一點，經營狀況一定會變好。」直到年銷售額破億，依然處於缺錢的關口，很可能倒閉，才在稅務師的幫助下，找到扭轉經營危機的關鍵，做到年年都有盈餘。

公司要賺錢，看的不是銷售，而是「微利」

微利在管理會計中，也被稱為「邊際貢獻」（Contribution Margin）或「邊際利潤」，意思是在變動成本之外，可用來支付固定成本、剩餘就做為利潤的金額。微利愈高，表示每賣出一個商品，可用來支付固定成本和利潤的錢就愈多。

微利 = 銷售收入 — 變動成本

假設，古屋的 A 商品售價為 2000 元，其中的變動成本（花材、包裝、運送）等費用為 1600 元，可得出售出一個 A 商品的微利是 400 元。

微利率 = 微利 ÷ 售價 × 100

微利率也稱為「邊際貢獻率」，意思是賣出的商品中，可以用來支付固定成本的比例。微利率愈高，表示這項產品愈有賺錢的能力。回到上面的例子，A 商品的微利率為 20%（400 ÷ 2000 × 100）。

計算各商品的微利率，挑出公司的「地雷商品」和「幸運商品」

古屋將花店中的 2000 多樣商品，一一列出售價、變動成本，計算出微利率，終於找出公司赤字的原因：某些商品對公司的利潤沒貢獻，甚至賣愈多就賠愈多。

他將這種產品稱為「地雷商品」，微利率只有 2% ～ 5%，通常因為售價極低，所以會大量暢銷，成為吸引顧客來店的誘因。相對的，有些產品是「幸運商品」，微利率高達 30% 以上，偶爾賣出一件、兩件，就能對利潤做出極高的貢獻，賣得愈多，獲利就愈高。古屋以往都將地雷商品做為販售重點，大量砍價、打廣告推銷地雷商品，反而犧牲利潤。店主應該斤斤計較後，拿捏一個地雷商品和幸運商品的比例，否則只賣地雷商品的話，倒閉只是早晚的事。

資圖來源：經理人電子報

13-5 超級變動成本法

　　范經理亦指出近年來，另有部分人士鼓吹應使用超級變動成本法作為吸納成本法或變動成本法的替代方案，因其認為即使是變動成本法，仍將過高的成本列入存貨，超級變動成本法（throughput costing；super-variable costing）只將直接原料列入成本計算，而將其他成本項目列為期間費用，以避免原先所採行將任何其他間接、過去的或者是承諾成本加入成本計算下，驅使公司管理階層採行製造比所能使用或出售為多的產品數，因而降低平均每單位成本的不當動機，因為每單位成本只依據直接原料，而不是製造的單位數。范經理繼續以大里廠為例，說明若將存貨成本計算方式改為採行超級變動成本法，則其損益表如表 13-5 所示。因在超級變動成本法下，僅將直接材料計入存貨成本，故由表 13-5 可知，當銷量小於產量時（如 5 月），當期之費用為最大，致使營業淨利為最小。支持此法者認為本制度能減低管理者生產不必要存貨之動機，然在現實環境中並未廣泛使用。

> **專有名詞**
> 超級變動成本法
> 只將直接原料列入成本計算，而將其他成本項目列為期間費用。

表 13-5　大里廠三輪電動代步車損益表－超級變動成本法

	5月		6月		7月	
	瑞展公司					
	損益表					
	20X9 年 5、6、7 月					
銷貨收入		$100,000		$140,000		$120,000
($100×1,000；1,400；1,200 單位)						
銷貨成本：						
直接材料期初存貨	$ 3,500		$10,500		$3,500	
($35×100；300；100 單位)						
當月製造直接材料耗用	42,000		42,000		42,000	
($35×1,200；1,200；1,200 單位)						
可供銷售產品成本	$45,500		$52,500		$45,500	
減：直接材料期末存貨	(10,500)		(3,500)		(3,500)	
($35×300；100；100 單位)						
直接材料銷貨成本		35,000		49,000		42,000
邊際貢獻		$65,000		$91,000		$78,000
減：加工成本		(36,900)		(36,900)		(36,900)
($15 + 10 + 8)×1,200 單位						
銷管費用 [$10,000 + $5×		(15,000)		(17,000)		(16,000)
(1,000；1,400；1,200 單位)]						
營業淨利		$13,100		$37,100		$25,100

問題討論

產量與成本的迷思

瑞展公司受到原物料價格持續飆漲的影響，造成三輪電動代步車生產成本急遽攀升，而受限於市場競爭激烈，短期無法藉由調高售價方式因應，造成連續數月之虧損，公司緊急開會檢討。會議中，廠務部莊廠長認為實際產能僅為設計產能之半數，因此主張全能生產將可有效降低成本，並配合降價促銷應可馬上轉虧為盈；而業務部葉處長則認為由於市場過度競爭，降價促銷僅會引起同業跟進，效果有限，應設法由製程改善著手，藉由減少消耗之方式，降低製造成本，兩人因意見相左而爭執不下，大家不約而同把目光轉向另一資深幹部財務部范經理，想探詢其意見。

問題一：

假如你是財務部范經理，就本章節所介紹之各種成本計算方法，你會建議公司應採行何種方法？

問題二：

當初基於市占率考量生產三輪電動代步車而犧牲獲利性較佳之四輪電動車，請問公司應如何在決策階段時有更週全之考量？

討論：

利用產量提升之方式，短期確實可迅速降低成本，但產量提升如無法順利銷售完畢，將造成庫存持續累積形成資金積壓，以及未來可能產生之額外處理成本，身為財務主管，必須先從成本結構著手，探討成本劃分及計算之合理性，以確保成本結構之正確，以提供管理階層作為決策之參考。

　　全部成本法與變動成本法爲兩種主要的產品成本計算方式，兩者間主要差異在於固定製造費用的處理，全部成本法將固定製造費用分攤到所生產產品，將之視爲產品成本，並將留存於存貨裡直到產品售出；而變動成本法則將固定製造費用視爲期間成本並予以費用化。一般公認會計原則及稅法均規定企業須採用全部成本法，然變動成本法有助於管理者之決策分析。

　　而超級變動成本法較變動成本法更進一步，僅將直接原料列入成本計算，而將其他成本項目列爲期間費用，能減低管理者過度生產之動機。

本章習題

一、選擇題

(　　) 1. 甲公司生產單一產品並使用實際成本制度。其成本資訊如下：生產量 100,000 單位，銷售量 80,000 單位，單位售價 $20，機器小時 50,000，直接材料 $80,000，直接人工 $240,000，變動製造費用 $40,000，固定製造費用 $200,000，變動銷售費用 $48,000，固定銷售費用 $20,000，假設沒有期初存貨，試問下列何者正確？

(A) 相較於歸納成本法，採用變動成本法所計算的單位成本與淨利都較低

(B) 相較於歸納成本法，採用變動成本法所計算的單位成本與淨利都較高

(C) 相較於歸納成本法，採用變動成本法所計算的單位成本較低且淨利較高

(D) 相較於歸納成本法，採用變動成本法所計算的單位成本較高且淨利較低。

(105 會計師)

(　　) 2. 甲公司產銷單一產品，正常產量為 20,000 單位，今年度期初存貨 1,000 單位，產量 19,800 單位，銷量為 19,500 單位，售價為每單位 $50，固定製造成本總額為 $100,000，變動銷管成本為每單位 $4，固定銷管成本總額為 $80,000，變動製造成本之標準為每單位 $30，變動製造成本差異 $6,000（不利），期末時成本差異直接沖轉銷貨成本。若甲公司採用變動成本法計算存貨成本，則今年度營業淨利為何？

(A) $132,000　(B) $127,500　(C) $126,000　(D) $124,500。 　(105 鐵路高員)

(　　) 3. 列那些因素會影響全部成本法淨利，但不會影響變動成本法淨利？　①銷量 ②產量　③產能水準的選擇

(A) ①　(B) ①②　(C) ①③　(D) ②③。 　　(104 地特三等)

(　　) 4. 有關全部成本法和變動成本法之比較，下列何者正確？

(A) 不論是全部成本法還是變動成本法，變動成本皆是產品成本

(B) 當管理者的紅利係以營業淨利為基礎發放時，採用全部成本法的管理者較有動機去積壓存貨

(C) 不論是全部成本法還是變動成本法，製造成本皆是變動成本

(D) 當存貨水準增加時，全部成本法的淨利小於變動成本法。 (104 鐵路高員)

( ) 5. 甲公司生產裝飾用手錶，每個手錶售價 $100。該公司總共生產 100,000 單位，並銷售 80,000 單位，每單位成本資訊如下：直接材料 $30，直接製造人工 $2，變動製造成本 $3，銷售佣金 $5，固定製造成本 $25，管理費用（全部為固定）$15。試問當該公司採歸納成本法時，其每單位存貨成本為若干？

(A) $32　(B) $35　(C) $60　(D) $80。　　　　　　　　　　（104 軍官轉任四等）

( ) 6. 關於邊際貢獻式的損益表，下列敘述何者正確？

(A) 適用在歸納成本法

(B) 固定費用以總額方式列示

(C) 計算邊際貢獻時毋須考慮銷管費用

(D) 須計算出銷貨毛利。　　　　　　　　　　　　　　　　（103 地特三等）

( ) 7. 甲公司生產並製造 A 產品，以下是其最初兩年生產之實際營運資訊：

	第 1 年	第 2 年
A 產品生產單位數	40,000	40,000
A 產品銷售單位數	37,000	41,000
歸納成本法下淨利	$44,000	$52,000
變動成本法下淨利	$38,000	?

甲公司之成本結構與售價在這兩年間維持不變。試問甲公司第 2 年變動成本法下淨利為何？

(A) $48,000　(B) $50,000　(C) $54,000　(D) $56,000。　　（103 鐵路高員）

( ) 8. 丁公司 X1 年製造費用有關資料如下：

	當年度投入	期初存貨中包含	期末存貨中包含
變動製造費用	$50,000	$10,000	$15,000
固定製造費用	$375,000	$95,000	$25,000

丁公司該年度之營業利益，於歸納成本法與變動成本法下之差異為：

(A) 歸納成本法低於變動成本法，差異為 $70,000

(B) 歸納成本法低於變動成本法，差異為 $40,000

(C) 歸納成本法低於變動成本法，差異為 $50,000

(D) 歸納成本法高於變動成本法，差異為 $50,000。　　　　（103 高考會計）

(　　) 9. 下列關於變動成本法與全部成本法的敘述何者錯誤？

(A) 當生產量大於銷售量時，全部成本法所計算之淨利會大於變動成本法所計算之淨利

(B) 在變動成本法下，固定製造費用會出現在損益表上，列為期間成本

(C) 變動成本法與全部成本法之主要差異，在於對非固定製造成本會計處理不同

(D) 變動成本法與全部成本法之主要差異，在於對固定製造成本會計處理不同

（103 原住民三等）

(　　) 10. 甲公司生產 100,000 單位之產品，並售出其中 80,000 單位，生產成本包括直接材料 $200,000、直接人工 $100,000、變動製造費用 $150,000、固定製造費用 $250,000。試問直接成本法下之期末存貨成本應為何？

(A) $60,000　(B) $90,000　(C) $110,000　(D) $140,000。　　（102 地特三等）

二、計算題

1. 請說明為何變動成本法主張者批評存貨以全部或吸納成本法處理會給予公司盈餘操弄空間之主要論點。（106 普考）

2. 大安公司產銷一種產品，單位售價 $210，公司採用標準成本制度，X2 年度相關資料如下：單位成本：直接材料 $50，期初存貨 300 單位，直接人工 20 本期生產 1,400 單位，變動製造費用 10，期末存貨 200 單位，固定製造費用 20，本期銷售 1,500 單位，變動銷管費用 12，已分攤固定製造費用 $28,000，固定銷管費用 52,000。各項差異：固定製造費用支出差異 $1,600（U），固定製造費用能量差異 3,400（U），變動製造費用支出差異 1,000（F），變動製造費用效率差異 700（U），直接材料價格差異 3,200（U），直接材料數量差異 1,000（F），直接人工工資率差異 4,600（U），直接人工效率差異 2,500（F）。根據上述資料，試作：

(1)採用變動成本法編製損益表。

(2)計算全部成本法與變動成本法的淨利差異數。（93 會計師）

3. 太陽公司 1、2 月份之產銷資料如下：1 月、2 月生產單位數 12,000、6,000，銷售單位數 8,000、10,000，單位變動製造成本 $ 20、$ 20，單位變動銷管費用 $ 10、$ 10，太陽公司每月固定製造費用為 $198,000，依預計產能分攤至產品；每月固定銷管費用為 $70,000，依實際銷量分攤至產品。公司採變動成本加成 100% 為訂價基礎，毛利率為 30%（調整各種差異數前）。該公司 1 月並無期初存貨，各月份所有差異數均結轉當期之銷貨成本。試作：

   (1)請依一般公認會計原則，編製太陽公司 1 月份及 2 月份之損益表。

   (2)總經理看了損益表十分不解，質問為何 2 月份之銷量增加但淨利卻反而減少。請依變動成本法編製 1 月份及 2 月份之損益表供總經理參考。

4. 甲公司於 20X4 年初開始營業，該公司之生產、管理及行銷部門共用一棟建築物，並依照各部門所使用之空間分攤建築物之折舊費用。根據各部門空間使用分析顯示，生產部門占 60%，管理部門占 25%，行銷部門占 15%。截至 20X4 年底，甲公司共出售 80% 的產品。若甲公司採歸納成本法，試問建築物之折舊費用有多少比例將計入 20X4 年之損益表？ （103 原住民三等）

5. 某公司本年度變動成本法下之淨利為 $1,500，期初存貨及期末存貨分別為 21 單位及 26 單位。若固定製造費用分攤率為每單位 $20，則該公司全部成本法之淨利為何？

6. 崑山公司於 97 年成立，該年度生產 200,000 單位之產品，並出售 170,000 單位，生產成本包括直接材料 $650,000，直接人工 $300,000，變動製造費用 $150,000，固定製造費用 $487,500，崑山公司在變動成本法下之期末存貨成本為若干？

7. 臺中公司生產單一產品並使用實際成本法。本年度相關資訊如下：銷售量 4,000 單位，單位售價 $45，生產量 6,000 單位，變動製造成本 $25,000，固定製造成本 $72,000，變動銷售費用 $45,000，固定銷售費用 $6,000。假設沒有期初存貨，試計算採用變動成本法及全部成本法所產生的淨利差額為多少？

8. 甲公司 X1 年度製造產品 100,000 單位，銷售 80,000 單位，每單位之變動製造成本為 $20，固定製造成本為 $1,200,000，則使用變動成本法計算的淨利較全部成本法的淨利？

9. 甲公司只生產單一產品，第 1 年營運生產 120,000 單位，賣出 100,000 單位，其成本資料如下：

製造成本：

變動	$160,000
固定	240,000

行銷管理費用：

變動	$ 21,000
固定	18,000

該公司若採變動成本法，其淨利將較歸納成本法之淨利：

10. 假設仁愛公司每年的產銷量為 20,000 單位，其產品的製造成本與銷管費用如下：

變動成本：

直接材料	$ 10
直接人工	12
製造費用	8
銷管費用	6

年度固定費用

製造費用	$160,000
銷管費用	40,000

若該公司採用歸納成本法，且成本加成率為 20%，則單位售價應訂為多少元？

CHAPTER 14

品質、存貨管理、目標成本制、倒推成本法

學習目標　讀完這一章，你應該能瞭解

1. 辨識品質與品質管理工具。
2. 評估品質成本與品質績效。
3. 存貨管理與經濟訂購量。
4. 及時生產系統與目標成本制。
5. 倒推成本法之應用。

引言

瑞展公司歷經了風雨飄搖的時期，公司營運逐漸穩定且營收持續成長。瑞展公司分為三大事業部門：分別為傳動事業部（主要事業部）、機械事業部、醫材事業部。並在工具機市場上，擁有極佳品牌信譽。這全賴佳年堅持品質的決心與生產部門同仁的共同努力。為了讓公司全體員工體認品質的重要性，佳年邀請了品質專家舉辦多場的講習會。講習會的內容包括品質管制工具（TQC 與 TQM、6 Sigma 等）、品質認證（ISO9000 系列與 QS9000 系列）及品質成本的估計等議題。希望藉此講習會的實施，能讓品質意識深植於公司全體員工。瑞展公司也想藉此機會，建立品質衡量的績效標準，希望釐清產品品質的責任歸屬並且期望進一步能降低因品質因素所造成的額外成本。

佳年一直想將及時生產管理（Just-in-time management）的理念實踐於產品的生產中，可是他深知唯有全體員工的品質意識提升，否則及時生產管理是不可能實現的。目前，瑞展公司除加緊對員工的品質訓練外，也責成研發與設計、採購及生產部門等經理針對及時生產管理實施的可能性進行評估。

14-1 認識品質與品質管理工具

品質是一種對產品或服務相對於它本身價值的要求程度。隨著經濟的繁榮與時代的進步，人們對於物質或服務的品質要求愈高。就消費者而言，品質就是能滿足消費者需求與期待的產品或服務，品質不見得是要最好的，但卻是要對消費者最適當的品質。對生產者而言，品質意指生產者為求合理利潤而以現有製造能力生產出消費者所滿意的產品品質。由生產者對品質的概念衍生出兩個品質特性：設計品質（quality of design）與一致性品質（quality of conformance）。

「設計品質」係指生產者可設計出符合顧客需求的程度。可設計出符合顧客需求的程度愈高，則顯示生產者的設計品質就愈高。因此，客製化產品被要求的設計品質是較高的，當然所耗費的產品成本也較高。「一致性品質」係指生產者是否可生產出與原設計規格一致的產品之程度。與原設計規格一致的程度愈高，則代表生產者的一致性品質愈高。設計品質關

專有名詞
設計品質
係指生產者可設計出符合顧客需求的程度。

專有名詞
一致性品質
係指生產者是否可生產出與原設計規格一致的產品之程度。

係著公司獲利能力的高低，而一致性品質則是公司所擁有製造能力的強度。兼具兩品質特性的情況下，生產者才能製造出令消費者滿意的產品，同時公司創造獲利，因此品質的提升與維持無疑是提升公司競爭力與創造公司價值的重要工具。

1960 年代以前，品質由控制而得，亦即品質控制[1]（quality control）。公司透過操作員、領班、檢驗員，甚至經由統計品質控制[2]（statistical quality control；SQC）來控制產品的品質。1960 年代以來，日本工業崛起及品質意識的抬頭，日本的製造業普遍實施全面品質控制[3]（total quality control；TQC）進 而 提 升 至 全 面 品 質 管 理（total quality management；TQM）。而今，企業普遍認為透過有效的管理與標準化制度與規章是可以獲致一定程度的品質水準。

目前企業實施的品質管理工具有全面品質管理、國際標準認證 ISO9000 系列以及 6 標準差。

一、全面品質管理

全面品質管理（total quality management；TQM）為公司的系統性管理活動。透過部門之間、組織之間（或公司之間）相互協調與合作下，以適時、適量、適價提供顧客某一品質的產品或服務，進而有效達成企業整體利益與目標。為求達成企業整體利益與目標，人的品質、系統及流程的品質、產品及服務的品質等三項品質必須有效地管理與控制。

> 為求達成企業整體利益與目標，人的品質、系統及流程的品質、產品及服務的品質等三項品質必須有效地管理與控制。

首先，TQM 的成功關鍵在於管理階層與員工的心態與意識。因此，組織內建立員工的品質意識，進而改變員工的價值與行為，以創造組織內部的品質文化。

---

1 Deming, W. E. 1982. Quality Productivity and Competitive Position. Massachusetts Inst Technology.

2 Shewhart, W. A. 1986. Statistical Method from the Viewpoint of Quality Control. Dover Publications.

3 Feigenbaum, A. V. 1983. Total Quality Control. McGraw-Hill.

其次，是內部組織間的合作與企業間的協同可幫助企業達成顧客要求的品質水準。為提升系統及流程的品質，企業必須進行流程的管理與改善、統計製程控制、實驗設計、田口方法（Taguchi approach）[4] 等方法來強化系統及流程的品質。

最後，產品及服務的品質提升始於立即的錯誤發現。因此，於產品生產或服務的現場中，立即地發現錯誤、立即地更正與改善，將是提升顧客滿意的不二法門。

二、國際標準 ISO9000 系列

ISO9000 系 列 為 國 際 標 準 化 組 織（International Organization for Standardization; ISO）[5] 於 1987 年所制定的「品質管理及品質保證規格」。ISO9000 系列由 5 個細部規格所構成。ISO9001 為設計及售後服務的品質系統規格，它包括了設計、開發、製造、安裝及服務等的品質保證模組。ISO9002 為製造及安裝的品質系統規格，它包括了製造及安裝的品質保證模組。ISO9003 為最終檢查與測試的品質系統規格，它包括了最終檢查與測試的品質保證模組。ISO9004 為品質的指導綱要，它包括了品質管理及品質系統要素的操作依據。

ISO9001 至 ISO9003 屬外部的品質保證規格，而 ISO9004 屬內部品質保證規格。此外，因應地球暖化及環境保護，國際標準化組織也訂有環保相關的環保規格 ISO14000 系列。為此，我國環保署也於 1996 年 6 月成立了 ISO14000 專案小組，專責辦理與環保相關的產品評估規格的制定事項。

為取得 ISO9000 系列與 ISO14000 系列的認證，企業必須建立最基本的品質管理需求及文件系統化作業來改善組織與產品的流程。ISO 認證的及早施行，將有助於企業適應世界經貿的趨勢。

---

4 田口式品質工程是田口玄一（Taguchi Genichi）博士於 1950 年代所開發倡導。利用簡單的直交表實驗設計與簡潔的變異數分析，以少量的實驗數據進行分析，可有效提升產品品質。遂於日本工業界迅速普及，稱之為品質工程（Quality Engineering）。Taguchi, G. 1986. Introduction to Quality Engineering: Designing Quality into Products and Processes. Quality Resources

5 ISO 國際標準組織 http://www.iso.org/iso/home.htm.

三、六標準差（6 Sigma）

由於企業對於品質嚴格的要求下，六標準差的品質概念孕育而生。六標準差是利用統計學中的標準差概念來衡量流程中的瑕疵。標準差即是衡量企業流程的偏差值。達一個標準差時，表示百萬次作業中有 691,500 次的失誤，良率達 30.85%。若能達到六個標準差，則顯示百萬次作業中僅有 3.4 次的失誤，良率達 99.99%，產品或服務的品質已近乎完美（參見表 14-1）。

專有名詞

六標準差
利用統計學中的標準差概念來衡量流程中的瑕疵。
若能達到六個標準差，則顯示百萬次作業中有 3.4 次的失誤，良率達 99.99%，產品或服務的品質已近乎完美。

1980 年代，摩托羅拉公司（Motorola Co.）首次運用於該公司的產品與服務後，該公司的品質水準有了大幅改善，業績也成長了五倍。德州儀器公司（Taxes Instrument Co.）、IBM、聯合信號公司（Allied Signal Co.）、奇異電器公司（GE Co.）及花旗集團（Citi Group）亦成功運用六標準差並實際降低數百萬美元的成本。

表 14-1 六標準差對照表

標準差	每百萬次失誤數（PPM）	良率
1	691,500	30.85%
2	308,537	69.15%
3	66,807	93.32%
4	6,210	99.38%
5	233	99.97%
6	3.4	99.99%

14-2 評估品質成本與品質績效

在前一節中，詳細說明了品質的意義、品質的特性、品質管理工具以及品質管理對企業的影響。「品質」畢竟是抽象的概念，企業應如何衡量產品或服務品質？從生產面而言，企業可自產品的設計品質與一致性品質衡量品質達成的水準。

專有名詞

預防成本

為了提升一致性品質，企業從事多項預防品質不良的作業與工程，而這些作業與工程所耗費的成本。

在研發與設計階段，企業投入大量資金於產品的研發與設計以維護設計的品質。在生產製造階段，企業進行流程的管理與改革、統計製程管制、六標準差等品質控制相關技術來達成產品的一致性品質。因此，為了提升一致性品質，企業從事多項預防品質不良的作業與工程，而這些作業與工程所耗費的成本即為預防成本（prevention cost）。預防成本是品質管理中首先支出的成本項目。預防成本包括所有預防產品品質不良所耗費的資源。在產品產出前，若企業能有效管控產品瑕疵的出現，則維護品質所耗費的成本將遠低於因產品出現瑕疵而需重製的成本。

在估計預防成本時，品質工程與訓練、品管圈的實施、統計製程管制、各項品管技術的實施、流程（製程）的改革與改善、與供應商的技術合作與協同等作業中所耗資源皆須予以考慮（參見表 14-2）。現今的供應鏈體系中，企業與供應商之間緊密的合作關係將可進一步提升產品的一致性品質。因此，供應商對品質不良的預防有絕對的助力。

專有名詞

鑑定成本

為了及早發現不良產品或瑕疵品所進行品質維護的成本。

若產品已進入生產階段或在生產的過程中，為了及早發現不良產品或瑕疵品所進行品質維護的成本，稱之為鑑定成本（appraisal cost）。為了及早發現在生產流程中的不良產品，企業必須聘僱品管檢驗人員進行原料、在製品、製成品等檢驗與測試，甚至還須派員到顧客現場進行產品的測試與檢驗（參見表 14-2）。以生產效率而言，這些品質檢驗作業並無提升產品的附加價值（value-added），因此品質檢驗作業皆被認為是無附加價值的作業，品質檢驗作業所耗費的鑑定成本也被認為是昂貴而無效率的成本發生。目前，大多數的企業傾向訓練員工在所屬的工作責任範圍內，進行產品的品質檢驗與測試，而不另設品管檢驗員，以釐清員工的責任歸屬並深植品質意識於每一個員工內心。

表 **14-2**　品質成本的內容

預防成本	鑑定成本
系統開發與建置	原料檢驗與測試
品質工程與訓練	製程中的產品檢驗與測試
品管控制與改善	最終產品的檢驗與測試
品質資料的蒐集、分析與報告	檢驗與測試作業的監督
統計製程管制作業	檢驗與測試之設備維修與設備折舊
流程改善與再造	檢驗與測試場所之水電費用
預防作業的監督	到顧客場所的檢驗與測試
供應商評估、與供應商協同合作	
定期性設備維護	

內部失敗成本	外部失敗成本
殘料處理成本	顧客申訴之處理成本
損壞的處理成本	保固期間的維修與更換
瑕疵品的處理成本	保固期間後的維修與更換
重製所需的製造成本	產品召回
重製品的再檢驗與測試	因產品瑕疵所招致的法律責任
品質問題所致之停工損失	因品質問題所引起的退貨與折讓
	因品質問題所導致的品牌信譽的損失

　　當產品已到完成階段卻無法達成顧客所交付的設計品質及一致性品質時，因原料的浪費、產品重製、因品質問題而須停工所造成的損失、產品保固、產品召回、聲譽的損失等所耗之費用即為失敗成本。失敗成本可分為內部失敗成本（internal failure cost）與外部失敗成本（external failure cost）。在產品尚未交付顧客前，因產品不良所耗費的成本即是內部失敗成本。例如：產品毀損與不良所造成的原料浪費、產品重製所耗的製造成本、重製品的檢驗與測試以及因品質問題而必須停工的損失，皆屬於內部失敗成本（參見表 14-2）。相反地，產品已交付顧客後，因產品不良而必須維護企業聲譽所發生的成本即是外部失敗成本。例如：顧客的申訴、保固期的維修與測試、產品召回、產品不良危及人身安全而造成的法律訴訟、因品質降低而受損的企業聲譽等，皆屬外部失敗成本（參見表 14-2）。

專有名詞
內部失敗成本
在產品尚未交付顧客前，因產品不良所耗費的成本即是內部失敗成本。

專有名詞
外部失敗成本
產品已交付顧客後，因產品不良而必須維護企業聲譽所發生的成本。

　　預防成本、鑑定成本、內部失敗成本與外部失敗成本等四項成本合計後，即為公司的總品質成本。一般而言，品質水準較低的企業其內部失敗成本與外部失敗成本占總品質成本的比重較大，而預防成本與鑑定成本占總品質成本的比重較小。當總品質成本過高時，即顯示該公司的產品的一致性品質過低。此時，企業必須負擔高額的內部失敗成本與外部失敗成本，以便挽回企業的聲譽。相對地，若企業願意支付較多的預防成本與鑑定成本來維護產品的品質，除可提升產品品質外，還可因產品不良率的降低而節省了未來可能支付的內部失敗成本與外部失敗成本。

　　為達成品質改善的目的，企業通常編製品質成本報告表（report of quality cost）來評估各項品質成本的金額及其所占銷貨金額的比例。

　　瑞展公司在醫療器材市場上享有盛名，佳年深知產品的品質保證是刻不容緩的大事，因此責成財務部范經理及生產部吳經理編製品質成本報告表，以便瞭解公司為了維護品質所付出的代價。范經理根據吳經理所提出的 20X1 年與 20X2 年的生產資料數據，編製了兩年度的品質成本報告表（參見表 14-3）。表中，兩年度的預防成本與鑑定成本的合計金額均大於內部失敗成本與外部失敗成本的合計金額，顯見瑞展公司在品質的維持上不遺餘力。瑞展公司於 20X2 年投入更多系統開發與流程的改善等品質管理相關的預防成本，試圖進一步提升產品品質。結果，當年度的銷貨收入有明顯增加，顯見瑞展公司的品質管理已獲得一定程度的功效。未來，瑞展公司將致力於產品的品質提升，以更有效抑減內部失敗成本與外部失敗成本的發生機會。

表 14-3 品質成本報告表

瑞展公司
品質成本報告表

	20X2 年		20X1 年	
	金額	百分比*	金額	百分比*
預防成本：				
系統開發與建置	750,000	0.94%	580,000	1.16%
品質工程與訓練	100,000	0.13%	51,000	0.10%
品管控制與改善	63,000	0.08%	48,000	0.10%
統計製程管制作業	50,000	0.06%	60,000	0.12%
流程改善與再造	70,000	0.09%	60,000	0.12%
預防作業的監督	120,000	0.15%	100,000	0.20%
與供應商技術合作與協同	250,000	0.31%	250,000	0.50%
定期設備維護	400,000	0.50%	300,000	0.60%
預防成本合計	1,803,000	2.26%	1,449,000	2.90%
鑑定成本：				
原料、產品檢驗與測試	65,000	0.08%	80,000	0.16%
檢驗與測試作業的監督	400,000	0.50%	500,000	1.00%
檢驗與測試之設備維修與設備折舊	75,000	0.09%	75,000	0.15%
到顧客場所的檢驗測試	15,000	0.02%	20,000	0.04%
鑑定成本合計	555,000	0.69%	675,000	1.35%
內部失敗成本：				
殘料處理成本	42,000	0.05%	56,000	0.11%
損壞品的處理成本	20,000	0.03%	32,000	0.06%
瑕疵品的處理成本	55,000	0.07%	70,000	0.14%
重製所需的製造成本	70,000	0.09%	80,000	0.16%
重製品的再檢驗測試	30,000	0.04%	50,000	0.10%
品質問題所致之停工損失	70,000	0.09%	100,000	0.20%
內部失敗成本合計	287,000	0.37%	388,000	0.77%
外部失敗成本：				
顧客申訴之處理成本	60,000	0.08%	95,000	0.19%
保固期間的維修與更換	150,000	0.19%	210,000	0.42%
保固期間後的維修與更換	200,000	0.25%	340,000	0.68%
外部失敗成本合計	410,000	0.52%	645,000	1.29%
總品質成本	3,055,000	3.82%	3,157,000	6.31%

* 銷貨百分比：佔銷貨總額之百分比。20X1 年銷貨總額爲 $50,000,000，20X2 年銷貨總額爲 $80,000,000。

14-3 存貨管理與經濟訂購量

前一節詳細介紹了產品品質是維持企業競爭優勢的關鍵，而企業的存貨管理也主導了營運活動的效率性。過多的存貨將造成存貨持有成本的提高，而過少的存貨將導致銷售機會的喪失。存貨的管理與控制已成為企業重大的課題。

一、存貨管理

所謂存貨管理係指企業對零件及存貨的採購、訂購、倉儲、品質維護以及缺貨的可能性等相關成本的管理與控制。以下對於存貨管理的相關成本加以說明：

1. 採購成本（**purchasing cost**）：購置零件及存貨主要的費用。除此之外，尚須包括進貨的運費或運送時的保險費等。採購成本也可能因訂購量的多寡所享有的折扣或供應商的信用交易條件的關係而有所增減。

2. 訂購成本（**ordering cost**）：包括採購訂單的編製與發送、以及貨到後的存貨驗收與發票的核對等相關成本的發生。

3. 持有成本（**carrying costs**）：係指儲放零件及存貨所需的倉儲成本、倉儲的租金、保險等費用。尚須包括因存貨的積壓而導致資金凍結的機會成本，還有存貨的老舊及毀損所造成的損失等，皆屬於存貨的持有成本。

4. 品質成本（**quality costs**）：係指維護存貨品質所支付的成本。如同前節中提到的預防成本、鑑定成本、內部失敗成本與外部失敗成本等。

5. 缺貨成本（**stockout costs**）：係指因缺貨而喪失銷貨的機會成本。有時，因缺貨而必須緊急調貨所造成的訂購成本、運輸成本等相關成本也屬於缺貨成本。

拜資訊科技之賜，現今的企業藉由電腦的輔助，可精確地預估顧客需求量、適當的訂購時點以及最經濟的訂購量。甚至透過條碼系統及無線射頻系統（Radio Frequency Identification：RFID），精確掌控存貨的進貨與出貨的情形。

二、經濟訂購量

存貨的訂購與採購時，會計人員詳細記錄了各項與存貨有關的成本。這些成本資訊將有助於企業日後進行存貨採購的決策制定。在不缺貨的情況下，企業傾向訂購最適當、最經濟的存貨量以求採購、訂購等存貨成本最低。

通常，訂購的數量愈多，訂購成本愈低；相反地，訂購數量多時，則存貨的持有成本則會提高。因此，訂購成本與持有成本呈反向關係。當訂購成本等於持有成本時，則是最經濟的訂購數量（economic order quality；EOQ）。

當訂購成本等於持有成本時，則是最經濟的訂購數量。

訂購成本：$\frac{A}{Q} \times O$

A：年訂購量

Q：一次訂購的存貨量

O：訂購一次的成本。

持有成本：$\frac{Q}{2} \times C$

Q／2：平均存貨量

C：存貨一年的持有成本。

當 $\frac{QC}{2} = \frac{AO}{Q}$ 時，成本最小，因此最佳訂購量（經濟訂購量 EOQ）為：

$$EOQ = \sqrt{\frac{2AO}{C}} = \sqrt{\frac{2 \times 年訂購量 \times 每次訂購成本}{存貨持有成本}}$$

釋 例

瑞展公司製作各式齒輪所需的鋼材的年需求量為 300,000 公噸。鋼材直接向中鋼公司購買，包括下單、運送、驗收等相關的單次訂購成本為 $40,000。鋼材需要儲藏並定期檢查，因此平均每公噸的鋼材持有成本為 $50。

$$EOQ = \sqrt{\frac{2AO}{C}} = \sqrt{\frac{2 \times 300,000 \times \$40,000}{\$50}} = 21,909 \text{ 公噸}$$

因此，最佳的單次訂購量約為 21,909 公噸。

成會焦點

嚴控成本錯了？三星大復活提前破功

「最好的安卓（Android）新手機。」這是《華爾街日報》日前對三星（Samsung）最新手機 Note 7 的評語。然而僅半個月後，該手機卻因電池起火事件而被召回。三星最新淨利創兩年來新高、股價創歷史新高的喜悅，也因此被一掃而空。

圖片來源：INSIDE

Note 7 上市五天內預約銷售量即破 30 萬支，原本三星預估它能延續今年 3 月上市的 S7 銷售熱潮，如今電池起火事件恐將讓此希望破滅。雖然至今 Note 7 不良率不及 0.01%（每 100 萬支手機中有 24 支是不良產品），但三星已宣布將召回賣出的 145 萬支，以及在各國庫存中的 105 萬支。

彭博（Bloomberg）引述瑞士信貸（Credit Suisse）等機構預測，召回將使三星付出 10 億美元（約合新台幣 320 億元）代價，占今年全年預估淨利的 5%。電池起火事件爆發後，三星市值一天內蒸發 70 億美元（約合新台幣 2,240 億元）。

此事對三星近來蒸蒸日上的手機業務是一大打擊。事件爆發前，三星股價今年來上漲超過三成，8 月 23 日股價更創歷史新高，這是它不到一個月內第四次刷新紀錄，其成長動力來自亮眼財報：今年第 2 季三星營業利益成長 17%，創九季新高（破 8 兆韓元，約合新台幣 2290 億元），其中逾半來自通訊部門貢獻，首要功臣就是今年推出的手機 Galaxy S7。

研究機構 PhoneArena 統計，S7 自三月推出以來，至六月底止賣出二千六百萬支，是今年上半年全球銷量最好的手機。S7 大賣，反映的是三星近來的策略轉型：軟、專、快，讓三星獲市場青睞，但這次電池起火卻暴露其轉型仍有隱憂，首先就是壓縮成本的代價。去年 S6 Edge 曲面手機因生產成本過高、產量有限，導致銷售不佳，今年 S7 吸取教訓而大賣，但調查機構 IHS 分析，S7 硬體成本（不含軟體及行銷費用）約 255 美元，和兩年前的 S5 相近。這次 Note 7 電池起火，三星雖未公布電池供應商名單，然而過去三星的電池，有七成是同集團公司「三星 SDI」供應，事件爆發後三星已停止向其採購。延世大學經營學院教授申東燁對韓國《中央日報》表示，「三星應藉此機會，改變以成本競爭為核心的策略。」

資料來源：《商業周刊》第 1504 期

三、再訂購點

為了不因缺貨而使生產線斷線或有銷售損失，何時須再訂購，就變得非常重要。再訂購點之決策制定，須考量從下單到存貨送達的時間長短（等待時間，或稱前置時間（lead time））及存貨消耗的速度而定。

1. 前置時間及平均使用量均固定

   若前置時間與平均使用量均固定，則再訂購點為：

   再訂購點 = 前置時間 × 平均使用量

   平均使用量，可以是日平均使用量，也可為週平均使用量，甚至為月平均使用量。

   ──┤ 釋 例 ├──

   瑞展公司鋼材訂購的前置時間約為 15 天，月平均使用量約為 25,000 公噸。因此，

   再訂購點 = 0.5 月 × 25,000 公噸 / 月 = 12,500 公噸

   當存貨存量達 12,500 公噸時，必須下達訂購的指令，以防存貨的短缺所造成的停工損失。

2. 前置時間固定，但使用量可能變動

   若使用量隨顧客需求而有所變動時，必須留有部分的安全存貨量，以因應非預期性的需求、或運送的延遲所導致的停工損失。

   安全存量 = 某期間內最大的預期使用量 − 平均使用量

   考量安全存量後的再訂購點應為：

   再訂購點 =（前置時間 × 平均使用量）+ 安全存量

   ──┤ 釋 例 ├──

   根據過去經驗，20X1 年 8 月瑞展公司的鋼材使用量達 30,000 公噸。若考慮安全存量，則再訂購點為：

   安全存量 = 30,000 公噸 − 25,000 公噸 = 5,000 公噸

   再訂購點 =（0.5 月 × 25,000 公噸 / 月）+ 5,000 公噸

   = 17,500 公噸

   當鋼材存量達 17,500 公噸，即須下達訂購的指令。

透過經濟訂購量模式，企業可以有效管控存貨存量並有效抑制存貨的管理成本。然而，有效抑制存貨的管理成本最佳的辦法應該是及時生產系統中的及時採購存貨模式。及時採購模式（just-in-time purchasing）係指配合生產的流程，及時採購原料或存貨以供應當前的產品製造所需。及時採購模式若能實現，則存貨的持有成本可能很低，甚至可能不存在，那麼存貨的管理成本將大幅降低。企業須實現迅速而有效率的及時生產系統為前提，並配合堅實的供應鏈夥伴體系下，及時採購模式才得以運行。下節中，將詳細說明及時生產系統的全貌。

專有名詞

及時採購模式
配合生產的流程，及時採購原料或存貨以供應當前的產品製造所需。

14-4 目標成本制與改善成本制

一、目標成本制

專有名詞

目標成本制
係指新產品研發與設計階段，公司整體性的利潤規劃管理。

目標成本制（Target Costing）係指新產品研發與設計階段，公司整體性的利潤規劃管理。換言之，目標成本制規劃了產品從研發到進入量產所有可能的成本發生，而能使該產品的最終成本可以維持在某一預定的水準上。因此，目標成本制為新產品開發過程中企業整體的收益管理（圖 14-1）。

目標成本制的起點始於消費者的需求。因應消費者的需求開發與企劃新產品，就市場競爭的現況訂定該新產品的目標收益從而決定其目標成本（target cost），在達成品質、所預定之完成時間（lead-time）及目標成本等三項任務下，企業全體性的產品企劃活動。

實施目標成本制時，首先必須進行企業的整體性策略規劃。企業的策略規劃中，企業必須對新產品的生命週期、中長期利潤、商品企劃等有具體的構想與研發方向，為目標成本制實施的第一階段。

對新產品有具體構想後，即進行新產品的細部規劃。新產品的細部規劃包括：新產品的目標銷售價格與目標成本的決定、廠房投資計畫及目標成本的分攤，此為第二階段。

第三階段則進行產品的設計。此階段主要任務在於新產品的設計與產品設計階段時的成本估計。新產品的細部設計與各項成本分攤業已決定

時，則進入新產品的試作階段。新產品通過試作的考驗後，隨即進入量產階段。

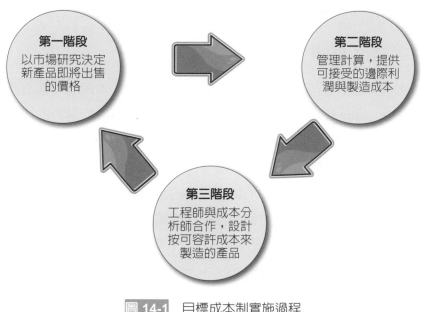

第一階段
以市場研究決定新產品即將出售的價格

第二階段
管理計算，提供可接受的邊際利潤與製造成本

第三階段
工程師與成本分析師合作，設計按可容許成本來製造的產品

圖 14-1 目標成本制實施過程

實施目標成本制最大用意在於使量產後的產品成本能夠符合當初研發與設計階段所規劃的目標成本。價值工程法（value engineering）或稱價值分析（value analysis）是達成此目的最大的利器。研發與設計人員利用價值工程法重新審視新產品相關的設計、零件屬性與製造流程，嘗試改變產品設計、簡化製造流程，並試圖尋找共通性的原料與零件，以期新產品的研發、設計與製造等成本的花費可以降至可容忍的範圍內。因此，價值工程法可說是成本降低與流程改善的工程技術。

瑞展公司欲研發新型齒輪，以改善現有齒輪密合度不足的缺點。目前市場上可競爭的產品單位售價大約在 $5,000 左右，而瑞展公司研發的新型齒輪預計售價可訂在 $6,000 左右。為了獲得合理的利潤，瑞展公司將單位目標利潤訂在 $2,000。因此，瑞展公司為此新產品所能花費的單位目標成本僅有 $4,000。

實施目標成本制的起點由研發開始，歷經產品的設計、試作，到新產品的開始量產為止，利用價值工程法嘗試對新產品進行成本的抑減活動。期能在各部門的協同合作下，盡力使新產品的單位成本維持在 $4,000 以下。

　　總而言之，目標成本制爲新產品的研發與設計階段的成本規劃活動。此制度下，促使研發與設計人員自新產品的研發階段開始，即進行成本抑減的活動，以有效管控成本的發生。

二、改善成本制

專有名詞
改善成本制
對正在生產的產品於生產階段所進行的成本抑減活動。

　　目標成本制用於新產品的研發與設計階段時的成本降低，而改善成本制（Kaizen costing）則是對正在生產的產品於生產階段所進行的成本抑減活動。改善一詞即爲日文之「改善」與中文的改善、改良或改進等詞同義。改善成本制的實施爲持續性改進（continuous improvement）的概念，即在產品的生產過程中，不斷地檢視產品的生產流程、產品品質、原料與零件的共通性等，並持續盡力減少無附加價值的作業，以期能降低產品的成本。

　　改善成本制的精神在於達成各工作小組自設的成本改善目標。各工作小組根據前期實際發生的成本訂定本期成本改善的額度，此成本改善額度即爲當年度預定的成本降低率或成本降低金額。爲了達成此成本改善的目標，小組成員透過腦力激盪的方式思考生產流程的改進、品質的提升、產品的設計與零件的共通性等議題，試圖找出能提高生產效率並具成本效益的流程，以達成成本改善的目標。

　　於第 6 章中，曾說明標準成本制度的精神與運用的情形。在做法上，改善成本制與標準成本制有其雷同之處。兩成本制度下，均有進行實際成本與標準成本之間的差異分析。只是改善成本制強調的是成本的降低，而標準成本制則是強調成本的維持。另一方面，改善成本制著重的是成本改善額度的制定，以及目標改善額度與實際改善額度之間的差異大小。相反地，標準成本制考量的是標準成本的訂定，以及實際成本與標準成本之間的差異比較，如表 14-4 所示。

　　改善成本制度下，促使企業關心成本的降低而非成本的維持。只有持續性的改善（continuous improvement）才能有效維持企業的競爭優勢。

表 14-4　改善成本制與標準成本制之比較

成本制度	改善成本制	標準成本制
概念	1. 成本降低 2. 成本降低的達成 3. 視需要而隨時改變生產狀況	1. 成本維持 2. 不輕易變動生產狀況
程序	1. 成本的目標降低額每月設定改善活動（Kaizen activity）持續進行 2. 目標降低額與實際降低額之間的差異分析 3. 對未能達成目標降低額度的原因調查及更正措施	1. 每一年或半年設定一次標準成本 2. 標準成本與實際成本間的差異分析 3. 對未能達成標準成本水準的原因調查及更正措施

14-5 倒推成本法之應用

倒推成本法（backflush costing）因應及時存貨管理所創造的成本會計制度。由於及時存貨管理制度中，原料及在製品的存貨甚少之故，因而將此兩會計帳戶合併成「原料與在製品」帳戶。作法上，首先將當期的生產成本（原料、人工及製造費用）直接轉入「銷貨成本」帳戶中，並不另設「製成品存貨」科目。期末時，依據原料及在製品的盤點金額以調整當期的實際銷貨成本金額（如圖 14-2）。此記帳作法如同「記虛轉實」的會計調整模式。有時，期末存貨的金額過小而不具重要性時，可能省略銷貨成本的調整。不過，這樣的會計處理並不符合 GAAP，所以即使期末存貨金額過小，也須進行調整以反映當期實際的銷貨成本。

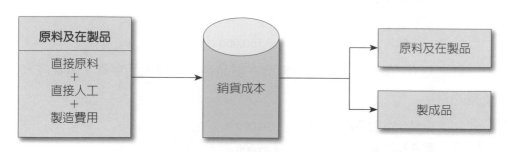

圖 14-2　倒推成本法之成本流程

以下就瑞展公司實施倒推成本法為例，進行詳細說明。

釋 例

瑞展公司 20X1 年 4 月份相關資料如下：

1. 4 月份期初存貨中，原料及在製品存貨 30,000（原料：$20,000，加工成本：$10,000），製成品存貨 $350,000（原料：$240,000，加工成本：$110,000）。

2. 4 月份購入直接原料 $5,000,000。

3. 4 月份發生加工成本（直接人工與製造費用）$4,600,000。

4. 4 月底實地盤點原料及在製品存貨 $30,000（原料：$20,000，加工成本：$10,000），製成品存貨 $120,000（原料：$65,000，加工成本：$55,000）。

4 月份購買直接原料 $5,000,000，並將原料及在製品存貨轉入銷貨成本

原料及在製品存貨	5,000,000	
應付帳款		5,000,000
銷貨成本	5,000,000	
原料及在製品存貨		5,000,000

4 月份發生加工成本 $4,600,000，並將加工成本轉入銷貨成本

原料及在製品存貨	4,600,000	
各種貸項		4,600,000
銷貨成本	4,600,000	
原料及在製品存貨		4,600,000

4 月底盤點時，原料及在製品存貨 $30,000，製成品存貨 $120,000

原料及在製品	30,000	
製成品存貨	120,000	
銷貨成本		150,000

經過結算的結果，4 月底原料及在製品存貨、製成品存貨、銷貨成本的餘額為：

原料及在製品存貨	30,000
製成品存貨	120,000
銷貨成本	9,450,000

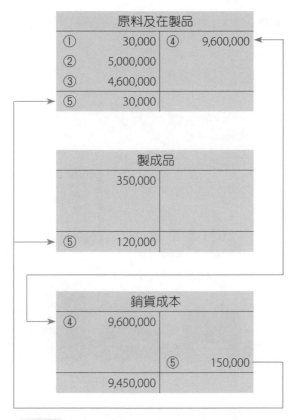

圖 14-3 倒推成本法三帳戶之金額移轉情形

　　倒推成本法是實施 JIT 管理系統所進行的權宜會計制度。在 JIT 管理系統下，製造的前置時間很短而且每期的存貨數量皆很穩定之故，採用倒推成本法可節省分批成本制度中的會計帳務處理工作。另一方面，JIT 管理系統簡化了製造流程，促使各項成本的發生更容易歸屬，使得倒推成本法更可精確地計算不同產品的預計成本。這對產品的訂價、決策制定以及成本管理皆有很大助益。

成會焦點

工業 4.0 智慧製造躍進軟硬虛實整合

　　在工業 4.0 與物聯網、大數據等科技的帶動下，硬體革新、軟體升級、軟硬整合不斷演進，智慧製造已成為不可擋的主流。根據拓墣產業研究所預估，2018 年全球智慧製造及智慧工廠相關市場規模，將高達 2,500 億美元。圍繞智慧製造的主軸，未來產業將告別大量生產的規模經濟，趨向小批量、客製化、彈性化服務，並衍生各種數據分析、經營管理等加值服務。物聯網、人工智慧、雲端運算、大數據、虛實整合等新興科技，都將引導智慧製造進行產業革新。此外，智慧製造的標準技術訂定，也將成為各產業與各國家爭奪話語權的利器，因此國際間已有開放互連聯盟（OIC）、工業物聯網聯盟（IIC）、國際標準化組織（ISO），我國的 KPMG 安侯建業也在去年 10 月集結國內七家業者，籌組「智慧製造與創新服務跨領域聯盟」，積極搶佔商機。

案例一：紡織智造產線優化增加良率

　　位於桃園市楊梅區的力鵬織布廠，在自動化的整經機上，加上單紗張力感測器，可即時連續感測出 1,000 ～ 1,400 根紗中每一根紗的張力，並且為漿紗機加上濃度、溫度感測器，確保漿紗濃度、溫度都在最佳狀態。透過異質網路連線，以共通通訊介面串連廠內機台，所有生產訊息都能在網路上一覽無遺，並結合最終織造的胚布品質資訊，透過建立張力特徵與織物品質關聯模型，提供優化的製程參數，在製造時發現潛在異常就能預先提出警訊，有利於提早排除問題，降低瑕疵率。

案例二：半導體智造展現世界第一競爭力

台積電經營的三大信念之一，就包含了製造卓越（manufacturing excellence）而其領先全球的先進製造祕密，就在於結合大數據、類神經網路自我學習等智慧精準製造科技，應用在製程管理，降低生產週期、準時交貨，擴大產業領先優勢。目前台積電 10 奈米晶片的生產週期為 1.1～1.2 天，將致力於提升至一層一天。在工廠管理部分，晶圓廠內設有數千台機器每台生產機台安裝上千個感測器，即時提供溫度、氣體流量、電流等最佳的調機參數組合。每天經由產線收集到的大量資訊，透過大數據與機械學習加以善用，工廠管理系統可以在一分鐘之內，計算出最佳生產排列組合，達成超高準時交貨率、較對手更快的產品生產週期。

案例三：電機智造生產線升級為智慧工廠

東元電機在今年（2017）6 月正式啓用「馬達固定子自動化生產中心」，工廠內共設置 50 個無軌式無人搬運車站點、1,225 個運送路徑，系統精準推算距離最短、最為高效的路徑，並要達成互不碰撞等安全考量，所有無人搬運車的承載重量高達一噸重，並能進行物件取放、搬運，在廠內靈活安全地移動。在這個生產中心內，運用 3D 視覺機械手臂、無人搬運車及自動捲入線機等先進設備，將生產線升級為智慧工廠，更是亞洲規模最大、設施最完備、技術規格最高的工業用馬達智慧產線，未來將以大量客製化、彈性化生產取得最大競爭優勢。

資圖來源：《商業週刊》

問題討論

品質成本與決策

甚為重視產品品質的佳年對 20X2 年的生產部門所提出的品質成本報告（參考表 14-3）頗有微詞。比較 20X1 年的品質成本報告，20X2 年為維護品質所付出的成本的確是比 20X1 年來得低，然而 20X2 年的內部失敗成本與外部失敗成本占總品質成本的比例並未明顯降低。而且從品質成本報告可得知，花在檢驗與測試的成本極高。

另一方面，瑞展公司已開始試行及時生產系統（JIT systems），但在供應商的協調與原料調度上，企業組織內部，特別是生產部門並未投入全部的人力與物力進行改革與改善。這從品質成本報告中的預防成本項目的「與供應商之技術合作與協同」所耗費之成本可略知一二。

整體而言，瑞展公司的品質提升尚有空間。若實施及時生產系統，品質提升將刻不容緩。

問題一：

請評論瑞展公司的品質成本報告。當務之急，瑞展公司應立即改善哪方面的品質缺失？

問題二：

還有品質成本報告對實施及時生產系統有何助益？

討論：

從品質成本報告可得知企業花在品質維護及品質提升的費用，由這些項目的花費金額之大小可以觀察出品質缺失的輕重程度。此外，「品質」在及時生產系統中，是一項重要的議題。及時生產系統的成功導入在於企業對產品品質的重視。

本章回顧

　　本章探討製造流程中所衍生的產品品質、成本降低等流程管理的議題。品質提升向來是企業提升顧客滿意程度的唯一途徑。企業透過各種不同的品質工具，例如：ISO 認證、全面品質管理、6 標準差等品質工具試圖提升產品的品質，並透過品質成本表的編製來進一步檢視因品質維護所耗之成本消長情形，以追蹤品質改善的程度。

　　除了品質提升，企業也須專注在生產流程的改革與改善，以有效降低產品的成本。及時生產制度（JIT system）、目標成本制及改善成本制等制度的實施將有助於企業解決「成本降低」、「品質管理」及「人員訓練」等問題。惟實施上述較具效率的生產制度需要企業強烈的企圖心與意志力，並配合企業內外部組織的整合與協調，始能達成。

本章習題

一、選擇題

( ) 1. 甲公司無期初的直接原料與製成品存貨,亦無期初與期末在製品,加工成本為其所使用的唯一間接製造成本科目。該公司採用逆算成本制,並於購買原料與銷售產品時做分錄,當期相關資料如下:加工成本 $50,000,購買直接原料 $150,000,產量 1,000 單位,銷量 900 單位。下列何者是銷售產品時所應作之分錄?

(A) 借:銷貨成本 180,000,貸:應付帳款 135,000、已分攤加工成本 45,000

(B) 借:銷貨成本 180,000,貸:原料 135,000、已分攤加工成本 45,000

(C) 借:銷貨成本 180,000、原料 20,000,貸:已分攤加工成本 65,000、原料 135,000

(D) 借:銷貨成本 180,000、製造成本 20,000,貸:原料 150,000、已分攤加工成本 50,000。 (106 高考會計)

( ) 2. 通常企業會採用逆算成本制主要係基於下列那一項原則或目的?

(A) 有效抑減生產成本　　　(B) 配合及時製造制度

(C) 成本配合原則　　　　　(D) 使產品訂價更為正確。 (106 高考會計)

( ) 3. 木柵公司之製造與採購作業採及時制度(JIT),因此公司會計紀錄採倒流式成本法,分錄之記錄點設於製成品完工及產品銷售時。該公司 10 月份之直接材料並無期初存貨,10 月份亦無任何期初與期末之在製品存貨,10 月份之其餘相關資訊如下:

產品單位售價	$12
銷售單位數	75,000
製造單位數	80,000
加工成本	$90,400
購入直接材料	$250,400

請問 10 月份製成品完工時應有之分錄為何?

(A) 銷貨成本 　　　　　　　　　　　319,500

　　　存貨:原料及在製品 　　　　　　　　　　234,750

　　　已分攤加工成本 　　　　　　　　　　　　84,750

(B) 製成品　　　　　　　　　　　319,500

　　　　存貨：原料及在製品　　　　　　　　　234,750

　　　　已分攤加工成本　　　　　　　　　　　84,750

(C) 製成品　　　　　　　　　　　340,800

　　　　存貨：原料及在製品　　250,400

　　　　已分攤加工成本　　　　　　　　　　　90,400

(D) 製成品　　　　　　　　　340,800

　　　　應付帳款　　　　　　　　　　　　　　250,400

　　　　已分攤加工成本　　　　　　　　　　　90,400　　　　　（105 會計師）

(　　) 4. 下列何者並非及時（JIT）存貨制度的優點？

　　　(A) 減少存貨所需的倉儲空間　　(B) 減少缺貨（stock-out）成本

　　　(C) 減少材料處理成本　　　　　(D) 降低檢查成本與整備（setup）時間。

　　　　　　　　　　　　　　　　　　　　　　　　　　（105 鐵路高員）

(　　) 5. 丁公司 X3 與 X4 年度之營運資料如下，丁公司 X4 年度直接原料之偏生產力
　　　　為何？

	X3 年度	X4 年度
產出數量	150,000	135,000
直接原料用量	120,000	90,000

　　　(A) 0.5　(B) 0.67　(C) 1.5　(D) 2。　　　　　　（106 鐵路高員）

(　　) 6. 某服飾店每年的產品需求量為 36,000 單位，每日最大需求量為 125 單位，每
　　　　年的存貨持有成本為每單位 $25，產品訂購成本每次 $80，平均訂購前置時間
　　　　為 10 天。若訂購前置時間最長為 20 天，則預防缺貨的安全存量應為何？假設
　　　　一年以 360 天計算。

　　　(A) 1,000 單位　(B) 1,200 單位　(C) 1,400 單位　(D) 1,500 單位。

　　　　　　　　　　　　　　　　　　　　　　　　　　（106 鐵路高員）

(　　) 7. 就下列四種品質成本而言，那一種最具有附加價值？

　　　(A) 預防成本　(B) 鑑定成本　(C) 內部失敗成本　(D) 外部失敗成本。

　　　　　　　　　　　　　　　　　　　　　　　　　　（106 會計師）

（　　）8. 甲公司 20X3 年 6 月份與品質成本有關之資料如下，下列敘述何者正確？

製成品質之稽核成本	$8,000	供應商之評估成本	$2,000
外購零件之檢驗成本	$5,000	生產線之檢驗成本	$3,000
重製數量	300 單位	不良品單位售價	$30
不良品退回數量	200 單位	重制單位成本	$15
良好品單位售價	$80	退回處理單位成本	$10

(A) 甲公司 6 月份預防成本為 $8,000

(B) 甲公司 6 月份鑑定成本為 $10,000

(C) 甲公司 6 月份總失敗成本為 $16,500

(D) 甲公司 6 月份總品質成本為 $32,500。　　　　　　　　（106 會計師）

（　　）9. 對存貨管理而言，若不考慮安全庫存，則下列何者為再訂購點的正確計算方式？

(A) 前置期間（lead time）內每天的預期需求量乘以前置期間天數

(B) 使訂購成本（order costs）與持有成本（carrying costs）總和最低的數量

(C) 經濟訂購量（economic order quantity）乘以前置期間的預期需求量

(D) 前置期間內預期總需求量的平方根。　　　　　　　　（106 會計師）

（　　）10. 丙公司每週出售 200 片光碟，訂購前置時間為 1.5 週，經濟訂購量為 450 單位，請問再訂購點為何？

(A) 200 單位　(B) 300 單位　(C) 675 單位　(D) 750 單位。（106高考會計）

二、計算題

1. 恆春公司生產電視機，去年該公司發生了下列成本：

品管圈訓練	$ 4,000
產品保證維修	10,000
採購零件檢查	3,000
顧客抱怨處理	4,000
產品耐用度測試（設計階段）	5,000
產品耐用度測試（生產階段）	6,000
產品傷害賠償	21,000
產品試製	2,000
瑕疵品重製	6,000

停工撿查瑕疵原因	11,000
維修產品運費	7,000
零件供應商輔導	8,000
瑕疵產品廢棄	12,000
產品色彩檢查	4,000

試作：

(1)恆春公司去年所花費之預防成本、鑑定成本、內部失敗成本、外部失敗成本分別為多少？

(2)根據 (1) 所算出之品質成本分配，該公司在品質管理作為上，應該作何種改進策略？ （97 會計師）

2. 忠孝公司每年銷售擋風玻璃約 200,000 單位，有關資料如下：

(1)擋風玻璃單位購價 $20，但運費由忠孝公司自行負擔（由日本進口），由日本運至基隆港每次海運運費為 $1,000，由基隆港再運至公司，運費為每次 $200，再加每單位 $2。

(2)運到公司後，由員工將其卸貨，並搬至倉庫，每位員工每小時可卸貨 20 單位，另卸貨設備為租用，每次租金 $100。

(3)倉庫每年租金 $5,000。

(4)存貨儲存，平均每單位每年保險費 $5。

(5)每訂購一次，約需增加處裡成本 $40。

(6)人工成本每小時 $10。

(7)公司稅後資金成本率為 12%，所得稅率為 40%。

試作：

(1)計算該公司之經濟訂購量。（四捨五入取整數）

(2)承 (1)，但供應商規定採購量必須為 100 單位之倍數，則經濟訂購量為何？

（98 會計師）

3. 乙家具行生產並販售家具，每年需求量為 10,000 單位，下列為其存貨相關資料：

每次訂購成本	$150
每單位倉儲成本（含資金成本）	$1.4
每單位採購成本	$16

乙家具行要求每年最低投資報酬率為 10%，請問經濟訂購量為何？

產品設計成本	$4,750	退貨產品成本	$3,000
員工順練成本	$3,750	製成品可靠性測試成本	$2,750
售後服務維修成本	$4,700	設備當機成本	$2,550
半成品抽測成本	$3,500	生產流程檢查	$2,000

4. 甲公司相關品質成本匯總如下：

試問：屬於鑑定成本的成本總額為何？

5. 南陽公司對原料甲的需求量每年為 5,000 單位，經濟訂購量為 500 單位，前置時間的存貨耗用量為 80 單位，每次缺貨成本 $60，每年每單位存貨持有成本 $5，不同安全存貨水準下的缺貨機率如下：

安全存貨量（單位）	缺貨機率
20	50%
40	30%
60	20%
80	10%

請計算再訂購點為多少單位？

6. 東榮公司年度估計的材料需求量為 30,250 單位，每次材料訂購成本 $200，每年每單位材料持有成本 $10，供應商僅接受以 500 單位為倍數的訂購方式，請計算最適訂購量？

7. 甲公司為配合 JIT 制度，因此在成本計算方面採用逆算成本制，分別於材料購入及產品銷售此二時點來記錄其相關之分錄，加工成本係唯一的間接製造成本，下列係該公司某月份之相關資料（設無任何期初存貨）：

購入直接材料	$240,000	加工成本	$120,000
製造單位數	80,000	單位銷售單位數	75,000

8. 請問該公司於當月銷售產品時，應有之分錄為何？丙公司銷售商品 S 之每單位購價為 $5，年需求量為。134,064 單位，訂購商品 S 時係以盒為基礎，每盒內裝 12 單位。該公司每次訂購之訂單處理成本為 $500，每盒商品 1 年之倉儲成本為 $18，若丙公司之資金成本率為 8%，則商品 S 之經濟訂購量為？

9. 甲公司的成本項目包括：設計工程 $50,000；重製成本 $20,000；顧客支援成本 $12,000；供應商訓練 $8,000；產品測試 $35,000；品質訓練 $25,000；保證修理 $10,500；機器歲修成本 $15,000，則屬於預防成本的金額為？

10.乙公司以生產電暖器為主，乙公司的品質成本報告中包含下列成本項目：設計工程 $16,000，產品測試 $60,000，生產中發生瑕疵品重製 $36,000，售後退回及重換零件 $9,000，產品保固成本 $15,000，請問乙公司之評鑑成本與內部失敗成本合計為何？

CHAPTER 15 決策制定與攸關資訊

學習目標　讀完這一章，你應該能瞭解

1. 確認攸關資訊。
2. 辨識攸關成本與效益。
3. 特殊訂單的決策分析。
4. 自製或委外的決策分析。
5. 部門裁撤與否的決策分析。
6. 資源或產能受限的決策分析。
7. 產品的直接銷售或繼續加工的決策分析。
8. 運用 CVP 分析的決策制定。
9. 決策制定的其他問題。

引言

　　佳年自從繼承家業，面對日益競爭的市場環境仍戰兢地經營瑞展公司。佳年及各部門的經理們無時無刻不在制定各項決策以因應市場環境的迅速變化。這些決策包括了客製化訂單的接受與否、零件的自製或委外、虧損部門的是否裁撤以及機器產能的有效利用等。該公司的管理階層須有效掌握攸關資訊，才能在多個選項中選擇最佳方案。

　　決策制定本身即是一項艱難的任務，而決策制定的關鍵在於成本與效益的比較分析與取捨。通常，不同的決策或方案導致不同的成本發生，其最後的效益也因而有所不同。為了制定最佳決策，經理人員經常需要辨識與決策攸關的成本與收益，並正確使用這些攸關資訊以制定決策。

15-1 攸關資訊與決策過程

　　公司的經營決策制定本是艱難的任務，因為決策制定存在許多不確定因素（參見圖 15-1）。為了減少不確定因素的干擾，就必須仰賴管理會計人員提供具攸關的、可靠的並具時效性的資訊，提供管理當局作為多項決策中的選擇依據。錯誤的決策制定，常導致經營的失敗與利益的損失，不可不慎重。

　　何謂攸關資訊？意即「與決策制定有關」的資訊。指所獲得的資訊將對未來的決策制定有所影響。具攸關性的資訊可幫助管理當局預測未來可能發生的事件，具預測的價值（predictive value）。另一方面，於決策執行後，管理當局也可驗証或更正先前所作的預測，具有回饋價值（feedback value）。與決策攸關的資訊須符合攸關特質外，還須注意該資訊是否與未來事件有關，以及各種替代方案的成本與效益的差異。

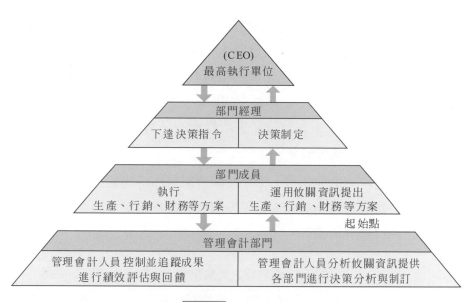

圖 15-1 決策過程

15-2 辨識收關成本與效益

　　辨識收關成本與效益將有助於管理當局對於選擇方案進行決策制定。辨識收關成本之前，首先須確認六個成本名詞的意義：差異成本（differential cost）、增額成本（incremental cost）、機會成本（opportunity cost）、沉沒成本（sunk cost）、可避免成本（avoidable cost）與不可避免成本（unavoidable cost）。在本章中將有詳細說明。

　　瑞展公司佳年面臨市場價格競爭、臺灣人力成本的增加，考慮要將齒輪的製造工廠移至越南。他向財務部門的范經理與生產部門的吳經理詢問有關在台原地生產（A 方案）或者移地生產（B 方案）的利弊得失。由生產部門吳經理提供生產相關的成本資訊後，經由財務部范經理編製了兩方案的收益與成本的差異分析（表 15-1）。根據市場的需求預測與工廠的產能預測，范經理認為越南的人工成本低廉，但必須投入新機器設備投入生產，所以若移地生產（選擇 B 方案）的話，則可能會增加 $220,000（＝－$30,000＋$250,000）的增額成本（incremental cost），亦即在臺生產與移地生產之間所產生的差異成本有 $220,000。另一方面，無論選擇在臺生產或移地生產，當初在臺生產所投入的機器設備及企業營運所需的固

定成本 $450,000 將不影響移地生產的決策制定。原因是在臺生產所投入的機器設備及企業營運所需的固定成本 $450,000 屬沉沒成本，爲已投入之成本，並不能對未來的移地生產決策有任何助益。這兩方案中，銷售量、生產量、原料成本、人工成本、變動製造費用、未來的設備及企業營運的投資成本、甚至未來爲維護品質所耗費的品質維護成本（參見第 14 章）才是決策制定的攸關資訊。

佳年聽完范經理的簡報後，深知攸關資訊對即將面臨的自製或委外、部門裁撤、特殊訂單、產能效率化等多項決策甚爲重要，因此責成范經理進行更細部的財務分析報告。

表 15-1 兩方案之營業淨利之計算

	在台生產 (A 方案)	移地生產 (B 方案)	增額成本及效益
預計月銷售量	5,000	6,000	1,000
預計銷貨收入	$1,500,000	$1,800,000	$300,000
預計變動成本：			
原料	300,000	360,000	60,000
人工	200,000	60,000	(140,000)
變動製造費用	150,000	180,000	30,000
變動銷管費用	100,000	120,000	20,000
總變動成本	750,000	720,000	(30,000)
邊際貢獻	750,000	1,080,000	330,000
預計固定成本：			
固定製造費用	250,000	500,000	250,000
固定銷管費用	200,000	200,000	0
總固定成本	450,000	700,000	250,000
營業淨利	$300,000	$380,000	$80,000

15-3 自製或委外（outsourcing）的決策分析

佳年有移地生產的構想其實是面臨生產成本的節節高升。由於齒輪是傳動組件中是非常重要的配件，需求量極大。移地生產需要一年的準備時間才能正式上線生產，對於目前迫切的市場需求是緩不濟急的。目前生產齒輪的相關成本資訊如下：

表 15-2　齒輪的生產成本資訊

4 月份產量	單位成本	5,000 單位
4 月份直接原料單位成本	$60	$300,000
4 月份直接人工單位成本	40	200,000
4 月份變動製造費用	30	150,000
4 月份固定製造費用	50	250,000
總成本	$180	$900,000

　　然而祥和公司也生產齒輪且行之有年，目前該產品的市場報價為 160 元。此外，祥和公司也有能力月產 5,000 單位的齒輪以供瑞展公司進行其他傳動組件的製造。瑞展公司正考慮是否委託祥和公司來製造齒輪，再將委外製造的齒輪進行各項傳動系統的製造。瑞展公司委外決策是否適當？

　　首先必須瞭解製造齒輪的固定製造費用的內容為何？根據瑞展公司范經理的說明，齒輪的固定製造費用中，有負責該工廠的廠長及領班薪資費用 $50,000 及機器設備的折舊費用 $200,000。固定製造費用中的機器設備的折舊費用是因為製造齒輪所產生的耗損，而這機器設備的購置原本就是用來生產齒輪。無論瑞展公司自行製造或委外製造齒輪，這項機器設備的折舊費用屬沉沒成本，與自製或委外的決策制定不具攸關。哪些成本資訊才屬攸關？若瑞展公司選擇委外製造的話，那麼原料成本、人工成本及變動製造費用皆不須投入，甚至也可將負責該工廠的廠長及領班資遣而不必再支付薪資費用。這些成本即是因選擇委外製造而可以免除的成本（avoidable cost）。因委外製造而可免除之成本總額為 $700,000，但委外製造的成本 $800,000，產生差異成本 $100,000。這 $100,000 的差異成本意味著，若瑞展公司選擇委外製造齒輪的話，將會因不自行製造而額外產生 $100,000 的成本損失。如此，佳年應當選擇還是自行製造之決策制定較為划算才是。

表 15-3　自製或委外之成本分析

生產量5,000單位	自製	委外	差異成本
直接原料（$60×5,000）	$300,000		
直接人工（$40×5,000）	200,000		
變動製造費用（$30×5,000）	150,000		
工廠的廠長及領班薪資費用	50,000		
外部購買價格（$160×5,000）		800,000	
總成本	$700,000	$800,000	$100,000

　　有時，自製或委外的決策制定可能須考量機會成本（opportunity cost）的因素。若瑞展公司因將 A 型齒輪委外生產後，空出了廠房而可製造附加價值更高的產品的話，那麼委外生產附加價值低的產品而自行生產附加價值高的產品即為重要的委外策略。假定瑞展公司因委外製造後將廠房空出，準備製造高單價的傳動組件，每月預計可為瑞展公司創造 $200,000 的部門邊際貢獻，則 $200,000 即是因自行製造齒輪而喪失了製造傳動組件的潛在利益。這潛在利益即是機會成本的概念。若瑞展公司可以精準估算因委外而放棄的機會成本，將有助於瑞展公司在自製或委外之決策制定更為周延。

15-4 部門繼續或部門裁撤的決策分析

　　瑞展公司目前有三大事業部：傳動事業部、機械事業部及醫材事業部。傳動事業部及機械事業部之營收還算穩定，唯獨醫材事業部面臨市場的削價競爭，營收狀況不甚理想，目前該事業部處於虧損狀態（參見表 15-4）。

表 15-4 部門別貢獻式損益表

事業部	傳動事業部	機械事業部	醫材事業部	合計
銷貨收入	$1,500,000	$1,000,000	$800,000	$3,300,000
減：變動費用	(750,000)	(600,000)	(500,000)	(1,850,000)
邊際貢獻	750,000	400,000	300,000	1,450,000
減：固定費用	(450,000)	(300,000)	(350,000)	(1,100,000)
營業淨利	$300,000	$100,000	$(50,000)	$350,000

　　佳年正苦惱於醫材事業部是否存續問題，他認為醫材事業部的虧損可能是暫時性的，另一方面，其他部門的利潤還夠支撐醫材事業部的虧損。醫材事業部變成是一種機會成本的考量。財務部門范經理的說明將會影響佳年對於醫材事業部存續的決策制定。

　　關於醫材事業部之存續，考量之處在於醫材事業部裁撤的話，屬於該部門之可避免成本是否超過該部門目前的虧損。因此，確認醫材事業部之成本中，哪些屬於部門裁撤而可避免的成本？哪些是屬於該部門裁撤後，仍須分攤至其他部門的不可避免成本？

　　醫材事業部的變動費用是該部門之製造費用。若裁撤該部門，則此變動費用將不致發生，此為醫材事業部裁撤後之可避免成本。那醫材事業部的固定費用是否屬可避免成本呢？醫材事業部的固定費用包含了員工薪資 $50,000、行銷廣告費 $80,000、水電費 $25,000、折舊費用 $100,000、廠房保險費 $40,000，及其他行政管理費 $55,000 等。范經理進行個別項目的成本分析：

1.　薪資支出是依各事業部的生產人員多寡分別計算。若裁撤醫材事業部，則該部門之員工將被資遣，而此員工薪資 $50,000 將不必支出，屬可避免成本。

2.　行銷廣告支出為瑞展公司的固定支出。每年瑞展公司編列行銷廣告預算，為旗下產品進行促銷與宣傳。依照各產品線之銷貨總額比例，將整年度的行銷廣告支出分攤到各部門。因此，即使裁撤醫材事業部，該公司之行銷廣告支出不因此減少，將由其他部門分攤之。此行銷廣告費用為不可避免的成本。

3.　水電支出為各事業部之獨立支出項目。瑞展公司三個事業部各自管理自己部門的用電與用水。若裁撤醫材事業部，將不會發生部門用電。因此，水電費用為可避免的成本。

4.　折舊費用的支出為各事業部管理的機器設備耗損。若裁撤醫材事業部，則該部門的機器設備將予以處分，折舊費用將不再發生。折舊費用的支出也屬可避免的成本。

5.　廠房保險費為各事業部獨立支出的項目。根據各事業部管理之廠房面積，估算各事業部之廠房保險費。若裁撤醫材事業部，則該部門之廠房將予以處分，將不再支出保險費。因此，廠房保險費用屬可避免成本。

6.　其他行政管理費用為行政部門服務各事業部所發生的費用。瑞展公司是按各事業部之員工人數比例，來分攤行政管理費用。即使裁撤醫材事業部，原分攤至醫材事業部的行政管理費用將由其他事業部分攤之。因此，此行政管理費用屬於不可避免的成本。

表 15-5 工業級系列產品線之固定成本分析

固定費用：	分攤至醫材事業部之成本	可避免成本	不可避免成本
員工薪資費用	$50,000	$50,000	
行銷廣告費用	80,000		$80,000
水電費用	25,000	25,000	
折舊費用	100,000	100,000	
廠房保險費用	40,000	40,000	
行政管理費用			55,000
合計	$350,000	$215,000	$135,000

表 15-6 裁撤醫材事業部的公司整體營業淨利分析

裁撤醫材事業部而損失的產品線邊際貢獻	$300,000
減：醫材事業部停業而可避免的固定成本	(215,000)
公司整體營業淨利損失合計	$85,000

　　進行詳細的成本分析後，范經理指出：若裁撤醫材事業部，公司僅能節省 $215,000 的固定成本。若該事業部不裁撤，尚可創造的產品線邊際貢獻 $300,000。兩相比較下，若裁撤醫材事業部，則公司整體營業淨利可能損失 $85,000（參見表 15-6）。

　　現階段裁撤醫材事業部可能是不明智的決策行為。因此，佳年暫不考慮醫材事業部的裁撤，但責成鄭麗卿副總研擬醫材事業部相關產品的行銷，也敦促該事業部嚴格把關旗下產品的品質與成本，期望能轉虧為盈。

成會焦點

不打價格戰，找新利基求勝，宏佳騰勇於創價走自己的路

圖片來源：AEON 宏佳騰機車官網

　　面對競爭對手拚低價搶客，宏佳騰動力科技董事長鍾杰霖毅然跳出廝殺慘烈的價格戰，重新盤點自己的能力與優勢，提出為顧客創新價值的產品與服務，取得市場地位，

走自己的路。市場環境在變，每家企業會有自己累積競爭力的途徑。成功開發三輪及四輪安全機車的宏佳騰動力科技，之前歷經市場價格戰的風暴後，用多年累積人才、技術、設備俱足的真本事，站穩國內外市場。

因為懂得提供全方位解決方案，鍾杰霖在商場上扳回一城。承擔家族企業營運壓力的他，也針對市場熱門車款種類，主導開發新車殼的決策，到處拜訪供應鏈的廠商，展現誠意搏感情、結識人脈，從中學習開模、議價、算成本的知識與技巧，以及了解引擎、車架的開發技術，摸熟機車整套產銷模式。

轉進整車領域，意味著必須與整車外銷客戶為敵，所幸父親強力支持他創立宏佳騰、推出「AEON」自有品牌，生產外觀造型優於同業車款的速克達，攻入歐美市場。宏佳騰做自有品牌，得到外銷市場的好評，但好景不常，面對中國崛起，祭出低價的紅海戰略，讓歐美客戶轉向中國開發供貨來源。這時，鍾杰霖看到美國 ATV（全地形車輛或沙灘車）市場持續成長，特地跑去美國訪查市場，發現青少年 ATV（Youth ATV）車種僅有 Honda 的單一車款流通而已，於是決定研發生產青少年 ATV。

由於宏佳騰擁有模具開發射出設備、技術人員，可以為客戶在三個月內快速設計、量產 ATV 新車款，因而成為 Polaris 唯一委外生產的廠商，在北美青少年 ATV 車種市場拿下 60% 以上的市占率。近年來，宏佳騰將在外銷市場磨練多年的技術，以及發展專業品牌的能量，回到國內市場投資發展「AEON」自有品牌，推出時尚設計感的二輪速克達、高安全性的三輪重型機車，提供國內消費者多一個購車選擇，並在國內市場打下一片天。

另外在 2011 年宏佳騰推出與橙果設計合作的 COIN125、輕型打檔車 MY125 及 Elite250，以過去耕耘機車製造的技術，取信消費者，也讓品牌機種在臺灣三年內的銷售輛達到一萬台，是至今所有機車品牌無法突破的佳績。

資料來源：《商業周刊》

15-5 特殊訂單的決策分析

佳年好友－佑安公司的許董事長突然的來電，讓佳年甚為困擾。原因是許董急需一批數量 1,000 單位的斜齒輪，採購單價為 $150。基於好友關係，佳年不好意思拒絕，但是總不能虧本做生意。因此，責成財務部范經理說明報價的底線以提供佳年向許董交涉的籌碼。

一般而言，臨時性的訂單、一次訂單（one-time order），或客製化程度極高的特殊訂單（special order）均不被視為公司正常產能的一部分。一次訂單或特殊訂單的交期較為急迫且為臨時性訂購，這種訂單常常會排擠到其他的正常訂單生產。因此，是否接受特殊訂單可從公司的目前的產能水準與買方的採購價加以決定。根據機器經銷商所言，生產斜齒輪的機器設備最高可達月產 8,000 單位，正常情況下也可達月產 5,000 單位的水準。目前的斜齒輪的月產量為 4,000 單位。表 15-7 中，以 5,000 單位的產能水準所估算出的單位成本為 $180，目前在市場上的單位售價為 $300。

表 15-7 斜齒輪的單位成本

項目	成本
直接原料	$60
直接人工	40
變動製造費用	30
固定製造費用	50
單位成本	$180

由於瑞展公司目前月產 4,000 單位的齒輪，尚有閒置產能。若接受佑安公司的齒輪訂單剛好可以解決瑞展公司的產能閒置問題，以達到效率產能的目的。另一方面，佑安公司對於齒輪的生產有特殊要求，使得瑞展公司在製作過程中，須小幅修改，這也需耗費些許成本。

瑞展公司尚有閒置產能時，佑安公司的 1,000 單位、採購價 $170 的齒輪訂單是可以接受的。在不影響正常的訂單生產的話，這特殊訂單可增加 $30,000 的增額利潤，是有利可圖的（參見表 15-8）。

表 15-8 有閒置產能情況的一次訂單增額收益分析

項目	增額成本	增額收益
銷貨收入（$170×1,000）		$170,000
增額成本：		
直接原料（$60×1,000）	60,000	
直接人工（$40×1,000）	40,000	
變動製造費用（$30×1,000）	30,000	
特殊修改費用（$10×1,000）	10,000	
增額成本總額		140,000
增額營業淨利		$30,000

相反地，若瑞展公司的月產能已達 8,000 時，則顯示瑞展公司以全部產能進行營運。那麼以採購價 $170 接受佑安公司 1,000 單位的訂單採購就值得商榷了。產能滿載時，並無額外產能可供生產佑安公司 1,000 單位的訂單。若執意要生產，就必須犧牲部份的市場供貨，來生產這特殊訂單。此時，除表 15-8 所述之增額成本外，瑞展公司還須考量因犧牲市場供貨所造成的機會成本。採購單價 $170 的特殊訂單所產生的增額收益仍無法超過增額成本加上機會成本的話，那麼瑞展公司就應該拒絕接受此訂單才對。當然，基於好友關係，是否能輕易地拒絕此項交易並非容易之事，這也考驗了佳年的人際關係處理態度。或許佳年認為維繫良好人際關係所獲得的無形利益可能遠大於瑞展公司因犧牲市場供貨所造成的機會成本。若是如此，佳年可能還是會接受佑安公司的訂單，並責成生產部門進行製造以滿足佑安公司的需求。

15-6 資源或產能受限的決策分析

受限的資源或產能水準將影響企業是否接受特殊訂單。產能與資源的限制下，如何有效運用受限的產能與資源使企業的利潤最大化是極重要的課題。生產量通常受制於機器的產能水準、原料與人工的充足性。若企業的機器或製程的產能已達 100%，顯示企業以完全產能的情況下製造產品。在完全產能水準下，仍無法滿足生產的需求，那就表示機器的效率已達瓶頸（bottleneck）。已達瓶頸的生產機制下，投入再多的原料與人工均無法製造超過產能的產量。因此，在受限的產能水準下，如何決定各項產品之生產的優先順位是很重要的。產品生產的優先順位之決定可使受限資源或產能得到最佳的運用。優先順位之決定關鍵不在於固定成本的高低，而在各產品所創造的邊際貢獻的大小。

在市場上，瑞展公司的傳動事業部生產的產品頗受市場好評。目前，有兩類主力產品（平齒輪及錐齒輪）均由同一組機器所製造出來。此機器運轉時數最高可達 5,000 小時。受限資源下，瑞展公司應該優先生產何種產品才能使公司的整體利益最大？

表 15-9　受限資源之產品邊際貢獻的計算

項目	平齒輪系列產品	錐齒輪食品級系列產品
單位售價	$500	$20
單位變動成本	180	8
單位邊際貢獻	$320	$12
邊際貢獻率	64%	60%
每單位所用之機器時數	5 小時	0.5 小時
每機器時數之單位邊際貢獻	$64	$24

　　表 15-9 顯示平齒輪的單位邊際貢獻為 $320、錐齒輪的單位邊際貢獻為 $12。製造一單位平齒輪須耗費 5 小時機器時數，而製造一單位錐齒輪僅須 0.5 小時的機器時數。因此，生產平齒輪之每小時單位邊際貢獻為 $64，而生產錐齒輪的每小時單位邊際貢獻為 $24。換言之，為了製造平齒輪，機器每運轉一小時就為公司創造 $64；同樣地，每小時花在製造錐齒輪的價值僅有 $24。顯然，若有效運用機器產能以提供平齒輪的生產的話，可為瑞展公司創造更多的利潤。

　　由此，在營運策略上，瑞展公司應利用受限資源生產每機器小時邊際貢獻最大的產品，先行滿足市場的需求。若有剩餘產能，再行生產每機器小時邊際貢獻次佳的產品。

　　儘管如此，瑞展公司仍然須注意機器產能的狀況。通常，若產能受限，表示產能已面臨瓶頸，無法再提高產能。此時，公司要特別注意因機器的故障或無效率的使用所產生的產能降低的問題。一旦出現此現象，公司將蒙受損失，而每小時的損失介於 $64 到 $24 之間。

　　因此，瓶頸的管理是重要的。管理當局除了重視能將受限資源發揮最大效益外，還須注意整個生產流程的順暢程度，以期機器故障及無效率情形降至最低。實務上，可以透過下列方式來改善瓶頸的發生：

1. 發生瓶頸的生產線部分委外。
2. 瓶頸的生產線投入臨時人工或加班。
3. 進行資本預算—擴廠。
4. 透過流程再造（business process reengineering；BPR）改善瓶頸。
5. 實施全面品質管理（total quality management；TQM）以提高產能。
　　瓶頸管理實為限制理論（theory of constraint；TOC）的一部分。許多企業應用了限制理論，不僅提升產能也改善了績效。瑞展公司應值得一試。

15-7 銷售或繼續加工決策

第 8 章說明了聯合生產過程中，聯合成本分攤的過程。於該章的最後提及了聯合產品是否直接銷售或繼續加工的決策過程。聯合生產過程中所耗費的聯合成本為沉沒成本（sunk cost），與聯合產品是否繼續加工之決策無關。聯合產品的繼續加工與否，需視該產品繼續加工後是否創造增額收益（incremental revenue）及繼續加工後產生的增額成本（incremental cost）而定。

表 15-10 中，顯示了聯合生產中的齒輪產品之個別售價及聯合成本分攤。表 15-11 中，顯示了個別產品經繼續加工後所產生的增額收益、增額成本與增額利益（或損失）。因此，瑞展公司可以明確判斷除 A 型齒輪外，其餘產品皆可繼續加工以便獲得更高的收益。

表 15-10 齒輪產品之售價與成本相關資訊

	齒輪產品		
	A 型	B 型	C 型
分離點售價	$120,000	$150,000	$60,000
再加工售價	160,000	240,000	90,000
聯合成本分攤	80,000	100,000	40,000
再加工成本	50,000	60,000	10,000

表 15-11 齒輪產品之直接銷售或繼續加工之分析

	齒輪產品		
	A 型	B 型	C 型
加工後預估售價	$160,000	$240,000	$90,000
分離點售價	(120,000)	(150,000)	(60,000)
增額收入	40,000	90,000	30,000
預估增額成本（可分離成本）	(50,000)	(60,000)	(10,000)
增額利潤（或損失）	($10,000)	$30,000	$20,000

15-8 運用 CVP 分析的決策制定

透過「成本－數量－利潤」之間的關係，瑞展公司清楚瞭解公司產品的損益兩平銷售狀況（第 3 章）。然而，董事長張佳年更希望透過廣告預算的多寡、是否有降價空間等議題，明確預知利潤的消長變化，而 CVP 分析是可以提升決策制定的有效性。

瑞展公司首先面臨到的問題即是廠房租金年年上漲的問題。佳年責成財務部門范經理對廠房租金（固定成本）及工資（變動成本）的變動對銷售數量及營業淨利的衝擊提出說明。

表 15-12 成本的變動與損益兩平銷售數量的變化

	原條件	條件 1	條件 2
損益兩平銷售數量	2,500	2,750	4,400
單位售價	$400	$400	$400
單位變動成本	(240)	(240)	(300)
邊際貢獻	$160	$160	$100
銷貨收入	$1,000,000	$1,100,000	$1,760,000
總變動成本	(600,000)	(660,000)	(1,320,000)
總邊際貢獻	$400,000	$440,000	$440,000
固定成本	(400,000)	(440,000)	(440,000)
營業利益	$0	$0	$0

如表 15-12 所示：CVP 分析結果顯示，原先瑞展公司銷售 2,500 單位以上，即有獲利（原條件）。若廠房租金上漲至 $440,000（條件 1）時，因為固定成本上升至 $440,000，則齒輪銷售 2,750 單位以上才有獲利。若廠房租金漲至 $440,000 且工資上漲而導致變動成本提高至每單位 $300（條件 2）時，則公司齒輪銷售須超過 4,400 單位以上才有獲利。范經理依目前的齒輪銷售量 3,000 單位、單位售價 $400、單位變動成本 $240 及固定成本 $400,000 等資訊為基礎，進一步分析下列情況：

情況1：若公司為增加銷售量至 3,900 單位而打算增加廣告預算 $150,000，則此廣告預算的支出決策是否正確呢？

表 **15-13**　固定成本及銷售量的改變對營業淨利的影響

	總額比較法			淨額比較法	
	原條件	修改條件後		銷售量及固定成本改變後之增額營業利益	
銷售數量	3,000	3,900		修改條件後邊際貢獻	$624,000
				減：原條件下之邊際貢獻	(480,000)
單位售價	$400	$400		增額邊際貢獻	$144,000
單位變動成本	(240)	(240)		減：增額固定成本（廣告費用）	(150,000)
邊際貢獻	$160	$160		營業利益減少數	($6,000)
銷貨收入	$1,200,000	$1,560,000			
總變動成本	(720,000)	(936,000)			
總邊際貢獻	$480,000	$624,000			
固定成本	(400,000)	(550,000)			
營業利益	$80,000	$74,000			

由於多花費 $150,000 的廣告支出雖提升了 900 單位的銷售量，但固定成本因廣告費增加 $150,000 而使得最後的營業利益反而重原來的 $80,000 降為 $74,000；本方案使營業利益下降了 $6,000。以廣告來提升銷售量的效果不大，因此瑞展公司可能須再評估增加銷售量的方法而非增加廣告預算來提升銷售量。

情況2：若公司考慮改用高品質零件進行生產，將使齒輪的單位變動成本增加$8。在售價不變的情況下，品質提升後，預期年銷售量將增加至3,600單位。此改用高品質零件之決策允當嗎？

表 **15-14**　變動成本的改變對營業淨利的影響

	總額比較法			淨額比較法	
	原條件	修改條件後		銷售量及固定成本改變後之增額營業利益	
銷售數量	3,000	3,600		修改條件後邊際貢獻	$547,200
				減：原條件下之邊際貢獻	(480,000)
單位售價	$400	$400		增額邊際貢獻	$67,200
單位變動成本	(240)	(248)		減：增額固定成本	-
邊際貢獻	$160	$152		營業利益增加數	$67,200
銷貨收入	$1,200,000	$1,440,000			
總變動成本	(720,000)	(892,800)			
總邊際貢獻	$480,000	$547,200			
固定成本	(400,000)	(400,000)			
營業利益	$80,000	$147,200			

由於改用高品質零件，預期將使齒輪銷售量提升至3,600單位，進而提升營業利益至$147,200，營業淨利增長了$67,200，此決策應屬允當。

情況3： 若公司將售價調降至$368，並調高廣告預算$120,000，預期可提高銷售量50%。此降價策略可行嗎？

表 15-15　售價的改變對營業淨利的影響

	總額比較法			淨額比較法	
	原條件	修改條件後		銷售量及固定成本改變後之增額營業利益	
銷售數量	3,000	4,500		修改條件後邊際貢獻	$576,000
				減：原條件下之邊際貢獻	(480,000)
單位售價	$400	$368		增額邊際貢獻	$96,000
單位變動成本	(240)	(240)		減：增額固定成本	(120,000)
邊際貢獻	$160	$128		營業利益減少數	($24,000)
銷貨收入	$1,200,000	$1,656,000			
總變動成本	(720,000)	(1,080,000)			
總邊際貢獻	$480,000	$576,000			
固定成本	(400,000)	(520,000)			
營業利益	$80,000	$56,000			

調降售價及提高廣告支出等策略僅提升銷售量50%，雖然不至於虧損（營業利益$56,000），但這策略不足以衝高銷售量，以致於營業利益不如往常，甚至還降低了$24,000。因此，此策略有待商榷。

情況4： 公司若將銷售人員的佣金由固定制（固定薪資$150,000）變更為變動制（銷售人員每銷售一單位給予佣金$60），此項措施預期可增加銷售量15%。此佣金策略可行否？

表 15-16　變動成本與固定成本的改變對營業淨利的影響

	總額比較法			淨額比較法	
	原條件	修改條件後		銷售量及固定成本改變後之增額營業利益	
銷售數量	3,000	3,450		修改條件後邊際貢獻	$345,000
				減：原條件下之邊際貢獻	(480,000)
單位售價	$400	$400		增額邊際貢獻	($135,000)
單位變動成本	(240)	(300)		加：減少之固定成本	150,000
邊際貢獻	$160	$100		營業利益增加數	$15,000
銷貨收入	$1,200,000	$1,380,000			
總變動成本	(720,000)	(1,035,000)			
總邊際貢獻	$480,000	$345,000			
固定成本	(400,000)	(250,000)			
營業利益	$80,000	$95,000			

由於公司將行銷人員的薪資結構改變，導致單位變動成本由 $240 修正為 $300、固定成本由 $400,000 修正為 $250,000。此策略的執行，促使齒輪銷量由 3,000 單位提升至 3,450 單位，營業淨利增加了 $15,000。若以提升銷售量的話，此策略似乎是可行的。然而，財務部門范經理提醒，由於薪資結構改變導致齒輪產品的單位邊際貢獻由 $160 降為 $100，若為了達成原營業利益 $80,000 的情況下，必須設法增加銷量至 3,300 單位（表 15-16）。因此，此薪資結構的改變是暫時性（短期內激勵行銷人員促進銷售），還是永久性（行銷人員佣金制正式導入）呢？值得董事長張佳年先生及管理階層的深思。

表 15-17　變動成本與固定成本的改變對營業淨利的影響

	損益兩平銷售量		維持營業利益 $80,000 下之銷售量	
	原條件	修改後	原條件	修改後
銷售數量	2,500	2,500	3,000	3,300
單位售價	$400	$400	$400	$400
單位變動成本	(240)	(300)	(240)	(300)
邊際貢獻	$160	$100	$160	$100
銷貨收入	$1,000,000	$1,000,000	$1,200,000	$1,320,000
總變動成本	(600,000)	(750,000)	(720,000)	(990,000)
總邊際貢獻	$400,000	$250,000	$480,000	$330,000
固定成本	(400,000)	(250,000)	(400,000)	(250,000)
營業利益	0	0	80,000	80,000

情況5： 新展公司向瑞展公司訂購齒輪產品1,000單位，若瑞展公司由此
訂單至少獲利$120,000的話，在不影響正常訂單的情況下，瑞
展公司應如何報價？

不影響正常訂單的情況下，即顯示瑞展公司尚有閒置產能，足
以應付臨時性訂單的生產。如此，在閒置產能容許範圍內，所
有臨時性的接單皆能貢獻公司的獲利。因此，公司考量的重點
置於僅回收變動成本為第一要務，固定成本的回收可暫時不考
慮。此臨時性訂單所能容忍的最低報價為每單位 $240，但瑞展
公司要求至少有 $120,000 的獲利的情況下，此訂單的報價應為
每單位 $360（表 15-18）。

表 **15-18** 臨時性訂單的報價

每單位變動成本	$240
每單位要求利潤：$120,000÷1,000	$120
每單位報價	$360

若此臨時性訂單的報價需考慮固定成本的分攤，則可採預計產能分攤
率來分攤固定成本。假定固定製費（固定成本）分攤率為每單位 $20，再
考量應有獲利 $120,000，則對新展公司的報價應為 $380（表 15-19）。

表 **15-19** 臨時性訂單的報價

每單位變動成本	$240
每單位要求利潤：$120,000÷1,000	$120
每單位固定成本分攤	20
每單位報價	$380

15-9 決策制定的其他問題

前幾節中，說明了企業進行決策制定時，應考量的是攸關收益與攸關
成本。然而，對決策制定者的績效評估、決策制定的期間長短以及攸關成
本的認識不清等，都有可能造成決策制定偏誤的情形。

一般而言，管理當局總是希望在正確評估攸關成本與效益後，做出最
佳的決策。但是決策者可能擔心事後的結果可能與事前的預期有所出入
時，決策者可能會採取比較保守的行為。猶如第二節中，佳年對於原地生

產與移地生產一直拿不定主意。即使財務部門與生產部門經理分析後的結果均傾向「移地生產」的決策制定，但是佳年考量不只是部門經理提出的各項可估計的成本，還有移地生產後可能發生數不清的不可估計成本。大到海外投資設廠，小到部門的行銷、生產、研發等策略的擬定，在在考驗了管理當局及部門經理的智慧。因此，給予管理當局及部門經理「決策制定」如此重大職責的同時，適時地給予等同的績效獎酬也是理所當然。如此，管理當局及部門經理才有誘因制定對公司整體有利且最佳的決策。

此外，決策的期間長短可能也會對公司整體利益產生影響。一般而言，決策執行期間一年或一年不到者，爲短期性決策；決策執行期間長達一年以上或數年者，則爲長期決策。本節中的決策制定皆屬短期性的，而長期決策將於第 16 章進一步說明。通常，決策者常會重視短期決策而輕忽長期決策，因爲短期決策可帶來立即的效果。儘管如此，許多的決策制定對長期而言皆有一定程度的影響力。例如部門的裁撤決策，是立即的、一年內完成的決策制定。然而，無論部門繼續或裁撤，均對未來的收益產生重大的影響。

最後，在制定決策時，辨識攸關成本與效益非常重要。有時，決策者對沉沒成本（sunk cost）、單位固定成本（unit fixed cost）、分攤至部門的固定成本（allocated fixed cost）以及機會成本（opportunity cost）有所迷思或混淆，例如：

1. 沉沒成本：過去購買的資產帳面價值爲沉沒成本。決策者爲了避免承認過去採購錯誤資產的決策而將這些沉沒成本視爲攸關成本，以致於還是支持舊方案而捨棄新方案的錯誤決策制定。

2. 單位固定成本：爲了方便計算產品的單位成本，決策者可能會將固定成本單位化。致使固定成本看似於變動成本的習性一般，而忽略了單位固定成本會隨產量的改變而遞減的成本習性。因此，謹慎起見，固定成本應以總額看待而非單位化。

3. 分攤至各部門的固定成本：各部門分享共通資源，理當將共通資源所耗費的固定成本分攤於各部門中。分攤的比例或分攤方法的不同，可能造成某部門的利得或損失。因此，各部門對於分攤的固定成本的內容須詳加檢視，逐一檢查是否爲部門內部的成本（爲可避免成本）或企業共通的成本（不可避免成本）。成本的可避免或不可避免攸關部門的繼續或裁撤。

投資研發不手軟，佈局全球搶市場

固緯征戰海外市場的啓動力，如同機關砲一般地強勁擊發。目前固緯在全球設立六間子公司，由全球超過四百家經銷商提供逾八十國的產品行銷服務，取得臺灣第一大、亞洲第三大通用電子儀器製造廠的市場地位。電子產品從研發到生產、品管、售後維修，都需要使用電子測試儀器，檢驗迴路的品質、校正誤差。

固緯電子董事長林錦章談及自己創業緣起時指出，當時外資電子業進駐臺灣設廠後，開始本土化，使用臺灣本地供應的材料，而政府也實施進口替代手段，創造國內電子測試儀器的市場需求。

隨著中國改革開放，中國電子業也開始崛起。「我們的產品在中國賣得很好，被當地電子業者當成「國標」（國家標準），被拷貝得很厲害！」林錦章看到固緯自有品牌「GW Instek」的電子示波器，被中國同業仿冒、山寨版橫行，思索因應對策，後來決定進駐中國蘇州設廠，向中國代理商拿回市場代理權，由自家企業做起中國市場的全國行銷、建構通路。市場變化快，一有風吹草動，必須馬上挺而應戰。當電子產品走向數位化發展後，固緯也嗅到電子供應鏈往數位化靠攏的變革趨勢，迅速決定投入數位示波器的研發。

在市場近 43 個年頭，林錦章分析固緯歷久彌新、繼續成長的原因，歸納出幾項關鍵因素。第一項關鍵：經營者即是企業擁有者（owner），以專業眼光嗅出產業化的趨勢與威脅，能立即做出因應決策。例如，當林錦章看到數位化的快速趨勢，馬上撥入大筆資金、全力發展研發，「做示波器的研發就花上五年，虧了兩、三億，我當時的想法是將所有資源用在提升市場競爭力及公司持續成長上、早在上市前我們就把盈餘所得主要投入研發及市場開拓。」

第二項關鍵：投資產品開發、市場開拓不手軟。電子量測儀器市場有一個特色，就是再購率很高。林錦章指出，電子量測儀器涉及客戶工廠的製程良率，因此只要固緯把產品做得好，回購率就很強，因此固緯重視產品開發、市場開拓，將營收的 10% 用於研發經費。

第三項關鍵：讓利給經銷商，提供售前訓練、售後服務、技術支援。固緯銷售產品採經銷商制度，倚靠 80 多國、400 多家經銷商將固緯產品打入客群，固緯很懂得讓利給經銷商，激勵他們提高銷售業績。

林錦章說，固緯必須要與經銷商搏感情，像他早期一定會參加經銷商大會，感謝他們的支持，用心經營與經銷商的合作關係。同時，固緯也提供完整的售前訓練、售後服務、技術支援，隨時馳援解決經銷商的銷售問題、維修客戶的儀器。

資圖來源：《商業周刊》

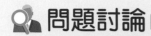 問題討論

特殊訂單的訂價策略

佑安公司急需一批數量 1,000 單位的斜齒輪，採購單價為 $170。瑞展公司每月的正常產能可達 8,000 單位，目前每月實際產能已達 8,000 單位。瑞展公司所生產的 8,000 單位的斜齒輪全部供給市場所需，目前市場的報價為 $200。基於好友關係，佳年不好意思拒絕，但是總不能虧本做生意。對於是否賣給佑安公司 1,000 單位的斜齒輪，佳年非常猶豫。因此責成范經理試算可能的損失。

表 **15-20** 齒輪的單位成本

項目	成本
直接原料	$60
直接人工	40
變動製造費用	30
固定製造費用	50
單位成本	$180

問題：

若賣給佑安公司 1,000 單位的斜齒輪的話，可能發生的損失爲何？

討論：

除因無法販售目前的正常訂單而可能發生的機會成本爲主要考量因素外，解除產能的瓶頸也是另一種方法。

　　本章探討多項攸關成本的決策制定。在制定決策前，首先須確認何者為攸關成本、何者為可避免成本、何者為沉沒成本？確認這些攸關成本的屬性將有助於精確的成本計算，以方便進行決策制定。

　　企業經常須面臨自製或委外、虧損部門裁撤、特殊訂單、產能效率化等決策制定。自製或委外決策考量的重點在於可避免成本與不可避免成本的認定。通常因委外而可免的成本大於外部價格，則可考慮委外加工，否則，都應該自製。其次，虧損部門的裁撤問題在於先需瞭解虧損發生的原因，然而，部門虧損多半的原因來自於固定成本的分攤，企業必須查明部門虧損是在各項固定成本分攤前即造成虧損？還是分攤後才造成的虧損？若為前者，當然應該虛裁撤該部門；若屬後者，則須查明固定成本分攤的公平性與該部門可容忍的程度，再進行部門裁撤的決策較為適當。因此，當某部門所創造的邊際貢獻為正時，一般認為還是對企業的利潤增進是有貢獻的，裁撤部門需作審慎評估。

　　有關特殊訂單議題，則須視企業的產能而定。若企業的產能有閒置時，只要該訂單的報價超過企業製造所需負擔的變動成本的話，就應該接受。相反地，若企業無閒置產能時，該訂單的報價必須接近市價，該訂單才有接受的可能。最後，產能效率化議題，則是企業面臨產能極限時，如何有效利用產能以使企業利潤可以最大。受限產能下，企業應先生產能創造單位邊際貢獻最高的產品以滿足市場需求。若產能還有閒置，才考慮生產單位邊際貢獻次高的產品。再者，透過 CVP 分析，配合決策制定中所需調整的固定成本及變動成本，適切抉擇以實現其經營之策略。

　　總之，在制定決策時，辨識攸關成本與效益是非常重要的。受到沉沒成本、單位固定成本（unit fixed cost）、分攤至部門的固定成本（allocated fixed cost）以及機會成本（opportunity cost）等成本的混淆，決策者可能會制定錯誤的決策。因此，此類成本的認定也須非常小心。

本章習題

一、選擇題

(　) 1. 乙公司生產一機器設備，該產品需要 15 單位零件，每單位 $300，直接人工 200 小時，製造費用包括：檢驗成本 $1,200（成本動因為零件數）、整備成本 $3,000（成本動因為整備次數，每次 $1,000）、採購成本 $600（成本動因為採購次數，每次採購 3 單位零件）。假設公司重新設計設備的製造模式，將可減少 6 單位零件及 1 次整備，試問進行重新設計可以為公司節省多少成本？

　　(A) $3,080　(B) $3,280　(C) $3,400　(D) $3,520。　　　　（106 會計師）

(　) 2. 甲公司計畫將某一個部門結束營業，這個部門的邊際貢獻為 $28,000，其固定成本為 $55,000。而這些固定成本，其中有 $21,000 是屬於不可免除的。試問，此部門結束營業將使得甲公司的營業損益如何？

　　(A) 減少 $6,000　(B) 增加 $6,000　(C) 減少 $27,000　(D) 增加 $27,000。

　　　　　　　　　　　　　　　　　　　　　　　　　　　　（106 會計師）

(　) 3. 某公司的甲產品生產線經歷虧損後，該公司面臨是否裁撤甲產品生產線的決策。本季甲產品的相關財務資料如下所示：銷貨收入 $1,200,000、直接材料 $600,000、直接人工 $240,000、製造費用 $400,000。製造費用中 70% 為變動部分，30% 為製造甲產品之特殊設備的折舊，該設備無其他用途，亦無轉售價值。若本季裁撤甲產品的生產線，則該公司整體營業利潤將有何改變？

　　(A) 營業利潤增加 $40,000　(B) 營業利潤減少 $40,000　(C) 營業利潤減少 $80,000　(D) 營業利潤增加 $120,000。　　　　　　　　　　　　（106 普考）

(　) 4. 假設甲產品每單位售價 $30、單位變動成本 $14、單位固定成本 $8。乙產品每單位售價 $25、單位變動成本 $5、單位固定成本 $8。甲產品每單位需耗用 2 機器小時，為乙產品耗用時數的一半。甲、乙兩種產品的最大市場需求量分別為 7,000 與 2,500 單位。若本期受限於機器生產時數 20,000 小時，在追求利潤極大化的原則下，本期應該生產甲、乙產品各多少單位？

　　(A) 甲產品 5,000 單位、乙產品 2,500 單位

　　(B) 甲產品 6,000 單位、乙產品 2,000 單位

　　(C) 甲產品 7,000 單位、乙產品 1,500 單位

　　(D) 甲產品 7,000 單位、乙產品 2,500 單位。　　　　　　　（106 高考會計）

( ) 5. 在接受特殊訂單之決策中，下列何者屬非攸關成本？

(A) 接受特殊訂單所需額外投入之固定成本

(B) 接受特殊訂單所需額外投入之變動成本

(C) 無論接受特殊訂單與否都無法免除之固定成本

(D) 接受特殊訂單可免除之固定成本。 （106 高考會計）

( ) 6. 乙公司產銷兩產品：A 及 B，由於產能有限，公司正在考慮如何生產才能利潤最大化。公司目前可用產能為 30,000 小時，兩產品之相關資料為：為達極大化公司利潤之目的，乙公司應生產多少單位的 A 產品？

	A 產品	B 產品
每單位售價	$100	$50
每單位變動成本	$60	$25
生產時間	1/2 小時	1/4 單位
市場需求	40,000 單位	60,000 單位

(A) 25,000 單位　(B) 30,000 單位　(C) 35,000 單位　(D) 40,000 單位。

（106 高考會計）

( ) 7. 甲公司每月製造零件 3,680 個，每個變動製造成本 $6，總固定製造成本 $7,360，該零件也可外購，並有一公司提出願以每個 $9 售予甲公司使用。若甲公司打算零件外購，目前用來生產零件的機器設備可移作他用，而使公司邊際貢獻增加 $11,776。在此一自製或外購之決策中，關於「因機器設備移作他用而增加之 邊際貢獻 $11,776」，下列敘述何者正確？

(A) 列為選擇自製方案之機會成本　(B) 列為選擇外購方案之機會成本

(C) 列為選擇自製方案之額外收入　(D) 不必考慮。 （105 地特四等）

( ) 8. 甲有一房屋出租予某公司作為辦公室，每月收到房租 $20,000。由於懷有創業夢，想將該房屋收回而開設 髮型屋。甲目前薪水每月 $42,000，惟若自行創業需離職。預計髮型屋平均每月可賺得 $60,000 之利潤。請問甲開設髮型屋的機會成本為何？

(A) $20,000　(B) $42,000　(C) $60,000　(D) $62,000。 （105 地特四等）

(　) 9. 顧客的行為最不會影響下列那一項成本？

(A) 運送成本 　　　　　(B) 訂單處理成本

(C) 顧客拜訪成本 　　　(D) 配銷通路的主管薪資成本。　　　（105 地特三等）

(　) 10. 甲公司正計畫關閉彰化廠，該廠在未考量製造費用前對利潤的貢獻為 $40,000，分配到該廠的製造費用 為 $80,000，其中的 $25,000 是不可避免的成本。若關閉該廠，對甲公司所造成的稅前淨利影響為何？

(A) 增加 $5,000　(B) 增加 $15,000　(C) 增加 $20,000　(D) 增加 $25,000。

（105 地特三等）

二、計算題

1. 欣欣公司每年製造 A 零件 60,000 單位，以供內部生產之用，其每單位的相關成本資料如下：

直接原料	$30
直接人工	15
變動製造費用	20
固定製造費用	35

請回答下列問題：

今有向榮公司提議每年出售 60,000 單位之 A 零件給欣欣公司，每單位售價為 $90。如果欣欣公司接受該項建議，則固定製造費用可減少 40%；而且目前用以生產 A 零件之機器，可以年租金 $300,000 出租給其他公司，該機器目前的帳面價值為 $600,000，之前每年提列折舊 $150,000，估計尚可使用 4 年。試透過具體數據分析欣欣公司是否應接受向榮公司之提議。

2. 美麗公司每年製造 A 零件 60,000 單位，以供內部生產之用，其每單位的相關成本資料如下：

直接原料	$40
直接人工	25
變動製造費用	30
固定製造費用	35

請回答下列問題：

美麗公司擬利用閒置產能製造 3,000 單位的 A 零件外銷，此舉並不會影響欣欣公司的固定製造費用，但估計外銷所需之變動銷管費用為每單位 $12（不需其他的變動銷管費用），而且為獲取外銷訂單每年尚需付出額外的固定銷管費用 $54,000。此外銷對於國內一般銷貨並無影響。若美麗公司希望每年能透過外銷而使公司利潤增加 $60,000，則外銷品每單位的售價應訂為多少？

3. 亮亮公司每年製造 A 零件 60,000 單位，以供內部生產之用，其每單位的相關成本資料如下：

直接原料	$40
直接人工	25
變動製造費用	30
固定製造費用	35

請回答下列問題：

亮亮公司擬藉由外銷 3,000 單位的 A 零件以開拓外銷市場，並將每單位售價訂為 $100，但是公司目前已無任何的閒置產能。估計外銷所需之變動銷管費用為每單位 $12（不需其他的變動銷管費用），而且為獲取外銷訂單每年尚需付出額外的固定銷管費用 $54,000。此外銷對於國內一般銷貨並無影響。今有向榮公司提議每年出售 3,000 單位之 A 零件給亮亮公司，若亮亮公司希望每年能透過外銷而使公司利潤增加 $60,000，則其每單位最多願意支付給向榮公司之金額為若干？

4. 設乙公司產銷 5,000 單位時，損益資料如下：

銷貨收入—5,000 單位 @$3		$15,000
減：變動成本 @$2	$10,000	
固定成本	8,000	18,000
淨損		$(3,000)

另悉，停工期間尚有固定成本 $5,500 必須支付。

試求：

(1)目前應否停工。

(2)歇業點銷貨額。

5. 丙公司每月可生產 20,000 單位之某一產品，其每單位售價 $180 及每單位之相關成本為：

直接材料	$15
直接人工	$40
變動製造費用	$25
固定製造費用	$23
變動銷管費用	$20
固定銷管費用	$40

由於目前產能使用率僅為 90%，丙公司考慮是否接受丁公司之訂單，該訂單以每單位 $160 購買 1,000 單位。若丙公司不接受丁公司訂單，將放棄的利潤為何？

6. 雲飛公司產銷甲、乙二種產品，各產品每單位售價及變動成本如下：

產品	甲	乙
售價	$12	$15
變動成本	6	7

雲飛公司之生產能量有限，每月僅有 2,000 機器小時可資利用，生產一單位甲需耗 3 機器小時，而生產一單位乙需耗 2 機器小時。又雲飛公司技術工人有限，每月僅有 1,500 人工小時可資利用，生產一單位甲需耗 2 人工小時，而生產一單位乙需耗 4 人工小時，則雲飛公司每月最大之邊際貢獻是多少？

7. 某餐廳為搭配套餐，過去都是以每份 $25 向外購買水果冰淇淋，每月購買 6,000 份，由於供應商打算在下個月漲價至每份 $40，餐廳考慮自行製造。若自行製造，每份水果冰淇淋需投入之變動成本為 $26，並增加固定成本每月 $24,000。若餐廳下個月自行製造水果冰淇淋，而非向外購買，則對該月成本的影響為何？

8. 甲公司擬投資設備，估計耐用年限為 5 年，無殘值，採直線法提列折舊。該設備每年年底可增加淨現金 流入 $80,000。若此投資的內部報酬率為 10%，資金成本率為 13%，則設備成本為何？複利現值相關資料如下：

	1 期	2 期	3 期	4 期	5 期
3%	0.9904	0.9426	0.9151	0.8885	0.8627
10%	0.9091	0.8264	0.7513	0.6831	0.6209
3%	0.8850	0.7831	0.6931	0.6133	0.5426

9. 甲公司打算結束虧損之幼兒服飾業務，其近期損益資料如下：其中銷貨成本之變動部分占 2/3，而營業費用之固定部分占 3/4，若結束幼兒服飾業務，無任何固定成本可節省。若甲公司結束幼兒服飾業務，不可免成本為何？

銷貨收入	$630,000
銷貨成本	4410,000
銷貨毛利	$189,000
營業費用	210,000
營業淨利（損）	($210,000)

10. 某公司生產 A 產品，某年度 6 月之預計資料如下：該公司目前有一閒置設備，月折舊費用為 $400,000，若利用此一閒置設備將 100,000 單位之 A 產品再加工為 B 產品，預計將使每單位變動成本增加 $7，並可以每單位價格 $40 出售。試問該公司是否應將 A 產品再加工後出售？原因為何？

產量	100,000 單位
固定成本	$1,000,000
單位變動成本	$15
單位售價	$20

CHAPTER 16 資本預算決策

學習目標　讀完這一章，你應該能瞭解

1. 資本預算決策基本概念。
2. 現金流量分析。
3. 貨幣的時間價值。
4. 資本預算的評估方法。
5. 所得稅因素對資本預算之影響。
6. 通貨膨脹因素對資本預算之影響。

引言

　　瑞展公司的總經理，正在檢閱財務經理所提出的預算方案，該公司目前在國內齒輪製造有不錯口碑，但處在這個劇烈變化的環境下，保持競爭力是十分重要的，故總經理正考慮是否應再投入無人式全自動製造工廠、與先進的生產機台。總經理和財務經理共同商討決策方案。以下是他們的對話。

　　總經理：范經理，如果我們要進行擴廠的相關投資，應如來評估相關的投資方案
　　　　　　是否可行呢？

　　范經理：總經理，我們可以採行不同的資本預算評估方法來進行評估，例如：淨
　　　　　　現值法、內部報酬率法或還本期間法等。

　　總經理：范經理，請問哪一種資本預算評估方法比較好？

　　范經理：各種方法皆有其主要的考量點，因此也不宜只參考一種評估方式就進行
　　　　　　投資，必須考量其他情境因素，例如：我們公司的發展策略如果認為該
　　　　　　項投資案有助於提升我們的生產自主性與技術，避免過渡依賴外部廠商，
　　　　　　即便還本期間較久，該項投資方案仍是一項可行的投資方案。

　　總經理：好，我瞭解。我會再好好考慮的。

成會焦點

新廠擴建

　　隨著手機與消費性電子等周邊產品的不斷蓬勃發展，臺灣光學鏡頭製造龍頭－大立光透過高品質的鏡頭產品在業界打響名號，並在 2014 榮登台股股王的寶座持續至今，目前主要客戶有蘋果、HTC 等知名品牌大廠。

　　近年因為手機多鏡頭的趨勢興起，大立光為了應手機品牌商的要求，連續幾年持續擴充產能、建購新廠來因應，近日（2018 年 9 月初）再宣布斥資 8 億多餘元，購得台中市西屯區占地 3,002 坪土地，支應未來產能的需求。

　　大立光的鏡頭涵蓋了蘋果及其他品牌陣營，除了透過高良率及技術領先的優勢，產能也是維持競爭力的一大關鍵，故大立光持續擴產最主要的目的為提高效率，整合製程。此外，大立光也不間斷在其它光學鏡頭等相關產品上投注研發，包括醫療內視鏡、車載鏡頭、隱形眼鏡市場等。

資圖來源：經濟日報

16-1 資本預算決策基本概念

　　在正常營運下，企業的支出可分為資本支出（capital expenditure）和收益支出（revenue expenditure）這二類。資本支出通常為長期性質、非例行性且金額較大，例如：興建廠房、購買設備等；收益支出通常為短期性質、例行性且金額較小，例如：水電費、廣告費等。

　　資本預算決策（Capital Budgeting Decision)，為企業長期性之投資及理財規劃決策，亦為整體預算之一部分。企業的資源是有限的，透過資本預算決策，可幫助企業在眾多投資方案中選擇出最佳投資標的物，創造企業投資報酬率以提升公司整體價值。

在正常營運下，企業的支出可分為資本支出和收益支出這二類。

一、資本預算的步驟

1. 確認方案及預估結果

　　辨別出組織內所提出的資本預算方案中，哪些和企業經營策略及目標是相同的，進而就確認方案計畫，預估其財務性及非財務性資訊。例如：瑞展公司策略目標為產品差異化，故管理人員須辨明出哪些方案為產品差異化，再針對這些方案，進行現金流入、成本節省及相關風險等資訊的蒐集。

2. 評估方案及選擇方案

　　就其方案預估結果進行評估，排定選擇順序，財務資訊、非財務資訊皆為選擇方案的重要因素。企業須在有限的投資總額下，選擇最佳的投資方案。

3. 財務規劃

為選擇方案資金的籌措。資本籌措可發行股票、債券，向資本市場籌資，亦可直接由股東拿出資金投資等。

4. 執行方案並控制

方案執行時，企業應定期評估方案是否按進度執行情況。方案執行結束後，應比較其預測情況和實際結果的差異，以做為未來制定資本預算決策的參考資訊。

二、資本預算的特性

資本預算決策其經濟效益通常超過一年以上的非例行性支出，對企業的影響十分重大，通常具有下列的特性：

1. 投資金額龐大，對企業的資金調度、運用影響深遠。
2. 投資期間較長，資本預算決策從規劃至投資方案結束，短則三、五年，長則可能數十年，故須加入貨幣時間價值考慮。
3. 高度不確定及風險高，資本預算決策，通常都使固定成本增加，固定成本增加，損益兩平點使會增加，且投資期間又長，故面對高度不確定性而使風險較高。

16-2 現金流量分析

資本預算支出從投資計畫開始至結束，通常可區分為下列三個階段：(1) 原始投資額；(2) 營運現金流量；(3) 投資計畫結束。茲將上述各階段說明如下：

1. 原始投資額

(1) 廠房設備取得成本，包括必須支付的建造成本及使該廠房設備達可使用狀態前一切合理且必要的支出，例如：運費、安裝費、試車費、保險費等，為現金流出。

(2) 因新廠房設備之原始投資額所額外增加的營運資金（working capital）[1]，為現金流出。

(3) 設備重置決策下，舊資產依公平市價出售，為現金流入。當舊資產出售發生出售損失，則產生所得稅節省，為現金流入；反之，有出售利益則產生所得稅費用，為現金流出。

(4) 所建造廠房或購置設備符合政府所公佈的投資抵減，則有所得稅的減免，為現金流入。

> **專有名詞**
>
> 營運資金
> 營運資金＝流動資產－流動負債。

2. 營運現金流量

(1) 因取得廠房設備而增加的銷貨收入或因提高生產效率而減少營運成本，為現金流入。

(2) 取得廠房設備所產生的現金費用，例如：製造成本、維修費、其他相關費用等，為現金流出。

(3) 廠房設備折舊費用之租稅節省。折舊費用是不產生現金流出的費用，但在稅法上是可以做為收益的抵減項，故可使課稅金額減少，為現金流入。

3. 投資計畫結束

(1) 處分廠房設備之殘值收入，為現金流入。（若有處分成本則應減除）

(2) 營運資金已不需再使用，即可還原，為現金流入。

(3) 出售資產損失所導致之所得稅節省，為現金流入；反之則導致所得稅費用，為現金流出。

若瑞展公司計畫興建一間無塵室製造工廠，成本 $1,400,000，以增加產能擴展市場佔有率，假設此工廠營運資料如右，預計四年後以 $160,000 出售，結束此資本預算計畫。表 16-1 辨識該興建案的現金流量分析表。

營運收入	$ 3,200,000
製造費用	100,000
薪資費用	1,200,000
修理費用	100,000
水電費	40,000
其他費用	40,000

---

1 營運資金 (working capital)，為企業短期償債能力的指標，代表流動資產與流動負債的差額。公式就是：營運資金＝流動資產－流動負債。營運資金可以用來衡量公司或企業的短期償債能力，其金額越大，代表該公司或企業對於支付義務的準備越充足，短期償債能力越好。當營運資金出現負數，也就是一家企業的流動資產小於流動負債時，這家企業的營運可能隨時因週轉不靈而中斷。

表 16-1 興建無塵室製造工廠預估現金流量

年度	0	1	2	3	4
原始投資額					
興建成本	($1,400,000)				
營運現金流量					
營運收入		$3,200,000	$3,200,000	$3,200,000	$ 3,200,000
製造費用		(100,000)	(100,000)	(100,000)	(100,000)
薪資費用		(1,200,000)	(1,200,000)	(1,200,000)	(1,200,000)
修理費用		(100,000)	(100,000)	(100,000)	(100,000)
水電費		(40,000)	(40,000)	(40,000)	(40,000)
其他費用		(40,000)	(40,000)	(40,000)	(40,000)
投資計畫結束					
處分資產					160,000
現金流量淨額	($1,400,000)	$1,720,000	$1,720,000	$1,720,000	$ 1,880,000

16-3 貨幣的時間價值

如前所述，資本預算決策至少都達三、五年以上，這段期間內也會發生與現金流量有關的商業行為，故當管理人員在評估決策方案時，貨幣的時間價值（time value of money）是一項重要的因素。假設有通貨膨脹（貨幣貶值）時，現在所擁有貨幣的價值，大於未來等額貨幣的價值，假設今天有 $100，銀行的一年期定存利率為 5%，現在將這 $100 存入銀行之一年期定存帳戶，在一年後可領回 $105，這 $5 是銀行這一年運用這筆資金所付出的代價，亦可稱貨幣的時間價值為利息。也就是說 $105 是 $100 一年期的終值（future value）；$105 一年期的現值（present value）為 $100。資本預算決策在原始投資時，需投入大筆的資金，預估在未來的期間內可逐漸回收，若欲評估資本預算決策是否可行，則應將未來繼續回收的金額換算成現值，在同一個基準點上，才可作出正確的投資方案決策。

計算利息通常分單利（simple interest）與複利（compound interest）。單利計算利息為每期利息相同，複利計算利息則加上前期利息合併計算。

單利計算利息為每期利息相同，複利計算利息則加上前期利息合併計算。

表 **16-2** 單利與複利計算利息方式

單利	本金	×	利率	=	利息
第一年	$1,000	×	5%	=	$50.00
第二年	$1,000	×	5%	=	$50.00
第三年	$1,000	×	5%	=	$50.00
複利	本金 + 前期利息	×	利率	=	利息
第一年	$1,000	×	5%	=	$50.00
第二年	$1,000+$50	×	5%	=	$52.50
第三年	$1,000+$102.5	×	5%	=	$55.13

目前實務上計算利息大都採複利計息，利息會隨著時間的經過而增加。複利現值的公式如下

$$F_n = P(1 + r)^n$$

F_n：終值

P：本金

r：年利率

n：期數

將上例代入複利終值公式，即可得三年後的複利終值。

$$F3 = \$1,000(1 + 5\%)^3$$
$$= \$1000 \times 1.15763$$
$$= \$1,157.63$$

由複利終值公式，可求出複利現值的公式，表示如下：

$$P = F_n \times \left[\frac{1}{(1 + r)^n} \right]$$

若三年後的終值為 $1,157.63，現值的計算如下：

$$P = \$1,157.63 \times \left[\frac{1}{(1 + 5\%)^3} \right]$$
$$= \$1,157.63 \times \left[\frac{1}{1,15763} \right]$$
$$= \$1,000$$

16-4 資本預算之評估方法

評估資本預算決策的常用方法可大致分為：(1) 淨現值法；(2) 內部報酬率法；(3) 還本期間法；(4) 會計報酬率法；(5) 淨現值指數法。上述方法各有其優缺點，資本預算決策較為複雜、重大，通常管理人員會採數種方法評估。

一、淨現值法

專有名詞

淨現值法
係指以必要報酬率，將投資方案未來各期之現金流量，折為現值再予以加總現值淨額的方法。

淨現值法（net present value；NPV），又稱超額現值法（excess present value method），亦可簡稱現值法（present value method），係指以必要報酬率，將投資方案未來各期之現金流量（支出面、收入面），折為現值再予以加總現值淨額的方法。計算公式如下：

$$NPV = C_0 + \frac{C_1}{(1+r)^1} + \frac{C_2}{(1+r)^2} + \frac{C_3}{(1+r)^3} + \cdots\cdots + \frac{C_n}{(1+r)^n}$$

上述公式中，C_0 原始投資額，為負值；C_1、C_2、C_3……C_n 為執行計畫各期間的淨現金流量，正值即為現金流入，負值即為現金流出；r 為必要報酬率。

若計畫的淨現值大於零，代表淨現金流入，即該計畫可接受；淨現值若為負數，代表淨現金流出，該計畫予以拒絕。

若計畫的淨現值大於零，代表淨現金流入，即該計畫可接受（亦即有達到必要報酬率）；淨現值若為負數，代表淨現金流出，該計畫予以拒絕。

瑞展公司目前在評估兩投資方案，甲投資方案原始投資額為 $400,000，資本計畫期間為五年，每年年底現金流入為 $100,000，所採用必要報酬率為 10%; 乙投資方案原始投資額為 $400,000，資本計畫期間為五年，每年底之現金流入為 $200,000、$160,000、$120,000、$80,000、$40,000，必要報酬率亦為 10%。

| 表 16-3 | 淨現值投資方案之評估 |

	甲投資方案			乙投資方案		
年度	現金流量	現值係數	現值	現金流量	現值係數	現值
0	($400,000)	1.0000	($400,000)	($400,000)	1.0000	($400,000)
1	$100,000	0.9091	90,910	$200,000	0.9091	181,820
2	$100,000	0.8264	82,640	$160,000	0.8264	132,224
3	$100,000	0.7513	75,130	$120,000	0.7513	90,156
4	$100,000	0.6830	68,300	$80,000	0.6830	54,640
5	$100,000	0.6209	62,090	$40,000	0.6209	24,836
淨現值			($20,930)			$83,676

由表 16-3 可知，甲投資方案的淨現值爲（$20,930），乙投資方案的淨現值爲 $83,676，瑞展公司應接受乙投資方案。

二、內部報酬率法

內部報酬率法（internal rate of return method；IRR）又稱眞實報酬法（real rate of return method）、調整後報酬法（adjusted rate of return），係指投資方案淨現值爲零的內部報酬率 (NPV = 0)，亦即試圖找出投資方案預期現金流出與現金流入相等之內部報酬率，再與企業所定的最低報酬率比較，若內部報酬率高於最低報酬率，即可接受；反之，應予拒絕。

計算公式如下

$$NPV = 0 = C_0 + \frac{C_1}{(1+IRR)^1} + \frac{C_2}{(1+IRR)^2} + \frac{C_3}{(1+IRR)^3} + \cdots\cdots + \frac{C_n}{(1+IRR)^n}$$

若投資方案每期現金流量均相同 $(C_1 = C_2 = C_3 = \cdots\cdots = C_n)$，則上式可改寫爲

$$-C_0 = C_1 \left\{ \frac{1}{(1+IRR)^1} + \frac{1}{(1+IRR)^2} + \frac{1}{(1+IRR)^3} + \cdots\cdots + \frac{1}{(1+IRR)^n} \right\}$$

$$= C_1 \times P_n\, IRR$$

$$P_n\, IRR = \frac{-C_0}{C_1}$$

P_n IRR 表示利率爲 IRR，n 期之年金複利現值係數，若式子中的 C_0、C_1 與 n 皆爲已知，就可以利用年金現值表（見附錄）查得 IRR，不需用繁複的計算公式來求算 IRR。

專有名詞

內部報酬率法
係指投資方案淨現值爲零的內部報酬率。

瑞展公司正在評估是否需增購一批新型的電腦設備，該批電腦成本為 $1,369,920，經濟年限為三年，三年後無殘值，取得機器後每年可節省 $600,000 的營業成本，資金成本率為 13%。計算內部報酬率如下所示：

$$\frac{C_0}{C_1} = \frac{\$1,369,920}{\$600,000} = 2.2832 = P_5 IRR$$

查年金現值表（見附錄）三年期的部分，即可找到年金現值係數為 2.2832 的折現率為 15%，故內部報酬率（15%）大於資金成本率（13%），瑞展公司應購得該批電腦設備。

當年金係數無法從年金現值表查得時、當公司每期淨現金流量不相同時，可利用插補法或試誤法來求算內部報酬率。就前例來延續插補法（interpolation）的介紹，假設其他資料不變，該批機器設備成本由 $1,369,920 變為 $1,400,000，則該年金現值係數為 2.3333($1,400,000 例 $600,000)。查三年期年金現值表，表示內部報酬率介於 12% 與 14% 之間（年金現值係數 2.3333 介於 2.4018 與 2.3216 間），利用插補法計算，其計算式如下：

IRR =

較低的折現率 $+ \dfrac{\text{依較低折現率計算的現值} - \text{依內部報酬率計算的淨現值}}{\text{依較低折現率計算的現值} - \text{依較高折現率計算的現值}}$

× （較高之折現率－較低之折現率）

利率	12%	x	14%
年金現值係數	2.4018	2.3333	2.3216

$$IRR = 12\% + (\frac{2.4018 - 2.3333}{2.4018 - 2.3216}) \times 2\%$$

$$= 12\% + (\frac{0.685}{0.0802}) \times 2\% = 13.71\%$$

由上式所求得的內部報酬率（13.71%）依舊大於資金成本率（13%），瑞展公司應購得該批電腦設備。

瑞展公司投資方案原始投資額為 $400,000，資本計畫期間為五年，每年底之現金流入為 $200,000、$160,000、$120,000、$80,000、$40,000，必要報酬率為 10%。在此情況下，就需要利用試誤法（trial and error）來反覆推算內部報酬率，也就是說利用不同的折現率來推算現金流量淨現值，直到現金流量淨現值至零，此時的折現率即為內部報酬率。瑞展公司內部報酬率之計算式如下：

$$\frac{\$200,000}{(1+IRR)^1} + \frac{\$160,000}{(1+IRR)^2} + \frac{\$120,000}{(1+IRR)^3} + \frac{\$80,000}{(1+IRR)^4} + \frac{\$40,000}{(1+IRR)^5}$$
$$= \$400,000$$

表 16-4　內部報酬率 – 試誤法

年度	淨現金流量	（16% 折現率）		（20% 折現率）		（21% 折現率）	
		現值係數	現值	現值係數	現值	現值係數	現值
1	($400,000)	1.0000	($400,000)	1.0000	($400,000)	1.0000	($400,000)
2	$200,000	0.8621	$172,420	0.8333	$166,660	0.8264	$165,280
3	$160,000	0.7432	$118,912	0.6944	$111,104	0.6830	$109,280
4	$120,000	0.6407	$76,884	0.5787	$69,444	0.5645	$67,740
5	$80,000	0.5523	$44,184	0.4823	$38,584	0.4665	$37,320
6	$40,000	0.4761	$19,044	0.4019	$16,076	0.3855	$15,420
淨現值			$31,444		$1,868		($4,960)

　　第一次是以 16% 折現率來計算，其現值為 $31,444，大於零，表示所用折現值太小；第二次以 20% 折現率來計算，其現值為 $1,868，還是大於零，表示需要用較大的折現率；第三次以 21% 折現率來計算，其現值為（$4,960）表示此方案的內部報酬率較 20% 為高，但較 21% 為低，再以插補法搭配計算可得內部報酬率，計算式如下：

$$IRR = 20\% + \frac{\$1.868}{\$6,828} \times 1\% = 20.27\%$$

※ 淨現值法與內部報酬率法之比較

　　淨現值法與內部報率法同時皆考慮貨幣的時間價值、整個投資方案經濟年限的現金流量與整個投資方案的獲利率。採用淨現值法評估之投資方案計畫，尚可使用不同的折現率；內部報酬率法則可讓管理人員更加容易理解，且可讓不同投資金額方案進行比較。但內部報酬率最大的缺點即為暗示盈餘是按投資所賺得的報酬再投資，過份樂觀；現值法則暗示盈餘是按資金成本率再投資，一般而言淨現值法被認為較合理。

三、還本期間法

　　還本期間法（payback period method）又稱收回期間法或回收期間法。就公司而言，當一投資方案所需回收期間愈長，則投資風險與不確定因素就愈大，此法就是以收回投資額所需時間，來評估投資方案。還本期間較

専有名詞

還本期間法
以收回投資額所需時間，來評估投資方案。

短，投資風險較小，投資方案較佳；反之還本期間較長，投資風險較大，投資方案較差。還本期間法計算簡單廣受實務界評估使用。

（一）實際還本期間法

實際還本期間法（actual payback period method）是以實際的現金流入量為還本期間的計算基礎，並未考慮現值。

若投資方案每年的現金流入量均相同，計算公式如下：

$$\text{還本期間} = \frac{\text{原始投資}}{\text{每年的現金流入量}}$$

瑞展公司評估是否應增購新機器設備，成本為 $51,000，耐用年限為 4 年，無殘值，在該機器的耐用年限內每年可節省營業成本 $15,000，則該計畫的還本期間為 3.4 年 ($51,000÷$15,000 = 3.4 年)。

若投資方案每年的現金流入量不相等時，還本期間法的計算，就需累積每年的現金流入量至回收投資額。

沿前例，除每年現金流入量為 $20,000、$18,000、$16,000、14,000，其他條件不變。計算式如下所示：

表 16-5 實際還本期間法

年度	現金流入量	累積金額	未回收金額
0			$51,000
1	$20,000	$20,000	$31,000
2	$18,000	$38,000	$13,000
3	$16,000	$54,000	$0
4	$14,000	$68,000	$0

由表 16-5 計算可知，此投資方案第二年底尚未回收的金額 $13,000，需至第三年中進行回收，則其計畫的還本期間為 2.8125 年（$2 + \frac{\$13,000}{\$16,000}$ = 2.8125 年）。

（二）折現還本期間法

折現還本期間法（discounted payback period）係實際還本期間法的改良，加入貨幣時間價值的考量，將未來現金流入量折現後，再來計算還本期間。沿前例，折現率為 10%，以下表 16-6 說明之。

表 16-6　折現還本期間法

年度	現金流入量	現值係數	折現之現金流量	現金流量現值餘額
0	($51,000)	1.0000	($51,000)	($51,000)
1	$20,000	0.9091	$18,182	($32,818)
2	$18,000	0.8264	$14,875	($17,943)
3	$16,000	0.7513	$12,021	($5,922)
4	$14,000	0.6830	$9,562	$3,640

由表 16-6 可知，瑞展公司的現金流量現值餘額至第四年才轉為正數，則計畫還本期間為 3.62 年（$3 + \dfrac{\$5,922}{\$9,562} = 3.62$ 年）。

（三）保全還本期間法

保全還本期間法（bailout payback period method）又稱穩健收回法，係為累積現金流入量與投資資產的處分價值等於原始投資額，在其他情況不變下，保全還本期間較短的方案優於較長的方案。此法考量了現金流入的速度與資產的處分價值，但未考慮貨幣的時間價值，以風險衡量觀點來看，保全還本期間法優於實際還本期間法。

瑞展公司擬購買國外的自動化設備，採購部門於蒐集資料後，送予管理人員評估，相關資料如下：

	A 設備	B 設備
成　　　　本	$500,000	$1,200,000
每年現金節省數	$100,000	$300,000
機器耐用年限	10 年	10 年

A 設備預期第一年底的處分資產殘值為 $240,000，爾後每年遞減 $20,000；B 設備預期第一年底的處分資產殘值為 $700,000，每年遞減 $100,000，以表 16-7 說明保全還本期間法之計算。

表 16-7　保全還本期間法

	年度	累積現金節省數	處分資產殘值	累積總數
A 設備	1	$100,000	$240,000	$340,000
	2	$200,000	$220,000	$420,000
	3	$300,000	$200,000	$500,000
B 設備	1	$300,000	$700,000	$1,000,000
	2	$600,000	$600,000	$1,200,000

由上表可知，A 設備的保全還本期間為 3 年；B 設備的保全還本期間為 2 年，在其他情況不變下，應選擇購置 B 設備。

還本期間法之共同優點，計算簡單，管理人員容易瞭解、現金流量而非應計基礎下之淨利，亦可視為風險評估的指標；共同的缺點則為未考慮還本期間後之現金流量與投資方案整體的獲利性。折現還本法特別考量了貨幣的時間價值，保全期間法則考量了處分資產的殘值，資本預算的決策金額通常十分龐大，管理人員將採用數種方法進行評估。

四、會計報酬率法

會計報酬率法（accounting rate of return method，簡稱 ARR 法）又稱應計基礎會計報酬率法（accrual accounting rate of return）、調整前報酬率法（unadjusted rate of return method）、資產報酬率（return on assets）、投資報酬率（return on investment）。此法以投資方案會計基礎下的損益除以投資額，投資額可以是原始投資額、原始投資額與殘值的平均數，管理人員可自行決定，在其他情況不變下，管理人員通常選擇較高會計報酬率的投資方案。計算公式如下：

$$會計報酬率 = \frac{預期平均淨利}{投資金額}$$

表 16-8　瑞展公司四年期損益表

年度	1	2	3	4
營運收入	$2,200,000	$2,200,000	$2,200,000	$2,200,000
製造費用	(100,000)	(100,000)	(100,000)	(100,000)
薪資費用	(1,200,000)	(1,000,000)	(1,200,000)	(1,100,000)
修理費用	(100,000)	(100,000)	(100,000)	(100,000)
水 電 費	(40,000)	(40,000)	(40,000)	(40,000)
其他費用	(40,000)	(40,000)	(40,000)	(40,000)
稅前淨利	$720,000	$920,000	$720,000	$820,000
所 得 稅	(170,000)	(220,000)	(170,000)	(195,000)
稅後淨利	$550,000	$700,000	$550,000	$625,000

原始投資額　$1,800,000

處分資產殘值　$200,000

預期平均淨利＝（$550,000+$700,000+$550,000+$625,000）÷4＝$606,250

平均投資額＝（$1,800,000+$200,000）÷2=$1,000,000

會計報酬率＝$606,250÷$1,000,000（平均投資額）＝60.63%

會計報酬率＝$606,250÷$1,800,000（原始投資額）＝33.68%

　　由表 16-8 可知，若是使用平均投資額為 $1,000,000 分母時，所求得的會計報酬率會偏高，故管理人員再決定是否接受此一方案時，採用的預期報酬率應需相對的提高，但不論是使用原始投資額或平均投資額，大多情況下不會影響投資方案的優先順序，故此二法，孰優孰劣，尚無定論。

　　會計報酬率法的優點為計算簡單，管理人員容易瞭解、可直接由會計記錄中取得資料且考慮整個投資方案獲利性。缺點為未考慮貨幣的時間價值、現金流量，若在投資方案後，再進行投資，則難以適用。

五、淨現值指數法

　　淨現值指數法（present value index method）又稱獲利指數法（profitability index method），以現值指數來評估投資方案，指數愈大，表示投資方案愈佳。現值指數大於 1 代表可回收原始投資額，值得投資此方案；反之，現值指數小於 1 代表無法回收原始投資額，不值得投資。計算公式如下：

$$現值指數 = \frac{累積現值現金流入數}{原始投資額}$$

　　瑞展公司評估下列兩投資方案，資金成本率為 12%，運用淨現值指數法，來進行資本預算決策優先性順序，其相關資料如下：

年度	投資方案 A	投資方案 B
0	$10,000	$8,000
1	$3,000	$4,000
2	$4,000	$4,000
3	$2,000	$4,000
4	$3,000	$0
5	$2,000	$0

表 16-9　淨現值指數法

年度	投資方案 A	現值係數 12%	現金流量現值	累計現值
0	($10,000)	1.0000	($10,000)	
1	$3,000	0.8929	$2,679	$2,679
2	$4,000	0.7972	$3,189	$5,868
3	$2,000	0.7118	$1,424	$7,292
4	$3,000	0.6355	$1,907	$9,199
5	$2,000	0.5674	$1,135	$10,334

年度	投資方案 B	現值係數 12%	現金流量現值	累計現值
0	($8,000)	1.0000	($8,000)	
1	$4,000	0.8929	$3,572	$3,572
2	$4,000	0.7972	$3,189	$6,761
3	$4,000	0.7118	$2,847	$9,608
4	$0	0.6355	–	–
5	$0	0.5674	–	–

　　從表 16-9 得知，A 投資方案現值指數為 103%（$10,334÷$10,000），B 投資方案現值指數為 120%（$9,608÷$8,000），應先執行 B 投資方案。

　　現值指數法的優點為考慮貨幣的時間價值、現金流量、整個投資方案獲利性；缺點為當投資方案規模不等，決策可能偏向投資額較小的方案，而忽略整體的穫利；投資方案計畫期間不等時，決策可能偏向方案期間較長，而忽略長期間所隱含的高風險與折現率的決定較為困難。

成會焦點

垂直整合策略與策略聯盟

在以往全球 PC 供應鏈，臺灣所扮演的角色是價值最低的那一階段，追隨著微軟及英特爾的腳步。現今國際科技產業日新月異，手機等行動裝置取代電腦的許多功能，韓國三星集團的垂直整合模式，幾乎被奉為新圭臬。

圖片來源：台灣積體電路製造公司。

在全球競爭激烈的半導體市場，台積電一直以來是該產業的領導者引領半導體的技術，也穩居在晶圓代工的龍頭。而臺灣科技業跟韓國三星也不能一概而論，台積電不盲目跟隨三星的重質整合的做法，則採用不和客戶競爭的策略聯盟，台積電把客戶、設備廠、智慧財產公司組成大同盟，運用合作取代壓制，創造共同價值。

且在全球每當賣出一隻手機，就貢獻給台積電相當於七美元營收。台積電最大客戶——高通，也可從中收到不少的權利金。因此，高通才可以全心在開發手機晶片。從此可看出分工的策略同盟對抗垂直整合大集團的態勢愈來愈明朗。

資料來源：天下雜誌 521 期。

六、資本預算的事後審核

資本支出預算計畫在事前經過評估再加以執行，並不確保都能成功的達到預期的目標。當計畫經過核准並加以執行後，管理人員仍需持續追蹤計畫的進行，將其實際數和預計數加以比較，看是否有產生重大的差異。若計畫有重大的差異數，應採行必要的行動以確保目標的達成。上述即為事後審核的執行工作，可作為檢視公司規劃與控制的重要工具，使其資本預算計畫更有可能成功的執行。例如：因環境因素的變動而導致與原先計畫產生差異抑，或是當初預測過於樂觀或悲觀，管理人員則應重新評估情況以決定是否中止計畫或繼續執行；另一方面而言，則可能是管理人員在計畫執行時發生偏差，則應有改正的行動以朝原定計畫執行。

事後審核計畫的時機不應在計畫初期執行，應至計畫執行到某一階段再進行定期的追蹤計畫。且資本預算計畫通常是一次性的不具重覆性，很難設定一標準來衡量績效，當公司在進行資本預算績效評估，應以長期觀點而非短期觀點，亦應將決策與評估基礎設定一致，如此一來管理人員才不致被誤導。最後，在執行事後審核工作時亦應考量成本效益原則，惟有效益大於成本才有其執行的必要。

16-5 所得稅因素

上述皆未討論到所得稅對於資本預算決策所造成的影響，實務上企業都須申報營利事業所得稅，將對現金流量有所影響，例如：所得稅的節省會增加現金流量，因此有可能改變資本預算的決策。故在評估長期的投資方案時，資本預算決策主要是以現金流量來進行衡量各方案間的效益，故亦應將所得稅的因素加入考量。

> 評估長期的投資方案時，資本預算決策主要是以現金流量來進行衡量各方案間的效益。

資產的折舊費用為非現金支出，雖然不會直接對企業的現金流量造成影響，但在報稅時可扣抵營利所得，即可減少應納之所得額。當企業在申報營利所得時，將折舊列為費用，從所得中減除即可減少應納稅額，故減少現金流出量。由此看來，若折舊費用愈大所節省的稅額就愈大，此種現象為折舊稅盾（depreciation tax shield）。折舊費用的多寡，主要是由企業所選擇的折舊方法來決定的，可以由下列的公式求得由稅盾所節省的稅額：

折舊所節省的所得稅＝折舊費用 × 所得稅率

以瑞展公司為例，在 2010 年 1 月 1 日的例行會議上，業務部門主管建議公司應提供給顧客更即時的服務。應購買一套自動化的電腦設備 $4,000,000，可即時反應顧客的需求且傳送到該處理的部門，可縮短顧客的等待時間，增進顧客的滿意度，也可以讓公司創造更好的業績。管理人員評估這套電腦設備的估計耐用年限為 5 年，採直線法提列折舊，無殘值，購入後在未來年度每年可增加營業額 $2,500,000，維修費用為 $300,000，人事薪資費用為 $600,000，稅率 25%。以下為各收入費用的現金流量：

營業額＝ $2,500,000 － $2,500,000×25% ＝ $1,875,000（流入）

維修費＝ $300,000 － $300,000×25% ＝ $225,000（流出）

薪資費用＝ $600,000 － $600,000×25% ＝ $450,000（流出）

折舊費用＝ $800,000×25% ＝ $200,000（流入）

※ 折舊費用＝ $4,000,000÷5 ＝ $800,000/ 年，折舊是一項不造成現金
流出的費用，但可在稅法上合理減除，可扣抵所得稅款，即此部分
可視為現金的流入，表 16-10 為折舊費用對現金流量各年的影響。

表 16-10　折舊費用對現金流量的影響

年度	折舊費用	稅率	減稅部分的現金流入
1	$800,000	25%	$200,000
2	$800,000	25%	$200,000
3	$800,000	25%	$200,000
4	$800,000	25%	$200,000
5	$800,000	25%	$200,000

表 16-11 為瑞展公司稅後現金流量的分析，包括了電腦設備的投資成
本 $4,000,000，每年的稅後現金流入量、稅後現金流出量與折舊費用因稅
盾而造成的現金流入數，再以折現率 10% 計算。由分析結果顯示，淨現
值為 $1,306,980，故本計畫值得進行。

表 16-11　稅後現金流量的淨現值分析

現金流量項目	年度					
	0	1	2	3	4	5
購買成本	$4,000,000					
銷售額		$1,875,000	$1,875,000	$1,875,000	$1,875,000	$1,875,000
維修費		(225,000)	(225,000)	(225,000)	(225,000)	(225,000)
薪資費用		(450,000)	(450,000)	(450,000)	(450,000)	(450,000)
折舊稅盾		200,000	200,000	200,000	200,000	200,000
年度現金流量	($4,000,000)	$1,400,000	$1,400,000	$1,400,000	$1,400,000	$1,400,000
現值係數	1.0000	0.9091	0.8264	0.7513	0.6830	0.6209
現值	($4,000,000)	$1,272,740	$1,156,960	$1,051,820	$956,200	$869,260
淨現值	$1,306,980					

16-6 通貨膨脹因素

通貨膨脹（inflation）為貨幣單位的購買力，隨著平均物價持續上漲而使貨幣購買力下降的現象。由於資本預算決策涵蓋較長的時間，其中可能有物價波動的情況產生，故本節討論通貨膨脹因素對折現率的影響，將其納入現金流量之分析中。

一、實質利率及名目利率

實質利率（real interest rate）為以通貨膨脹狀況而予以調整過後之資金報酬率，是由無風險利率加上企業風險率。無風險利率通常指的是長期公債所支付的純利率，企業風險率則為企業風險所要求的報酬率。名目利率（nominal rate）為實質利率加上通貨膨脹的補貼。其公式如下：

名目利率＝實質利率＋通貨膨脹率＋實質利率 × 通貨膨脹率
＝〔（1 ＋實質利率）×（1 ＋通貨膨脹率）〕－ 1

假設實質利率為 2%，通貨膨脹率 1%，則名目利率的計算如下所示：

2% ＋ 1% ＋ 2%×1% ＝ 3.02%
或〔（1 ＋ 2%）×（1 ＋ 1%）〕－ 1 ＝ 3.02%

二、名目貨幣及實質貨幣

名目貨幣（nominal dollars）為實際觀察到的現金量；實質貨幣（real dollars）為經過物價指數調整過後的實質購買力。例如：瑞展公司預期未來五年的現金流量分別如下，設通貨膨脹率為 1%，以 95 年為基期，則瑞展公司未來五年的名目與實質現金流量如表 16-12 所示。

表 16-12　名目與實質的現金流量

年度	名目現金流量	通貨膨脹率	實質現金流量
95	$10,000	1	$10,000
96	$10,100	1.01^1	$10,000
97	$10,201	1.01^2	$10,000
98	$10,303	1.01^3	$10,000
99	$10,406	1.01^4	$10,000

由上表可知，雖然瑞展公司每年的現金流入量皆有增加，但其實質現金流入量，則每年維持不變，均為 $10,000。

在評估資本預算決策時，可使用名目法與實質法將通貨膨脹因素納入考量。名目法（nominal method）以名目貨幣衡量現金流量，且以名目利率來決定折現率；實質法（real method）以實質貨幣衡量現金流量，且以實質利率來決定折現率。

瑞展公司正在考慮是否購置一自動化機器取代人工的例行工作，該自動化機器成本為 $50,000，估計耐用年限為 4 年，採年數合計法提列折舊，無殘值，稅率為 25%，預期將為公司帶來 $15,000 營運成本節省數，必要報酬率為 10%，預期通貨膨脹率 2%。表 16-13 為瑞展公司購置自動化機器之現金流量資料。

表 16-13　現金流量資料

年度	現金流量 (1)	稅後現金流量 (2)	折舊費用 (3)	折舊稅盾 (4)	稅後現金流量總額 (2)+(4)
0	($50,000)				($50,000)
1	15,000	$11,250	$20,000	$5,000	16,250
2	15,000	11,250	15,000	3,750	15,000
3	15,000	11,250	10,000	2,500	13,750
4	15,000	11,250	5,000	1,250	12,500

（一）名目法

名目利率 $= (1 + 10\%) \times (1 + 2\%) - 1 = 12.2\%$

由表 16-14 計算結果可知，折算之淨現值為淨現金流出 $5,977，表示購買此自動化機器對瑞展公司是不利的，故不應購置此機器。

表 16-14　名目貨幣之淨現值

年度	稅後現金流量總額	現值係數 (12.2%)	現值
0	($50,000)	1.0000	($50,000)
1	16,250	0.8913	14,484
2	15,000	0.7944	11,916
3	13,750	0.7080	9,735
4	12,500	0.6310	7,888
淨現值			($5,977)

（二）實質法

若瑞展公司是以實質法來計算通貨膨脹的問題，首先應將現金流量轉為實質貨幣來衡量，然後再依實質利率（10%），將實質現金折現，如下表 16-15 所示。

表 16-15　實質貨幣之現金流量與淨現值

年度	稅後現金流量總額（名目）	通貨膨脹率	稅後現金流量總額（實質）	現值係數	現值
0	($50,000)	1.0000	($50,000)	1.0000	($50,000)
1	16,250	1.0200	15,931	0.9091	14,483
2	15,000	1.0404	14,418	0.8264	11,915
3	13,750	1.0612	12,957	0.7513	9,735
4	12,500	1.0824	11,548	0.6830	7,888
淨現值					($5,977)

用上述兩種方法計算出的淨現值皆應相同，如表 16-14 及表 16-15 淨現值 ($5,977)。由上述計算可知，不論是使用名目法或實質法，其計算出來的結果都是相同的[2]。

2　通常容易發生的錯誤，是把現金流量轉換為實質貨幣，但卻以名目利率來折現，如此一來可能會導致做出錯誤的決策，須特別加以注意

資本預算資金分配案例

以下所討論的案例，皆假設瑞展公司之資金與能力，可以評估其中之任一方案，但在實際上，可能公司的資金或管理人力的缺乏，使公司放棄淨現值為正數之投資方案。在此情況下，管理人員須面對，由原本的接受某一方案，變為排列決策，即為配合公司整體的資本預算資金的額度，排列出預算投資方案的優先順序。下表為瑞展公司之投資方案相關資料，以折現率 10% 計算，且這些投資方案皆可進行，不互相排斥，若資金有限時則必需排列順序，以選擇投資方案。

年度	A 方案	B 方案	C 方案	現值係數
0	($600)	($550)	($400)	1.0000
1	180	200	50	0.9091
2	180	160	150	0.8264
3	180	160	150	0.7513
4	180	160	150	0.6830
5	180	160	150	0.6209
合計	$300	$340	$250	
現金流入的現值總額	$682	$643	$478	
淨現值	$ 82	$ 93	$ 78	

問題一：

若以淨現值指數法來進行投資方案的選擇，是否與淨現值法有衝突？

問題二：

若偏好投資額較大的方案，是否會造成方案的偏差？

討論：

企業在制定資本預算決策時，應考慮是否會因選擇的方法有所不同，而造成反功能決策，而應輔以其他方法予以評估，以制定對企業整體而言最有利的決策。若企業以投資報酬為觀點，則依各方案淨值指數的大小排列優先順序，企業應謹慎訂立衡量指標，以免造成組織與部門（個人）之間的利益衝突。

※ 若以淨現值法則選擇投資方案 B（淨現值最大 93）；若以淨現值指數法則選擇投資方案 C（淨現值指數最大 1.20）。

$$A \text{ 投資方案淨現值指數} = \frac{682}{600} = 1.14$$

$$B \text{ 投資方案淨現值指數} = \frac{643}{550} = 1.17$$

$$C \text{ 投資方案淨現值指數} = \frac{478}{400} = 1.20$$

本章回顧

　　資本預算決策為企業長期性之投資及理財規劃決策，企業的資源是有限的，透過資本預算決策，可幫助企業在眾多投資方案中選擇出最佳投資標的物，創造企業投資報酬率以提升公司整體價值。資本預算的步驟：1. 確認方案及預估結果；2. 評估方案及選擇方案；3. 財務規劃；4. 執行方案並控制。資本預算的特性則為投資金額較大、時間較長與高度不確定性、風險較高。

　　資本預算支出從投資計畫開始至結束，通常可分為：1. 原始投資額；2. 營運現金流量；3. 投資計畫結束，以此三階段分析其現金流量。本章介紹了五種評估資本預算的方法：1. 淨現值法；2. 內部報酬率法；3. 還本期間法；4. 會計報酬率法；5. 淨現值指數法。

　　本章介紹了五種評估資本預算的方法：1. 淨現值法：以必要報酬率，將投資方案未來各期之現金流量，折為現值再予以加總現值淨額；2. 內部報酬率法：求出投資方案淨現值為零的內部報酬率，再與企業要求最低報酬率比較；3. 還本期間法：以收回投資額所需時間，來評估投資方案之風險；4. 會計報酬率法：以投資方案會計基礎下的損益除以投資額；5. 淨現值指數法：以現值指數來評估投資方案。上述方法各有其優缺點，資本預算決策較為複雜，通常管理人員會採用數種方法進行評估。資本預算尚須將所得稅、通貨膨脹因素納入考量。資本預算在事前評估再予以執行，管理人員仍需持續追蹤計畫，將實際數和預計數加以比較，若有產生重大的差異，應採行必要的行動以確保目標的達成。

本章習題

一、選擇題

( ) 1. 甲公司欲購買一部新機器，估計耐用年限 10 年，無殘值，該公司擬採直線法提列折舊。估計該機器可產生之每年稅前淨現金流入為 $21,000，所得稅率為 25%，投資之稅後回收期間為 5 年，試問該新機器的成本為何？

(A) $52,500　(B) $78,750　(C) $84,000　(D) $90,000。　（106 鐵路高員）

( ) 2. 資本預算決策涵蓋期間較長，故計算投資計畫之淨現值（net present value, NPV）時必須考慮物價波動因素。下列敘述中，那一項正確？

(A) 會計資訊皆以名目貨幣表達，故計算 NPV 時，應以名目貨幣衡量現金流量，並使用實質利率來折現

(B) 計算 NPV 時，若以名目貨幣衡量現金流量，並使用名目利率來折現，將低估 NPV

(C) （1 ＋實質利率）＝（1 ＋名目利率）×（1 ＋通貨膨脹率）

(D) 實質利率包含無風險利率與風險溢酬（risk premium）。　（106 會計師）

( ) 3. 有關內部報酬率法與淨現值法之敘述，下列何者錯誤？

(A) 內部報酬率法係以內部報酬率為折現率

(B) 內部報酬率係指以回收之資金再投資之報酬率

(C) 淨現值法係以資金成本率為折現率

(D) 內部報酬率法與淨現值法兩者皆考慮貨幣的時間價值。　（106 普考）

( ) 4. 有關資本支出決策常用的回收期間法，下列敘述何者正確？　①使用回收期間法可能造成選擇內部報酬率較低的投資方案　②回收期間法不考慮投資回收以後的現金流量　③回收期間法只有在每一期的現金流量相同時才能使用

(A) 僅①②　(B) 僅①③　(C) 僅②③　(D) ①②③。　（106 高考會計）

( ) 5. 某設備投資案投資成本 $150,000，一開始尚需耗用營運資金 $30,000，投資案為期五年，每年年底產生現金流入 $50,000，第五年年底的設備殘值為 $50,000，營運資金不會回收。若要求報酬率為 5%，不考慮所得稅，該投資案之淨現值為何？（5 期，5% 之複利現值因子為 0.7835；5 期，5% 之複利普通年金因子為 4.3295）

(A) $59,980　(B) $75,650　(C) $99,160　(D) $105,650。　（106 高考會計）

(　) 6. 甲公司考慮購買 $120,000 之機器一部，該機器估計可用八年，殘值為 $50,000，依直線法提列折舊，每年產生現金收入 $25,000，不含折舊之每年現金費用為 $1,000，第八年年底估計可按殘值出售。若公司之要求報酬率為 10%，適用所得稅率為 30%，該機器之淨現值為何？（8 期，10% 之複利現值因子為 0.4665；8 期，10% 之複利普通年金因子為 5.3349）

(A) $16,369（負值） (B) $7,048（負值）

(C) $6,956（正值） (D) $10,691（正值）。 （106 軍官轉任四等）

(　) 7. 有關資本支出投資成本之敘述，下列何者錯誤？

(A) 投資淨額為原始投資成本扣除處分舊有投資所得後之金額

(B) 若以現有資產投入計畫，則原始投資成本應以該資產之帳面金額計算

(C) 執行新投資計畫若需使用營運資金，將使投資金額增加

(D) 新投資計畫需先整理舊資產後方能執行，所產生之現金流出將使投資金額增加。 （105 地特四等）

(　) 8. 甲公司 B 部門於 X8 年初考慮一個新投資計畫，在未計入該計畫前 B 部門全年預計資料如下：部門利潤 $1,200,000，流動資產 $2,500,000，非流動資產 $3,500,000。該計畫需購買機器設備，相關資料如下：成本為 $1,000,000，預計可使用 4 年，無殘值，每年淨現金流入為 $360,000，甲公司採用年數合計法提列折舊。B 部門經理接受此投資計畫後之 X8 年部門投資報酬率為何？

(A) 22.3% (B) 20.9% (C) 19.3% (D) 16.6%。 （105 地特三等）

(　) 9. 某公司擬進行一項投資方案，若公司之必要報酬率為 15% 時，此投資方案之淨現值為負。請問該投資方案之內部報酬率為何？

(A) 20% (B) 15% (C) 小於 15% (D) 大於 15%。 （105 地特三等）

(　) 10. 請回答下列二題。臺北藥廠擬購入一台價值 $1,000,000 的製藥機器，預期可使用 10 年，採直線法提列折舊，無殘值，預計所生產的新藥每年將增加現金流入 $150,000（稅前），設所得稅率為 20%，此投資計畫的還本期間為幾年？

(A) 8.33 (B) 7.14 (C) 6.67 (D) 5.00。 （105 會計師）

二、計算題

1. 台北公司有下列兩項替代性投資方案：

方案	投資額	現金流入	
		第一年	第二年
A	$10,000	6,500	6,500
B	12,000	7,700	7,700

公司要求最低報酬率 10%

試求：

(1)若以 IRR 法評估，應選擇哪一方案？

(2)若以 NPV 法評估，應選擇哪一方案？

2. 甲公司生產辦公家具設備，目前公司管理階層計畫引進 JIT 系統以提供客戶更佳之服務。JIT 系統包含電腦軟、硬體系統與材料處理設備，電腦系統最初需要投資 $1,500,000，材料處理設備則需 $500,000。為課稅目的，採用直線法提列折舊，耐用年限 5 年，第 5 年年底材料處理設備可售 $150,000，而電腦系統則無處分價值。其他資料如下：

(1)由於引進 JIT 系統後服務品質提升，估計第 1 年將使收益增加 $800,000，往後每年會持續成長 10%。

(2)變動成本率為 40%。

(3)第 1 年年底減少營運資金 $150,000，但在第 5 年年底回復原有營運資金水準。

(4)目前每年租金為 $300,000，由於減少使用空間可節省 20% 租金，但材料採購成本每年增加 $50,000。

若甲公司要求稅後報酬率為 10%，所得稅率為 40%，並假設所有現金流量皆於年底發生，請用淨現值法計算此計畫之淨現值，以決定公司是否應購置 JIT 系統。（計算若有小數點，取至小數點後第三位數）

3. 甲公司 X7 年平均資產為 $20,000,000，損益相關資料如下：產品銷貨數量為。800,000 單位，每單位售價 $30，變動費用 $11,200,000，固定費用 $8,500,000，所得稅費用為 $1,075,000。甲公司正考慮發行公司債來購買新設備，該設備成本 $700,000，公司債每年利息 $70,000，該設備預計每年可節省 $150,000 之費用（已包含折舊費用）。甲公司發行公司債購買新設備之稅後投資報酬率為何？

4. 甲公司考慮繼續使用舊機器或重置新機器，現有資料如下：關於此一決策，應繼續使用舊機器或是重置新機器，可節省多少成本（不考慮貨幣的時間價值）？

	使用機器	重製新機器
機器成本	$90,000	$40,000
購入時估計使用年限	9	5
目前已使用年限	4	0
提折舊時估計最終殘值	0	0
採用之折舊方法	直線法	直線法
舊機器現時處分價值	$15,000	--
每年的現金營業成本	$8,500	$4,500

5. 甲公司正在評估是否投資一項成本為 $450,000 的設備。該設備耐用年限 10 年，無殘值。該計畫每年產生之營業淨利為 $105,000。若公司的必要報酬率為 12%，則該計畫的還本期限為何？

6. 甲公司欲購入一部新機器以生產新產品，估計該機器可使用 3 年，無殘值，此項投資預期每年可產生之淨現金流入數為 $100,000，公司要求的報酬率為 18%，如不考慮所得稅及通貨膨脹的影響因素，則甲公司至多願意支付機器的購買金額為何？（折現因子四捨五入至小數點後五位）

7. 甲公司正在評估是否投資一項設備，該設備成本為 $200,000，耐用年限為 5 年，無殘值。預期各年度所產生的現金流入如下： 假設上述現金流入於年度中平均發生，則該投資的還本期限為何？

年度	現金流入
1	$120,000
2	60,000
3	40,000
4	40,000
5	40,000
合計	$300,000

8. 甲公司擬購買一部新機器，購買成本 $110,000，估計耐用年限 10 年，殘值 $10,000，採直線法折舊。 若每年預期可增加現金流入 $21,000，則其原始投資之會計報酬率為何？

9. 甲公司處分一台機器，獲得現金 $25,000。該機器原始成本為 $85,000，處分時之累積折舊為 $54,500。甲公 司之營業淨利為 $55,000，若所得稅率為 40%，則其處分機器之稅後現金流入為何？

CHAPTER 17 策略、管理控制系統、績效衡量

學習目標 讀完這一章，你應該能瞭解

1. 策略與管理控制系統之觀念。
2. 責任中心定義與類型。
3. 績效衡量系統與平衡計分卡。
4. 投資報酬率、剩餘利潤與經濟附加價值。

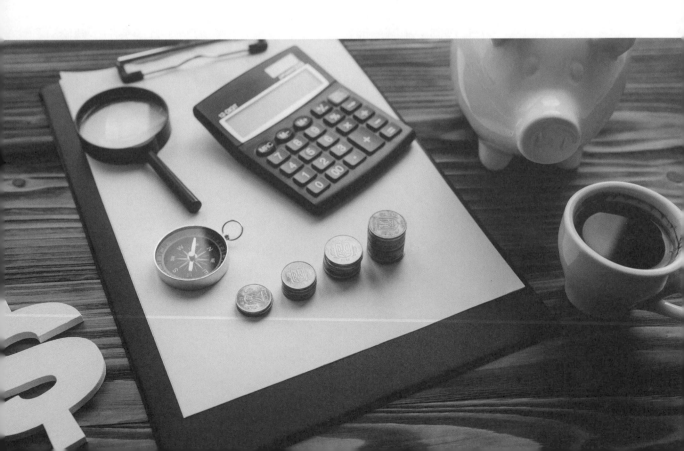

引言

多年前，瑞展公司的張董事長，已看準東南亞地區人工低廉，若想與其他齒輪器材廠商在國際市場上競爭，那麼加工的成本勢必不可太高，故決定在越南設廠以生產齒輪。

佳年深感在這瞬息萬變之競爭環境下，瑞展公司要在業界占有一席之地，除了須有策略執行，更需有良好的競爭條件以立於不敗之地。越南廠生產的產品在市場行銷上採行低價策略，先提高齒輪的市佔率，爾後再慢慢的進行價格調整，以利於達成長期市場的穩固。

17-1 策略與管理控制系統之定義

策略這個主題一直是管理會計學者感興趣的主題，在有關於會計的文獻中，皆談論到管理控制系統（management control system；MCS）與策略的關係，認為管理控制系統須與組織所採行的策略相配合，才能享有競爭優勢與較佳的績效表現，或是較高的績效表現可能源自於組織所採行的策略、內部結構與控制系統的互相配合。

管理控制系統廣泛地包含了策略規劃、預算編製、資源分配、轉撥訂價、管理會計系統、績效衡量與評估，以及員工獎酬等，它是一套正式與非正式的程序與流程，有助於管理者與組織成員達成個人目標和組織目標。

一、策略的定義

策略為有關於組織未來的經營與發展決策模式，而其中心的概念為企業必須具有競爭優勢以取得高於平均利潤及成長的機會；策略亦可決定出企業長期發展的基本目標與方向，因應外部環境而採取行動，並且配置因執行這些企業目標所需的資源。因此，策略為一企業如何去管理其所面對的外部競爭，而不僅僅是狹隘的經濟目標而已。

一般而言，策略可以分為三個層次：公司策略（corporate strategy）、事業策略（business strategy）與功能策略（operational strategy）。

公司策略主要是決定公司要經營哪些事業單位，哪些事業單位要裁撤，以符合公司的結構與提升績效；事業策略主要是決定每一個策略性事業單位（SBU）應採行何種競爭策略與如何定位以獲得競爭優勢；功能策略主要透過各個功能性部門來執行，以符合事業策略的目標與創造競爭優勢。

二、新策略發展－藍海策略：如何兼顧差異化與低成本

對於大多數代工起家的臺灣而言，壓低成本、搶佔市佔率的企業因而流血競爭，血流成海是每日每夜的噩夢。韓裔美籍教授金偉燦（W. Chan Kim）與芮妮·莫伯尼（Renée Mauborgne）率先提出紅海與藍海市場兩個觀念，描述企業若要掙脫高度競爭的紅海環境，必須開創無人競爭的新市場，就叫做藍海市場[1]，同時兼顧差異化與低成本的策略發展。金偉燦與莫伯尼提出 5 種策略工具，分別說明如下：

第一個策略工具為清楚知道自己的定位與優劣勢，將公司的產品項目分為先驅者、移動者、安定者。安定者的優點是目前企業穩定的獲利來源，缺點是可能已陷入模仿、激烈削價競爭的陷阱；先驅者是擁有價值創新的業務，往往能轉變成公司未來的成長引擎，移動者介於中間。通常，如果公司業務包含許多移動者，公司仍可望成長，可是未充分利用成長潛力。

第二個策略工具將比較分析自己與主要競爭者，了解自己的定位與優劣勢之後，藍海企業通常會從 5 到 12 個面向，來尋找自己與競爭對手的差異之處。多半涵蓋從生產製造到銷售、價格，甚至售後服務等競爭要素，了解與主要競爭者差異與尋求改善。

第三個策略工具將目光從現有顧客，轉移到潛在顧客，認清自己的優勢與劣勢，尋找藍海的下一步，就是將焦點從現有顧客，轉移到未來顧客身上，發覺新市場或新的使用者。

第四個策略工具透過六條途徑，採用全新思考方式，想像未來開創新市場，達到新的價值成本邊界，六條途徑分別如圖 17-1 所示。

1　金偉燦，芮妮·莫伯尼（2018）。航向藍海。（周曉琪譯）。臺北市：天下雜誌。(原著出版年：2018 年)

第五個策略工具為尋找藍海機會，提出四項行動如圖 17-2，並且設定具體行動，同時達到差異化與低成本的新藍海市場。

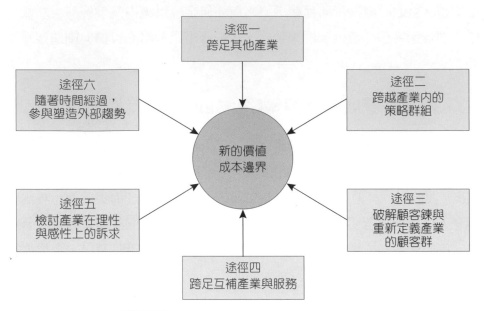

圖 17-1　六條途徑達到新的價值成本邊界

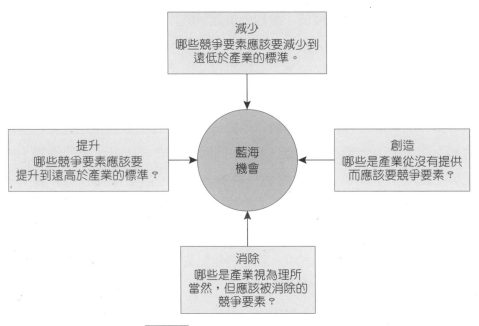

圖 17-2　四項行動尋找藍海機會

三、管理控制系統定義與分類

根據學者[2]對「管理控制」所下的定義為：經理人員影響組織成員去執行與落實組織策略的一個過程。而管理控制系統（MCS）的要素則包含策略規劃、預算、資源分攤、績效衡量、績效評估、績效獎酬、責任中心分配和移轉計價等。另外，在一般規劃與控制的功能中，主要流程為策略的形成、管理控制與工作控制（如圖 17-3）。(1) 策略的形成主要是決定出組織的目標與達到這些目標的策略；(2) 管理控制則是執行組織的策略，包含下列活動：規劃組織應該做什麼、協調不同部門的活動、溝通資訊、評估資訊、選擇應執行哪一種活動與影響他人改變行為等活動；(3) 工作控制則是追求個人工作的效率與效能績效表現。

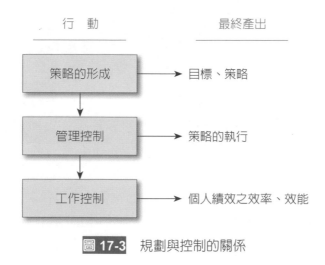

圖 17-3 規劃與控制的關係

四、策略與管理控制系統的關係

管理控制系統與策略的結合，可使企業之競爭優勢與績效有較佳的表現，前述之管理控制系統包括了許多的子系統，但當組織追求不同策略時，其管理控制系統設計亦會有所差異，例如：當廠商追求成本領導策略時，將比追求差異化策略的廠商更需要詳細的產品成本資訊、不同生產技術的比較資訊或分析不同的顧客對利潤的貢獻度。而當廠商是追求差異化

---

2 Anthony, R. N. and V. Govindarajan. 2007. Management control systems. 12th ed. McGraw-Hill. Irwin.

策略時,則將比追求成本領導的廠商更需要有關於新產品的創新、設計循環的時間、研究發展費用的支出或行銷成本的分析等資訊。總之,追求差異化策略時,需要由 MCS 提供不同項目的成本分析,如 R&D、產品創新或行銷研究,也就是所需的資訊範圍更廣,而不只是製造成本或產品成本的分析而已。

成會焦點

跨國企業市場策略之發展

隨著全球市場由歐美市場轉移到亞洲市場,許多跨國公司亞洲市場已佔總營業比重四成以上,跨國公司亞洲分公司已從過去成本中心、利潤中心,轉換為策略夥伴。

臺灣是跨國公司的練兵場,臺灣地小,南北來回只要五個小時,只須設立一、二個物流中心,後勤

圖片來源:3M 官方網站

補給即可掌握整個市場。2008 年可口可樂靠著臺灣推出的新產品美粒果果汁,創下亞太業績成長率第二高的佳績,臺灣區總經理說,這對正在發展的中國市場有很大的啟示,可將其經驗應用於中國市場上。

臺灣亦有強大的製造業優勢,以商品橫跨醫療、汽車、光電、消費性產品的 3M 為例,在全世界六十多國都設有據點,臺灣營收排名全球前十名,不算特別突出,但是其中七成的營業額都來自臺灣電子業大廠,「就算他們出走,總部還是在臺灣,」包括臺灣自行研發、用來遮青春痘的荳痘隱形貼,或是前年底上市的 3M 紫外線殺菌淨水器,在臺灣特力屋曾創下上萬種品項中銷售總金額第二名。

資料來源:天下雜誌 423 期

17-2 責任中心

　　經過張經理一連串的講解，佳年已對上一章節的預算制度相關會計處理有了初步的認知，張經理認為整體預算與責任中心兩個主題一起討論，指出為了達到整體預算所描述的目標，欲使預算編製具有效率，組織必須協調從最高管理階層到每一階層所有員工的努力。亦即將預算責任指派給可以對計畫具有與控制能力，且能掌握有形資源並採取行動的管理人員。不管那一層級的管理者，都會負責一個責任中心。

一、責任中心的定義

　　責任中心（responsibility center）通常是採分權化管理，為了適當集中控制而產生的管理控制系統。亦指由企業內各部門依其性質區分數個不同的責任單位，經由上下之間參與及溝通來訂立各責任單位之成本、收入、利潤與投資的目標，然後分別授權予各責任中心的管理者負責，以達成責任目標，並且建立一套評估各責任中心績效之衡量標準，各責任中心應及時提供適當績效報告給各責任中心管理者及其上級管理者，以作為考核與獎懲之依據，藉以達成管理控制制度的目的。

二、責任中心的類型

　　係指負有某種既定作業之任何企業部門單位，而由此責任中心的管理者負責。再者管理者的層級越高，則所負責之責任中心範圍越大。根據管理者所負責之作業，Horngren et al.(2017) [3] 認為責任中心的種類可以劃分為成本中心、收益中心、利潤中心與投資中心等四類。茲將此四個責任中心有關概念說明如下：

(一) 成本中心（cost center）

　　所謂的成本中心乃指各單位主管對收入無控制能力，而對成本有控制能力者，或各該單位無法合理地精確衡量投入、產出之關係者，其考核重

3　Horngren, C. T., S. M. Datar, and G. Foster. 2017 Cost Accounting-A Managerial Emphasis. New Jersey: Prentice-Hall.

點在於彈性預算範圍內對各項成本的控制，發揮最大的效能，以達到最低成本之目的。

(二) 收益中心（revenue center）

是指各該單位主管僅對收入有控制能力，但對產品的生產成本無法控制。以「商品的銷售或勞務的提供」作為責任中心的主體，其目標是在既定的銷貨成本與費用預算內，爭取最大的收益，在該中心主管的督導下，配合企業體的行銷策略並激勵從業人員，以獲取最大的銷售量共創佳績。考核的重點在於銷售目標的達成與銷售費用的控制。

(三) 利潤中心（profit center）

指各單位主管對收入及有關成本皆有控制的能力，即對產品的生產效率、成本數字、銷售之單價與數量皆有控制能力。其考核重點在於收入、成本、利潤之數字及其之間的關係。

(四) 投資中心（investment center）

指各單位主管對收入、成本、利潤與投資資源皆有控制能力，為權限最大的責任中心。考核重點即為衡量投資中心的績效，其評估方法如：剩餘利潤法或附加經濟價值法。

成會焦點

慶鴻機電利潤中心的實施

隨著產業的製造技術與設備朝向高精度且自動化的發展，加上現今對客製化及環保、效率的需求不斷提升，工具機業就成為重要的價值推手。自 1975 年創立的慶鴻機電工業公司，多年來就在追求創新研發的投入和堅持之下，不只成為臺灣放電加工機與線切割機的領導廠商，更是創造國際競爭優勢、引領產業成長的關鍵。

圖片來源：慶鴻機電官網

同時，為了與員工共享經營成果，慶鴻機電採行了利潤中心制，包括每一季的稅前毛利和每一年度的稅後盈餘，都會提撥固定比例分享給員工，讓真正努力付出且創造價值的員工能夠獲得回饋，在這種全員經營的模式下，即使是受到金融海嘯衝擊的 2009 年，慶鴻機電仍持續獲利，而且還是國內少數幾乎每年都有調薪的企業。

資料來源：天下雜誌

17-3 績效衡量系統之意義

傳統績效衡量只著重財務績效，但是財務績效本身屬於一種「產出」性質，往往僅代表策略績效之某一部份結果。在財務績效準則之導引下，人們通常只重視短期而具體之效果，忽略了長期和整體效果。因此，企業若純粹使用傳統單一財務性指標，會使經理人過分強調短期會計報酬，無法兼顧企業長短期績效與企業整體發展。所以，企業在進行績效衡量時，不能只關注管理活動的單一焦點。

績效衡量系統應作為組織策略與活動的溝通橋樑，並監督營運結果；且能提供持續性的回饋給各管理階層，使高階主管的願景轉化成中階主管的策略目標，並且透過簡單的指標來傳達訊息給組織成員，透過持續性的學習與改善，以符合顧客的需要及期望。此外，績效衡量系統乃是由上而下進行溝通策略與目標開始，而回饋的過程正可以持續評估整個作業程序是否與策略目標一致，結果是否達成組織所要求的目標水準。因此績效衡量系統不僅要和公司所發展的策略相呼應，還要創造學習的機會，幫助公司順應競爭環境的改變。

因此績效衡量系統應為一個持續性的機制，非針對單一構面，並且有效連結企業組織之目標與策略，整合組織各部門的目標，並落實員工之作業績效的考核且給予及時的回饋獎勵，方為當前組織所追求的績效衡量系統。

在績效衡量文獻中，最常被引用的績效衡量系統則為平衡計分卡（balanced scorecard；BSC）。BSC 最初是為彌補前述的幾種績效衡量

指標的缺點而設計，但後來 BSC 的概念漸漸發展成一種策略管理系統，BSC 不僅只是使用較多的衡量方式；其意味著在單一報導中一起置入少量「策略」的關鍵衡量因素。BSC 將績效衡量和公司策略目標相結合，可使策略目標轉化為可衡量的指標，以幫助公司改善績效。同時，這些系統可使員工瞭解他們的行動和績效衡量如何轉化成公司所想達成的的績效，並且也可將立即衡量指標（例如：顧客滿意度）和長期、落後的績效指標（例如：投資報酬率）相結合。

平衡計分卡的目標和量度，由組織的願景與策略衍生而來，它透過以下四個構面來考核、改善組織的績效：[4]

（一）財務（financial）構面

顯示策略如何促使企業成長、提高獲利、控制風險而創造股東報酬的價值，衡量指標如：營業利益、銷貨成長率、投資報酬率、附加經濟價值、新產品的收入、邊際毛利百分比等。

（二）顧客（customers）構面

顯示從顧客的角度，企業如何為顧客創造價值且與其他競爭者有所差異，衡量指標如：市場佔有率、顧客滿意度、準時送貨率、顧客報怨數等。

（三）企業內部流程（internal business processes）構面

依據策略的優先順序決定關鍵性的業務運作流程，使其能達成顧客與股東的滿意，衡量指標如：生產力、製造產能、整備時間、售後服務成本走勢、新產品或服務的數量等。

（四）學習與成長（learning and growth）構面

顯示如何創造使組織不斷創新和成長的環境及氣候，衡量指標如：員工滿意度、員工週轉率、新專利權獲取數、員工教育訓練時數、電腦資訊系統可用性…等。

4　Kaplan, R. S. & D. P. Norton. 1999. 平衡計分卡：資訊時代的策略管理工具，臉譜出版。

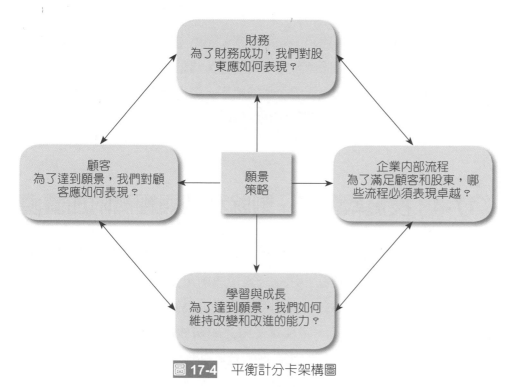

財務
為了財務成功，我們對股東應如何表現？

顧客
為了達到願景，我們對顧客應如何表現？

願景
策略

企業內部流程
為了滿足顧客和股東，哪些流程必須表現卓越？

學習與成長
為了達到願景，我們如何維持改變和改進的能力？

圖 17-4 平衡計分卡架構圖

　　平衡計分卡經由整合財務、顧客、內部流程、創新與學習等觀點，幫助經理人了解許多互動關係，讓經理人突破傳統上各部門間的障礙。此外，使用平衡計分卡的經理人，不必把短期的財務指標當作是公司績效唯一的指標，它可引進 (1) 轉化願景；(2) 溝通與連結；(3) 業務計畫；(4) 回饋與學習等四項新的管理流程將長期策略目標與短期行動相連結，並且由顧客、內部流程、創新與學習這三個觀點來監督短期的結果。

成會焦點

導入平衡計分卡

　　全球整體經濟不佳，臺灣近幾年資訊科技產業出貨量下滑甚至是負成長，臺灣微軟分公司受到直接的挑戰，但在這不景氣的年代，微軟營收成長率居然還是兩位數。臺灣微軟總經理蔡恩全，跟著全球推行平衡計分卡，徹底執行。

圖片來源：臺灣微軟公司的照片

目前市場充斥著許多產品、軟體、通路，非常複雜，必須謹慎的訂定目標，以利目標的執行、完成與差異的例外管理。臺灣微軟每一個流程，清楚地設定目標，那個環節與標準有所落後，透過平衡計分卡可充分瞭解不足的地方，進行管理，亦可透過平衡計分卡，做跨單位、跨市場的比較，可向其他產業的標竿公司進行學習。

17-4 投資報酬率、剩餘利潤與經濟附加價值

企業在設立責任中心後，不同型態的責任中心皆有其應發揮的效能與預期欲達到之目標，管理當局建立一套績效衡量系統，來衡量各責任中心與各部門主管的績效。責任中心的型態通常分為四種：成本中心、收入中心、利潤中心、投資中心，各種責任中心的績效衡量在第 11 章有詳細的介紹，在此不加以贅述。績效報告為績效評估與管理控制的依據，將其實際數與預計數做一比較，亦可提醒部門主管注意問題，以採取行動進行改善。

投資中心的績效評估指標通常可以分為投資報酬率、剩餘利潤與附加經濟價值，三種指標各有其應用的優缺點，請見下面相關介紹。

一、投資報酬率

投資報酬率（return on investment；ROI），係指投資方案所獲得之利益與投資額之比率，其計算公式如下：

$$投資報酬率（ROI）= \frac{利潤}{投資額}$$

釋 例

佳年投資台中公司債券 $200,000，預期未來每年可獲得利息收入 $18,000，其投資報酬率為 9%，計算式如下：

$$投資報酬率（ROI）= \frac{\$18,000}{\$200,000} = 9\%$$

亦可將 ROI 應用在評估投資中心的績效上，其計算方式如下：

$$投資報酬率（ROI）= \frac{利潤}{投資中心之資產}$$

依杜邦分析模式可將投資報酬率分解如下：

$$投資報酬率（ROI）= \frac{利潤}{銷貨收入} \times \frac{銷貨收入}{投資中心之資產}$$

$$= 利潤率 \times 資產週轉率$$

利潤率（return on sales）表示投資中心控制成本之能力，若利潤率愈大，則代表獲利能力愈高；資產週轉率（asset turnover）表示投資中心創造收入的能力，若投資週轉率愈大，則代表投資報酬率愈高。由杜邦分析模式可以瞭解若想提高投資報酬率，方法有三：(1) 增加銷貨收入、(2) 降低成本以增加利潤、(3) 減少投資金額或處分閒置資產。企業的經濟資源都是有限，當某一投資部門的投資報酬率較低時，即可將此部門的資金移往投資報酬率較高的部門，以追求投資報酬率最大化。

釋 例

瑞展公司越南廠投資中心之投資相關資料如下，以杜邦分析模式 ROI 說明。

銷貨收入	$1,000,000
營業淨利	150,000
營業資產	500,000

以上述資料，計算瑞展公司越南廠投資中心的利潤率、資產週轉率如下：

$$利潤率 = \frac{營業淨利}{銷貨收入} = \frac{\$150,000}{\$1,000,000} = 15\%$$

$$資產週轉率 = \frac{銷貨收入}{營業資產} = \frac{\$1,000,000}{\$500,000} = 2$$

$$投資報酬率 = 利潤率 \times 資產週轉率 = 15\% \times 2 = 30\%$$

---

1. 投資報酬率的優點

   投資報酬率之優點為能反映部門績效，作為一綜合性的評估，亦可督促投資中心資產的運用且計算簡易又具有比較性。

2. 投資報酬率的缺點

   投資報酬率的缺點則為忽略貨幣的時間價值、只重視財務性因素，而忽略非財務因素的重要性、亦可能作出反功能決策。

二、剩餘利潤

企業以投資報酬率來評估部門績效時，投資報酬率愈高，其部門績效愈好，在這種情況下，部門主管可能為了維持自己部門的投資報酬率，而拒絕一些新投資方案，但這些新投資方案對公司整體而言是有利的。為了避免部門主管做出反功能決策，故有剩餘利潤（residual income；RI）的觀念，為投資方案所獲得的淨利減去最低報酬率後所剩餘的利潤數，其公式計算如下：

剩餘利潤＝營業淨利－最低報酬

＝營業淨利－投資額 × 最低報酬率（或資金成本率）

在剩餘利潤的觀念下，只要是剩餘利潤大於零，都是值得進行的投資方案，故採用剩餘利潤符合目標一致性的原則，可使部門主管追求利潤最大化而非僅是提高該部門的投資報酬率而已。

釋 例

瑞展公司目前之營業淨利為 $200 萬，營業資產為 $1,000 萬。瑞展公司的營業部門評估，若擴展公司營運據點，則需增加營業資產 $2,000 萬，營運利益增加 $310 萬，且最低報酬率為 10%，則瑞展公司是否該進行這項計畫？

$$擴展前 ROI = \frac{\$200萬}{\$1,000萬} = 20\%$$

$$擴展後 ROI = \frac{\$510萬}{\$1,000萬 + \$2,000萬} = 17\%$$

擴展前 RI = 200 萬 － 1,000 萬 × 10% = 100 萬

擴展後 RI = 510 萬 － 3,000 萬 × 10% = 210 萬

若瑞展公司以投資報酬為部門績效的評估基礎，因擴展後投資報酬率較未擴展前的低，部門為了怕進行擴展計畫而使績效下降，故偏好不進行擴展計畫。但若以剩餘利潤為部門績效的評估基礎，擴展後較擴展前增加利潤 $110 萬（$310 萬－ $200 萬），部門主管就會樂意進行擴展計畫，就瑞展公司整體而言，進行此項計畫是有利的，採用剩餘利潤使公司目標有一致性，就不會使各部門主管做出反功能決策。

1. 剩餘利潤的優點

    剩餘利潤可合理衡量部門主管績效、依不同性質資產採用不同資金成本來評估,可避免部門主管拒絕對公司整體有利的決策。

2. 剩餘利潤的缺點

    剩餘利潤的缺點為忽略貨幣的時間價值、剩餘利潤為一絕對數字,容易受到投資額所影響,不同規模部門、公司無法客觀衡量、各公司所要求最低報酬不盡相同,故難以互相比較、只重視財務因素,忽略非財務因素的重要性。

三、經濟附加價值

經濟附加價值(economic value added;EVA)為衡量投資中心績效的一項新指標,其觀念大致上與剩餘利潤相同,其重點在於衡量投資中心的主管,是否有效的運用部門之營運資金與固定資產且加入稅率的考量。其計算公式如下:

經濟附加價值(EVA)
= 稅後營業淨利 － [加權平均資金成本率 ×(總資產－流動負債)]

公式中的加權平均資金成本(weighted-average cost of capital;WACC),係指公司使用長期資金的稅後成本率,長期資金來源包括長期負債、股東權益項下的特別股、普通股與保留盈餘,故加權平均資金成本的計算公式如下:

$$加權平均資金成本率(WACC) = \frac{長期負債成本＋權益資金成本}{長期負債＋業主權益的公平市價}$$

$$= \frac{長期負債 \times 利率 \times (1 － 稅率) ＋ (業主權益 \times 權益資金成本率)}{長期負債＋業主權益的公平市價}$$

公式中計算加權平均資金成本時,所使用業主權益是以公平市價衡量的,而非按其帳面價值計算。權益資金成本包含特別股的資金成本、普通股的資金成本與保留盈餘的資金成本。特別股的資金成本為股利除以市價,普通股與保留盈餘資金成本為減除所得稅與特別股股利後之預計每股盈餘除以市價即可求得。

釋 例

以瑞展公司為例，說明經濟附加價值的計算：

表 17-1 瑞展公司 20X9 年 12 月 31 日資產負債表

瑞展公司
資產負債表
20X9年12月31日

流動資產	$ 600,000	流動負債	$ 400,000
		長期負債	600,000
固定資產	1,200,000	負債總額	$ 1,000,000
		業主權益	800,000
總資產	$ 1,800,000	負債及業主權益合計	$ 1,800,000

瑞展公司 20X9 年稅前淨利 $350,000，長期負債之利率為 12%，所得稅稅率為 25%，權益資金成本率 16%，業主權益之帳面價值等於公平價值，則瑞展公司之加權平均資金成本率如下：

$$WACC = \frac{[\$600,000 \times 12\% \times (1-25\%) + (\$800,000 \times 16\%)]}{\$600,000 + \$800,000} = 13\%$$

經濟附加價值計算如下：

EVA = $350,000 × (1 − 25%) − [13% × ($1,800,000 − $400,000)]

= $80,500

問題討論

平衡計分卡的導入與 KPI 指標之應用案例

　　瑞展公司為因應現代化的管理，佳年首先推動企業資源系統，並導入平衡計分卡，以強調績效管理的重要性。佳年為了平衡計分卡的導入，在會議上和各部門經理互相討論。

　　佳年與部門經理互相討論後，設定了瑞展公司的目標。短期而言，建立作業優勢，透過內部生產力的提升及供應鏈的管理，使瑞展企業可以提供高效率、零瑕疵的產品及服務；長期而言，開創銷售優勢、開發新產品並拓展新的市場為瑞展公司提供更大的利益。瑞展公司設定目標之後，則依策略目標的內容，來設計關鍵績效衡量指標（key performance indicator；KPI）。就財務構面來看，策略目標是提高公司的獲利能力，衡量指標則可定為削減產品成本、提高收入；顧客構面來看，策略目標為拓展新市場，衡量指標則可定為新顧客的來源，與現有顧客保持良好的關係…等。

問題：

　　試以某一產業的企業為例，設計出一套平衡計分卡。應描述該產業的競爭發展情形，發展該個案公司的願景與目標，選定執行策略並且與 KPI 連結，並且說明應如何有效落實平衡計分卡的功能。

討論：

　　平衡計分卡幫助瑞展公司的管理人員思考目標和願景，平衡瑞展公司的財務與非財務構面、長期與短期目標，且透過量表予以衡量績效，利用平衡計分卡來告知員工如何往目標邁進，再加以連結個人與企業的目標，以達到企業整體的目標。平衡計分卡的落實十分重要的，這關係著個人與企業整體目標的達成與否，落實方法為將執行面轉換成為語言、日常工作加以落實、由高階管理階層帶動變革等。

本章回顧

　　策略爲企業如何管理所面對的外部競爭，傳統可分爲三個層次：公司策略、事業策略、功能策略，此外本章另額外加入新策略的探討－藍海策略的發展。管理控制系統的要素則包含策略規劃、預算、資源分配、績效衡量、績效評估、績效獎酬、責任中心劃分分配和移轉計價等。當企業追求不同的事業策略時，所需的策略性管理系統亦有所差異，如企業追求成本領導策略時，需要更詳細的成本資訊、不同生產技術的比較資訊等；若追求產品差異化策略時，則需要更詳細的新產品創新、研究發展支出費用等資訊

　　本章介紹三項投資中心的績效衡量指標，爲投資報酬率、剩餘利潤與經濟附加價值。投資報酬率爲投資方案所獲得之利益與投資額之比率；剩餘利潤爲投資方案所獲得的淨利減去最低報酬率後所剩餘的利潤數；經濟附加價值其觀念大致上與剩餘利潤相同，其重點在於衡量投資中心的主管，是否有效的運用部門之營運資金與固定資產且加入稅率的考量。

　　傳統財務績效僅重視財務指標，管理人員過分強調短期的表現，忽略了長期整體發展。平衡計分卡最初僅爲彌補財務量度不足而設計，後來則發展爲一策略管理系統，將績效衡量與公司策略目標加以結合，平衡計分卡的目標與量度，由組織願景與策略發展而來，以財務構面、顧客構面、企業內部流程構面、學習與成長構面等四個構面來進行衡量。

本章習題

一、選擇題

( )1. 近年來許多企業應用平衡計分卡建立績效衡量系統,平衡計分卡可分為四個構面,下列選項中哪一項不屬於平衡計分卡的四個績效衡量構面?

(A) 財務　(B) 服務　(C) 學習與成長　(D) 內部流程。　　　（104 中華郵政）

( )2. 平衡計分卡方法(balance scorecard approach)的主要用途是:

(A) 利用財務槓桿平衡企業資產　　　　(B) 從不同構面評量組織績效

(C) 評估整體產業環境之優勢與劣勢　　(D) 提供客觀的人員考核標準。

（104 台電）

( )3. 平衡計分卡包括四個績效評估構面,其中「內部程序面」所強調的重點是:

(A) 建立售後服務程序,以提升顧客滿意度

(B) 建立適當的獎酬制度以激勵員工

(C) 提升獲利績效

(D) 強化資訊系統能力,以提供決策資訊。　　　　　　　（103 會計師）

( )4. 維維公司正規劃明年度的銷售預算,預計配置平均營運資產為 $500,000,產品平均售價 $20,變動成本與 固定成本分別為 $160,000 與 $100,000。公司要求之必要報酬率為 18%,若總經理要把明年的投資報酬率訂 到 20%,由於總經理的獎金為剩餘利潤(residual income)的 30%,則明年總經理的獎金預期有多少?

(A) $1,500　(B) $3,000　(C) $30,000　(D) 無獎金可領。　　　（102 地特）

( )5. 乙公司 C 部門相關資料如下:

銷貨收入 $10,000,000;變動成本 $3,000,000;部門直接固定成本 $5,000,000;部門資本投資額 $2,000,000;要求最低資本報酬率 12%,請問 C 部門之剩餘利潤為何?

(A) $240,000　(B) $2,000,000　(C) $1,760,000　(D) $1,160,000。　（102 地特）

( )6. 假設劍橋公司的稅後淨利為 $50,000,投資報酬率(ROI)為 20%,則投資額應為何?

(A) $100,000　(B) $200,000　(C) $250,000　(D) $500,000。　　　（95 高考）

（　）7. 甲公司有 A、B 及 C 三個部門，已知公司長期資金來源有長期負債及股東權益兩種。長期負債市價為 $6,000,000，利率為 8%，權益市價則為 $9,000,000，資金成本為 10%，所得稅稅率為 25%。X9 年 A、B 及 C 三部門相關資料如下：

部門	資產總額	流動負債	稅前淨利	附加經濟價值
A	$6,500,000	$1,500,000	$800,000	?
B	7,000,000	1,500,000	?	$138,000
C	7,500,000	3,500,000	550,000	?

甲公司之加權平均資金成本為何？

(A) 6.9%　(B) 8.4%　(C) 9.2%　(D) 10%。　　　　　　　　　　（106 高考）

（　）8. 承上題，關於 A、B 及 C 部門之敘述，下列何者正確？

(A) 部門的附加經濟價值為 $200,000　(B) 部門的稅前淨利為 $800,000

(C) 部門的附加經濟價值為 $800,000　(D) 部門的附加經濟價值為 $214,000。

（106 高考）

（　）9. 分權化的公司通常會將組織劃分成多格責任中心，下列哪一種責任中心須負責的績效層面最廣？

(A) 成本中心　(B) 收入中心　(C) 利潤中心　(D) 投資中。　　　（106 地特）

（　）10. 甲食品公司之遠東區事業部為一投資中心，甲公司之要求報酬率為 8%，遠東區事業部 X1 年之營運資訊如下：

營業收入　$2,100,000

銷貨毛利　　840,000

銷管費用　　714,000

投入資本　　630,000

下列何者最接近遠東區事業部之投資報酬率及剩餘利益？

(A) 投資報酬率 6%，剩餘利益 $50,400

(B) 投資報酬率 6%，剩餘利益 $75,600

(C) 投資報酬率 20%，剩餘利益 $50,400

(D) 投資報酬率 20%，剩餘利益 $75,600。　　　　　　　　　　（106 地特）

二、計算題

1. 丁公司生產水龍頭且有 C 型及 D 型兩種產品。為了生產 C 型水龍頭，丁公司之期初資產為 $700,000，期末資產為 $900,000。製造 C 型水龍頭之其他成本如下：直接材料，每單位（個）$400；起動成本，每起動小時 $500；生產成本，每機器小時 $200；一般管理與銷售費用為 $120,000。假設當期生產 2,000 個 C 型水龍頭並全數銷售，使用 600 個起動小時數與 8,000 個機器小時數。每個 C 型水龍頭之售價為 $1,500。試作：

(1)若定義投資為期間的平均資產，則 C 型部門的投資報酬率（ROI 為何？）

(2)若丁公司要求 ROI 為 10%，則 C 型部門的剩餘利益（RI）為何？（103 關務特考）

2. 下列為竹坑公司 X 與 Y 兩個投資中心的資料，假設公司最低要求報酬率為 5%，試求空格 (1) ～ (8) 的數字　　　　　　　　　　　　　　　　　　　（100 高考）

	X	Y
營業淨利	(1)	(5)
銷貨收入	800,000	(6)
投資總額	(2)	(7)
利潤率	12%	9%
投資週轉率	1	(8)
投資報酬率	(3)	36%
剩餘利潤	(4)	62,000

3. 新竹公司由二家分店組成，此二分店 X5 之部份財務資料如下：（資產負債表數字為平均值）

	東南店	西北店	合計
總資產	$3,000,000	$7,000,000	$10,000,000
流動負債	500,000	1,500,000	2,000,000
長期負債			4,500,000
股東權益			3,500,000
股東權益市價			5,500,000
稅前淨利	400,000	935,000	1,335,000

請問：

(1)此二家分店之投資報酬率（Return On Investment）為何（以稅前淨利及長期資金為基礎）？

(2)在必要報酬率為 15% 下，此二家分店剩餘利潤（Residual Income）為何（以稅前淨利及長期資金為基礎）？

(3)該公司之資金成本率分別為：長期負債利率 12%、權益資金成本 14%，又公司所得稅稅率為 30%，該公司加權平均資金成本為何？

(4)此二家分店之經濟附加價值（Economic Value Added；EVA）為何？　　（96 中正）

4. 丙公司是經營連鎖餐飲，公司於去年上興櫃，公司主要資金來源有長期負債，其市值及面值為 $32,000,000，利息 2%，而權益市值為 $18,000,000，其帳面價值為 $8,000,000，權益資金成本為 10%，該公司所得稅稅率為 30%，公司有東、西、南、北四個區域餐飲中心，採用利潤中心，其本年度的經營狀況如下：

	營業利益	總資產	流動負債
東	$1,750,000	$11,500,000	$2,500,000
西	2,400,000	9,000,000	3,500,000
南	4,675,000	27,500,000	9,500,000
北	4,200,000	25,000,000	8,000,000

試作：

(1)請計算丙公司的加權資金成本。

(2)請計算每一區域中心的經濟附加價值。

(3)若公司的必要報酬率要求為 10%，則東、西、南、北四個區域餐飲中心的總剩餘利益為何？

(4)若丙公司重視每一元資產投資產生的效益，則那一個區域餐飲中心績效最好？

（105 關務特考）

5. 下列為竹坑公司 X 與 Y 兩個投資中心的資料：

	X	Y
營業淨利	--	(3)
銷貨收入	800,000	(4)
營業資產	(1)	--
利潤率	12%	9%
資產周轉率	1	(5)
投資報酬率	--	36
剩潤利潤	(2)	62,000

(1)假設公司要求的最低報酬率為 5%，試問：表格中的（1）至（5）的正確數據為何？

(2)根據你計算的數據，試分析 X 與 Y 兩個投資中心何者表現略遜一籌？如果身為該中心的主管，你應如何改善該中心的績效？ （100 高考）

6. 丁公司生產水龍頭且有 C 型及 D 型兩種產品。為了生產 C 型水龍頭，丁公司之期初資產為 $700,000，期末資產為 $900,000。製造 C 型水龍頭之其他成本如下：直接材料，每單位（個）$400；起動成本，每起動小時 $500；生產成本，每機器小時 $200；一般管理與銷售費用為 $120,000。假設當期生產 2,000 個 C 型水龍頭並全數銷售，使用 600 個起動小時數與 8,000 個機器小時數。每個 C 型水龍頭之售價為 $1,500。

試作：

(1)若定義投資為期間的平均資產，則 C 型部門的投資報酬率（ROI）為何？

(2)若丁公司要求 ROI 為 10%，則 C 型部門的剩餘利益（RI）為何？（103 關務特考）

7. 丙公司計畫投資 2,000 萬元購入設備，使用年限 3 年，採直線法折舊，估計 3 年後可依殘值 500 萬元賣出該設備；前述 2,000 萬元將全部自銀行融資，利率 6%。預計該設備生產產品年銷售量 100 萬個，單價 300 元，單位變動成本 250 元，含折舊費用之固定成本為 1,000 萬元，公司所得稅率 25%，股東所需報酬率 11.5%，預估負債比率為 50%，請問：加權平均資金成本為多少？（100 年經濟部所屬事業機構新進人員甄試）

8. 由 Kaplan & Norton（1992）所提出的平衡計分卡，提倡管理及評估企業績效應由四個構面來衡量。請問這四個構面為何？ （105 台灣港務公司）

9. 請說明平衡計分卡的主張及內涵。 （103 鐵路特考）

23671 新北市土城區忠義路 21 號

全華圖書股份有限公司

行銷企劃部　收

廣告回信
板橋郵局登記證
板橋廣字第540號

歡迎加入 全華會員

● 會員獨享
會員享購書折扣、紅利積點、生日禮金、不定期優惠活動…等。

● 如何加入會員
填妥讀者回函卡直接傳真 (02) 2262-0900 或寄回，將由專人協助登入會員資料，待收到
E-MAIL 通知後即可成為會員。

如何購買 全華書籍

1. 網路購書
全華網路書店「http://www.opentech.com.tw」，加入會員購書更便利，並享有紅利積點
回饋等各式優惠。

2. 全華門市、全省書局
歡迎至全華門市（新北市土城區忠義路 21 號）或全省各大書局、連鎖書店選購。

3. 來電訂購
(1) 訂購專線：(02) 2262-5666 轉 321-324
(2) 傳真專線：(02) 6637-3696
(3) 郵局劃撥（帳號：0100836-1　戶名：全華圖書股份有限公司）
※ 購書未滿一千元者，酌收運費 70 元。

OpenTech.com.tw 全華網路書店

全華網路書店 www.opentech.com.tw
E-mail: service@chwa.com.tw

※ 本會員制如有變更則以最新修訂制度為準，造成不便請見諒。

讀者回函卡

填寫日期： ___/___/___

2011.03 修訂

姓名： 　　　　　　　　　生日：西元　　　年　　　月　　　日　性別：□男 □女

電話：（ 　　　）　　　　　　傳真：（ 　　　）　　　　　　手機：

e-mail： 　　　　　　　　　　　　　　　（必填）

通訊處：□□□□□

學歷：□博士 □碩士 □大學 □專科 □高中‧職

職業：□工程師 □教師 □學生 □軍‧公 □其他

學校／公司： 　　　　　　　　　　　　科系／部門：

‧需求書類：

□A. 電子 □B. 電機 □C. 計算機工程 □D. 資訊 □E. 機械 □F. 汽車 □I. 工管 □J. 土木

□K. 化工 □L. 設計 □M. 商管 □N. 日文 □O. 美容 □P. 休閒 □Q. 餐飲 □B. 其他

‧本次購買圖書為：　　　　　　　　　　　　　　　　　　　書號：

‧您對本書的評價：

封面設計：□非常滿意 □滿意 □尚可 □需改善，請說明

內容表達：□非常滿意 □滿意 □尚可 □需改善，請說明

版面編排：□非常滿意 □滿意 □尚可 □需改善，請說明

印刷品質：□非常滿意 □滿意 □尚可 □需改善，請說明

書籍定價：□非常滿意 □滿意 □尚可 □需改善，請說明

整體評價：請說明

‧您在何處購買本書？

□書局 □網路書店 □書展 □團購 □其他

‧您購買本書的原因？（可複選）

□個人需要 □幫公司採購 □親友推薦 □老師指定之課本 □其他

‧您希望全華以何種方式提供出版訊息及特惠活動？

□電子報 □DM □廣告 （媒體名稱　　　　　　　　　　　　　　）

‧您是否上過全華網路書店？（www.opentech.com.tw）

□是 □否 您的建議

‧您希望全華出版那方面書籍？

‧您希望全華加強那些服務？

~感謝您提供寶貴意見，全華將秉持服務的熱忱，出版更多好書，以饗讀者。

全華網路書店 http://www.opentech.com.tw 客服信箱 service@chwa.com.tw

註：數字零，請用 φ 表示，數字1與英文L請另註明並書寫端正，謝謝。

親愛的讀者：

感謝您對全華圖書的支持與愛護，雖然我們很慎重的處理每一本書，但恐仍有疏漏之處，若您發現本書有任何錯誤，請填寫於勘誤表內寄回，我們將於再版時修正，您的批評與指教是我們進步的原動力，謝謝！

全華圖書　敬上

勘　誤　表

書　號	頁　數	行　數	書　名	作　者
			錯誤或不當之詞句	建議修改之詞句

我有話要說：　（其它之批評與建議，如封面、編排、內容、印刷品質等‧‧‧）